代数学
2
環と体と
ガロア理論
第2版

雪江明彦 著

日本評論社

はじめに

　本書では『代数学1　群論入門』(第1巻) に引き続き，環と体について解説する．環論・体論は群論とともに，代数学全般の基礎である．

　本書で解説する環論は主に可換環論である．環が群と違うところは，もちろん演算が二つあることで，さらにイデアルという概念があることである．可換環論はイデアル論とよばれることもあるくらいであり，イデアルの概念が重要である．クンマーはフェルマーの最終定理の証明に取り組む過程で理想数の概念を導入したが，イデアルの概念はその後，デデキントにより定義されたものである．現在では，イデアルは整数論的な状況だけでなく，代数幾何のさまざまな概念を記述するための基本となっている．

　第1巻でも述べたように，大学の代数の授業の大きな目標の一つはガロア理論について解説することである．ガロア理論は，一般の5次方程式がべき根で解けないことや，一般の角の三等分が作図できないことの証明など，実に興味深い応用を持つ美しい理論である．

　本書ではこういった理論を，豊富な例・例題と演習問題によって丁寧に解説することをめざしている．演習問題はテキストを理解していればほとんどあたりまえであるものや，例題と同じやりかたをすればよいものがほとんどである．また，必ずしもあたりまえでない問題は，小問を設け，解答に誘導するようにしてある．難しいが興味深い問題もごく一部に含まれており，☆をつけた．興味を持たれた方はそういった問題にもチャレンジしてもらいたい．

　本書の内容は，なるべく第1巻に依存しないでも読めるように配慮したため，第1巻とある程度重複している．本書では第1巻の集合論の基礎，群の準同型定理，シローの定理とフェルマーの小定理については解説しないが，それ以外はほとんど第1巻と独立に読めるはずである．

　なお第3巻では，群・環・体の理論の基本よりもいくぶん進んだ話題である，無限次ガロア拡大・超越拡大・可換環論・テンソル代数と双線形形式・群の表現論・ホモロジー代数などについて解説する．これらは通常の代数の授業で取り扱われることは少ないが，代数幾何や整数論などには必要な概念である．

　巻末では代数一般に関する参考文献と環論・体論に関する参考文献について解説した．

　東北大学の都築暢夫氏，山崎隆雄氏には原稿の一部を読んでいただいたり，一部の演習問題を提供していただいた．また，本書を出版するにあたり，日本評論社の佐藤大器氏および飯野玲氏には大変お世話になった．ここに感謝の意を表したい．

　本書が代数学を学ぼうとする学生諸君に少しでも役にたてば幸いである．

著者しるす

　本書を通して，第1巻や第3巻の定理などを引用する際には，定理 I–2.6.20 などと書く．また，目次や本文で，読み飛ばしてもよい節のタイトルには * を付けた．

第2版にあたって

第1巻の最初でも述べたが，本書は2010年から2011年にかけて出版した「代数学シリーズ」の第2巻の第2版である．この教科書がそれなりに受け入れられているのはとても感謝している．しかし，第1巻同様，第2巻にもいろいろと不満なところもあった．第1巻ですでに述べたが，第2版では零環を排除しないことにした．その影響は本書でもっとも顕著に現れる．また，2章の環上の加群であたりまえと思って証明をつけなかった部分にもなるべく証明をつけるようにした．第2版第2巻で変更する点は，次の点である．

(1) 零環を排除しない．

(2) 1章の環の準同型定理と2章の環上の加群の準同型定理を簡単な補題を証明して，アーベル群の場合の準同型定理に少ない労力で帰着できるように証明をいくぶん追加した．

(3) 多項式の既約性に関する説明を追加した．

(4) 2章で加群を考える意義に関する節を設けて説明した．

(5) テンソル積と直和との整合性を無限直和の場合に証明した．テンソル積と双対加群との関連で例や例題を増やして，テンソル積の意義を例示した．また，非可換環の場合のテンソル積でなぜ右加群と左加群を考えるのかの説明を追加した．

(6) 初版では4次多項式のガロア群の計算は4章のかなり最後に近かったが，標数が2でない場合を分離して3次多項式のガロア群の次の節で解説し，標数が2の場合だけ以前と同じ位置で解説した．

なお，必ずしも間違いではないが，不満のあった部分の記述を改善したり，細かい間違いを直したりということは第1巻同様おこなった．第2巻の変更箇所はかなり多い．また，新たに演習問題をいくぶん追加した．それらの問題を作題するにあたって，さまざまな大学の大学院入試の問題を参考にした (しかし違う問題になっている)．

第2巻第2版出版にあたっても，日本評論社の佐藤大器氏と飯野玲氏には大変お世話になった．ここに感謝の意を表したい．

著者しるす

目次

第1巻目次

第3巻目次

記号について

本書では，$\mathbb{N}, \mathbb{Z}, \mathbb{Q}, \mathbb{R}, \mathbb{C}$ で自然数の集合 $(= \{0,1,2,\cdots\})$，整数の集合，有理数の集合，実数の集合，複素数の集合を表す．

空集合は $\emptyset$ と表す．$\boldsymbol{A}$ が $\boldsymbol{B}$ の部分集合であるとき，$\boldsymbol{A} \subset \boldsymbol{B}$ と書く．この記号は $\boldsymbol{A} = \boldsymbol{B}$ の場合も含むとする．$A \subset B$ で $A \neq B$ なら，A は B の真部分集合であるといい，$A \subsetneqq B$ と書く．流儀によっては，$A \subset B$ を真部分集合の意味で使うこともあるので，注意が必要である．集合 A の恒等写像は id_A と書く．A が B の部分集合であるとき A の元を B の元とみなす写像を包含写像という．

A が有限集合なら，A の元の個数を $|A|$ と書く．A が無限集合なら，A の元の個数に対応して集合の濃度の概念がある．この概念については I–1.5 節で復習したが，詳しくは [1] を参照されたい．濃度が問題にならないときには $|A| = \infty$ と書く．集合 I を添字集合に持つ集合族 X_i の直積，直和を $\prod_{i \in I} X_i, \coprod_{i \in I} X_i$ と書く．本書では，選択公理を認める．

f が集合 A から集合 B への写像なら，$f : A \to B$ と書く．このとき，元の対応を示すときには，例えば $f : \mathbb{R} \ni x \mapsto x^2 \in \mathbb{R}$ などと，$\mapsto$ という記号を使う．ただし，元の対応だけを述べるときには，$\to$ という記号を使うこともある．特に，置換の場合には，$1 \to 2$ などと書くことが多い．

G が群のときには，$|G|$ のことを群 G の位数という．H が群 G の部分群であるとき，$G/H, H\backslash G$ はそれぞれ，左剰余類，右剰余類の集合である．$|G/H| = |H\backslash G|$ は H の指数といい，$(G : H)$ と書く．N が群 G の正規部分群であるとき，$N \triangleleft G$ と書く．環 $\mathbb{Z}/n\mathbb{Z}$ の元は $\overline{0}, \cdots, \overline{n-1}$ のように表す．群 G_1, G_2 が同型なら，$G_1 \cong G_2$ と書く．

n 次対称群，つまり $\{1, \cdots, n\}$ の置換全体よりなる群は $\mathfrak{S}_n$ と書く．置換 σ, τ

の積は写像としての合成 $\sigma \circ \tau$ で定義する．$(i_1 \cdots i_m)$ は $i_1 \to \cdots \to i_m \to i_1$ となる置換であり，巡回置換という．例えば (123) は $1 \to 2 \to 3 \to 1$ となる置換である．(ij) という形の置換を互換という．n 次交代群，つまり $\mathfrak{S}_n$ の元で偶数個の互換の積となる元全体よりなる群は A_n と書く．二面体群を D_n と書く．D_n は生成元と関係式で与えられた群 $\langle \sigma, \tau \mid \sigma^n = \tau^2 = 1,\ \tau \sigma \tau = \sigma^{-1} \rangle$ と同型である．

　G を群とするとき，$aba^{-1}b^{-1}$ $(a, b \in G)$ という形の元全体で生成される部分群を G の交換子群といい $D(G)$ と書く．

第1章

環論の基本

　本章では，環の基本概念について解説する．環の場合には，群の場合と同様な準同型といった概念の他に，イデアルという環特有の概念がある．これについては 1.3 節で解説する．その他，自然数の素因数分解の概念の拡張にあたる素元分解の概念や局所化の概念などがこの章の中心の話題である．可換環と非可換環が考察される状況はかなり異なる．1.9, 1.10 節では，可換環や非可換環がどのような状況で考察されるかについて解説する．この章では，**1.2 節以降，1.10 節以外では環は可換環であると仮定する**．

1.1　環の定義と準同型

　I–2.2 節で定義した環の概念をここで復習する．

　定義 1.1.1　集合 A に二つの演算 $+$ と $\times$ (**加法・乗法**，あるいは**和・積**，$\times$ は「$\cdot$」とも書く) が定義されていて，次の性質を満たすとき，A を**環**という．以下，$a \times b$ の代わりに ab と書く．

　(1)　**A は $+$ に関してアーベル群になる** (以下，0 は $+$ に関する単位元)．

　(2) (**積の結合法則**)　すべての $a, b, c \in A$ に対し，$(ab)c = a(bc)$．

　(3) (**分配法則**)　すべての $a, b, c \in A$ に対し，

$$a(b+c) = ab+ac, \qquad (a+b)c = ac+bc.$$

　(4)　乗法についての単位元 1 がある．つまり，$1a = a1 = a$ がすべての $a \in A$ に対し成り立つ． ◇

　環というのは，要するに，二つの演算が定義されていて，一つの演算に関してはアーベル群であり，二つの演算に分配法則などの整合性があるものである．

a,b が環 A の元で $ab = ba$ なら，a,b は可換であるという．A の任意の元 a,b が可換なら，A を**可換環**という．また $a \in A$ に対し，$b \in A$ で $ab = ba = 1$ となる元があれば，b を a の**逆元**といい a^{-1} と書く．a^{-1} が存在するとき，a を**可逆元**または**単元**という．A の単元全体の集合を $A^{\times}$ と書く．$A^{\times}$ は A の乗法に関して群になる．これを A の**乗法群**という．複数の環を考える場合に，$\mathbf{0}, \mathbf{1}$ がどの環の元であるかを示したいときには，$\mathbf{0}_A, \mathbf{1}_A$ などと書く．

$\mathbb{Z}, \mathbb{Q}, \mathbb{R}, \mathbb{C}$ は可換環である．また行列の環 $\mathrm{M}_n(\mathbb{R})$ は非可換環である．この節ではもう少し環の例を考え，次節で多変数の多項式環を定義した後，1.3 節でより多くの環の例を考える．なお，A が環なら，任意の $a \in A$ に対し $0a = (0+0)a = 0a+0a$ なので，$\mathbf{0a = 0}$ である．同様に $\mathbf{a0 = 0}$ である．よって，$1 = 0$ なら，$a = 1a = 0a = 0$ となり，環には 0 以外の元がない．このような環を零環，あるいは自明な環という．

注 1.1.2　環 A は加法に関してアーベル群になる．環に関するさまざまな性質を証明するときに，積を無視して，最初に加法群の構造に注目することがよくある．その場合，A の加法群の構造のことを，**A の加法群**あるいは**A に付随する加法群**とよぶことにする．この場合，環の加法という側面を強調するために，第 1 巻では「アーベル群」という用語を主に使ったが，「加法群」という用語を使うことにする．この「付随する加法群」という用語は，後で定義するイデアル (定義 1.3.27) や環上の加群 (定義 2.3.1) に対しても使う．　　　　◇

例 1.1.3 (群環)　G を有限群とする．A を可換環とするとき，$A[G]$ を G から A への写像全体の集合とする．$a : G \to A$ を写像とするとき，$a(g)$ のことを a_g と書けば，a は a_g がすべて定まれば写像として定まる．よって，a のことを $\sum_{g \in G} a_g g$ とも書く．$A[G]$ の元の和を

$$\sum_{g \in G} a_g g + \sum_{g \in G} b_g g = \sum_{g \in G} (a_g + b_g) g$$

と定義する．この和を使い，$A[G]$ の元の積を

$$\left(\sum_{g \in G} a_g g \right) \left(\sum_{g \in G} b_g g \right) = \sum_{g,h \in G} a_g b_h (gh)$$

と定義する．なお，和 $\sum_{g \in G} b_g g$ の g はダミー変数なので，$\sum_{g \in G} b_g g = \sum_{h \in G} b_h h$ と

他の文字に置き換えることができる. $B = A[G]$ とおく. A は加法 $+$ に関して
アーベル群なので, B も上の和に関してアーベル群となる. すべての a_g が 0
である元 $\sum_{g \in G} a_g g$ を 0 と書く. この 0 は $+$ に関する単位元となる. $a_g b_h$ と gh
両方に対して結合法則が成り立つので, B の積に対しても結合法則が成り立
つ. $1_B = 1_A 1_G \in A[G]$ とすれば, すべての $b \in B$ に対して $1_B b = b 1_B = b$ で
ある. よって, $B = A[G]$ は 1_B を積に関する単位元とする環となる. この環
$B = A[G]$ を G の A 上の**群環**という. ◇

　群環は次の理由で重要である.

(a) 群の体 k 上の「表現」は $k[G]$ 上の加群と同一視できる.

(b) 群環は群の「コホモロジー」を定義するのに使われる.

　群の表現については, III–5 章で解説する.

　$d \neq 0$ と $m > 1$ が整数で, m^2 が d の約数なら, m^2 を d の**平方因子**という.
例えば $d = 2, 6$ は平方因子を持たないが, $d = 12$ は平方因子 $4 = 2^2$ を持つ.

例 1.1.4 (2 次の環)　$d \neq 1$ を平方因子を持たない整数とし,

$$\mathbb{Z}[\sqrt{d}] = \{x + y\sqrt{d} \mid x, y \in \mathbb{Z}\} \subset \mathbb{C}$$

とおく. $\sqrt{d} \notin \mathbb{Q}$ である. なぜなら, $\sqrt{d} = p/q$ が既約分数なら, $d = p^2/q^2$ と
なり, $d \neq 1$ なので d が平方因子を持たないことに矛盾するからである. $\mathbb{C}$ で
の加法と乗法を考えると, $a_1 = x_1 + y_1\sqrt{d}, a_2 = x_2 + y_2\sqrt{d} \in \mathbb{Z}[\sqrt{d}]$ に対し

$$a_1 \pm a_2 = (x_1 \pm x_2) + (y_1 \pm y_2)\sqrt{d},$$
$$a_1 a_2 = (x_1 x_2 + y_1 y_2 d) + (x_1 y_2 + x_2 y_1)\sqrt{d}.$$

よって, $a_1 \pm a_2, a_1 a_2 \in \mathbb{Z}[\sqrt{d}]$. $\mathbb{Z}[\sqrt{d}]$ は和と和に関する逆元 $(0 - a_1)$ について
閉じている. したがって, $\mathbb{Z}[\sqrt{d}]$ は $\mathbb{C}$ の加法群の部分群である. $\mathbb{C}$ では積の
結合法則と分配法則が成り立っているので, これらは $\mathbb{Z}[\sqrt{d}]$ でも成り立ってい
る. よって, $\mathbb{Z}[\sqrt{d}]$ は環である (これは後で定義される部分環である). ◇

例 1.1.5 (関数よりなる環)　$C^\infty(\mathbb{R})$ を何回でも微分可能な $\mathbb{R}$ 上の関数全体
の集合とする. 関数として和や積を考えることにより, $C^\infty(\mathbb{R})$ は環となる. ◇

定義 1.1.6　集合 K に二つの演算 $+$ と $\times$ (**加法・乗法**, あるいは**和・積**, $\times$
は $\cdot$ とも書く) が定義され, 次の条件を満たすとき K を**可除環**という.

(1) 演算 $+,\times$ により K は環になる.

(2) $1 \neq 0$, つまり K は零環ではない.

(3) 任意の $K \ni a \neq 0$ が乗法に関して可逆元である.   ◇

　要するに, 0 で割る以外の加減乗除ができる集合が可除環である. 可換な可除環を**体**という. 集合 X が環や体になるとき,「**X には環 (あるいは体) の構造が入る**」というのは, 群の場合と同様である.

　例 1.1.7　$\mathbb{Q}, \mathbb{R}, \mathbb{C}$ は体である. p が素数なら, $\mathbb{F}_p = \mathbb{Z}/p\mathbb{Z}$ は体である (定理 I–2.4.17). 非可換な可除環の例を一つだけ考える. とりあえず $\mathbb{C}$ 上の行列に関する知識は仮定する (2 章参照). $a, b \in \mathbb{C}$ とする.

$$H(a,b) = \begin{pmatrix} a & -b \\ \overline{b} & \overline{a} \end{pmatrix} \implies \begin{aligned} & H(a,b)H(c,d) = H(ac - b\overline{d}, ad + b\overline{c}), \\ & H(a,b)H(\overline{a}, -b) = (|a|^2 + |b|^2)H(1,0) \end{aligned}$$

である ($\overline{a}, \overline{b}$ は a, b の複素共役). $\mathbb{H} = \{H(a,b) \mid a, b \in \mathbb{C}\}$ とすれば, $\mathbb{H}$ は加法に関して閉じていることは明らかで, 行列の積は結合法則を満たすので, $\mathbb{H}$ に行列の積により環の構造を定義できる. $\{H(a,0) \mid a \in \mathbb{C}\}$ は $\mathbb{C}$ と同一視できるので $\mathbb{H}$ は $\mathbb{C}$ を含み, $\mathbb{H}$ は左からの積, 右からの積どちらに関しても $\mathbb{C}$ 上 2 次元のベクトル空間である. $i = H(\sqrt{-1}, 0)$, $j = H(0,1)$, $k = H(0, \sqrt{-1})$ とすると,

$$i^2 = j^2 = k^2 = -1, \; ij = k, \; jk = i, \; ki = j, \; ji = -k, \; kj = -i, \; ik = -j$$

である. $(a,b) \neq (0,0)$ なら $H(a,b)^{-1} = (|a|^2 + |b|^2)^{-1}H(\overline{a}, -b)$ なので, $\mathbb{H}$ は非可換可除環である. これを (ハミルトンの) **四元数体**という.   ◇

　以下, 環の準同型の定義を復習する (定義 I–2.5.27 参照).

　定義 1.1.8 (環の準同型・同型)　A, B を環, $\phi : A \to B$ を写像とする.

　(1)　$\phi(x+y) = \phi(x) + \phi(y)$, $\phi(xy) = \phi(x)\phi(y)$ がすべての $x, y \in A$ に対し成り立ち, $\phi(1_A) = 1_B$ であるとき, ϕ を**準同型**という.

　(2)　ϕ が準同型で逆写像を持ち, 逆写像も準同型であるとき, ϕ は**同型**であるという. また, このとき, A, B は同型であるといい, $\boldsymbol{A \cong B}$ と書く.

　(3)　A, B が体で, 写像 $\phi : A \to B$ が環としての準同型・同型であるとき, **体の準同型・同型**という.   ◇

注 1.1.9　第 1 巻と同様に,「$\phi: A \to B$ が環準同型」という場合, A, B は環で ϕ は環準同型を意味する.　　　　　　　　　　　　　　　　　　　◇

$\phi: A \to B$ が準同型なら, $\phi(0_A) = 0_B$ である (命題 I–2.5.4 (1)).

$\phi: A \to B$ が環の準同型なら, $\phi(0_A) = \phi(0_A + 0_A) = \phi(0_A) + \phi(0_A)$ なので, $\phi(0_A) = 0_B$ である. $A = B$ なら準同型・同型を**自己準同型・自己同型**という. 次の命題は明らかである.

命題 1.1.10 (準同型・同型の合成)　A, B, C を環, $\phi: A \to B$, $\psi: B \to C$ を準同型とするとき, その合成 $\psi \circ \phi: A \to C$ も準同型である. ϕ, ψ が同型なら, $\psi \circ \phi$ も同型である.

$\phi: A \to B$ が環の準同型で, 写像として逆写像 $\psi: B \to A$ を持つとする. $\phi(1_A) = 1_B$ なので, $\psi(1_B) = 1_A$ である. ϕ は A, B の加法群の間の全単射準同型なので, ϕ は加法群の同型である (命題 I–2.5.3). $a, b \in B$ なら,

$$\phi(\psi(ab)) = ab = \phi(\psi(a))\phi(\psi(b)) = \phi(\psi(a)\psi(b)).$$

よって, $\psi(ab) = \psi(a)\psi(b)$. したがって, ϕ は同型である.

環 A の自己同型全体の集合を $\mathbf{Aut}^{\mathrm{alg}} A$ と書く. $\phi, \psi \in \mathrm{Aut}^{\mathrm{alg}} A$ なら, $\psi\phi$ を写像の合成 $\psi \circ \phi$ とする. $\psi \circ \phi \in \mathrm{Aut}^{\mathrm{alg}} A$ より $\mathrm{Aut}^{\mathrm{alg}} A$ に演算が定義でき, この演算で $\mathrm{Aut}^{\mathrm{alg}} A$ は群になる. この群 $\mathrm{Aut}^{\mathrm{alg}} A$ を A の**自己同型群**という.

注 1.1.11　後で k 代数, k 加群の概念を定義するが, A が k 代数であるとき, k 代数の自己同型と k 加群としての同型を区別するために $\mathrm{Aut}^{\mathrm{alg}} A$ という記号を使う. また, 群の自己同型と区別するという面もある.　　　　　◇

準同型の例をとりあえず一つだけ述べる.「環上の代数」(定義 1.3.15) という概念について解説した後, よりあたりまえでない例について解説する.

例 1.1.12 (準同型 1)　A を任意の環とするとき, n が正の整数なら,

$$n \cdot 1_A = \overbrace{1_A + \cdots + 1_A}^{n}$$

と書く. $n = 0$ なら $0 \cdot 1_A = 0$, $n < 0$ なら $n \cdot 1_A$ を $-(-n) \cdot 1_A$ と定義する. $\phi: \mathbb{Z} \to A$ を $\phi(n) = n \cdot 1_A$ と定義すると, ϕ は環の準同型である (証明は略). また,

$\psi : \mathbb{Z} \to A$ が準同型なら $\psi(1) = 1_A$ なので，$n > 0$ なら帰納法により $\psi(n) = n \cdot 1_A$ となる．$n < 0$ なら $\psi(n) = -\psi(-n)$ となるので，ϕ は $\mathbb{Z}$ から A へのただ一つの準同型である．この ϕ のことを $\mathbb{Z}$ から A への**自然な準同型**という． 　◇

1.2　多項式環・整域

以下，環の重要な例である多項式環を定義する．まず，1 変数の場合を考える．A を可換環とする．

定義 1.2.1　A 係数の，あるいは A 上の多項式とは，$\mathbb{N}$ から A への写像で，有限個の $i \in \mathbb{N}$ を除いて値が 0 になるものと，変数 x の組のことである．この写像の $i \in \mathbb{N}$ での値が a_i で $i > n$ での値が 0 なら，この多項式を $a_0 + a_1 x + \cdots + a_n x^n$ と書く．すべての a_n が 0 である多項式を 0 と書く． 　◇

多項式 $f(x) = a_0 + a_1 x + \cdots + a_n x^n$ に対し，$a_0, \cdots, a_n x^n$ を $f(x)$ の**項**という．特に，a_0 のことを**定数項**という．$c \in A$ なら，$f(c) = a_0 + a_1 c + \cdots + a_n c^n \in A$ とする．これを**代入**という (後で多変数の場合も定義する)．A 係数の，変数 x の多項式全体の集合を $A[x]$ と書く．A の元は定数項以外の項がない多項式として，$A[x]$ の部分集合とみなす．二つの多項式に対して，係数ごとに和・差を考えることにより，和・差を定義する．上の形の $f(x), g(x)$ が定義されてないので，

(1.2.2) $$f(x) = a_0 + a_1 x + \cdots + a_n x^n, \ g(x) = b_0 + b_1 x + \cdots + b_m x^m,$$

に対し，上の和を使い，

(1.2.3) $$f(x)g(x) = \sum_{i=0}^{n} \sum_{j=0}^{m} a_i b_j x^{i+j} = \sum_{l=0}^{n+m} \left(\sum_{i+j=l} a_i b_j \right) x^l$$

と定義する．これらの和と積により，$A[x]$ は可換環になる (証明は略)．この環を A 係数の，あるいは A 上の **1 変数多項式環**という．

定義 1.2.4 (多項式の次数 (1 変数))　$f(x) = a_0 + a_1 x + \cdots + a_n x^n \in A[x]$, $a_n \neq 0$ なら，$\deg f(x) = n$ と定義し，$f(x)$ の**次数**という．$a_i x^i$ を $f(x)$ の次数 i の項という．$f(x) = 0$ なら，$\deg f(x) = -\infty$ と定義する． 　◇

例 1.2.5　例えば，$A = \mathbb{Z}$ なら，$\deg(3x^2 - x + 1) = 2$ である． 　◇

多項式の次数に関する考察をするときには，係数に上のように番号をつけることが便利だが，方程式などを考えるときには，$f(x) = x^n + a_1 x^{n-1} + \cdots + a_n$ と書くのが一般的なので，目的に応じて両方の表記を使うことにする．

定義 1.2.6 A を環とする．

(1) $A \neq \{0\}$ で，任意の $a, b \in A \setminus \{0\}$ に対し $ab \neq 0$ なら，A を**整域**という．

(2) $a \in A$ は，$b \in A \setminus \{0\}$ があり $ab = 0$ となるとき，**零因子**という．a が零因子でなければ，**非零因子**という．   ◇

定義より，A が整域であるとは，A が零環でなく，零因子が 0 だけということである．なお，零環の 0 は単元であり，零環に零因子はない．

補題 1.2.7 a, b が環 A の非零因子なら，ab も非零因子である．

証明 $c \in A$ で $(ab)c = 0$ とする．$a(bc) = 0$ で a が非零因子なので，$bc = 0$．b も非零因子なので，$c = 0$ である．したがって，ab も非零因子である．   □

例 1.2.8 (整域 1) $a, b \in \mathbb{Z} \setminus \{0\}$ なら $ab \neq 0$．よって，$\mathbb{Z}$ は整域である．a が環 A の単元，$b \in A$ で $ab = 0$ なら，$a^{-1}ab = b = 0$ なので，a は零因子ではない．よって，任意の体は整域である．例えば，$\mathbb{Q}, \mathbb{R}, \mathbb{C}$ などは整域である．   ◇

例 1.2.9 (整域 2) $\mathbb{Z}/4\mathbb{Z}$ では $\overline{2} \neq \overline{0}$ だが，$\overline{2} \times \overline{2} = \overline{0}$ である．よって，$\overline{2}$ は零因子であり，$\mathbb{Z}/4\mathbb{Z}$ は整域ではない．   ◇

次の命題は次数に関する基本的な性質である．

命題 1.2.10 A を環，$f(x), g(x) \in A[x] \setminus \{0\}$ とするとき，次の (1)–(3) が成り立つ．

(1) $\deg(f(x) + g(x)) \leqq \max\{\deg f(x), \deg g(x)\}$．

(2) $f(x)$ または $g(x)$ の最高次の係数が零因子でなければ $f(x)g(x) \neq 0$ で，$\deg(f(x)g(x)) = \deg f(x) + \deg g(x)$．

(3) A が整域なら，$A[x]$ も整域である．

証明 $f(x), g(x) \neq 0$，なので A は零環ではない．$f(x) = a_0 + \cdots + a_n x^n$，$g(x) = b_0 + \cdots + b_m x^m$ $(a_0, \cdots, b_m \in A)$ とする．

(1)　$i > n, m$ なら，$f(x), g(x)$ の x^i の係数は 0. よって，$f(x)+g(x)$ でも x^i の係数は 0.

(2)　$a_n, b_m \neq 0$ とする．定義より $f(x)g(x) = \sum_{i,j} a_i b_j x^{i+j}$ である．$i \leqq n$, $j \leqq m$ なら，$i+j \leqq n+m$ で，どちらかが真の不等号なら，$i+j < n+m$ である．よって，$i = n$, $j = m$ でなければ，$i+j < n+m$ である．a_n, b_m のどちらかは零因子でないので，$\boldsymbol{a_n b_m \neq 0}$ である．よって，$f(x)g(x) \neq 0$ で $\deg(f(x)q(x)) = n+m$ である．

(3) は (2) より従う．　　　　　　　　　　　　　　　　　　　　　$\square$

例 1.2.11 (整域 3)　x を変数とする．命題 1.2.10 (3) により，$\mathbb{Z}[x], \mathbb{Q}[x], \mathbb{R}[x]$, $\mathbb{C}[x], \mathbb{F}_p[x]$ (p は素数) は整域である．　　　　　　　　　　　　　　$\diamond$

1 変数の多項式の場合は，割り算が重要な役割を果たす．そのためにモニックという概念を定義する．

定義 1.2.12　A を環，$f(x)$ を A 上の 1 変数 x の定数でない多項式とする．$f(x)$ の**最高次の係数が 1** であるとき，つまり，

$$f(x) = x^n + a_1 x^{n-1} + \cdots + a_n, \quad a_1, \cdots, a_n \in A$$

という形をしているとき，$f(x)$ を**モニック**という．　　　　　　　　　　　$\diamond$

命題 1.2.13 (多項式の割り算)　A を環，$f(x) \in A[x] \setminus \{0\}$ をモニック，$u \in A^\times$ とする．$g(x) \in A[x]$ なら，$q(x), r(x) \in A[x]$ が存在し，

$$\boldsymbol{g(x) = q(x)(uf(x)) + r(x), \quad \deg r(x) < \deg f(x)}$$

となる．また，上の条件を満たす $q(x), r(x)$ はただ一つである．

証明　$q(x), r(x)$ の存在を示す．$g(x) = 0$ なら，$q(x) = 0$, $r(x) = 0$ とすればよいので，$g(x) \neq 0$ と仮定し，$\deg g(x)$ に関する帰納法で証明する．

$\deg g(x) < \deg f(x)$ なら，$q(x) = 0$, $r(x) = g(x)$ とすればよい．$\deg f(x) = n$, $\deg g(x) = m \geqq n$ とする．$a_1, \cdots, a_n, b_0, \cdots, b_m \in A$ により，

$$f(x) = x^n + a_1 x^{n-1} + \cdots + a_n, \quad g(x) = b_0 x^m + b_1 x^{m-1} + \cdots + b_m$$

と表す．$q_1(x) = u^{-1} b_0 x^{m-n}$, $g_1(x) = g(x) - q_1(x)(uf(x))$ とおく．$g_1(x) = 0$ な

ら，$q(x) = q_1(x)$, $r(x) = 0$ とすればよい．$g_1(x) \neq 0$ なら $\deg g_1(x) < \deg g(x)$ なので，帰納法により $q_2(x), r_2(x) \in A[x]$ があり，$g_1(x) = q_2(x)(uf(x)) + r_2(x)$ で $\deg r_2(x) < \deg f(x)$ となる．$g(x) = (q_1(x) + q_2(x))(uf(x)) + r_2(x)$ なので，$q(x) = q_1(x) + q_2(x)$, $r(x) = r_2(x)$ とおけばよい．

もし $g(x) = q_1(x)(uf(x)) + r_1(x) = q_2(x)(uf(x)) + r_2(x)$ が両方とも命題の主張を満たせば，$(q_1(x) - q_2(x))(uf(x)) = r_2(x) - r_1(x)$ である．$uf(x)$ は命題 1.2.10 (2) の条件をみたすので，$q_1(x) - q_2(x) \neq 0$ なら左辺は 0 でなく，その次数は $\deg f(x)$ 以上なので矛盾である．よって，$q_1(x) = q_2(x) = 0$．すると $r_2(x) - r_1(x) = 0$ ともなるので，$q(x), r(x)$ がただ一つに定まる． $\square$

要するに，最高次の係数が単元なら，割り算ができる．特に A が体なら，命題 1.2.13 は $f(x)$ が任意の零でない多項式の場合に適用できる．

例 1.2.14 (割り算 1) $f(x) = x^2 - x + 1$, $g(x) = 2x^3 - 1$ なら，$f(x)$ は $\mathbb{Z}[x]$ の元としてモニックである．割り算すると，$g(x) = (2x+2)f(x) - 3$ となる． ◇

命題 1.2.15 A を環，$A[x]$ を 1 変数 x の多項式環，$\alpha_1, \cdots, \alpha_n \in A$ とする．$f(x) \in A[x]$, $f(\alpha_1) = \cdots = f(\alpha_n) = 0$ ですべての $i \neq j$ に対し，$\alpha_i - \alpha_j$ が非零因子なら，$g(x) \in A[x]$ があり，$f(x) = g(x)(x - \alpha_1) \cdots (x - \alpha_n)$. もし A が整域で $\alpha_1, \cdots, \alpha_n$ がすべて相異なるなら，この条件は成り立つ．

証明 n に関する帰納法で示す．$i < n$ で $f(x) = (x - \alpha_1) \cdots (x - \alpha_i)g_i(x)$, $g_i(x) \in A[x]$ とする．$x = \alpha_{i+1}$ を代入すると，

$$(\alpha_{i+1} - \alpha_1) \cdots (\alpha_{i+1} - \alpha_i)g_i(\alpha_{i+1}) = 0.$$

補題 1.2.7 より $\alpha_{i+1} - \alpha_1, \cdots, \alpha_{i+1} - \alpha_i$ は非零因子なので，$g_i(\alpha_{i+1}) = 0$. 命題 1.2.13 より，$g_{i+1}(x) \in A[x], c \in A$ があり，$g_i(x) = g_{i+1}(x)(x - \alpha_{i+1}) + c$ となる．$x = \alpha_{i+1}$ を代入し，$c = 0$ である．帰納法より，補題が従う． $\square$

上の命題で A を整域と仮定しなかったのは，4.2 節の命題 4.2.7 で A に制限をつけたくなかったからである．

体は整域なので，命題 1.2.10 (2) より，次の系が従う．

系 1.2.16 K が体で $f(x) \in K[x]$ の次数が n なら, $f(x)$ の根は高々 n 個である.

なお, I–3 章で述べたように, 本書では「$f(x) = 0$ の解」,「$f(x)$ の根」といった表現を使う.

次に, 多変数の多項式環について解説する. A を環, $x = (x_1, x_2, \cdots, x_n)$ を n 個の文字とする. **A 係数の, あるいは A 上の n 変数 $x = (x_1, \cdots, x_n)$ の多項式**とは, $\mathbb{N}^n$ から A への写像で有限個の $(i_1, \cdots, i_n) \in \mathbb{N}^n$ を除いて値が 0 であるものと, 変数 $x = (x_1, \cdots, x_n)$ の組のことである. この写像の $(i_1, \cdots, i_n) \in \mathbb{N}^n$ での値が $a_{i_1, \cdots, i_n}$ なら, この多項式を

$$(1.2.17) \quad f(x) = f(x_1, \cdots, x_n) = \sum_{i_1, \cdots, i_n \geqq 0} a_{i_1, \cdots, i_n} x_1^{i_1} \cdots x_n^{i_n} \quad (a_{i_1, \cdots, i_n} \in A)$$

などと書く. したがって, 二つの多項式

$$(1.2.18) \quad f(x) = \sum_{i_1, \cdots, i_n} a_{i_1, \cdots, i_n} x_1^{i_1} \cdots x_n^{i_n}, \quad g(x) = \sum_{i_1, \cdots, i_n} b_{i_1, \cdots, i_n} x_1^{i_1} \cdots x_n^{i_n}$$

$$(\text{ただし } i_1, \cdots, i_n \text{ は重複して現れない})$$

は, $a_{i_1, \cdots, i_n} = b_{i_1, \cdots, i_n}$ がすべての $i_1, \cdots, i_n$ に対して成り立つとき等しい (それが定義).

すべての $a_{i_1, \cdots, i_n}$ が 0 である多項式を 0 と書く. 各 $a_{i_1, \cdots, i_n} x_1^{i_1} \cdots x_n^{i_n}$ を $f(x)$ の**項**, $a_{i_1, \cdots, i_n}$ を**係数**という. もっと一般に, 多項式をいくつかの多項式の和で書いたとき, それぞれの多項式を項ということもある. A の元を $i_1 = \cdots = i_n = 0$ である項よりなる多項式と同一視する. (1.2.17) で $a_{0, \cdots, 0}$ を $f(x)$ の**定数項**という. $a_{i_1, \cdots, i_n}$ の添字は複数あるので, このような添字を**多重添字**, あるいは**マルチインデックス**という. $I = (i_1, \cdots, i_n)$ に対し, $a_{i_1, \cdots, i_n} x_1^{i_1} \cdots x_n^{i_n}$ を $a_I x^I$ とも書く. x^I という形の多項式を**単項式**という. 例えば, $x_1 x_2, x_1^2 x_2 x_3^3$ などは単項式である. 本書では $2x_1 x_2$ などは単項式とはみなさない.

$A[x]$ を n 変数 x の A 係数の多項式全体の集合とする. $A[x]$ の代わりに $A[x_1, \cdots, x_n]$ とも書く. (1.2.18) の二つの多項式 f, g に対して, その和・差 $f \pm g$ を係数ごとの和・差により定義する. つまり,

$$(1.2.19) \quad (f \pm g)(x) = \sum_{i_1, \cdots, i_n} (a_{i_1, \cdots, i_n} \pm b_{i_1, \cdots, i_n}) x_1^{i_1} \cdots x_n^{i_n}$$

である. このように定義した和を使い, 多項式の積を

$$(1.2.20) \quad \left(\sum_{i_1,\cdots,i_n} a_{i_1,\cdots,i_n} x_1^{i_1} \cdots x_n^{i_n} \right) \left(\sum_{j_1,\cdots,j_n} b_{j_1,\cdots,j_n} x_1^{j_1} \cdots x_n^{j_n} \right)$$

$$= \sum_{i_1,\cdots,j_n} a_{i_1,\cdots,i_n} b_{j_1,\cdots,j_n} x_1^{i_1+j_1} \cdots x_n^{i_n+j_n}$$

と定義する. $A[x]$ は上で定義した和と積により可換環になる (証明は略). この環を A 係数あるいは A 上の **n 変数多項式環** (あるいは単に多項式環) という.

変数が $x_1,\cdots,x_n$ でない多項式も同様に定義する. 例えば,

$$f(x,y) = x+2y, \quad g(x,y) = 2x-y$$

とすれば, $f(x,y), g(x,y)$ は x,y の $\mathbb{Z}$ 係数の多項式で

$$f(x,y)g(x,y) = 2x^2 - xy + 4xy - 2y^2 = 2x^2 + 3xy - 2y^2.$$

A の n 個の直積を, A^n と書くことにする.

$$f(x) = \sum_{i_1,\cdots,i_n} a_{i_1,\cdots,i_n} x_1^{i_1} \cdots x_n^{i_n}$$

で $c = (c_1,\cdots,c_n) \in A^n$ とする. このとき,

$$(1.2.21) \qquad f(c) = f(c_1,\cdots,c_n) = \sum_{i_1,\cdots,i_n} a_{i_1,\cdots,i_n} c_1^{i_1} \cdots c_n^{i_n} \in A$$

とする. この値を考えることを**代入**という.

命題 1.2.22 写像 $\phi : A[x] \ni f(x) \mapsto f(c) \in A$ は全射準同型である.

証明 $A[x]$ の元をマルチインデックス $I = (i_1,\cdots,i_n)$ などを使って,

$$f(x) = \sum_I a_I x^I, \qquad g(x) = \sum_I b_I x^I \in A[x]$$

と表す. マルチインデックス $I = (i_1,\cdots,i_n), J = (j_1,\cdots,j_n)$　に対して,

$$I+J = (i_1+j_1,\cdots,i_n+j_n)$$

とする. $c = (c_1,\cdots,c_n) \in A^n$ に対して $c^I = c_1^{i_1} \cdots c_n^{i_n}$ とおく.

定義 (1.2.20), (1.2.21) より,

$$\phi(f(x)+g(x)) = \sum_I (a_I+b_I)c^I = \sum_I a_I c^I + \sum_I b_I c^I = \phi(f(x)) + \phi(g(x)),$$

$$\phi(f(x)g(x)) = \phi\left(\sum_{I,J} a_I b_J x^{I+J} \right) = \sum_{I,J} a_I b_J c^{I+J}$$

$$= \left(\sum_I a_I c^I \right) \left(\sum_J b_J c^J \right) = \phi(f(x))\phi(g(x)).$$

$d \in A$ なら $\phi(d) = d$ なので，ϕ は全射で $\phi(1) = 1$ である．　　　　□

例 1.2.23 (代入 1)　$f(x, y) = x^2 + y^3 \in \mathbb{Z}[x, y]$ とするとき，$f(3, 2) = 9 + 8 = 17$ である．　　　　◇

例 1.2.24 (代入 2)　A が有限体 $\mathbb{F}_2$ なら，多項式 $f(x) = x^2 + x$ の $x \in \mathbb{F}_2 = \{\overline{0}, \overline{1}\}$ での値は $\overline{0}$ だが，$f(x)$ は多項式としては零ではない．　　　　◇

定義 1.2.25 (多項式の次数)　$f(x) \in A[x] = A[x_1, \cdots, x_n]$ を (1.2.17) で定義される多項式とする．

(1)　$f(x) \neq 0$ なら，$f(x)$ の **次数** $\deg f(x)$ を

$$\deg f(x) = \max\{i_1 + \cdots + i_n \mid a_{i_1, \cdots, i_n} \neq 0\}$$

と定義する．$f(x) = 0$ なら $\deg f(x) = -\infty$ と定義する．

(2)　多項式 $f(x)$ に現れる 0 でない項の次数がすべて等しいとき，$f(x)$ を **斉次式** という．n 次斉次式のことを $\boldsymbol{n}$ **次形式** ともいう．0 はすべての n に対して n 次斉次式，n 次形式とみなす．　　　　◇

上の定義は変数が $x_1, \cdots, x_n$ でない場合にも適用する．

例 1.2.26　(1)　$\deg(x^3 y - y^2) = 4$．

(2)　$x^3 - xy^2 + 2y^3$ は 3 次斉次式，あるいは (2 変数) 3 次形式である．

(3)　$y^2 - x$ は y^2 の次数が 2 で x の次数が 1 なので，斉次式ではない．　　◇

多変数の多項式も一つの変数に注目して 1 変数の多項式とみなすこともある．そのために次の補題を考える．

補題 1.2.27　A が環，$x_1, \cdots, x_n$ が変数なら，

$$A[x_1, \cdots, x_n] \cong A[x_1, \cdots, x_{n-1}][x_n].$$

証明　(1.2.17) の $f(x_1, \cdots, x_n)$ を

$$f(x_1, \cdots, x_n) = \sum_{i_n} \left(\sum_{i_1, \cdots, i_{n-1}} a_{i_1, \cdots, i_n} x_1^{i_1} \cdots x_{n-1}^{i_{n-1}} \right) x_n^{i_n}$$

と解釈すればよい．　　　　□

例えば，$\mathbb{C}[x,y] = \mathbb{C}[x][y] = \mathbb{C}[y][x]$ である．$A = \mathbb{C}[x]$，$B = \mathbb{C}[y]$ とおくと，$\mathbb{C}[x,y] = A[y] = B[x]$ である．よって，2 変数の多項式でも，一つの変数に関して最高次の係数が単元なら，割り算をすることが可能である．

命題 1.2.10 (3) より，次の系がただちに従う．

系 1.2.28　A が整域なら，n 変数多項式環 $A[x_1, \cdots, x_n]$ も整域である．

例 1.2.29 (整域 4)　$x_1, \cdots, x_n$ を変数とする．

$$\mathbb{Z}[x_1, \cdots, x_n], \mathbb{Q}[x_1, \cdots, x_n], \mathbb{R}[x_1, \cdots, x_n], \mathbb{C}[x_1, \cdots, x_n], \mathbb{F}_p[x_1, \cdots, x_n]$$

(p は素数) は整域である．　　　　　　　　　　　　　　　　　　　　　　　◇

f を多変数の多項式とする．割り算 (命題 1.2.13) を f に直接適用することはできない．しかし f が一つの変数に関してモニックである場合には割り算を実行することができる．

例 1.2.30 (割り算 2)　$f(x,y) = x^3 - y^2$，$g(x,y) = xy^2 + y^2 - xy = (x+1)y^2 - xy$ とする．$f(x,y)$ は $\mathbb{C}[x][y]$ の元とみなすと，y の多項式としては 2 次の多項式である．$f(x,y)$ は y に関しての最高次の係数が単元なので，y に関して割り算ができる．

$$
\begin{array}{r}
-(x+1) \\ \hline
-y^2 + x^3 \,\big)\, (x+1)y^2 - xy \\
(x+1)y^2 \qquad -(x+1)x^3 \\ \hline
-xy + (x+1)x^3
\end{array}
$$

となるので，$g(x,y) = -(x+1)f(x,y) - xy + (x+1)x^3$ である．　　　　　◇

系 1.2.28 を使って命題 1.2.10 (2) の類似の命題を証明する．A を整域，$x = (x_1, \cdots, x_n)$ を変数，$f(x), g(x) \in A[x]$ とする．

命題 1.2.31　(1)　$\deg(f(x) + g(x)) \leqq \max\{\deg f(x), \deg g(x)\}$.

(2)　$\deg(f(x)g(x)) = \deg f(x) + \deg g(x)$.

証明　(1) は明らかなので，(2) を証明する．$d_1 = \deg f(x)$，$d_2 = \deg g(x)$ とする．$f(x) = 0$ または $g(x) = 0$ なら，$d_2 - \infty = -\infty$ などとみなし (2) が成り

立つ. $f(x), g(x) \neq 0$ とする. $f(x) = \sum\limits_{i_1, \cdots, i_n} a_{i_1, \cdots, i_n} x_1^{i_1} \cdots x_n^{i_n}$ なら $l \geqq 0$ に対し,

$$f_l(x) = \sum_{i_1 + \cdots + i_n = l} a_{i_1, \cdots, i_n} x_1^{i_1} \cdots x_n^{i_n}$$

とおくと, $f(x) = f_0(x) + \cdots + f_{d_1}(x)$ で $f_l(x)$ は l 次斉次式であり, $f_{d_1}(x) \neq 0$. 同様に $g(x) = g_0(x) + \cdots + g_{d_2}(x)$ で, $g_l(x)$ は l 次斉次式であり, $g_{d_2}(x) \neq 0$.

$f_l(x)g_m(x)$ は $(l+m)$ 次斉次式である. $l < d_1$ または $m < d_2$ なら, $l + m < d_1 + d_2$ である. 系 1.2.28 より $f_{d_1}(x)g_{d_2}(x) \neq 0$ である. $f(x)g(x) = \sum\limits_{l+m<d_1+d_2} f_l(x)g_m(x) + f_{d_1}(x)g_{d_2}(x)$ なので (ここがポイント), $\deg(f(x)g(x)) = d_1 + d_2$ である. □

系 1.2.32 整域 A 上の多項式環 $A[x_1, \cdots, x_n]$ の単元は $A^\times$ の元である.

証明 $f(x), g(x) \in A[x] = A[x_1, \cdots, x_n]$ とする. $f(x)g(x) = 1$ なら, 命題 1.2.31 より $\deg f(x) + \deg g(x) = 0$ となるので, $\deg f(x) = \deg g(x) = 0$. よって, $f(x) = a$, $g(x) = b \in A$ である. $ab = 1$ なので, $a \in A^\times$ である. □

$A = \mathbb{Z}/4\mathbb{Z}$, $f(x) = \bar{1} + \bar{2}x \in A[x]$ なら, $f(x)^2 = \bar{1}$. よって, $A[x]^\times \neq A^\times$.

3.2 節で必要になるので, ここで無限変数の多項式環も定義しておく. $\{x_i \mid i \in I\}$ を I を添え字集合とする, 変数の集合とする. A 係数の $\{x_i \mid i \in I\}$ の多項式とは, $\{x_i \mid i \in I\}$ の有限部分集合 $\{x_{i_1}, \cdots, x_{i_n}\}$ の A 係数の多項式のことである. そのような多項式全体の集合を $\boldsymbol{A[x_i]_{i \in I}}$ と書く. 加法と乗法は (1.2.19), (1.2.20) と同様に定義する. すると, $A[x_i]_{i \in I}$ は可換環になる. 厳密には, $A[x_i]_{i \in I}$ が大きすぎないということを示す必要があるが, それは演習問題 1.2.5 とする. すべての $i \in I$ に対して $c_i \in A$ が与えられていれば, 命題 1.2.22 と同様に, $x_i = c_i$ と代入することもできる.

1.3 部分環とイデアル

定義 1.3.1 A を環とする. A の部分集合 B が A の加法と乗法により環になり, $1_A \in B$ なら, B を A の**部分環**, A を B の**拡大環**という. ◇

部分群の場合 (命題 I–2.3.2) と同様に，次の命題が成り立つ.

命題 1.3.2 A を環，$B \subset A$ を部分集合とするとき，B が部分環であるための必要十分条件は，次の (1)–(3) が成り立つことである.

(1) B は加法に関して部分群である.

(2) $a, b \in B$ なら，$ab \in B$.

(3) $1_A \in B$.

証明 (1)–(3) は明らかに必要条件である. (1)–(3) が満たされているとする. (1), (2) より，B には演算が定義される. (1) より，B は A の演算によりアーベル群になる. A で積に関する結合法則が成り立つので，演算を B に制限しても成り立つ. 分配法則についても同様である. (3) より，1_A は B の積に関する単位元の役割を果たす. したがって，B は A の部分環である. $\square$

(2) が成り立つなら，**B は積について閉じている**という. 次の命題の証明は省略する.

命題 1.3.3 (1) A を環，I を A の部分環よりなる集合とする (I は A の部分環全体の集合とはかぎらない). このとき，$B = \bigcap_{C \in I} C$ も A の部分環である.

(2) B が環 A の部分環で，C が環 B の部分環なら，C は A の部分環である.

例 1.3.4 (部分環 1) $\mathbb{Z} \subset \mathbb{Q} \subset \mathbb{R} \subset \mathbb{C}$ はすべて部分環である. ◇

例 1.3.5 (部分環 2) x, y を変数とする. $\mathbb{Z}[x]$ は $\mathbb{C}[x]$ の部分環である. また，$\mathbb{Q}[x]$ は $\mathbb{R}[x, y]$ の部分環である. 一般に，$x = (x_1, \cdots, x_n)$ が変数，$0 \leqq m \leqq n$ で B が A の部分環なら，$B[x_1, \cdots, x_m]$ は $A[x]$ の部分環である. ◇

例 1.3.6 (部分環 3) $A = \mathbb{C}[x]$ を $\mathbb{C}$ 係数の 1 変数多項式環とする. $B \subset A$ を偶数次の項よりなる多項式全体と 0 よりなる部分集合とする. 例えば，$1 - 3x^2 + x^6 \in B$, $2 - x + x^2 \notin B$ である. $1 \in B$ であることと，B が加法に関して部分群であることは明らかである. $f, g \in B$ なら，fg も偶数次の項よりなる.

よって，$fg \in B$ である．したがって，B は A の部分環である．　　　◇

例 1.3.7 (部分環 4)　$d \neq 1$ を平方因子を持たない整数とする．$A = \mathbb{Z}[\sqrt{d}]$ を例 1.1.4 で定義した環とする．$m > 1$ を整数とするとき，

$$B = \{x + ym\sqrt{d} \mid x, y \in \mathbb{Z}\}$$

とおく．$1 \in B$ であり，B が加法に関して A の部分群であることは明らかである．$x_1, y_1, x_2, y_2 \in \mathbb{Z}$ なら，

$$(x_1 + y_1 m\sqrt{d})(x_2 + y_2 m\sqrt{d}) = x_1 x_2 + y_1 y_2 m^2 d + (x_1 y_2 + x_2 y_2)m\sqrt{d} \in A$$

なので，B は積について閉じている．したがって，B は A の部分環である．　◇

注 1.3.8　$B \subset A$ が部分環で $x_1, \cdots, x_n$ が変数，$x = (x_1, \cdots, x_n)$ なら，$B[x]$ は $A[x]$ の部分環とみなせる．したがって，$f(x) \in B[x]$ なら，$x_1, \cdots, x_n$ に A の元を代入することができる．

例えば，x, y, u, v が変数で $f(x, y) = x^2 + y^3 \in \mathbb{Z}[x, y]$ なら，上の状況で $A = \mathbb{Z}[u, v]$, $B = \mathbb{Z}$ とすると，

$$f(u - v, uv) = (u - v)^2 + u^3 v^3 = u^2 - 2uv + v^2 + u^3 v^3$$

などと代入できる．　　　　　　　　　　　　　　　　　　　　　　　◇

整域に関しては次の性質が成り立つ．

命題 1.3.9　A が整域，B が A の部分環なら，B も整域である．

証明　$a, b \in B \setminus \{0\}$ なら，a, b は A の元としても 0 ではないので，A の元として $ab \neq 0$ である．A, B の演算は一致するので，B の元として $ab \neq 0$ である．よって，B は整域である．　　　　　　　　　　　　　　　□

例 1.3.10　体は整域なので，体の部分環はすべて整域である．例えば，$\mathbb{Z} \subset \mathbb{Q}$, $\mathbb{Z}[\sqrt{-1}] \subset \mathbb{C}$ などは整域である．よって，$\mathbb{Z}[x_1, \cdots, x_n]$ なども整域である．　◇

定義 1.3.11　$\phi : A \to B$ を環準同型とする．

(1)　$\mathrm{Ker}(\phi) = \{x \in A \mid \phi(x) = 0_B\}$ とおき，ϕ の**核**という．

(2)　$\mathrm{Im}(\phi) = \{\phi(x) \mid x \in A\}$ とおき，ϕ の**像**という．　　　◇

補題 1.3.12 $\phi: A \to B$ が環準同型なら，$\mathrm{Im}(\phi) \subset B$ は部分環である.

証明 ϕ は A, B に付随する加法群の準同型でもあるので，命題 I–2.5.4 (4) より $\mathrm{Im}(\phi) \subset B$ は部分群である. $\mathrm{Im}(\phi)$ の任意の 2 つの元は $\phi(a), \phi(b)$ $(a, b \in A)$ という形をしている. $\phi(a)\phi(b) = \phi(ab) \in \mathrm{Im}(\phi)$ なので，$\mathrm{Im}(\phi)$ は積について閉じている. $1_B = \phi(1_A) \in \mathrm{Im}(\phi)$ なので，$\mathrm{Im}(\phi) \subset B$ は部分環である. □

$\mathrm{Ker}(\phi) \subset A$ は A の加法群の部分群だが，部分環ではない. これは定義 1.3.27 で定義する「イデアル」というものになる. それについては準同型の例をいくつか述べてから解説する.

$\phi: A \to B$ が環準同型なら，加法群の準同型なので，次の命題が命題 I–2.5.15 より従う.

命題 1.3.13 $\phi: A \to B$ が環の準同型なら，次の (1), (2) は同値である.
(1) ϕ は単射である.
(2) $\mathrm{Ker}(\phi) = \{0_A\}$.

命題 1.3.14 $\phi: A \to B$ を環準同型，$x = (x_1, \cdots, x_n)$ を変数とする. このとき，$A[x]$ から $B[x]$ への準同型 ψ で，
$$\psi\left(\sum_{i_1, \cdots, i_n} a_{i_1, \cdots, i_n} x_1^{i_1} \cdots x_n^{i_n}\right) = \sum_{i_1, \cdots, i_n} \phi(a_{i_1, \cdots, i_n}) x_1^{i_1} \cdots x_n^{i_n}$$
となるものがある.

証明 $A[x]$ の元を $f(x) = \sum_I a_I x^I$, $g(x) = \sum_I b_I x^I$ とマルチインデックスを使って表す. 演算の定義 (1.2.19) , (1.2.20) より，
$$\psi(f(x) + g(x)) = \sum_I \phi(a_I + b_I) x^I = \sum_I (\phi(a_I) + \phi(b_I)) x^I$$
$$= \sum_I \phi(a_I) x^I + \sum_I \phi(b_I) x^I = \psi(f) + \psi(g)$$
となる. 同様に $\psi(f(x) g(x)) = \psi(f(x)) \psi(g(x))$ である. 準同型の定義より $\psi(1_A) = 1_B$ なので，ψ は環準同型である. □

　環の準同型の例は多項式環により作られることが多い．そのために，環上の代数という概念を導入する．

　定義 1.3.15　(1)　k, A を環とする．k から A への準同型 ϕ があるとき，(A, ϕ) を k 代数，あるいは **k 上の代数**という．ϕ が明らかなら，A を k 代数，あるいは k 上の代数という．

　(2)　k, A, B を環，$\phi: k \to \Lambda$, $\psi: k \to B$ を準同型とし，ϕ, ψ により A, B を k 代数とみなす．このとき，準同型 $f: A \to B$ が，$f \circ \phi = \psi$ という条件を満たすとき，f を **k 代数の準同型**，あるいは **k 準同型**という．A から B への k 準同型全体の集合を $\mathrm{Hom}_k^{\mathrm{alg}}(A, B)$ と書く．k 準同型が環の同型であるとき，**k 代数の同型**，あるいは **k 同型**という．

　(3)　$\phi: A \to B$ を k 代数の準同型で単射であるとする．このとき，A を B の部分集合とみなしたものを**部分 k 代数**という．　　　　　　　　　◇

　状況が明らかなら，k 準同型，部分 k 代数のことを単に準同型，部分代数という．一般に k から A への準同型は複数ありえるので，準同型が違えば A は違う k 代数である．しかし，k が A の部分環であり，準同型 $k \to A$ が何であるか問題にならない場合が多いので，これはあまり気にする必要はない．A が k 代数であるとき，準同型 $k \to A$ は必ずしも単射ではないが，$t \in k$ の A での像も t と書くことにする．だから，$a \in A$ に対して $t+a, ta$ は t の A での像と a との和・積である．これは記号の乱用だが，問題は起きないだろう．

　A が k 代数であるとき，A から A への k 同型全体の集合は写像の合成により群になる．これを **k 自己同型群**といい，$\mathrm{Aut}_k^{\mathrm{alg}} A$ と書く．例 1.1.12 で解説したように，任意の環は $\mathbb{Z}$ 代数である．また，A, B が環で，$\phi: A \to B$ が環準同型なら，$\mathbb{Z}$ 準同型でもある．よって，$\mathrm{Aut}_{\mathbb{Z}}^{\mathrm{alg}} A = \mathrm{Aut}^{\mathrm{alg}} A$ である．

　k を環，$x = (x_1, \cdots, x_n)$ を変数とするとき，多項式環 $k[x]$ は明らかに k 代数である．A を k 代数とするとき，次の命題は基本的である．

　命題 1.3.16　(A, ϕ) は k 代数，$a = (a_1, \cdots, a_n) \in A^n$ とするとき，k 準同型 $\psi: k[x] \to A$ で $\psi(x_i) = a_i$ $(i = 1, \cdots, n)$ であるものがただ一つある．

　証明　$\psi_1: k[x] \to A[x]$ を命題 1.3.14 で $A = k, B = A$ とした準同型，$\psi_2:$

$A[x] \to A$ を $\psi_2(f(x)) = f(a)$ で定義された写像とする. 命題 1.2.22 により ψ_2 は準同型である. すると, $\psi = \psi_2 \circ \psi_1$ が命題の条件を満たす k 準同型である.

ψ' を命題の条件を満たすもう一つの k 準同型とする.

$$f(x) = \sum_{i_1,\cdots,i_n} c_{i_1,\cdots,i_n} x_1^{i_1} \cdots x_n^{i_n}$$

とすると,

$$\psi'(f(x)) = \sum_{i_1,\cdots,i_n} \phi(c_{i_1,\cdots,i_n}) \psi'(x_1)^{i_1} \cdots \psi'(x_n)^{i_n}.$$

$\psi'(x_1) = a_1, \cdots, \psi'(x_n) = a_n$ と固定されているので, $\psi'(f(x))$ は $\psi(f(x))$ と一致する. よって, $\psi' = \psi$ である. □

$f(x) \in k[x]$ なら, 命題 1.3.16 の ψ による $\psi(f(x))$ を $f(\alpha)$ と書く. 次の命題は k 代数を考える理由の一つである.

命題 1.3.17 k は体, A, B は k を含む k 代数で $f(x) \in k[x] \setminus k$, $\phi : A \to B$ は k 準同型で $\alpha \in A$, $f(\alpha) = 0_A$ とする. このとき, $f(\phi(\alpha)) = 0_B$.

証明 $a_0, \cdots, a_n \in A$, $f(x) = a_0 x^n + a_1 x^{n-1} + \cdots + a_n$ とする. ϕ を $f(\alpha) = 0_A$ に適用すると,

$$0_B = \phi(0_A) = \phi(f(\alpha)) = \phi(a_0 \alpha^n + \cdots + a_n) = a_0 \phi(\alpha)^n + \cdots + a_n$$
$$= f(\phi(\alpha)). \qquad \square$$

この性質は方程式論において重要な性質となる. 方程式のどのような性質を考えるにせよ,「同型」な環を考える際には, 対応する元は k 上の同じ方程式を満たすべきである. また, k 準同型により, k に関係した環の性質は保存されるべきである. これが, 定義 1.3.15 (1), (2) で k 代数や k 準同型を定義した理由である.

例 1.3.18 (準同型 2) (1) 命題 1.3.16 より, $\mathbb{C}[x,y,z]$ から $\mathbb{C}[t]$ への $\mathbb{C}$ 準同型 ϕ で $\phi(x) = t^3$, $\phi(y) = t^4$, $\phi(z) = t^5$ となるものがある.

(2) $\mathbb{C}$ 準同型 $\phi : \mathbb{C}[x,y,z] \to \mathbb{C}[t,s]$ で $\phi(x) = t^2$, $\phi(y) = ts$, $\phi(z) = s^2$ となるものがある.

(3)　$\mathbb{C}$ 準同型 $\phi : \mathbb{C}[x_1, x_2, x_3, x_4] \to \mathbb{C}[t_1, s_1, t_2, s_2]$ で $\phi(x_1) = t_1 s_1$, $\phi(x_2) = t_1 s_2$, $\phi(x_3) = t_2 s_1$, $\phi(x_4) = t_2 s_2$ となるものがある.　　　　◇

例 1.3.19 (準同型 3)　命題 1.3.16 より, $\mathbb{Z}[x]$ から $\mathbb{Q}$ への準同型 ϕ で $\phi(x) = 1/2$ となるものがある. この場合, 環準同型と $\mathbb{Z}$ 準同型は同じである.　　◇

　k を環, A を k 代数, $S = \{a_1, \cdots, a_n\} \subset A$ を部分集合とする. このとき, $f(x_1, \cdots, x_n) \in k[x_1, \cdots, x_n]$ により $f(a_1, \cdots, a_n)$ と表される A の元全体の集合を $k[S]$ とする. $S \subset A$ が無限集合なら, すべての有限部分集合 $S' \subset S$ に対する $k[S']$ の和集合を $k[S]$ とする.

　命題 1.3.20　上の状況で, 次の (1), (2) が成り立つ.

　(1)　$k[S]$ は A の部分 k 代数である.

　(2)　$C \subset A$ が部分 k 代数で S を含めば, $k[S] \subset C$ である. したがって, **$k[S]$ は S を含む A の最小の部分 k 代数である**.

　証明　(1)　多項式の和・積は多項式である. 有限個の変数の組を合わせても有限個の変数になるので, $k[S]$ は和・積に関して閉じている. したがって, $k[S]$ は部分 k 代数となる. $k[S]$ は $k \to A$ の像を含むので, 特に 1_A を含む. したがって, $k[S]$ は部分 k 代数である.

　(2)　S を含む A の部分 k 代数 C は A における k の像を含む. C は和・積について閉じているので, $k[S]$ を含む.　　　　□

　定義 1.3.21　$k[S]$ を **部分集合 S で生成された部分 k 代数**という. $k[S]$ は k 上 S で生成されるともいう. また S を生成系, S の元を生成元という.　　◇

　注 1.3.22　(1)　命題 I–2.5.14 と同様に, k 代数の準同型 $\phi : A \to B$ は A の生成元での値により定まる.

　(2)　任意の環は $\mathbb{Z}$ 代数とみなせるので, 命題 1.3.20 および定義 1.3.21 は単なる環の場合を含む. つまり, A が環で $S \subset A$ が部分集合なら, S を含む最小の部分環が存在する. これも S で生成された部分環という.　　◇

$S = \{a_1, \cdots, a_n\}$ なら，$k[S]$ を $k[a_1, \cdots, a_n]$ とも書く．もし A が k 上有限集合 S で生成されるなら，A は **k 代数として有限生成**という[1]．

命題 1.3.20 より，次の系が従う．

系 1.3.23　A を k 代数，$S = \{a_1, \cdots, a_n\} \subset A$ とするとき，$\phi(x_i) = a_i$ $(i = 1, \cdots, n)$ となる k 準同型 $\phi : k[x_1, \cdots, x_n] \to A$ の像が $k[S]$ である．

例 1.3.24　多項式環 $\mathbb{C}[x_1, \cdots, x_n]$ は $\mathbb{C}$ 上 $x_1, \cdots, x_n$ で生成されている．　◇

例 1.3.25　例 1.3.18 (1) の準同型の像は $\mathbb{C}$ 上 t^3, t^4, t^5 で生成されている．よって，$\mathbb{C}[t^3, t^4, t^5]$ と書ける．(2) の準同型の像は $\mathbb{C}$ 上 t^2, ts, s^2 で生成されている．(3) の準同型の像は $\mathbb{C}$ 上 $t_1 s_1, \cdots, t_2 s_2$ で生成されている．　◇

例 1.3.26　例 1.3.19 の準同型 $\phi : \mathbb{Z}[x] \to \mathbb{Q}$ の像は $\mathbb{Z}[1/2]$ である．　◇

次に準同型の核について考察する．

定義 1.3.27　A を環とする．部分集合 $I \subset A$ が次の条件 (1), (2) を満たすとき，A の**イデアル**という．
(1)　I は A の加法に関して部分群である．
(2)　任意の $a \in A$, $x \in I$ に対し，$ax \in I$ である．　◇

なお，I が空集合でなく，和について閉じていて，(2) が成り立てば，$x \in I$ なら，$-x = (-1)x \in I$, $x + (-x) = (1 + (-1))x = 0x = 0 \in I$ となるので，(1) が成り立つ．

環のイデアルは環上の加群 (定義 2.3.1) の特別な場合である．

命題 1.3.28　$\phi : A \to B$ を環準同型とする．
(1)　$I \subset B$ がイデアルなら，$\phi^{-1}(I) \subset A$ もイデアルである．
(2)　$\mathrm{Ker}(\phi)$ は A のイデアルである．
(3)　B が零環でなければ，$\mathrm{Ker}(\phi) \neq A$. したがって，$A$ も零環でない．

---

1)　2.8 節で加群として有限生成という概念を定義するが，k 代数として有限生成であることと，加群として有限生成であることは違う．これはよく間違うところである．

証明 (1) 命題 I–2.5.4 (3) により $\phi^{-1}(I)$ は A の加法群の部分群である. $a \in A, x \in \phi^{-1}(I)$ とする. $\phi(x) \in I$ で I はイデアルなので, $\phi(ax) = \phi(a)\phi(x) \in I$. したがって, $\phi^{-1}(I)$ は A のイデアルである.

(2) $\mathrm{Ker}(\phi) = \phi^{-1}((0))$ なので, (2) は (1) より従う.

(3) $\phi(1_A) = 1_B \neq 0_B = \phi(0_A)$ なので, $1_A \notin \mathrm{Ker}(\phi)$. したがって, $1_A \neq 0_A$ となり, A は零環ではない. □

例 1.3.29 (イデアル 1) A が環なら, $I = \{0\}, A$ は A のイデアルである. これらを A の**自明なイデアル**という. また, $\{0\}$ を A の**零イデアル**という. A のイデアルで A と異なるものを**真のイデアル**という. ◇

例 1.3.30 (イデアル 2) $n \in \mathbb{Z}$, $n\mathbb{Z} = \{nx \mid x \in \mathbb{Z}\}$ とする. 例 I–2.3.5 より, $n\mathbb{Z} \subset \mathbb{Z}$ は加法に関して部分群である. $a, x \in \mathbb{Z}$ なら, $a(nx) = n(ax) \in n\mathbb{Z}$ なので, $n\mathbb{Z}$ は $\mathbb{Z}$ のイデアルである. ◇

次の簡単な補題は後で使われる.

補題 1.3.31 A は環, $I \subsetneqq A$ は真のイデアルとする. このとき, $a \in I$ なら a は単元ではない. 特に, $1 \notin I$ である.

証明 $a \in A, b \in I$ で $ab = 1$ なら, I がイデアルなので, $1 = ab \in I$. すると, $a \in A$ なら $a = a \cdot 1 \in I$ となるので, $I = A$. これは I が真のイデアルであることに矛盾である. □

$S = \{s_1, \cdots, s_n\}$ を環 A の有限部分集合とするとき, $a_1, \cdots, a_n \in A$ により

$$(1.3.32) \qquad a_1 s_1 + \cdots + a_n s_n$$

という形をした元全体の集合 I は A のイデアルになる (証明は略). このイデアル I を $(s_1, \cdots, s_n)$, $As_1 + \cdots + As_n$, あるいは $s_1 A + \cdots + s_n A$ と書き, **S で生成されたイデアル**という. S が無限集合なら, S の有限部分集合で生成されたイデアル全体の和集合 I はイデアルになる. これも S で生成されたイデアルという. いずれの場合も S を I の生成系, S の元を I の生成元という. $S = \{s\}$ なら s を I の生成元ともいう. 有限集合で生成されたイデアルを**有限生成なイデアル**という. 一つの元で生成されたイデアルを**単項イデアル**という.

命題 1.3.20 と同様に, 次の命題が成り立つ (証明は略).

命題 1.3.33 A が環で, $S \subset A$ とする. このとき, S で生成された A のイデアルは S を含む最小のイデアルである.

上の命題より, $s_1, \cdots, s_n$ がイデアル $I \subset A$ の元なら, $(s_1, \cdots, s_n) \subset I$ である.

例 1.3.34 (イデアル 3) $A = \mathbb{C}[x, y]$, $I = (x, y)$ なら, I は $xf(x,y) + yg(x,y)$ という形をした多項式全体の集合である.   ◇

注 1.3.35 第 1 巻を通して, 整数 n の倍数の集合に $n\mathbb{Z}$ という記号を使った. これは $\mathbb{Z}$ のイデアルであり (n) と表すこともできる. したがって, $n\mathbb{Z} = (n)$ である. この場合, 本書では第 1 巻でも使っていた記号 $n\mathbb{Z}$ を主に使うことにする. また, 任意の環 A で, 零イデアルは $\{0\}$ で生成されたイデアル (0) と一致するが, 本書では零イデアルを主に (0) と書くことにする.   ◇

例題 1.3.36 $\mathbb{C}$ 準同型 $\phi : \mathbb{C}[x, y] \to \mathbb{C}[t]$ で $\phi(x) = t^2$, $\phi(y) = t^3$ となるものを考える. このとき, $\mathrm{Ker}(\phi)$ の生成系を求めよ.

解答 $\mathrm{Ker}(\phi) = (x^3 - y^2)$ であることを示す.
明らかに $x^3 - y^2 \in \mathrm{Ker}(\phi)$ である. $f(x, y) \in \mathrm{Ker}(\phi)$ とする. $x^3 - y^2$ は y の多項式としては 2 次式で, 最高次の係数は単元なので, 命題 1.2.13 により

$$f(x, y) = g(x, y)(x^3 - y^2) + h_1(x)y + h_2(x)$$

という形に書ける. ここで, $h_1(x), h_2(x)$ は x の多項式である. $f(t^2, t^3) = 0$ なので, $h_1(t^2)t^3 + h_2(t^2) = 0$ である. $\boldsymbol{h_1(t^2)t^3}$ はすべての項が奇数次で, $\boldsymbol{h_2(t^2)}$ はすべての項が偶数次である. これより, $h_1(x) = h_2(x) = 0$ である. よって, $f(x, y) = g(x, y)(x^3 - y^2)$ となり, $f \in (x^3 - y^2)$ である. したがって, $x^3 - y^2$ が $\mathrm{Ker}(\phi)$ の生成元である.   □

例 1.3.37 (イデアル 4) A を環, $B = A[x] = A[x_1, \cdots, x_n]$ とする. X を A^n の部分集合とする (X は無限集合でもよい). このとき,

$$I(X) = \{f(x) \in B \mid {}^{\forall} a = (a_1, \cdots, a_n) \in X, \ f(a) = 0\}$$

と定義する. $I(X)$ がイデアルであることを示す.

$f(x), g(x) \in I(X)$, $a \in X$ なら, $f(a) = g(a) = 0$. よって, $(f \pm g)(a) = f(a) \pm g(a) = 0 \pm 0 = 0$. したがって, $f \pm g \in I(X)$ である. 明らかに $0 \in I(X)$ である. よって, $I(X)$ は加法に関して部分群である. $h(x) \in B$ なら, $h(a)f(a) = h(a)0 = 0$ なので, $hf \in I(X)$. よって, $I(X)$ はイデアルである.   ◇

例 1.3.38 (**イデアル 5**)　例 1.3.37 の状況で $a = (a_1, \cdots, a_n) \in A^n$ とする. このとき, $\mathfrak{m}_a \overset{\text{def}}{=} \{f(x) \in A[x] \mid f(a) = 0\}$ とおくと, $\mathfrak{m}_a = (x_1 - a_1, \cdots, x_n - a_n)$ であることを示す.

明らかに $x_1 - a_1, \cdots, x_n - a_n \in \mathfrak{m}_a$ なので, $\mathfrak{m}_a \supset (x_1 - a_1, \cdots, x_n - a_n)$ である. $f(x) \in \mathfrak{m}_a$ とする. $A[x] = A[x_2, \cdots, x_n][x_1]$ とみなすと $x_1 - a_1$ はモニックである. 命題 1.2.13 により $f(x)$ を $x_1 - a_1$ で割り算でき, $x_1 - a_1$ が 1 次式なので, $g_1(x) \in A[x]$ と $r_2(x_2, \cdots, x_n) \in A[x_2, \cdots, x_n]$ があり, $f(x) = g_1(x)(x_1 - a_1) + r_2(x_2, \cdots, x_n)$ となる. ここで $r_2(x_2, \cdots, x_n)$ が x_1 を含まないので, $x_2 - a_2, \cdots, x_n - a_n$ で繰り返し割ることができ,

$$f(x) = g_1(x_1, \cdots, x_n)(x_1 - a_1) + \cdots + g_n(x_n)(x_n - a_n) + c.$$

$(g_2(x_1, \cdots, x_n) \in A[x_2, \cdots, x_n], \cdots, g_n(x_n) \in A[x_n], c \in A)$ となる. $x_1 = a_1$, $\cdots$, $x_n = a_n$ を代入し, $c = 0$. よって, $f(x) \in (x_1 - a_1, \cdots, x_n - a_n)$.

$m \leqq n$ なら, $B = A[x_{m+1}, \cdots, x_n]$ とすると, $A[x] = B[x_1, \cdots, x_m]$ なので,

$$\{f(x) \in A[x] \mid f(a_1, \cdots, a_m, x_{m+1}, \cdots, x_n) = 0\} = (x_1 - a_1, \cdots, x_m - a_m)$$

となることもわかる.   ◇

命題 1.3.39　A を環とするとき, 次の (1), (2) は同値である.

(1)　A は体である.

(2)　A は自明でないイデアルを持たない.

証明　A を体, $I \subset A$ をイデアルとする. $0 \neq x \in I$ なら, $y \in A$ とすると, $y = yx^{-1}x \in I$ なので, $I = A$. よって, A は自明でないイデアルを持たない.

逆に A が自明でないイデアルを持たないとする. $A \ni x \neq 0$ なら, x で生成されたイデアル (x) は A になるしかない. よって, $(x) = A \ni 1$ なので, $y \in A$ があり, $yx = 1$ となる. これは $y = x^{-1}$ を意味するので, A は体である.   □

系 1.3.40　体から零環でない環への準同型は単射である.

証明　k が体, $A \neq \{0\}$ が環, $\phi : k \to A$ が準同型なら, 命題 1.3.28 より $\mathrm{Ker}(\phi)$ は k の真のイデアルである. 命題 1.3.39 より $\mathrm{Ker}(\phi) = (0_k)$ である. よって, 命題 1.3.13 より ϕ は単射である. □

以降 k が体なら零環でない k 代数は k を含むとみなすことにする.

後で必要になるので, イデアルに関するいくつかの操作を定義しておく.

定義 1.3.41　$\phi : A \to B$ が環準同型で $I \subset A$ がイデアルなら, $\phi(I)$ で生成される B のイデアルを IB と書く. ◇

この定義は 例 2.3.4, 2.4.7 で一般化される. 次の命題は明らかである.

命題 1.3.42　A が環 B の部分環で $I \subset B$ をイデアルとする. このとき, $I \cap A$ は A のイデアルである.

$A \subset B$ が部分環で $I \subset A$ がイデアルなら, $IB \cap A \supset I$ である. しかし, $IB \cap A = I$ となるとはかぎらない. これは演習問題 1.3.13 とする.

定義 1.3.43　A を環, $I, J \subset A$ をイデアルとする.

(1) $I + J = \{x + y \mid x \in I,\ y \in J\}$ と定義し, イデアル I, J の和という.

(2) IJ を xy $(x \in I,\ y \in J)$ という形の元全体で生成されたイデアルと定義し, イデアル I, J の積という. ◇

命題 1.3.44 (イデアルの和と積)　定義 1.3.43 の状況で $I \cap J$, $I + J$, IJ は A のイデアルである. また $IJ \subset I, J \subset I + J$ である.

証明　IJ は定義よりイデアルである. $I \cap J$, $I + J$ はそれぞれ命題 I–2.3.3, 定理 I–2.10.3 (1) より A の加法群の部分群である. $a \in A$, $x \in I \cap J$ なら, I, J がイデアルなので, $ax \in I, J$. したがって, $x \in I \cap J$ である. また, $x \in I, y \in J$ なら, $a(x + y) = ax + ay$ である. $ax \in I, ay \in J$ なので, $a(x + y) \in I + J$. し

たがって，$I \cap J, I+J$ もイデアルである．$0 \in I, J$ なので，$I, J \subset I+J$ である．$x \in I, y \in J$ なら，I がイデアルなので，$xy \in I$．同様に $xy \in J$．したがって，$xy \in I \cap J$．IJ は xy という形の元で生成されるので，$IJ \subset I \cap J \subset I, J$ である． $\square$

定義 1.3.43 より $a_1, \cdots, a_n \in A$ で生成されるイデアルは $(a_1)+\cdots+(a_n)$ とも書ける．(1.3.32) の後の定義において，この「+」は単なる記号である．しかし，定義 1.3.43 (1) のイデアルの和の概念を複数回使うと，$As_1+\cdots+As_n$ はイデアル $As_1, \cdots, As_n$ の和と一致し，この「+」は和を表すと考えることができる．だから，この記号を両方の意味で使うことに問題はない．

例 1.3.45 (**イデアルの和と積 1**)　$A=\mathbb{Z}$，$I=3\mathbb{Z}$，$J=2\mathbb{Z}$ なら $3-2=1 \in I+J$ なので，$I+J=\mathbb{Z}$ である．$IJ=6\mathbb{Z}$ であることは明らかである．$\mathbb{Z}$ は 1.11 節で解説する「単項イデアル整域」の一つだが，単項イデアル整域におけるイデアルの和と積については，1.11 節でもう一度解説する． ◇

例 1.3.46 (**イデアルの和と積 2**)　$A=\mathbb{C}[x,y,z]$，$I=(x,y)$，$J=(y,z)$ なら，$I+J=(x,y,z)$．生成元の積をとり，$IJ=(xy,xz,y^2,yz)$ である． ◇

3 個以上のイデアルの和や積も同様である．イデアル I の n 個の積を I^n と書く．例えば，$\mathbb{Z}$ において，$I=(3)$ なら，$I^3=(27)$ である．イデアルの場合，直積を考えることはあまりないので，この記号 I^n でも問題ないだろう．

例題 1.3.47　(1)　$A=\mathbb{C}[x,y]$，$I=(x)$，$J=(y)$ とするとき，$I \cap J = (xy) = IJ$ であることを証明せよ．

(2)　$A=\mathbb{C}[x,y,z]$，$I=(x,z)$，$J=(y,z)$ とするとき，$I \cap J = (xy,z) \neq IJ$ であることを証明せよ．

解答　(1)　命題 1.3.44 より $(xy) \subset I \cap J$ である．$f(x,y)=\sum_{n,m} a_{n,m}x^n y^m \in A$ とするとき，$f(x,y) \in I$ $(f(x,y) \in J)$ であることと，$a_{n,m} \neq 0$ なら $n>0$ $(m>0)$ であることは同値である．よって，$f(x,y) \in I \cap J$ であることと，$a_{n,m} \neq 0$ なら $n,m>0$ であることは同値である．すると，$f(x,y)=xy\sum_{n,m} a_{n,m}x^{n-1}y^{m-1}$

と書けるので，$f(x,y) \in (xy)$ である．したがって，$I \cap J = (xy)$ である．$IJ = (xy)$ であることは明らかである．

(2) $(xy,z) \subset I \cap J$ であることは明らかである．$I \cap J \subset (xy,z)$ であることを示す．I の元は $f,g \in A$ により $xf+zg$ という形をしている．これが J の元とすると，$zg \in J$ なので，$xf \in I \cap J$ である．よって，$k,h \in A$ があり $xf = yk+zh$ となる．$z=0$ を代入すると，$xf(x,y,0) \in xy\mathbb{C}[x,y]$ なので，$f(x,y,0)$ は y で割り切れる．よって，$f(x,y,0) = yf_1(x,y) \ (f_1(x,y) \in \mathbb{C}[x,y])$ と書ける．$f(x,y,z)$ を z で割り算すると $f(x,y,z) = f(x,y,0)+zf_2(x,y,z) \ (f_2(x,y,z) \in A)$ という形に書けるので，$f(x,y,z) = yf_1(x,y)+zf_2(x,y,z)$ である．すると，$xf(x,y,z) = xyf_1(x,y)+xzf_2(x,y,z) \in (xy,z)$ となる．したがって，$I \cap J = (xy,z)$ である．

$IJ = (xy,xz,yz,z^2)$ なので，IJ の 0 でない元の次数は 2 以上である．しかし z の次数は 1 なので，$z \notin IJ$ である．よって，$I \cap J \supsetneqq IJ$ である．　　　□

なお，1.11 節では $\mathbb{C}[x,y]$ が「一意分解環」であることを示すが，その事実を使うと (1) はほとんど明らかである．

イデアルという言葉はクンマー (Kummer) による．$n \geqq 3$ が整数なら，$x^n + y^n = 1$ という方程式が $x,y \neq 0$ である有理解を持たないということはフェルマー (Fermat) 予想とよばれていた．これは最終的にはワイルス (Wiles) により証明されたが，これには長い歴史がある．この問題に関するクンマーの貢献は非常に大きかった．クンマーは次のような考察をした．

$p > 0$ を奇素数とする．もし $x^p+y^p = 1$ に $x,y \in \mathbb{Q} \setminus \{0\}$ である解があれば，$x^p+y^p = z^p$ に $x,y,z \neq 0$ である整数解がある．$\zeta = \exp(2\pi\sqrt{-1}/p)$ とおくと，$\prod_{i=0}^{p-1} (x-\zeta^i y) = x^p-y^p$ なので，y に $-y$ を代入すれば，$\prod_{i=0}^{p-1} (x+\zeta^i y) = x^p+y^p$ である．よって，

$$\prod_{i=0}^{p-1} (x+\zeta^i y) = z^p$$

である．もし，$\mathbb{C}$ のなかで ζ で生成された環 $\mathbb{Z}[\zeta]$ において，整数の素因数分解のようなことが成り立つなら，右辺は p 乗なので，ある条件下では $x+\zeta^i y$ が p 乗の因子を持つ．それが考察の出発点になったのである．しかし，実際には $\mathbb{Z}[\zeta]$ において，整数の素因数分解のような性質は必ずしも成り立たない．そこでクンマーは「理想数 (ideal number)」という，素因数分解のようなものが

成り立つ，数ではない何かがないかと考えたのである．デデキントはこの考え方にもとづいてイデアルの概念を定義した．

第3巻で解説するように，$\mathbb{Z}[\zeta]$ のような環では，元の素因数分解は成り立たないが，イデアルの素イデアル分解は成り立つ．これは現在デデキント環におけるイデアルの素イデアル分解として知られている．

1.4 剰余環

群の場合は，正規部分群により剰余群を定義できた．この節では，環の場合には，イデアルによる剰余に環の構造を定義できるということを解説する．

A を環，$I \subset A$ をイデアルとする．I は加法に関して A の部分群であり，A は加法に関しアーベル群なので，I は加法に関し正規部分群である．よって，加法に関する剰余類の集合 A/I は自然にアーベル群となる．

$x, y \in A$ とするとき，

(1.4.1)
$$(x+I)(y+I) = xy+I$$

と定義する．この定義が well-defined であることを示す．$x' \in x+I$, $y' \in y+I$ とすれば，$z, w \in I$ があり $x' = x+z$, $y' = y+w$ である．すると，

$$x'y' = (x+z)(y+w) = xy+xw+yz+zw.$$

I はイデアルなので，$xw, yz, zw \in I$．よって，$x'y'+I = xy+I$ となり，上の演算が $x+I, y+I$ の代表元のとり方によらないことがわかる．したがって，(1.4.1) は well-defined である．なお，復習すると，A/I の加法も上と同様に，$x, y \in A$ に対し，$(x+I)+(y+I) = x+y+I$ と定義される．

A において積の結合法則・交換法則や積と和との分配法則が成り立つので，A/I においても同様である．A/I は 1_A+I を乗法に関する単位元とする可換環になる ($I = A$ なら A/I は零環)．また，自然な写像 $\pi : A \ni x \mapsto x+I \in A/I$ は環の準同型である．π の核は $\mathrm{Ker}(\pi) = \{x \in A \mid x+I = I\} = I$ である．

定義 1.4.2 A を環，$I \subset A$ をイデアルとするとき，上のように定義した環 A/I を A の I による**剰余環**，準同型 $\pi : A \ni x \mapsto x+I \in A/I$ を**自然な準同型**という．$x \in A$ なら，$x+I$ を $x \bmod I$ とも書く．

$A/\mathfrak{m}$ が体になるときは $A/\mathfrak{m}$ を剰余体という．なお，これは $\mathfrak{m}$ が後で定義す

る「極大イデアル」であることと同値である (命題 1.7.3).　　　　◇

A が k 代数なら，A/I も k 代数になる．$x \in A$ に対して $\pi(x)$ を考えること
を I を法として考えるという．$x,y \in A$ で $x-y \in I$ なら x,y は I を法として
等しいといい，$x \equiv y \mod I$ と書く．$I = (a)$ なら，$x \equiv y \mod a$ とも書く．

群の場合と同様に一連の環の準同型定理を考える．第 1 巻で群の準同型定理
を既に証明したので，以下のさまざまな写像が環に付随する加法群の準同型で
あることはすぐにわかる．したがって，考察すべきなのは，積の部分だけであ
る．そのためには，次の補題が役に立つ．

補題 1.4.3　$\phi : A \to B, \pi : A \to C$ を環の準同型，$\psi : C \to B$ を付随する加
法群の準同型とする．もし $\phi = \psi \circ \pi$ で π が全射なら，ψ は環の準同型である．

証明　すべての $x,y \in C$ に対して $\psi(xy) = \psi(x)\psi(y)$ が成り立ち，$\psi(1_C) =$
1_B であることを示せばよい．$x,y \in C$ とする．π が全射なので，$a,b \in A$ があ
り，$\pi(a) = x, \pi(b) = y$ となる．すると，

$$\psi(xy) = \psi(\pi(ab)) = \phi(ab) = \phi(a)\phi(b) = \psi(\pi(a))\psi(\pi(b)) = \psi(x)\psi(y).$$

同様に $\psi(1_C) = \psi(\pi(1_A)) = \phi(1_A) = 1_B$．よって，$\psi$ は環準同型である．　□

群の場合と同様に次の準同型定理が成り立つ．

定理 1.4.4 (準同型定理 (第一同型定理))

$\phi : A \to B$ を環の準同型とする．$\pi : A \to$
$A/\mathrm{Ker}(\phi)$ を自然な準同型とするとき，$\phi =$
$\psi \circ \pi$ となるような同型 $\psi : A/\mathrm{Ker}(\phi) \cong \mathrm{Im}(\phi)$
がただ一つ存在する．

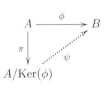

証明　群の準同型定理 (定理 I–2.10.1) により，加法群の同型 $\psi : A/\mathrm{Ker}(\phi) \to$
$\mathrm{Im}(\phi)$ で $\phi = \psi \circ \pi$ となるものがただ一つ存在する．π は全射なので，補題
1.4.3 より，ψ は環準同型である．ψ の一意性は加群の準同型としての一意性か
ら従う．　　　　　　　　　　　　　　　　　　　　　　　　　　　　　□

定理 I–2.10.3 (1) に対応する定理は環についてはあまり使わない．次の定理

は第二同型定理の一部に対応する.

定理 1.4.5 (第二同型定理)　A は環 B の部分環，$I \subset B$ はイデアル，で $\pi : B \to B/I$ は自然な準同型とする. このとき，$\pi(A)$ は $A/(I \cap A)$ と同型である.

証明　包含写像 $A \to B$ は準同型なので，合成写像 $A \to B \to B/I$ も準同型である. 補題 1.3.12 により $\pi(A)$ は B/I の部分環である. 準同型 $A \to B/I$ の核は $I \cap A$ なので，定理の主張は定理 1.4.4 から従う.　　　　□

次の定理は定理 I–2.10.2 に対応する.

定理 1.4.6 (準同型定理 (イデアルの対応))　I を環 A のイデアル，$\pi : A \to A/I$ を自然な準同型とする. A/I のイデアルの集合を $\mathbb{X}$，I を含む A のイデアルの集合を $\mathbb{Y}$ とするとき，写像

$$\phi : \mathbb{X} \ni \overline{J} \mapsto \pi^{-1}(\overline{J}) \in \mathbb{Y}, \quad \psi : \mathbb{Y} \ni J \mapsto \pi(J) \in \mathbb{X}$$

は互いの逆写像である. したがって，集合 $\mathbb{X}, \mathbb{Y}$ は 1 対 1 に対応する.

証明　命題 1.3.28 (1) より $\pi^{-1}(\overline{J}) \subset A$ はイデアルである. $0_{A/I} \in \overline{J}$ なので，$I = \pi^{-1}((0_{A/I})) \subset \pi^{-1}(\overline{J})$. したがって，$\phi$ は well-defined な写像である.

$J \in \mathbb{Y}$ とする. 命題 I–2.5.4 より $\pi(J)$ は A/I に付随する加法群の部分群である. $a \in A, x \in J$ なら，$ax \in J$ なので，$(a+I)(x+I) = ax+I \in \pi(J)$. よって，$\pi(J) \subset A/I$ はイデアルである. したがって，ψ も well-defined な写像である. 加法群 $A, A/I$ に対する定理 I–2.10.2 により，ϕ, ψ は互いの逆写像である.　　　　□

定理 1.4.7 (第三同型定理)　A を環，$I \subset J \subset A$ をイデアルとするとき，次の (1), (2) が成り立つ.

(1)　準同型 $\phi : A/I \to A/J$ で $\phi(x+I) = x+J$ となるものがある.

(2)　$(A/I)/(J/I) \cong A/J$.

証明　(1) 定理 I–2.10.4 により，ϕ は $A/I, A/J$ の加法群の間の well-defined

な写像になる. $\pi_I : A \to A/I$, $\pi_J : A \to A/J$ を自然な準同型とすると, $\pi_J = \phi \circ \pi_I$ で π_I は全射である. したがって, ϕ は補題 1.4.3 より, 環準同型である.

(2) ϕ の核は J/I なので, 定理 1.4.4 より従う. □

定理 1.4.7 の準同型 $A/I \to A/J$ を**自然な準同型**という.

定理 1.4.8 (準同型の分解)

$\phi : A \to B$ を環の準同型とする. $I \subset A$ がイデアルなら, $\pi : A \to A/I$ を自然な準同型とするとき, $\phi = \psi \circ \pi$ となるような準同型 $\psi : A/I \to B$ が存在するための必要十分条件は $I \subset \mathrm{Ker}(\phi)$ となることである.

証明 そのような ψ が存在すれば, $I \subset \mathrm{Ker}(\phi)$ なのは明らかである. 逆に $I \subset \mathrm{Ker}(\phi)$ とする. 定理 I–2.10.5 より, $A/I, B$ の加法群の間の準同型 $\psi : A/I \to B$ で $\phi = \psi \circ \pi$ であるものが存在する. π は全射なので, 補題 1.4.3 より, ψ は環準同型である. □

例 1.4.9 (剰余環 1) n が正の整数なら, $n\mathbb{Z} = (n)$ は $\mathbb{Z}$ のイデアルである (例 1.3.30 参照). $\pi : \mathbb{Z} \to \mathbb{Z}/n\mathbb{Z}$ を自然な準同型とし, $i \in \mathbb{Z}$ に対し $\bar{i} = \pi(i)$ とおくと, $\mathbb{Z}/n\mathbb{Z} = \{\bar{0}, \cdots, \overline{n-1}\}$ である. 剰余環 $\mathbb{Z}/n\mathbb{Z}$ の演算は $i, j \in \mathbb{Z}$ なら $\bar{i} + \bar{j} = \overline{i+j}$, $\bar{i}\,\bar{j} = \overline{ij}$ と定義される. $i+j, ij$ を n で割った余りを a, b とすると, $\bar{i} + \bar{j} = \bar{a}$, $\bar{i}\,\bar{j} = \bar{b}$. これは I–2.2 節で定義した演算と一致する.

例えば, $n = 7$ なら, $\bar{5} + \bar{6} = \bar{4}$, $\bar{5}\,\bar{6} = \bar{2}$ である. 例 I–2.8.15 や定義 1.4.2 の後でも述べたように, これを $\mathbf{5 + 6 \equiv 4 \mod 7}$ などとも書く.

$p > 0$ が素数なら, $\mathbb{F}_p = \mathbb{Z}/p\mathbb{Z}$ は体である (定理 I–2.4.17). ◇

例 1.4.10 (剰余環 2) 例題 1.3.36 のように, 準同型 $\phi : \mathbb{C}[x,y] \to \mathbb{C}[t]$ で $\phi(x) = t^2$, $\phi(y) = t^3$ となるものを考える. $I = \mathrm{Ker}(\phi)$ とすると, 例題 1.3.36 で $I = (x^3 - y^2)$ であることを示した. $\mathrm{Im}(\phi)$ は $\mathbb{C}$ 上 $\phi(x) = t^2$, $\phi(y) = t^3$ で生成されるので, $\mathrm{Im}(\phi) = \mathbb{C}[t^2, t^3]$ である. よって, 準同型定理より,

$$\mathbb{C}[x,y]/(x^3 - y^2) \cong \mathbb{C}[t^2, t^3].$$

◇

例 1.4.11 (剰余環 3)　A を環, $x = (x_1, \cdots, x_n)$ を変数, $a = (a_1, \cdots, a_n) \in A^n$ とする. このとき, $\mathfrak{m}_a = (x_1 - a_1, \cdots, x_n - a_n)$ とおくと, イデアル $\{f(x) \in A[x] \mid f(a) = 0\}$ が $\mathfrak{m}_a$ と一致することを例 1.3.38 で示した.

A 代数の準同型 $\phi : A[x] \to A$ を $\phi(f(x)) = f(a)$ と定める. 命題 1.2.21 より, ϕ は A 代数の全射準同型である. $\mathrm{Ker}(\phi) = \mathfrak{m}_a$ なので, 準同型定理より, $A[x]/\mathfrak{m}_a \cong A$ である. $m \leq n$ なら, $A[x] = A[x_{m+1}, \cdots, x_n][x_1, \cdots, x_m]$ とみなし, $A[x]/(x_1 - a_1, \cdots, x_m - a_m) \cong A[x_{m+1}, \cdots, x_n]$ である.　　　◇

例 1.4.12 (剰余環 4)　$d \neq 1$ を平方因子がない整数, $A = \mathbb{Z}[\sqrt{d}]$ とする (例 1.1.4). $\mathbb{Z}[x]$ から $\mathbb{Z}[\sqrt{d}]$ への準同型 ϕ を $\phi(x) = \sqrt{d}$ となるように定義する. $\mathrm{Ker}(\phi) = (x^2 - d)$ であることを示す.

$x^2 - d \in \mathrm{Ker}(\phi)$ であることは明らかである. $f(x) \in \mathrm{Ker}(\phi)$ とする. $x^2 - d$ はモニックなので, $f(x)$ を $x^2 - d$ で割ると, $g(x) \in \mathbb{Z}[x]$ と $a, b \in \mathbb{Z}$ により

$$f(x) = g(x)(x^2 - d) + ax + b$$

となる. $x = \sqrt{d}$ を代入し $a\sqrt{d} + b = 0$ である. $d \neq 1$ が平方因子を持たなければ, $\sqrt{d}$ は無理数である. よって, $a = b = 0$. したがって, $f(x) \in (x^2 - d)$ となり, $\mathrm{Ker}(\phi) = (x^2 - d)$. 準同型定理より $\mathbb{Z}[x]/(x^2 - d) \cong \mathbb{Z}[\sqrt{d}]$ となる.　　　◇

例題 1.4.13　$\mathbb{Z}[\sqrt{-1}]/(4 + \sqrt{-1}) \cong \mathbb{F}_{17}$ であることを証明せよ.

解答　例 1.4.12 より, $\mathbb{Z}[\sqrt{-1}] \cong \mathbb{Z}[x]/(x^2 + 1)$. この同型により, $4 + \sqrt{-1}$ は $4 + x$ の類に対応する. $I = (x^2 + 1)$, $J = (x^2 + 1, x + 4)$ とおくと, $\mathbb{Z}[x]/I$ において $4 + x + I$ で生成されるイデアルは J/I である. よって, 定理 1.4.7 (2) より

$$\mathbb{Z}[\sqrt{-1}]/(4 + \sqrt{-1}) \cong (\mathbb{Z}[x]/I)/(J/I) \cong \mathbb{Z}[x]/(x^2 + 1, x + 4)$$

である. $I_1 = (x + 4) \subset \mathbb{Z}[x]$ とすると, 定理 1.4.7 (2) より $\mathbb{Z}[x]/(x^2 + 1, x + 4) \cong (\mathbb{Z}[x]/I_1)/(J/I_1)$ である (**剰余の順番を変える部分がポイント**).

$\phi : \mathbb{Z}[x] \to \mathbb{Z}$ を x に -4 を対応させる準同型とすると, 例 1.4.11 より, $I_1 = \mathrm{Ker}(\phi)$, $\mathbb{Z}[x]/I_1 \cong \mathbb{Z}$ である. この同型により, $x^2 + 1$ は 17 に対応する. したがって, $\mathbb{Z}[x]/(x^2 + 1, x + 4) \cong \mathbb{Z}/17\mathbb{Z} = \mathbb{F}_{17}$ である.　　　□

> **命題 1.4.14** A を環，$I \subset A$ をイデアルとする．$A[x] = A[x_1, \cdots, x_n]$
> を n 変数多項式環とするとき，$A[x]/IA[x] \cong (A/I)[x]$ である．

証明 $a \in A$ に対して $\overline{a} = a + I \in A/I$ とおく．a に $\overline{a}$ を対応させる写像は A から A/I への自然な準同型である．$f(x) = \sum_{i_1, \cdots, i_n} a_{i_1, \cdots, i_n} x_1^{i_1} \cdots x_n^{i_n} \in A[x]$ に対し，$\overline{f}(x) = \sum_{i_1, \cdots, i_n} \overline{a}_{i_1, \cdots, i_n} x_1^{i_1} \cdots x_n^{i_n} \in (A/I)[x]$ とおく．命題 1.3.14 より，$f(x) \mapsto \overline{f}(x)$ は $A[x]$ から $(A/I)[x]$ への準同型である．この準同型は明らかに全射である．$\overline{f}(x) = 0$ となるということは $f(x)$ の係数がすべて I の元であるということで，これは $IA[x]$ の元であることと同値である．したがって，準同型定理 (定理 1.4.4) により，$A[x]/IA[x] \cong (A/I)[x]$ となる． $\square$

1.5 dual number の環と微分*

この節では，dual number の環と多項式の微分について解説する．dual number の環は非常に重要である．それは「代数多様体の点における接空間」を記述するのに役立つからである．以下「接空間」そのものは定義しないが，それに対応するものについて解説する．

定義 1.5.1 k を環，ε を変数とするとき，剰余環 $k[\varepsilon]/(\varepsilon^2)$ のことを k 上の **dual number の環**という．これは k 代数である． $\diamond$

ε の多項式を ε^2 で割った余りが $a + b\varepsilon$ の形になるので，$k[\varepsilon]/(\varepsilon^2)$ の元は $a + b\varepsilon \ (a, b \in k)$ いう形の元を代表元に持ち，a, b が一意的に定まる．以下 $a + b\varepsilon$ とその $k[\varepsilon]/(\varepsilon^2)$ における剰余類を同一視して同じ記号を使う．

まず多項式の微分を定義する．

定義 1.5.2 k を環，$f(x) = \sum_{i_1, \cdots, i_n} c_{i_1, \cdots, i_n} x_1^{i_1} \cdots x_n^{i_n} \in k[x_1, \cdots, x_n]$ とする．このとき，$j = 1, \cdots, n$ に対し，

$$\frac{\partial f}{\partial x_j} = \sum_{i_1, \cdots, i_n} i_j c_{i_1, \cdots, i_n} x_1^{i_1} \cdots x_{j-1}^{i_{j-1}} x_j^{i_j - 1} x_{j+1}^{i_{j+1}} \cdots x_n^{i_n}$$

と定義し，f の x_j に関する (偏) 微分という．スペースの関係上，$\partial_{x_j} f$ という

記号も使う．$n=1$ のときは，$f'(x)$, df/dx などとも書く． ◇

変数が $x_1, \cdots, x_n$ ではなく，x, y, z などである場合も同様である．

　例 1.5.3　(1)　$f(x, y) = x^3 y + y^6 \in \mathbb{C}[x, y]$ とすると，$\partial_x f = 3x^2 y$.
(2)　$f(x, y) = x^3 y + xy^2 + y^6 \in \mathbb{F}_2[x, y]$ とすると，$\partial_y f = x^3$. ◇

次の命題の証明は省略する．

　命題 1.5.4　k を環，$f(x), g(x) \in k[x] = k[x_1, \cdots, x_n]$, $c \in k$ とするとき，
次の (1)–(3) が成り立つ．

　(1)　$\partial_{x_j}(f+g) = \partial_{x_j} f + \partial_{x_j} g$.

　(2)　$\partial_{x_j}(cf) = c\partial_{x_j} f$.

　(3)　$\partial_{x_j}(fg) = (\partial_{x_j} f)g + f\partial_{x_j} g$.

さらに，連鎖律 (合成関数の微分) も成り立つが詳細は省略する．

$A = k[x] = k[x_1, \cdots, x_n]$, $B = (k[\varepsilon]/(\varepsilon^2))[x]$ とおくと，A は B の部分環とみなせる．

　命題 1.5.5　上の状況で $f(x) \in A$, $a = (a_1, \cdots, a_n)$, $b = (b_1, \cdots, b_n) \in k^n$
とするとき，

$$(1.5.6) \qquad f(a_1 + b_1\varepsilon, \cdots, a_n + b_n\varepsilon) = f(a) + \sum_{i=1}^{n} \frac{\partial f}{\partial x_i}(a) b_i \varepsilon$$

である．また，$f(a_1 + b_1\varepsilon, \cdots, a_n + b_n\varepsilon) = 0$ となることと，$f(a) = 0$,
$\sum_{i=1}^{n} \partial_{x_i} f(a) b_i = 0$ となることは同値である．

　証明　両辺は f に関して線形なので，f が単項式 $x_1^{i_1} \cdots x_n^{i_n}$ のときに証明
すればよい．$(a_j + b_j\varepsilon)^{i_j}$ の二項展開で，$\varepsilon^2 = 0$ であることに注意すると，ε^2,
$\varepsilon^3, \cdots$ の項は無視できる．よって，$(a_j + b_j\varepsilon)^{i_j} = a_j^{i_j} + i_j a_j^{i_j-1} b_j\varepsilon$．したがって，

$$(a_1 + b_1\varepsilon)^{i_1} \cdots (a_n + b_n\varepsilon)^{i_n} = (a_1^{i_1} + i_1 a_1^{i_1-1} b_1\varepsilon) \cdots (a_n^{i_n} + i_n a_n^{i_n-1} b_n\varepsilon)$$

である．やはり $\varepsilon^2 = 0$ であることに注意すると，上の式は，

$$a_1^{i_1} \cdots a_n^{i_n} + \left[(i_1 a_1^{i_1-1} a_2^{i_2} \cdots a_n^{i_n}) b_1 + \cdots + (i_n a_1^{i_1} \cdots a_{n-1}^{i_{n-1}} a_n^{i_n-1}) b_n \right] \varepsilon$$

と等しくなるが，これは $f(x) = x_1^{i_1} \cdots x_n^{i_n}$ であるときの (1.5.6) の右辺である．
後半の主張はこれより明らかである．　　　　　　　　　　　　　　　　□

例題 1.5.7　$A = \mathbb{C}[x,y,z]$, $f(x,y,z) = y^2 - xz$ とおくと，$f(0,0,0) = f(1,1,1) = 0$ である．

(1)　$f(b_1\varepsilon, b_2\varepsilon, b_3\varepsilon) = 0$ となる $(b_1, b_2, b_3) \in \mathbb{C}^3$ をすべて求めよ．

(2)　$f(1+b_1\varepsilon, 1+b_2\varepsilon, 1+b_3\varepsilon) = 0$ となる $(b_1, b_2, b_3) \in \mathbb{C}^3$ をすべて求めよ．

解答　(1)　$f(b_1\varepsilon, b_2\varepsilon, b_3\varepsilon) = (b_2\varepsilon)^2 - (b_1\varepsilon)(b_3\varepsilon) = 0$ なので，すべての (b_1, b_2, b_3) $\in \mathbb{C}^3$ が条件を満たす．

(2)　偏微分を計算すると

$$\partial_x f = -z, \qquad \partial_y f = 2y, \qquad \partial_z f = -x,$$
$$\partial_x f(1,1,1) = -1, \qquad \partial_y f(1,1,1) = 2, \qquad \partial_z f(1,1,1) = -1$$

なので，命題 1.5.5 より，$f(1+b_1\varepsilon, 1+b_2\varepsilon, 1+b_3\varepsilon) = 0$ は $-b_1 + 2b_2 - b_3 = 0$ と
同値である．これは $b_3 = -b_1 + 2b_2$ と同値なので，$f(1+b_1\varepsilon, 1+b_2\varepsilon, 1+b_3\varepsilon) = 0$
を満たす $(b_1, b_2, b_3) \in \mathbb{C}^3$ の集合は $\{(b_1, b_2, -b_1 + 2b_2) \mid b_1, b_2 \in \mathbb{C}\}$ である．　　□

1.6　環の直積

この節では，環の直積を定義し，環の中国式剰余定理を証明する．本書では
主に有限直積を考えるが，III–1.3 節で「完備化」の定義のために無限直積が必
要となるので，一般の状況を考える．

I を空でない集合，各 $i \in I$ に対し，環 A_i が与えられているとする．$A = \prod_{i \in I} A_i$ を集合の直積とする．A での加法と乗法を成分ごとに定義する．つまり，
$(a_i)_{i \in I}, (b_i)_{i \in I} \in \prod_{i \in I} A_i$ に対し，

(1.6.1)　　　$(a_i)_{i \in I} + (b_i)_{i \in I} \overset{\text{def}}{=} (a_i + b_i)_{i \in I}, \quad (a_i)_{i \in I}(b_i)_{i \in I} \overset{\text{def}}{=} (a_i b_i)_{i \in I}$

と定義する．これらをそれぞれ加法，乗法という．

$0_{A_i}, 1_{A_i} \in A_i$ をそれぞれ加法と乗法に関する単位元とし，$0_A = (0_{A_i})_{i \in I}, 1_A = (1_{a_i})_{i \in I}$ とおく．群の場合より（定義 I–2.3.22 の前の議論

参照), A は 0_A を単位元とするアーベル群となる. $a = (a_i)_{i \in I}, b = (b_i)_{i \in I}, c = (c_i)_{i \in I} \in A$ なら,

$$a(bc) = a(b_i c_i)_{i \in I} = (a_i(b_i c_i))_{i \in I} = ((a_i b_i)c_i)_{i \in I} = (ab)(c_i)_{i \in I} = (ab)c.$$

よって, 積に関する結合法則が成り立つ. 分配法則も同様で, 1_A は積に関する単位元となる. したがって, A は環となる. $I = \emptyset$ なら, $\prod_{i \in I} A_i$ は零環とみなす.

定義 1.6.2 上の加法と乗法による環 $A = \prod_{i \in I} A_i$ を $\{A_i\}_{i \in I}$ の**直積**といい, 各 A_i を**直積因子**という.   ◇

もし I が有限集合 $\{1, \cdots, n\}$ なら, 直積はもう少し明示的に

$$A = A_1 \times \cdots \times A_n$$

と表せる.

群の場合と違い, A_i は $\prod_i A_i$ の部分環ではない. 例えば, $I = \{1, \cdots, n\}$ で A_1 を $A = A_1 \times \cdots \times A_n$ に写像 $A_1 \ni a \mapsto (a_1, 0, \cdots, 0) \in A$ により A の部分群とみなせる. しかし, 1_{A_1} は $(1_{A_1}, 0, \cdots, 0)$ に行き, これは A の単位元ではない.

次の定理は, 中国式剰余定理とよばれる. 加法群 $\mathbb{Z}$ の場合, この定理は定理 I–2.9.3 で述べたが, 次の定理は環としての同型に関する主張である.

定理 1.6.3 (**中国式剰余定理**) A を環, $I_1, \cdots, I_n \subset A$ をイデアルで, $i \neq j$ なら $I_i + I_j = A$ であるとする. このとき, 次の (1)–(3) が成り立つ.

(1) $i = 1, \cdots, n$ に対し, $I_i + \prod_{j \neq i} I_j = A$.

(2) $I_1 \cap \cdots \cap I_n = I_1 \cdots I_n$.

(3) $\boldsymbol{A/(I_1 \cap \cdots \cap I_n) \cong A/I_1 \times \cdots \times A/I_n}$.

証明 (1) 議論は同様なので, $i = 1$ と仮定する. $j = 2, \cdots, n$ に対し, $x_j + y_j = 1$ となる $x_j \in I_1$, $y_j \in I_j$ をとる. すると, $(x_2 + y_2) \cdots (x_n + y_n) = 1$ である. 左辺を展開すると, $y_2 \cdots y_n$ 以外の項は I_1 の元となる. $y_2 \cdots y_n \in I_2 \cdots I_n$ なので, $I_1 + (I_2 \cdots I_n) = A$ である.

(2) まず $n = 2$ のときに証明する. $I_1 I_2 \subset I_1 \cap I_2$ は明らかである. $x \in I_1$,

$y \in I_2$ で $x+y=1$ となるものをとる. $a \in I_1 \cap I_2$ なら, $a = ax + ay$ だが,
$a \in I_2$ と考えると $ax \in I_2 I_1$ であり, $a \in I_1$ と考えると $ay \in I_1 I_2$. よって,
$a \in I_1 I_2$ となる. n に関する帰納法で $n-1$ まで成り立てば, $I_1 \cap \cdots \cap I_{n-1} =$
$I_1 \cdots I_{n-1}$ となる. (1) より $I_1 \cdots I_{n-1} + I_n = A$ なので, $n=2$ の場合より

$$I_1 \cap \cdots \cap I_n = (I_1 \cap \cdots \cap I_{n-1}) \cap I_n = (I_1 \cdots I_{n-1}) \cap I_n = I_1 \cdots I_n.$$

(3)　まず $n=2$ のときに証明する. A から $A/I_1 \times A/I_2$ への準同型 ϕ を $A \ni$
$a \mapsto (a+I_1, a+I_2) \in A/I_1 \times A/I_2$ で定める. 明らかに $\mathrm{Ker}(\phi) = I_1 \cap I_2$ である.
$x \in I_1$, $y \in I_2$, $x+y=1$ とすると, $a, b \in A$ に対し, $ay + bx = a + (b-a)x = b +$
$(a-b)y$ なので, $ay + bx + I_1 = a + I_1$, $ay + bx + I_2 = b + I_2$. よって, ϕ は全射で
ある. したがって, ϕ は同型 $A/(I_1 \cap I_2) \to A/I_1 \times A/I_2$ を引き起こす.

$n > 2$ なら, $J = I_1 \cdots I_{n-1}$ とおくと, (2) を $I_1, \cdots, I_{n-1}$ に適用して $J =$
$I_1 \cap \cdots \cap I_{n-1}$ である. (1) と $n=2$ の場合より

$$A/(I_1 \cap \cdots \cap I_n) = A/(J \cap I_n) \cong A/J \times A/I_n.$$

帰納法により, $A/J \cong A/I_1 \times \cdots \times A/I_{n-1}$ なので, (3) を得る.　□

上の定理でもし $I_1 = A$ なら, A/I_1 は零環である. その場合, $I_1 \cap \cdots \cap I_n =$
$I_2 \cap \cdots \cap I_n$ となり, A/I_1 という因子をただ無視すればよい.

A のイデアル I, J が $I + J = A$ という条件を満たすとき, I, J は互いに素で
あるという. 上の定理の仮定は「$I_1, \cdots, I_n$ のうちどの二つも互いに素である」
ということもできる. ただし, 定義 1.11.4 で環の元が互いに素であるという概
念を定義するが, $a, b \in A$ であるとき, **$a, b \in A$ が互いに素である**ことと, **イ**
デアル $(a), (b)$ が互いに素であることとは同値にならない.

なお, I, J が互いに素で $a, b > 0$ が整数なら, I^a, J^b も互いに素である. これ
は $x \in I$, $y \in J$ で $x+y=1$ となるものをとると, $(x+y)^{a+b} = 1$ の左辺のすべ
ての項は I^a または J^b に属するからである. したがって, 定理 1.6.3 の仮定が満
たされれば, 任意の正の整数 $a_1, \cdots, a_n$ に対し,

$$A/(I_1^{a_1} \cap \cdots \cap I_n^{a_n}) \cong A/I_1^{a_1} \times \cdots \times A/I_n^{a_n}.$$

例 1.6.4　(1) $\mathbb{Z}/180\mathbb{Z} \cong \mathbb{Z}/4\mathbb{Z} \times \mathbb{Z}/9\mathbb{Z} \times \mathbb{Z}/5\mathbb{Z}$.

(2) $\mathbb{C}[x]/(x^2(1-x)^3) \cong \mathbb{C}[x]/(x^2) \times \mathbb{C}[x]/((1-x)^3)$.　◇

1.7　素イデアル・極大イデアル

可換環論において，素イデアル・極大イデアルの概念は基本的である．これらは古典的な概念だが，1960 年代から，「代数幾何」という分野を記述する中心的な概念となった．この節では，素イデアル・極大イデアルの概念を定義し，その基本的な性質について解説する．

定義 1.7.1　A を環とする．

(1)　$\mathfrak{p} \subsetneq A$ がイデアルで，$a, b \notin \mathfrak{p}$ なら $ab \notin \mathfrak{p}$，という条件が成り立つとき，$\mathfrak{p}$ を A の**素イデアル**という．

(2)　$\mathfrak{m} \subsetneq A$ がイデアルで，I が $\mathfrak{m}$ を含む A の真のイデアルなら $I = \mathfrak{m}$，という条件が成り立つとき，$\mathfrak{m}$ を A の**極大イデアル**という．　　　　　◇

もし A が零環なら，素イデアルも極大イデアルも存在しない．

命題 1.7.2　環 A のイデアル $\mathfrak{p}$ に対し，次の (1), (2) は同値である．

(1)　$\mathfrak{p}$ は素イデアルである．

(2)　$A/\mathfrak{p}$ は整域である．

証明　$\mathfrak{p} \neq A$ という条件は $A/\mathfrak{p} \neq \{0\}$ という条件と同値である．よって，$\mathfrak{p}$ が真のイデアルであることと $A/\mathfrak{p}$ が零環でないことは同値である．

$\pi : A \to A/\mathfrak{p}$ を自然な準同型とする．$a, b \in A$ に対し，$a \notin \mathfrak{p}$ は $\pi(a) \neq 0$ と同値である．b に対しても同様である．また，任意の $A/\mathfrak{p}$ の 0 でない元 y に対し $x \in A \setminus \mathfrak{p}$ があり，$\pi(x) = y$ となる．よって，定義 1.7.1 (1) は $x, y \in (A/\mathfrak{p}) \setminus \{0\}$ なら $xy \in (A/\mathfrak{p}) \setminus \{0\}$ であることと同値である．これは $A/\mathfrak{p}$ が整域であることの定義である．　　　　　□

命題 1.7.3　環 A のイデアル $\mathfrak{m}$ に対し，次の (1), (2) は同値である．

(1)　$\mathfrak{m}$ は極大イデアルである．

(2)　$A/\mathfrak{m}$ は体である．

証明　**(1) $\Rightarrow$ (2)**：$\mathfrak{m}$ を極大イデアル，$\pi : A \to A/\mathfrak{m}$ を自然な準同型とする．定理 1.4.6 により，$\mathfrak{m}$ を含むイデアルと $A/\mathfrak{m}$ のイデアルは 1 対 1 に対応する．

もし $J \subset A/\mathfrak{m}$ が零イデアルでなければ, $J \ni x \neq 0$ とすると $(x) \subset J$ である. π は全射なので, $y \in \pi^{-1}(x)$ となる元をとると $y \in \pi^{-1}(J) \backslash \mathfrak{m}$ である. よって, $\pi^{-1}(J)$ は $\mathfrak{m}$ を真に含む A のイデアルである. したがって, $\pi^{-1}(J) = A$ であり, 定理 1.4.6 より $J = \pi(A) = A/\mathfrak{m}$ である. $A/\mathfrak{m}$ は自明でないイデアルを持たないことがわかったので, 命題 1.3.39 より $A/\mathfrak{m}$ は体である.

(2) ⇒ (1): 逆に $A/\mathfrak{m}$ が体とすると, $A/\mathfrak{m}$ は零環ではない. もし $\mathfrak{m}$ が極大イデアルでなければイデアル $\mathfrak{m} \subsetneqq I \neq A$ が存在する. $\pi(I) = J$ とすれば, 定理 1.4.6 より J は $A/\mathfrak{m}$ の自明でないイデアルである. $A/\mathfrak{m}$ が体なので, これは命題 1.3.39 と矛盾する.   □

体は整域なので, 次の系を得る.

系 1.7.4 環の極大イデアルは素イデアルである.

命題 1.7.5 $\phi : A \to B$ を環の準同型, $\mathfrak{q} \subset B$ を素イデアル, $\mathfrak{p} = \phi^{-1}(\mathfrak{q})$ とするとき, 次の (1), (2) が成り立つ.

(1) $A/\mathfrak{p}$ は $B/\mathfrak{q}$ の部分環とみなせる.

(2) $\mathfrak{p} = \phi^{-1}(\mathfrak{q}) \subset A$ は素イデアルである.

証明 (1) $\pi : B \to B/\mathfrak{q}$ を自然な準同型とすると, $\pi \circ \phi : A \to B/\mathfrak{q}$ の核は $\phi^{-1}(\mathrm{Ker}(\pi)) = \phi^{-1}(\mathfrak{q}) = \mathfrak{p}$ である. したがって, 準同型定理 (定理 1.4.4) により, $A/\mathfrak{p}$ は $\mathrm{Im}(\pi \circ \phi) \subset B/\mathfrak{q}$ と同型である.

(2) $\mathfrak{q}$ が素イデアルなので, $B/\mathfrak{q}$ は整域である. よって, 命題 1.3.9 より $A/\mathfrak{p}$ も整域となり, $\mathfrak{p}$ は素イデアルである.   □

命題 1.7.6 A を環, $\mathfrak{p} \subset A$ を素イデアルとする. $A[x] = A[x_1, \cdots, x_n]$ を A 上の n 変数多項式環とするとき, $\mathfrak{p}A[x]$ は $A[x]$ の素イデアルであり, $A[x]/\mathfrak{p}A[x] \cong (A/\mathfrak{p})[x]$ である.

証明 同型 $A[x]/\mathfrak{p}A[x] \cong (A/\mathfrak{p})[x]$ は命題 1.4.14 より従う. 系 1.2.28 より $(A/\mathfrak{p})[x]$ は整域である. したがって, $\mathfrak{p}A[x]$ は素イデアルである.   □

例 1.7.7 (素イデアル 1)   環 A が整域なら，(0) は素イデアルである．したがって，$\mathbb{Z}, \mathbb{Q}, \mathbb{R}, \mathbb{C}$ や多項式環 $\mathbb{C}[x]$ の (0) は素イデアルである．　　　◇

例 1.7.8 (素イデアル 2)   命題 I–2.4.18 より，$\mathbb{Z}$ の任意の部分群は，整数 n により $n\mathbb{Z}$ という形をしている．$\mathbb{Z}$ の任意のイデアルは $\mathbb{Z}$ の部分群である．よって，$\mathbb{Z}$ の任意のイデアルは単項イデアルである．これについては 1.11 節でもう一度解説する．n を正の整数とし，$I = n\mathbb{Z} \subset \mathbb{Z}$ とする．もし n が素数でなければ整数 $l, m > 1$ があり $n = lm$ と書ける．$0 < l, m < n$ なので $l, m \notin n\mathbb{Z}$ だが，$lm = n \in n\mathbb{Z}$ である．したがって，$n\mathbb{Z}$ は素イデアルではない．p が素数なら，$\mathbb{F}_p = \mathbb{Z}/p\mathbb{Z}$ は体である (例 1.4.9)．よって，$p\mathbb{Z}$ は $\mathbb{Z}$ の極大イデアルであり，系 1.7.4 より素イデアルである．つまり，$\mathbb{Z}$ の任意の (0) でない素イデアルは素数により生成され，極大イデアルとなる．　　　◇

例 1.7.9 (素イデアル 3) $I = (x^3 - y^2) \subset \mathbb{C}[x, y]$ とする．例 1.4.10 より $\mathbb{C}[x, y]/I \cong \mathbb{C}[t^2, t^3] \subset \mathbb{C}[t]$．よって，$\mathbb{C}[x, y]$ は整域で I は素イデアルである．　◇

例 1.7.10 (素イデアル 4) A を整域，$x = (x_1, \cdots, x_n)$ を変数，$a = (a_1, \cdots, a_n) \in A^n$ とする．環 $A[x]$ のイデアル $\mathfrak{m}_a = (x_1 - a_1, \cdots, x_n - a_n)$ を考えると，例 1.4.11 より $A[x]/\mathfrak{m}_a \cong A$ は整域である．したがって，$\mathfrak{m}_a$ は $A[x]$ の素イデアルである．$m \leqq n$ なら，$A[x] = A[x_{m+1}, \cdots, x_n][x_1, \cdots, x_m]$ とみなすことにより，$(x_1 - a_1, \cdots, x_m - a_m)$ も素イデアルである．A が体なら，$A[x]/\mathfrak{m}_a \cong A$ は体なので，$\mathfrak{m}_a$ は極大イデアルである．　　　◇

簡単だが重要な命題を二つ示す．

命題 1.7.11 $\mathfrak{p}$ を環 A の素イデアル，$I_1, \cdots, I_n \subset A$ をイデアルとする．もし $I_1 \cap \cdots \cap I_n \subset \mathfrak{p}$ なら，$I_m \subset \mathfrak{p}$ となる $1 \leqq m \leqq n$ がある．

証明   もし $I_1, \cdots, I_n$ のどれも $\mathfrak{p}$ に含まれなければ，$i = 1, \cdots, n$ に対し $x_i \in I_i \setminus \mathfrak{p}$ となる x_i がある．$x = x_1 \cdots x_n$ とおくと，$x \in I_1 \cap \cdots \cap I_n$ だが，$\mathfrak{p}$ が素イデアルなので，$x \notin \mathfrak{p}$ となり，仮定に矛盾する．　　　□

命題 1.7.12　$I \subset \mathfrak{p}$ を環 A のイデアルとする. このとき, $\mathfrak{p}$ が A の素イデアルであることと, $\mathfrak{p}/I$ が A/I の素イデアルであることは同値である.

証明　$(A/I)/(\mathfrak{p}/I) \cong A/\mathfrak{p}$ なので, 両辺が整域であることは同値である.　□

定理 4.18.1 で $\mathbb{C}$ が「代数閉体」であることを証明するが, その一つの形をここで述べておく. これはガウス (Gauss) により証明された事実であり, 「代数学の基本定理」と呼ばれる. この定理の証明は 4.18 節で行う.

定理 1.7.13 (代数学の基本定理)　$n > 0$ を整数, $a_1, \cdots, a_n \in \mathbb{C}$, $f(x) = x^n + a_1 x^{n-1} + \cdots + a_n \in \mathbb{C}[x]$ とすると, $\alpha_1, \cdots, \alpha_n \in \mathbb{C}$ があり, $f(x) = (x-\alpha_1)\cdots(x-\alpha_n)$ となる.

例題 1.7.14　次の環の素イデアルをすべて求めよ. その中で極大イデアルであるものはどれか?　ただし, 代数学の基本定理は使ってよい.

(1)　$\mathbb{C}[x]/(x^2(x-1)(x+2)^3)$

(2)　$\mathbb{C}[x]$

(3)　$\mathbb{C}[x,y]/((xy) \cap (x,y)^3)$

証明　(1)　$A = \mathbb{C}[x]$, $f(x) = x^2(x-1)(x+2)^3$, $I = (f(x))$ とする. このとき, 命題 1.7.12 より A/I の素イデアルは A の素イデアルで I を含むものに対応する. $f(x) \in \mathfrak{p}$ が素イデアルなら, $x, x-1, x+2$ のどれかは $\mathfrak{p}$ の元である. よって, $(x), (x-1), (x+2)$ のどれかは $\mathfrak{p}$ に含まれる. これらはすべて極大イデアルなので (例 1.7.10), $\mathfrak{p} = (x), (x-1)$ または $(x+2)$ である. よって, A/I の素イデアルはすべて極大イデアルで $(x)/I, (x-1)/I$ または $(x+2)/I$ である.

(2)　(0) は $\mathbb{C}[x]$ の素イデアルである. $\mathfrak{p} \subset \mathbb{C}[x]$ を零でない素イデアルとする. 素イデアルの定義より $\mathfrak{p} \neq \mathbb{C}[x]$ である. $f(x) \in \mathfrak{p} \setminus \{0\}$ とすると, $n = \deg f(x) > 0$ であり, 代数学の基本定理より $f(x) = (x-\alpha_1)\cdots(x-\alpha_n)$ $(\alpha_1, \cdots, \alpha_n \in \mathbb{C})$ という形をしている. $f(x) \in \mathfrak{p}$ なので, $1 \leqq i \leqq n$ があり, $x - \alpha_i \in \mathfrak{p}$ となる. 例 1.7.10 より, $(x-\alpha_i)$ は極大イデアルである. $\mathfrak{p} \neq \mathbb{C}[x]$ なの

で，$\mathfrak{p} = (x - \alpha_i)$ である．したがって，$\mathbb{C}[x]$ の素イデアルは (0) か $(x - \alpha)$ $(\alpha \in \mathbb{C})$ という形である．

(3)　$A = \mathbb{C}[x,y]$, $I = (xy) \cap (x,y)^3$ とする．$\mathfrak{p}$ が I を含む A の素イデアルなら，命題 1.7.11 より $\mathfrak{p}$ は (xy) または $(x,y)^3$ を含む．$xy \in \mathfrak{p}$ なら，$x \in \mathfrak{p}$ または $y \in \mathfrak{p}$ である．$(x,y)^3 \subset \mathfrak{p}$ なら，$x^3, y^3 \in \mathfrak{p}$ なので $x, y \in \mathfrak{p}$ となる．すると，$(x,y) \subset \mathfrak{p}$ だが，(x,y) は極大イデアルなので，$\mathfrak{p} = (x,y)$ である．

$(x) \subsetneqq \mathfrak{p}$ なら，$\mathfrak{p}$ は $A/(x)$ の素イデアルと対応する．$\mathbb{C}$ 準同型 $A \to \mathbb{C}[y]$ を $x \mapsto 0$, $y \mapsto y$ により定めれば，その核は (x) となる．よって，$A/(x) \cong \mathbb{C}[y]$ である．$\mathbb{C}[y]$ の零でないイデアルは (2) より $(y - b)$ $(b \in \mathbb{C})$ という形をしている．よって，$\mathfrak{p}$ は $(x, y - b)$ という形のイデアルである．同様に $(y) \subsetneqq \mathfrak{p}$ なら，$\mathfrak{p}$ は $(x - a, y)$ $(a \in \mathbb{C})$ という形のイデアルである．例 1.7.10 より，これらは極大イデアルである．まとめると，

(i)　極大イデアルでない素イデアルは $(x)/I, (y)/I$,

(ii)　極大イデアルは $(x - a, y)/I, (x, y - b)/I$ $(a, b \in \mathbb{C})$

である．　　　　　　　　　　　　　　　　　　　　　　　　　　　$\square$

次の命題で，極大イデアルが十分多く存在することを示す．

命題 1.7.15　A を環，$I \subsetneqq A$ をイデアルとする．このとき，I を含む A の極大イデアル $\mathfrak{m}$ が存在する．特に，$a \in A$ が単元でないなら，a を含む極大イデアルが存在する．

証明　X を I を含む A のイデアルで A 自身ではないもの全体の集合とする．$I \in X$ なので，$X \neq \emptyset$ である．X 上の半順序 $\leq$ を，$J_1, J_2 \in X$ で $J_1 \subset J_2$ なら，$J_1 \leq J_2$ と定義する．X が定理 I–1.4.10 の条件を満たすことを示す．

$Y \subset X$ を全順序部分集合とする．$J_0 = \bigcup_{J \in Y} J$ とおく．$x, y \in J_0$ なら，$x \in J_1$, $y \in J_2$ となる $J_1, J_2 \in Y$ があるが，仮定より $J_1 \subset J_2$ または $J_2 \subset J_1$ である．よって，$x, y \in J_1$ または J_2 である．これより，$x \pm y \in J_1$ または J_2 となり，$x \pm y \in J_0$ である．同様にして，$a \in A$, $x \in J_0$ なら $ax \in J_0$．よって，J_0 は A のイデアルである．

$I \subset J_0$ は明らかである．もし $J_0 = A$ なら，$J \in Y$ が存在して $1 \in J$ である．

すると $J = A$ となり矛盾である．よって，$J_0 \in X$ となる．すべての $J \in Y$ に
対して $J \leqq J_0$ となるので，X の任意の全順序部分集合は X に上界を持つ．し
たがって，ツォルンの補題により，X は極大元 J を持つ．極大性の定義より
J は極大イデアルである．もし $a \in A$ が単元でないなら，$I = (a) \neq A$ である．
よって，(a) を含む極大イデアル $\mathfrak{m}$ がある．$a \in \mathfrak{m}$ は明らかである． $\square$

1.8　局所化

この節では，局所化という概念について解説する．おおざっぱにいうと，**局
所化とは，環 A の部分集合 S が与えられたとき，人工的に A よりも (多くの
場合) 大きい環を作り，S の元の逆元があるようにする操作のことである．**例
えば $A = \mathbb{Z}$, $S = \{2^n \mid n = 0,1,\cdots\}$，なら $\mathbb{Z}[1/2]$ が局所化である．なぜこの操
作を局所化ということについては，1.9 節で解説する．

定義 1.8.1　A を環とする．部分集合 $S \subset A$ が次の条件 (1), (2) を満たすと
き，**乗法的集合**という．

(1)　$1 \in S$.

(2)　$a,b \in S$ なら $ab \in S$. $\diamond$

以下 S は A の乗法的集合とする．

定義 1.8.2　$(a_1,s_1),(a_2,s_2) \in A \times S$ に対し，$s \in S$ があり $s(a_1 s_2 - a_2 s_1) = 0$
となるなら，$(a_1,s_1) \sim (a_2,s_2)$ と定義する． $\diamond$

補題 1.8.3　上の $\sim$ は同値関係である．

証明　明らかに $(a,s) \sim (a,s)$ である．$(a_1,s_1) \sim (a_2,s_2)$ なら $(a_2,s_2) \sim$
(a_1,s_1) であることも明らかである．$(a_1,s_1) \sim (a_2,s_2)$, $(a_2,s_2) \sim (a_3,s_3)$ とす
る．s,s' があり $s(a_1 s_2 - a_2 s_1) = 0$, $s'(a_2 s_3 - a_3 s_2) = 0$ となる．すると，

$$s'ss_3(a_1 s_2 - a_2 s_1) + ss's_1(a_2 s_3 - a_3 s_2) = ss's_2(a_1 s_3 - a_3 s_1) = 0.$$

$ss's_2 \in S$ なので，$(a_1,s_1) \sim (a_3,s_3)$．したがって，$\sim$ は同値関係である． $\square$

定義 1.8.4　$S^{-1}A \overset{\text{def}}{=} A \times S/ \sim$ と定義し，(a,s) の同値類を a/s または $\dfrac{a}{s}$
と書く． $\diamond$

$b \in A, t \in S, a_1/s_1 = b/t$ なら，$s \in S$ があり $s(a_1 t - b s_1) = 0$. すると，

$$s(t s_2 (a_1 s_2 + a_2 s_1) - s_1 s_2 (b s_2 + s_2 t)) = s s_2 (a_1 t - b s_1) = 0,$$

$$s(a_1 s_2 t s_2 - b s_2 s_1 s_2) = s s_2 a_2 (t s_1 - s_1 b) = 0.$$

これより，

$$\frac{a_1}{s_1} + \frac{a_2}{s_2} = \frac{b}{t} + \frac{a_2}{s_2}, \quad \frac{a_1}{s_1} \times \frac{a_2}{s_2} = \frac{b}{t} \times \frac{a_2}{s_2}.$$

a_2/s_2 の部分でも同様で，$+, \times$ は well-defined である．A では結合法則などの環の性質が成り立っているので，$S^{-1}A$ でも環の性質が成り立ち，$S^{-1}A$ は $0/1, 1/1$ をそれぞれ $+, \times$ の単位元とする可換環となる．この $S^{-1}A$ を A の S による**局所化**という．写像 $\pi: A \ni a \mapsto a/1 \in S^{-1}A$ は環準同型であり，この準同型を**自然な準同型** という．なお，$0 \in S$ なら，$S^{-1}A$ は零環である．イデアル $I \subset A$ に対し，$\pi(I)$ で生成された $S^{-1}A$ のイデアルを $I S^{-1}A$ と書く (定義 1.3.41).

命題 1.8.5　S が環 A の乗法的集合なら，次の (1), (2) が成り立つ．

(1)　$S^{-1}A$ が零環であることと $0 \in S$ であることは同値である．

(2)　$a/s = 0$ $(a \in A,\ s \in S)$ となるのは，$s' \in S$ があり，$s'a = 0$ となるときである．特に，S が零因子を含まなければ，A から $S^{-1}A$ への自然な準同型は単射である．

証明　(1)　$1/1 = 0/1$ であることと，$s \in S$ があり，$s(1-0) = s = 0$ となることは同値である．

(2) は $S^{-1}A$ の定義から従う．　　　　　　　　　　　　　　□

A を環，$S \subset A$ を零因子でない元全体の集合とすると，S は乗法的集合である．このとき，$S^{-1}A$ を A の**全商環**という．A が整域なら $S = A \setminus \{0\}$ である．

命題 1.8.5 (2) より，次の系が従う．

系 1.8.6　A から全商環への自然な準同型は単射である．

命題 1.8.7　A が整域なら，A の全商環は体である．

証明 命題 1.8.5 (2) より $K = S^{-1}A$ の元 a/s が 0 となるのは $a = 0$ のとき
である．$a/s \neq 0$ なら $a, s \neq 0$ である．$K = S^{-1}A$ の積の定義より $(a/s)(s/a) = 1$ である．よって，K は体である．$\qquad\qquad\qquad\qquad\qquad\qquad\qquad\square$

定義 1.8.8 A が整域のときには，A の全商環のことを **A の商体**という．◇

系 1.8.6 より整域からその商体への自然な準同型は単射である．

例 1.8.9 (局所化 1) $\mathbb{Q}$ は $\mathbb{Z}$ の商体，つまり $S = \mathbb{Z} \setminus \{0\}$ による局所化であ
るというのが $\mathbb{Q}$ の厳密な定義である．◇

例 1.8.10 (局所化 2) k を体，$n > 0$ を整数，$A = k[x] = k[x_1, \cdots, x_n]$ を n 変
数多項式環とする．A の商体を n 変数**有理関数体**といい，$k(x) = k(x_1, \cdots, x_n)$
と書く．これが有理関数体の正確な定義である．$k(x_1, \cdots, x_n)$ の元は $f(x) \in A, g(x) \in A \setminus \{0\}$ により $f(x)/g(x)$ という形をしている．

$a = (a_1, \cdots, a_n) \in k^n$ で $g(a) \neq 0$ なら，$x = a$ を $f(x)/g(x)$ に代入することが
できる．これが well-defined であることを示す．$f_1(x) \in A, g_1(x) \in A \setminus \{0\}$ でも
あり，$f(x)/g(x) = f_1(x)/g_1(x)$ で $g(a), g_1(a) \neq 0$ なら，$f(x)g_1(x) = f_1(x)g(x)$
なので，$f(a)g_1(x) = f_1(a)g(a)$ である．よって，$f(a)/g(a) = f_1(a)/g_1(a)$ とな
り，代入は well-defined である．◇

局所化は次の普遍性を満たす．

> **命題 1.8.11 (局所化の普遍性)** $\phi : A \to B$ を環準同型，$S \subset A$ を乗法的
> 集合とする．もし すべての元 $s \in S$ に対し $\phi(s) \in B$ が単元なら，準同型
> $\psi : S^{-1}A \to B$ で $\psi(a/1) = \phi(a)$ ($^\forall a \in A$) となるものがただ一つ存在する．

証明 $S \times A \ni (s, a)$ に対し，$f(s, a) = \phi(a)/\phi(s)$ と定義する．$\phi(s)$ が単元な
ので，この定義が可能である．$f(s, a)$ が a/s にのみよることを示す．$a_1, a_2 \in A$, $s_1, s_2 \in S$ で $a_1/s_1 = a_2/s_2$ なら，$s \in S$ があり，$s(a_1 s_2 - a_2 s_1) = 0$ とな
る．すると，$\phi(s)(\phi(a_1)\phi(s_2) - \phi(a_2)\phi(s_1)) = 0$ である．$\phi(s)$ は単元なので，
$\phi(a_1)\phi(s_2) - \phi(a_2)\phi(s_1) = 0$ となる．$\phi(s_1)^{-1}\phi(s_2)^{-1}$ をかけ

$$f(s_1, a_1) = \frac{\phi(a_1)}{\phi(s_1)} = \frac{\phi(a_2)}{\phi(s_2)} = f(s_2, a_2)$$

となる. よって, $\psi(a/s) = \phi(a)/\phi(s)$ となる写像 $\psi : S^{-1}A \to B$ が存在する. ψ が環の準同型になることはやさしい. $\psi(a/1) = \phi(a)/\phi(1) = \phi(a)$ なので, ψ は命題の主張の条件を満たす. 逆に ψ が命題の主張の条件を満たす準同型なら, $a \in A$, $s \in S$ に対し, $\phi(a) = \psi(a) = \psi(a/s)\psi(s) = \psi(a/s)\phi(s)$ なので, $\psi(a/s) = \phi(a)/\phi(s)$ となるしかない. したがって, ψ は一つしかない.   □

> **命題 1.8.12** A を環, K を A の全商環, S を零因子を含まない A の乗法的集合とする. K において $a \in A$, $s \in S$ により a/s という形をした元全体の集合 B は K の部分環であり, $S^{-1}A$ と同型である.

証明 B が K の部分環であることは明らかである. B では S の元は単元なので, 命題 1.8.11 より, 準同型 $\psi : S^{-1}A \to B$ で, $a \in A$, $s \in S$ に対し $\psi(a/s) = a/s$ (B において) となるものがある. B の定義より ψ は全射である. $a \in A$, $s \in S$ とし, a/s が B の元として 0 であるのは A の零因子でない元 s' があり $s'a = 0$ となるときだが, これは $a = 0$ を意味する. したがって, $S^{-1}A$ の元としても $0/s = 0$ である. これにより, $\mathrm{Ker}(\psi) = \{0\}$ となるので, ψ は単射にもなり, 同型である.   □

> **命題 1.8.13** A を整域 B の部分環, K, L をそれぞれ A, B の商体とする. このとき, $K \subset L$ である.

証明 $A \subset B \subset L$ なので, $A \setminus \{0\}$ の元は L で単元である. よって, 局所化の普遍性より, 包含写像 $A \to L$ を拡張する準同型 $K \to L$ がある. 体の準同型は単射なので, $K \subset L$ とみなせる.   □

例 1.8.14 (局所化 3) K, L を整域 $A = \mathbb{C}[t^2, t^3] \subset B = \mathbb{C}[t]$ の商体とする. 命題 1.8.13 より $\mathbb{C} \subset K \subset L = \mathbb{C}(t)$ である. $t = t^3/t^2 \in K$ だが, K は体なので, t の任意の有理式を含む. よって, $K = \mathbb{C}(t)$ である.   ◇

例 1.8.15 (局所化 4) A が $\mathbb{Q}$ の部分環なら, $1 \in A$ なので, $\mathbb{Z} \subset A$ である. 例 1.8.14 と同様に, A の商体は $\mathbb{Q}$ である.   ◇

定義 1.8.16 A を環，$f \in A$ を零因子ではない元とし，$S = \{f^n \mid n = 0, 1,$ $2, \cdots\}$ とおくと S は乗法的集合である．$S^{-1}A$ のことを $A_f, A\left[\dfrac{1}{f}\right], A[1/f]$ な どと書き，**A の f による局所化**という．　　　　　　　　　　　◇

命題 1.8.12 より，次の命題が従う．

命題 1.8.17 定義 1.8.16 の状況で，$A_f = A[1/f]$ は A の全商環の中 で，A 上 $1/f$ で生成された環である．

命題 1.8.17 により，$A[1/f]$ を局所化とも全商環のなかで A 上 $1/f$ で生成さ れた環ともみなせるので，この記号を両方の意味で使うことができる．

A を環，$\mathfrak{p} \subset A$ を素イデアルとする．$\mathfrak{p}$ が素イデアルということの定義より $S = A \setminus \mathfrak{p}$ は乗法について閉じている．$1 \notin \mathfrak{p}$ なので，$1 \in S$．よって，S は乗法 的集合である．$0 \notin S$ なので，$A, S^{-1}A$ は零環ではない．

定義 1.8.18 A を環，$\mathfrak{p} \subset A$ を素イデアル，$S = A \setminus \mathfrak{p}$ とするとき，$S^{-1}A$ を $A_{\mathfrak{p}}$ と書き，**A の $\mathfrak{p}$ による局所化**という．　　　　　　　　　　　◇

A_f は f のべきを分母に持つ元の集合だが，$A_{\mathfrak{p}}$ は $\mathfrak{p}$ に入らない元を分母に 持つ元の集合なので，注意が必要である．

例 1.8.19 (局所化 5) $A = \mathbb{C}[x]$，$\mathfrak{p} = (x)$ なら，$A_{\mathfrak{p}}$ は $f(x)/g(x)$ $(g(0) \neq 0)$ という形をした元全体の集合である．$\mathfrak{p}$ の生成元 x が 0 になる点は 0 であり， $A_{\mathfrak{p}}$ は有理式の中で分母が $x = 0$ で 0 でない，つまり 0 の「近傍」で定義され た関数の集合となる．このようなことが $A_{\mathfrak{p}}$ を局所化とよぶ理由である．　◇

以下，S を環 A の乗法的集合とするとき，A のイデアルと A を局所化した $S^{-1}A$ のイデアルとの関係について考える．$\pi : A \to S^{-1}A$ を自然な準同型とす る．$S^{-1}A$ のイデアルは次の命題のように，A のイデアルで表すことができる．

命題 1.8.20 $I \subset S^{-1}A$ がイデアルなら，$I = \pi^{-1}(I)S^{-1}A$ である．

証明 $x/s \in I$ $(x \in A, s \in S)$ なら，$(s/1)(x/s) = x/1 \in I$ である．よって， $x \in \pi^{-1}(I)$ である．したがって，$x/s = (x/1)(1/s) \in \pi^{-1}(I)S^{-1}A$ である．　□

素イデアルに対しては，次の定理が成り立つ.

定理 1.8.21　A を環，$S \subset A$ を乗法的集合，$\mathbb{X}$ を A の素イデアル $\mathfrak{p}$ で $S \cap \mathfrak{p} = \emptyset$ となるもの全体の集合，$\mathbb{Y}$ を $S^{-1}A$ の素イデアル全体の集合とする．このとき，対応

$$\phi : \mathbb{X} \ni \mathfrak{p} \mapsto \mathfrak{p}S^{-1}A \in \mathbb{Y}, \quad \psi : \mathbb{Y} \ni P \mapsto \pi^{-1}(P) \in \mathbb{X}$$

は互いの逆写像であり，$\mathbb{X}$ と $\mathbb{Y}$ は 1 対 1 に対応する.

証明　まず ϕ, ψ が well-defined であることを示す．$\mathfrak{p} \in \mathbb{X}$ とする．$a, b \in A$, $s_1, s_2 \in S$, $a/s_1, b/s_2 \notin \mathfrak{p}S^{-1}A$ とする．このとき，$a, b \notin \mathfrak{p}$ である．もし $ab/(s_1 s_2) \in \mathfrak{p}S^{-1}A$ なら，$c \in \mathfrak{p}$, $s_3 \in S$ があり，$ab/(s_1 s_2) = c/s_3$ となる．これは $s \in S$ があり，$s((s_1 s_2)c - s_3 ab) = 0$ となることを意味する．よって，$ss_3 ab = ss_1 s_2 c \in \mathfrak{p}$ である．$\mathfrak{p} \cap S = \emptyset$ なので，$ss_3 \notin \mathfrak{p}$ である．$\mathfrak{p}$ は素イデアルなので，$ss_3 ab \notin \mathfrak{p}$ となり矛盾である．$\mathfrak{p}S^{-1}A = S^{-1}A$ なら，$a \in \mathfrak{p}, s \in S$ があり，$a/s = 1/1$ となる．すると $s' \in S$ があり，$s'(a - s) = 0$ となる．$s's = s'a \in \mathfrak{p}$ となり，矛盾である．よって，$\mathfrak{p}S^{-1}A \neq S^{-1}A$ である.

　$P \in \mathbb{Y}$ に対して $\mathfrak{p} = \pi^{-1}(P)$ とおく．命題 1.7.5 より，$\mathfrak{p}$ は素イデアルである．$f \in \mathfrak{p} \cap S$ なら $f/1$ は $S^{-1}A$ の単元である．命題 1.8.20 より $P = S^{-1}A$ となり，P が素イデアルであることに矛盾する．よって，$\mathfrak{p} \cap S = \emptyset$ となり，$\mathfrak{p} \in \mathbb{X}$ である．これで ϕ, ψ が well-defined であることが示せた.

　$\mathfrak{p} \in \mathbb{X}$ とする．$\mathfrak{p} \subset \pi^{-1}(\mathfrak{p}S^{-1}A)$ は明らかである．逆に $x \in \pi^{-1}(\mathfrak{p}S^{-1}A)$ とする．$x/1 = y/s$ となる $y \in \mathfrak{p}$, $s \in S$ がある．よって，$s' \in S$ があり，$s'(sx - y) = 0$ となる．$s'sx = s'y \in \mathfrak{p}$ だが，$s's \in S$ で $S \cap \mathfrak{p} = \emptyset$ なので，$s's \notin \mathfrak{p}$ である．$\mathfrak{p}$ は素イデアルなので，$x \in \mathfrak{p}$ となる．よって，$\mathfrak{p} = \pi^{-1}(\mathfrak{p}S^{-1}A)$ である．$P \in \mathbb{Y}$ なら，命題 1.8.20 より $(P \cap A)S^{-1}A = P$ である.　□

　整域 A と乗法的集合 S, イデアル $I \subset A$ で，$I \cap S = \emptyset$ であり $I \subsetneq \pi^{-1}(IS^{-1}A)$ $(\pi : A \to S^{-1}A$ は自然な準同型) となる例については演習問題 1.8.6 を試されたい．このことは III–2.1 節で解説する準素イデアル分解の概念と関係している.

　環を素イデアルで局所化すると，局所環というものになることについて述べる．まず局所環を定義する.

定義 1.8.22 (1) A が環で $\mathfrak{m} \subset A$ が A のただ一つの極大イデアルであるとき，$(A, \mathfrak{m})$ を**局所環**という．

(2) $(A, \mathfrak{m}), (B, \mathfrak{n})$ が局所環，$\phi : A \to B$ が準同型で $\phi(\mathfrak{m}) \subset \mathfrak{n}$ となるとき，ϕ は**局所的な準同型**であるという． ◇

(1) で $\mathfrak{m}$ が明らかなときは，単に A を局所環ということもある．(2) の状況では $1 \notin \phi^{-1}(\mathfrak{n})$ なので，$\phi^{-1}(\mathfrak{n}) = \mathfrak{m}$ である．

命題 1.8.23 A を環，$\mathfrak{p} \subset A$ を素イデアルとする．このとき，$A_\mathfrak{p}$ は $\mathfrak{p}A_\mathfrak{p}$ を極大イデアルとする局所環である．

証明 $S = A \backslash \mathfrak{p}, \pi : A \to S^{-1}A$ を自然な準同型とする．定理 1.8.21 により，$A_\mathfrak{p}$ の素イデアルは A の素イデアル $\mathfrak{q}$ で $\mathfrak{q} \cap S = \emptyset$ であるものと 1 対 1 に対応する．$\mathfrak{q} \cap S = \emptyset$ は $\mathfrak{q} \subset \mathfrak{p}$ と同値である．$\mathfrak{m}$ が $A_\mathfrak{p}$ の極大イデアルなら，$\mathfrak{m}$ は素イデアルなので，$\pi^{-1}(\mathfrak{m}) \subset \mathfrak{p}$ である．$\mathfrak{m} = (\pi^{-1}(\mathfrak{m}))A_\mathfrak{p} \subset \mathfrak{p}A_\mathfrak{p}$ となるので，$\mathfrak{m} = \mathfrak{p}A_\mathfrak{p}$ である．よって，$\mathfrak{p}A_\mathfrak{p}$ は $A_\mathfrak{p}$ のただ一つの極大イデアルである． $\square$

局所環は次の興味深い性質を持つ．

命題 1.8.24 (1) $(A, \mathfrak{m})$ が局所環なら，$A \backslash \mathfrak{m} \subset A^\times$ である．

(2) A を環とするとき，A が局所環であることは，A の単元でない元全体の集合 $\mathfrak{m}$ が A のイデアルになることと同値である．

証明 (1) $a \in A$ が単元でなければ，命題 1.7.15 により，a を含む極大イデアルがある．A の極大イデアルは $\mathfrak{m}$ だけなので，$a \in \mathfrak{m}$ である．したがって，$a \notin \mathfrak{m}$ なら a は単元である．

(2) $(A, \mathfrak{m})$ を局所環とする．$a \in \mathfrak{m}$ なら，補題 1.3.31 より a は単元ではない．(1) より，A の単元でない元全体の集合は $\mathfrak{m}$ であり，それはイデアルである．

逆に，A の単元でない元全体の集合 $\mathfrak{m}$ がイデアルであるとする．もし $I \subsetneq A$ が真のイデアルなら，補題 1.3.31 より I の元は単元ではない．よって，$I \subset \mathfrak{m}$ である．したがって，$\mathfrak{m}$ はただ一つの極大イデアルである． $\square$

定義 1.8.25 A を環，$I, J \subset A$ をイデアルとする．このとき，

$$I : J = \{x \in A \mid {}^{\forall}a \in J, \ ax \in I\}$$

と定義し，I の J による**商**という．$J = (a)$ なら，$I : a$ とも書く．A が整域なら，A の商体の元 a に対しても $I : a$ を $((a) = Aa$ と考え) 同様に定義する． ◇

補題 1.8.26 $I : J$ は A のイデアルである．

証明 明らかに $0 \in I : J$ である．$x, y \in I : J$ なら，すべての $a \in J$ に対して，$a(x \pm y) = ax \pm ay \in I$．よって，$x \pm y \in I : J$．さらに $r \in A$, $x \in I : J$ なら，すべての $a \in J$ に対して，$a(rx) = r(ax) \in rI \subset I$．よって，$rx \in I : J$．したがって，$I : J$ は A のイデアルである．   □

例 1.8.27 $A = \mathbb{Z}$, $a, b \in \mathbb{Z} \setminus \{0\}$ とする．$a = p_1^{i_1} \cdots p_t^{i_t}$, $b = p_1^{j_1} \cdots p_t^{j_t}$ とすると $(i_1, \cdots, j_t$ は 0 になることもある)，$x = p_1^{k_1} \cdots p_t^{k_t}$ とするとき，$ax \in b\mathbb{Z}$ となることと，$k_l \geqq j_l - i_l$ $(l = 1, \cdots, t)$ となることは同値である．$x \in A$ でなければならないので，$k_l \geqq 0$ である．したがって，$c = p_1^{\max\{j_1 - i_1, 0\}} \cdots p_t^{\max\{j_t - i_t, 0\}}$ とおくと，$x \in c\mathbb{Z}$ である．逆に $c\mathbb{Z} \subset b\mathbb{Z} : a\mathbb{Z}$ もわかり，$b\mathbb{Z} : a\mathbb{Z} = c\mathbb{Z}$ となる．特に，$a \mid b$ なら，$b\mathbb{Z} : a\mathbb{Z} = (b/a)\mathbb{Z}$ である．

例えば，$6\mathbb{Z} : 14 = 6\mathbb{Z} : 14\mathbb{Z} = 3\mathbb{Z}$, $48\mathbb{Z} : 12\mathbb{Z} = 4\mathbb{Z}$ である．   ◇

A が整域なら，A の任意の局所化は A の商体 K の部分環とみなせる (命題 1.8.12)．したがって，A の局所化の共通集合を考えることができる．

命題 1.8.28 A を整域，$\mathfrak{M}$ を A の極大イデアル全体の集合とするとき，$\bigcap_{\mathfrak{m} \in \mathfrak{M}} A_{\mathfrak{m}} = A$ である．

証明 K を A の商体とする．$a \in K$, $\mathfrak{m} \in \mathfrak{M}$ なら，$A_{\mathfrak{m}} : a = (A : a)A_{\mathfrak{m}}$ であることを示す．なお，左辺は $A_{\mathfrak{m}}$ のイデアルである．

$A : a \subset A_{\mathfrak{m}} : a$ なので $(A : a)A_{\mathfrak{m}} \subset A_{\mathfrak{m}} : a$ は明らかである．$x \in A$, $s_1 \notin \mathfrak{m}$ で $x/s_1 \in A_{\mathfrak{m}} : a$ とする．すると $y \in A$, $s_2 \notin \mathfrak{m}$ が存在し $(x/s_1)a = y/s_2$ である．A は整域なので，$s_2 x a = s_1 y \in A$ である．よって，$s_2 x \in A : a$ である．したがって，$x = (s_2 x) \cdot (1/s_2) \in (A : a)A_{\mathfrak{m}}$ である．s_1 は $A_{\mathfrak{m}}$ の単元なので，$x/s_1 \in (A : a)A_{\mathfrak{m}}$．したがって，$A_{\mathfrak{m}} : a = (A : a)A_{\mathfrak{m}}$．

$a \in \bigcap_{\mathfrak{m} \in \mathfrak{M}} A_{\mathfrak{m}}$ とし $I = A : a$ とおく. もし $I = A$ であれば $1a = a \in A$ である. $I \neq A$ として矛盾を導く. 仮定より I を含む極大イデアル $\mathfrak{m}$ が存在する. すると, 上で証明したように $IA_{\mathfrak{m}} = A_{\mathfrak{m}} : a$ だが, $a \in A_{\mathfrak{m}}$ なので $IA_{\mathfrak{m}} = A_{\mathfrak{m}}$ である. ところが $IA_{\mathfrak{m}} \subset \mathfrak{m}A_{\mathfrak{m}} \neq A_{\mathfrak{m}}$ なので矛盾である. □

命題 1.8.29 A を零環でない環, X を A のすべての素イデアル全体の集合とするとき, $\bigcap_{\mathfrak{p} \in X} \mathfrak{p} = \{a \in A \mid {}^{\exists}n > 0, \, a^n = 0\}$ である.

証明 $1 \neq 0$ なので, 0 は単元ではない. したがって, 命題 1.7.15 により, 極大イデアルが存在する. 極大イデアルは素イデアルなので, 左辺は 0 を含む. $a \in \bigcap_{\mathfrak{p} \in X} \mathfrak{p}$ とする. $a^n = 0$ となる $n \geqq 0$ がないなら, $S = \{a^n \mid n \geqq 0\}$ とおき, $\pi : A \to S^{-1}A$ を自然な準同型とする. 命題 1.8.5 (1) より $S^{-1}A$ は零環ではない. $(0) \neq S^{-1}A$ なので, $S^{-1}A$ には極大イデアル P が存在する. P は素イデアルなので, 命題 1.7.5 (2) より $\mathfrak{p} = \pi^{-1}(P)$ も素イデアルで $\mathfrak{p} \cap S = \emptyset$ である. 仮定より $a \in \mathfrak{p}$ なので, $a \in \mathfrak{p} \cap S$ となり矛盾である. よってある $n > 0$ が存在して $a^n = 0$ である.

逆に $a^n = 0$ となる $n > 0$ があれば, 任意の素イデアル $\mathfrak{p}$ は元 0 を含むので, $a^n \in \mathfrak{p}$ となる. $\mathfrak{p}$ は素イデアルなので, $a \in \mathfrak{p}$ である. □

定義 1.8.30 (イデアルの根基) (1) A を環, $I \subset A$ をイデアルとするとき,

$$\sqrt{I} = \{a \in A \mid {}^{\exists}n > 0, \, a^n \in I\}$$

とおき, I の**根基**という. $\sqrt{(0)}$ を環 A の根基という. $a \in \sqrt{(0)}$ なら, a は**べき零**であるという.

(2) A が環で $\sqrt{(0)} = (0)$ なら, A は**被約**であるという. イデアル I が $\sqrt{I} = I$ となるとき, I は**被約**であるという. ◇

命題 1.8.31 A を環とするとき, 次の (1)–(6) が成り立つ.

(1) $I \subset A$ がイデアルなら, $\sqrt{I}$ もイデアルである.

(2) A の素イデアルは被約である.

(3) $I \subset J$ が A のイデアルなら, $\sqrt{I} \subset \sqrt{J}$.

> (4)　A が被約な環 B の部分環なら，A も被約である．
>
> (5)　A のイデアル I が被約 $\Leftrightarrow$ A/I が被約．
>
> (6)　$A_1, \cdots, A_n$ が被約な環なら，$A_1 \times \cdots \times A_n$ も被約である．

証明　(1) $a, b \in \sqrt{I}$ なら，$a^n, b^m \in I$ となる整数 $n, m > 0$ がある．すると $(a \pm b)^{n+m} \in I$ である．$r \in A$ なら，$(ra)^n = r^n a^n \in I$．したがって，$\sqrt{I}$ はイデアルである．

(2)–(4) は自明である．

(5) 定理 1.4.6 と命題 1.7.12 より，A/I の素イデアルと A の素イデアルで I を含むものの間に 1 対 1 対応がある．よって，$\mathfrak{q}, \mathfrak{p}$ がそれぞれ A/I の素イデアル，A の素イデアルで I を含むもの全体を動くとき，

$$\bigcap_{\mathfrak{q}} \mathfrak{q} = \bigcap_{\mathfrak{p} \supset I} (\mathfrak{p}/I) = \left(\bigcap_{\mathfrak{p} \supset I} \mathfrak{p} \right) / I.$$

したがって，左辺が $(0_{A/I})$ であることと，$\sqrt{I} = I$ であることは同値である．

(6) $a = (a_1, \cdots, a_n) \in A_1 \times \cdots \times A_n$ で $m > 0$ があり $a^m = 0$ なら，$a_1^m = \cdots = a_n^m = 0$．仮定より，$a_1 = \cdots = a_n = 0$．したがって，$a = 0$ となる．　　□

上の証明の中で次の系も証明された．

> **系 1.8.32**　定義 1.8.30 の状況で，X を I を含む素イデアル全体の集合とすると，$\sqrt{I} = \bigcap_{\mathfrak{p} \in X} \mathfrak{p}$ である．

例 1.8.33　(1)　$I = (x^2, xy, y^3) \subset \mathbb{C}[x, y]$ とすると，$x^2, y^3 \in I$ なので，$(x, y) \subset \sqrt{I}$ である．(x, y) は極大イデアルなので，素イデアルである．$I \subset (x, y)$ なので，系 1.8.32 より $\sqrt{I} \subset (x, y)$ となり，$\sqrt{I} = (x, y)$ である．I の 0 でない元の次数は 2 以上なので，$x, y \notin I$ である．したがって，I は被約ではない．

(2)　$I = 30\mathbb{Z} \subset \mathbb{Z}$ とすると，整数 n のべきが I の元なら，n は 2, 3, 5 で割り切れるので，n は 30 で割り切れ，I の元である．よって，I は被約である．　◇

イデアルの被約性という概念は第 3 巻で述べるヒルベルトの零点定理と関連して重要になる．

1.9　可換環と代数幾何*

可換環と非可換環は使われる状況が非常に異なる．可換環論は現在では代数幾何と密接な関係にあり，非可換環論は群の表現論や整数論・代数幾何の一部と密接な関係がある．この節では可換環論と代数幾何との関係について，次節では非可換環論と表現論や整数論との関係について概説する．

簡単のため $\mathbb{C}$ 上で考える．

定義 1.9.1　$x = (x_1, \cdots, x_n)$, $f_1(x), \cdots, f_m(x) \in \mathbb{C}[x]$ とする．$\mathbb{C}^n$ の部分集合で $\boldsymbol{X = \{a = (a_1, \cdots, a_n) \in \mathbb{C}^n \mid f_1(a) = \cdots = f_m(a) = 0\}}$ という形をしたものを $\mathbb{C}^n$ の**代数的集合**という．　　　　　　　　　　◇

定義 1.9.1 の状況で $I = (f_1(x), \cdots, f_m(x))$ を $f_1(x), \cdots, f_m(x)$ で生成されたイデアルとする．I の元は $g_1(x), \cdots, g_m(x)$ により $h(x) = g_1(x)f_1(x) + \cdots + g_m(x)f_m(x)$ という形をしている．$a \in X$ なら

$$h(a) = g_1(a)f_1(a) + \cdots + g_m(a)f_m(a) = g_1(a) \cdot 0 + \cdots + g_m(a) \cdot 0 = 0$$

である．$f_1(x), \cdots, f_m(x) \in I$ なので，任意の $h(x) \in I$ に対して $h(a) = 0$ なら，$a \in X$ である．したがって，X は $f_1(x), \cdots, f_m(x)$ で生成されたイデアルの共通零点でもあるので，X を $V(I)$ と書き，**I の零点集合**ともいう．なお $V(I) = \{a \in \mathbb{C}^n \mid {}^{\forall}h \in I,\ h(a) = 0\}$ である．

$\mathbb{C}^2$ の代数的集合 $X = \{(a_1, a_2) \in \mathbb{C}^2 \mid a_1 a_2 = 0\}$ を考える．

$$X_1 = \{(a_1, 0) \mid a_1 \in \mathbb{C}\}, \quad X_2 = \{(0, a_2) \mid a_2 \in \mathbb{C}\}$$

とすると，$X = X_1 \cup X_2$ である．実数部分だけ図にすると，次の図のようになる．このような場合，X の考察は基本的には X_1, X_2 の考察に帰着する．

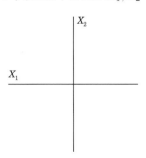

X_1, X_2 はそれ以上分けられない代数的集合であり，「既約な」代数的集合と

よばれる．ここでは既約性の定義はしないが，代数的集合が既約であることと，素イデアルの零点集合になっていることとが同値であることが知られている．既約な代数的集合のことを**アフィン代数多様体**という．一般の代数多様体とはアフィン代数多様体を貼り合わせて得られるものであり，代数多様体の性質を調べる分野が代数幾何とよばれる分野である．

　代数幾何と可換環論との結び付きが特に強くなったのは 1960 年代のグロタンディーク (Grothendieck) のスキーム論からである．本書で解説する概念の多くはスキーム論以前のものだが，ここではスキーム論の立場から，すでに解説した素イデアル・極大イデアル，局所化，準同型といった概念を振り返るとともに，これから解説する概念との関連についても簡単に述べることにする．

　定義 1.9.1 の状況を考え，$I = (f_1(x), \cdots, f_m(x))$ とおく．定義 1.9.1 の X のように代数的集合を単なる集合として考えるのは直観的でわかりやすいが，$a = (a_1, \cdots, a_n) \in X$ に対して，例 1.3.37 のように $\mathfrak{m}_a = (x_1 - a_1, \cdots, x_n - a_n)$ を対応させて考えるのが近代的な代数幾何の出発点である．例 1.3.38 で解説したように，$f_i(a) = 0$ と $f_i(x) \in \mathfrak{m}_a$ は同値である．したがって，$a \in X$ であることと，$I \subset \mathfrak{m}_a$ は同値である．第 3 巻で解説するが，$\mathbb{C}[x]$ の極大イデアルは $\mathfrak{m}_a$ という形をしている (系 III–2.4.5 (ヒルベルトの零点定理))．準同型定理 (定理 1.4.6) により，極大イデアル $\mathfrak{m}_a \supset I$ は $A = \mathbb{C}[x]/I$ の極大イデアルと 1 対 1 に対応する．だから，X の点を考えることと，A の極大イデアルを考えることとは同じである．また，**A は X の上の代数的な関数の集合とみなせる**．

$$\mathrm{Spec}\, A = \{\mathfrak{p} \subset A \mid \mathfrak{p} \text{ は素イデアル}\}$$

と定義し，A の定義する**アフィンスキーム**という．極大イデアルは素イデアルだが，極大イデアルだけを考えるのは都合が悪く (理由は後で述べる)，X の代わりに $\mathrm{Spec}\, A$ を考えるのが，代数幾何の近代的な考え方である．$\mathrm{Spec}\, A$ は単なる集合ではなく，「層」のついた位相空間なのだが，詳細は省略する．

　しかし，点集合 X という直観的にはわかりやすい対象を，なぜこのように間接的な対象で表さなければならないのだろう？　それにはいろいろ理由があるが，そのうちのいくつかを解説する．

　(1)　$X = \{(x,y) \in \mathbb{C}^2 \mid y^3 - x^2 = 0\}$ で表される $\mathbb{C}^2$ の代数的集合は実数部分だけを図にすると，次の図のようになる．X は，集合としては $\mathbb{C}$ と 1 対 1 に対

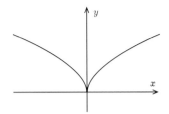

応することが知られているが，図のように，原点では曲線が「尖っている」．

　この点は「特異点」とよばれるもので，$\mathbb{C}$ にはないが，X を集合としてだけとらえると，$\mathbb{C}$ とは区別できない．しかし，環 $A = \mathbb{C}[x,y]/(y^3 - x^2)$ を考えると $B = \mathbb{C}[t]$ とは同型ではなく，区別ができるのである．なお，$\mathfrak{m} = (x,y)/(y^3 - x^2)$ は原点 $(0,0)$ に対応する A の極大イデアルだが，この点が特異点であるというのは，$A_\mathfrak{m}$ が III–2.10 節で定義する「正則局所環」ではないということである．一方 $\mathfrak{n} \subset B$ を任意の極大イデアルとするとき，$B_\mathfrak{n}$ は正則局所環となり，A, B が同型でないことがわかる．あるいは，A, B が同型でないことだけなら，A が 1.12 節で定義する「正規環」ではなく B が正規環であることからもわかるが，詳細は省略する．

　(2)　代数多様体に関するさまざまな性質を証明するときに，「次元」(III–2.2 節参照) に関する帰納法を使うのは一般的である．その場合，環 A を極大イデアル $\mathfrak{m}$ で局所化しても次元は変わらないが，極大イデアルではない素イデアル $\mathfrak{p}$ で局所化すると，$A_\mathfrak{p}$ の次元は A の次元より真に小さくなる．このような事情から，すべての素イデアルの集合を考えるほうが都合がよい．そのためにも，極大イデアルだけでなく，素イデアルの集合 $\operatorname{Spec} A$ を考えるのである．

　(3)　整数論的な状況で，例えば $\mathbb{Z}$ の素数 p を「点」と考えたいとき，$p\mathbb{Z} \subset \mathbb{Z}$ は素イデアルなので，$\operatorname{Spec} \mathbb{Z}$ の「点」として実現できる．

　このように，イデアルの零点の代わりに環の素イデアルの集合を考えるという観点から，既に定義した概念や証明したことを振り返ってみよう．

局所化

　まず局所化だが，$A = \mathbb{C}[x] = \mathbb{C}[x_1,\cdots,x_n]$，つまり定義 1.9.1 で $I = (0)$ である場合を考える．$\mathbb{C}[x] \ni f(x) \neq 0$ とし，$B = A[1/f]$ とおく．定理 1.8.21 より，$\operatorname{Spec} B$ は $\mathfrak{p} \in \operatorname{Spec} A$ で $f \notin \mathfrak{p}$ であるものの集合と同一視できる．もし $\mathfrak{p}$ が極

大イデアルで，$\mathfrak{m}_a$ (例 1.3.38) という形をしているなら，$f(x) \notin \mathfrak{m}_a$ は $f(a) \neq 0$ と同値である．$\mathbb{C}^n$ の通常の開集合の概念を考えると，$U = \{a \mid f(a) \neq 0\}$ は $\mathbb{C}^n$ の開集合である．ただ，開集合とはいっても，U の閉包は $\mathbb{C}^n$ なので，U は非常に大きい開集合である．代数的にはこのような開集合のみ考え，**ザリスキー位相**という概念を定義するのだが，詳細は省略する．このような U でも開集合ではあるので，$\mathfrak{p} \in U$ なら，U の点は $\mathfrak{p}$ に「近い」点であるとみなせる．だから，$A[1/f]$ を考えることを局所化というのである．

　素イデアルによる局所化の場合には，状況がもっと「局所化」というのにふさわしい．例えば $\mathfrak{m} = \mathfrak{m}_a \in \operatorname{Spec} A$ が極大イデアルなら，$\operatorname{Spec} A_\mathfrak{m}$ の元は $\mathfrak{m}$ に含まれる A の素イデアルであり，A の極大イデアルと対応するものは $\mathfrak{m}$ だけである．極大イデアルとしては自分自身しか含まないので，ある意味では自分自身と非常に近い点しか考えていないのである．また，例 1.8.19 と同様に，$A_\mathfrak{m}$ は $f(x)/g(x)$ $(g(a) \neq 0)$ という形の有理関数より成るので，a の近傍で定義されている有理関数を考えることになる．このような観点から考えると，命題 1.8.28 は，「すべての点の近傍で定義されている代数的な関数は，全体で代数的な関数である」と，あたりまえに思えるようなことを意味するのである．

準同型

　n, m を正の整数とする．$x = (x_1, \cdots, x_n)$, $y = (y_1, \cdots, y_m)$ を変数とする．$f_1(x), \cdots, f_m(x) \in \mathbb{C}[x]$, $a = (a_1, \cdots, a_n) \in \mathbb{C}^n$ とするとき，写像

$$\phi : \mathbb{C}^n \ni a \mapsto (f_1(a), \cdots, f_m(a)) \in \mathbb{C}^m$$

が「代数的」というのにふさわしい写像であることは読者も納得されるだろう．

　このような写像があれば，$g(y) \in \mathbb{C}[y]$ に対し，$y_1 = f_1(x)$, $\cdots$, $y_m = f_m(x)$ を代入すれば，x の多項式 $g(f_1(x), \cdots, f_m(x))$ を得る．代入するという操作は和や積を保つので，写像

$$(1.9.2) \qquad \psi : \mathbb{C}[y] \ni g(y) \mapsto g(f_1(x), \cdots, f_m(x)) \in \mathbb{C}[x]$$

は準同型である．

　$A = \mathbb{C}[y]$, $B = \mathbb{C}[x]$ とおく．

$$a = (a_1, \cdots, a_n) \in \mathbb{C}^n, \qquad \mathfrak{m}_a = (x_1 - a_1, \cdots, x_n - a_n) \subset B,$$
$$b = (f_1(a), \cdots, f_m(a)) \in \mathbb{C}^m, \qquad \mathfrak{n}_b = (y_1 - b_1, \cdots, y_m - b_m) \subset A$$

とするとき，$\mathfrak{m}_a, \mathfrak{n}_b$ はそれぞれ準同型

$$\lambda : B \ni g(x) \mapsto g(a) \in \mathbb{C}, \qquad \mu : A \ni h(y) \mapsto h(b) \in \mathbb{C}$$

の核である (例 1.4.11 参照). $\lambda \circ \psi = \mu$ なので，

$$\psi^{-1}(\mathfrak{m}_a) = \psi^{-1}(\lambda^{-1}(0)) = \mu^{-1}(0) = \mathfrak{n}_b.$$

したがって，写像 ϕ の代わりに準同型 ψ を考えても，間接的ではあるが，極大イデアルの逆像を考えることにより，写像 ϕ を ψ から再構成することができる．命題 1.7.5 (1) で環準同型による素イデアルの逆像が素イデアルであることを示したのにも，このような意味がある．

では任意の準同型 $A \to B$ は ψ のような形をしているのだろうか？　答えは Yes である．$\psi : A \to B$ を準同型とすると，$\psi(y_1) = f_1(x), \cdots, \psi(y_m) = f_m(x)$ とおくと，ψ が準同型なら，ψ は (1.9.2) で与えられる準同型となるしかない．このように，$\mathbb{C}^n$ から $\mathbb{C}^m$ への「代数的な」写像を考えるということは，A から B への $\mathbb{C}$ 準同型を考えることと同じになる．

このように，以下の対応

点	$\longleftrightarrow$	素イデアル
近傍	$\longleftrightarrow$	環の局所化
方程式の零点	$\longleftrightarrow$	イデアル
代数的な写像	$\longleftrightarrow$	環準同型

などにより，可換環論は代数幾何という分野を記述する言葉となっている．

1.10　非可換環と表現論・整数論*

この節では非可換環がどのように使われるかについて述べる．

B が非可換環の場合にも，部分集合 $A \subset B$ が B の演算で環になり $1_B \in A$ であるとき，A を B の部分環という．

例 1.10.1 G を有限群，$H \subset G$ を部分群とする．$B = \mathbb{C}[G]$, $A = \mathbb{C}[H]$ を群環とするとき，A は B の部分環になる (証明は略).　　　　　　　　$\diamond$

非可換環の場合にイデアルを次のように定義する．

定義 1.10.2　A を環とする. 部分集合 $I \subset A$ に対する次の条件を考える.

(1)　I は A の加法に関して部分群である.

(2)　任意の $a \in A$, $x \in I$ に対し, $ax \in I$ である.

(3)　任意の $a \in A$, $x \in I$ に対し, $xa \in I$ である.

(1), (2) が成り立つなら, I は A の**左イデアル**, (1), (3) が成り立つなら, I は A の**右イデアル**, (1)–(3) が成り立つなら, I は A の**両側イデアル**という.　◇

次の命題は命題 1.3.28 と同様に証明できるので, 述べるだけにする.

命題 1.10.3　$\phi : A \to B$ が環準同型なら, $\mathrm{Ker}(\phi)$ は A の両側イデアルである.

例 1.10.4　$A = \mathrm{M}_n(\mathbb{C})$ とおく.

$$
I = \left\{ \begin{pmatrix} a_{11} & 0 & \cdots & 0 \\ \vdots & \vdots & & \vdots \\ a_{n1} & 0 & \cdots & 0 \end{pmatrix} \;\middle|\; a_{11}, \cdots, a_{n1} \in \mathbb{C} \right\},
$$

$$
J = \left\{ \begin{pmatrix} a_{11} & \cdots & a_{1n} \\ 0 & \cdots & 0 \\ \vdots & \vdots & & \vdots \\ 0 & \cdots & 0 \end{pmatrix} \;\middle|\; a_{11}, \cdots, a_{1n} \in \mathbb{C} \right\}
$$

とすると, I は左イデアルで, J は右イデアルである. A が $\{0\}, A$ 以外の両側イデアルを持たないことは演習問題 1.10.1 とする.　◇

例 1.10.5 (準同型)　A を任意の環, $a \in A^{\times}$ を単元とする. 写像 $\phi_a : A \to A$ を $\phi_a(x) = axa^{-1}$ と定義する. $\phi_a(1) = 1$ は明らかである. $x, y \in A$ に対し,

$$
\phi_a(x+y) = a(x+y)a^{-1} = axa^{-1} + aya^{-1} = \phi_a(x) + \phi_a(y),
$$

$$
\phi_a(xy) = axya^{-1} = axa^{-1}aya^{-1} = \phi_a(x)\phi_a(y)
$$

なので, ϕ_a は準同型である. $b \in A^{\times}$ であれば, $x \in A$ に対し,

$$
\phi_a \circ \phi_b(x) = a(bxb^{-1})a^{-1} = (ab)x(ab)^{-1} = \phi_{ab}(x)
$$

となるので, $\phi_{ab} = \phi_a \circ \phi_b$ である. ϕ_1 が恒等写像であることは明らかなので, $\phi_a \circ \phi_{a^{-1}} = \phi_{a^{-1}} \circ \phi_a$ は恒等写像である. したがって, $\phi_a \in \mathrm{Aut}^{\,\mathrm{alg}} A$ であり, 写像 $A^{\times} \ni a \mapsto \phi_a \in \mathrm{Aut}^{\,\mathrm{alg}} A$ は群の準同型である.

例えば，$A = \mathrm{M}_n(\mathbb{C})$ なら，$A^\times = \mathrm{GL}_n(\mathbb{C})$ である．したがって，$g \in \mathrm{GL}_n(\mathbb{C})$ とするとき，$\mathrm{M}_n(\mathbb{C}) \ni h \mapsto ghg^{-1} \in \mathrm{M}_n(\mathbb{C})$ は環の同型である．   ◇

A を環，I を両側イデアルとするとき，加群としての商 A/I に，
$$(a+I)(b+I) = ab+I \quad (a, b \in A)$$
として積を定義でき，環になることは可換環の場合と同様である．また，**準同型定理** (定理 1.4.4) も，「イデアル」を「両側イデアル」に代えるだけで成り立つので，あらためて主張は書かない．

B を環，$S \subset B$ とするとき，S で生成された部分環は命題 1.3.20 と同様にして，S の元の有限個の積 $s_1 \cdots s_n$ $(s_1, \cdots, s_n \in S,\ n$ は一定ではない) の有限和全体の集合として定義できる．S で生成された左イデアル・右イデアル・両側イデアルは (1.3.32) と同様に定義することができる．つまり，(1.3.32) で定義されるものを S で生成された左イデアル，$a_1 s_1 + \cdots + a_n s_n$ の代わりに $s_1 a_1 + \cdots + s_n a_n$ を考えたものを S で生成された右イデアルという．また，$a_1, b_1, \cdots, a_n, b_n \in A$ により $a_1 s_1 b_1 + \cdots + a_n s_n b_n$ という形の元全体を考えたものを S で生成された両側イデアルという．

定義 1.10.6 A を環とするとき，$c \in A$ で，すべての $a \in A$ に対して $ca = ac$ となるもの全体の集合を A の**中心**といい，$\mathbf{Z}(A)$ と書く．   ◇

$\phi : k \to A$ が環の準同型で，k は可換であり，$\phi(k)$ が $Z(A)$ に含まれるとき，A を **k 代数**ということにする．非可換環の場合，k 代数といったものをもし考えるとしたら，$\phi(k)$ が A の元と可換な場合くらいしか考えないようである．

例 1.10.7 k を可換環とする．
(1) k 上の群環は k 代数である．
(2) ハミルトンの四元数環 $\mathbb{H}$ は $\mathbb{R}$ 代数である．
(3) k 上の $n \times n$ 行列全体の集合に行列としての加法と乗法を考えた環は k 代数である．   ◇

k が体で $A \neq \{0\}$ が k 代数なら，可換環の場合と同様に準同型 $k \to A$ は単射である．したがって，A は k を含むと見なせる．環 A が $\{0\}$ なら自明な環ということは可換環の場合と同様である．k を体，A を自明でない k 代数とす

るとき，環 A が k を含むことは系 1.3.40 と同様である．

定義 1.10.8　k を体，$A \neq \{0\}$ を k 代数とする．

(1)　$\{0\}, A$ 以外の両側イデアルを持たないとき，A を**単純環**という．

(2)　A が単純環であり，その中心 $Z(A)$ が k と一致するとき，A を k 上の**中心単純環**という．　　　　　　　　　　　　　　　　　　　　　　　　　　　　　◇

　上の定義では体 k 上の代数を考えているので，単純環は正確には「単純 k 代数」とよぶべきだが，日本語では「k 上の単純環」という表現のほうが一般的なので，このようによぶことにする．「(k 上の) 中心単純環」という表現も同様である．英語では k 代数の場合とそうでない場合を，simple ring, simple algebra などと区別することもある．$M_n(\mathbb{C})$ が $\mathbb{C}$ 上の中心単純環であることは演習問題 1.10.1 とする．

　第 3 巻で解説するが，有限群 G の「表現」(III–5 章参照) を考えることは「環 $\mathbb{C}[G]$ 上の加群」(定義 2.3.1 で定義する) を考えることと同値である．この環を通して，表現に関するさまざまな考察が可能である．例えば，表現論において「誘導表現」という概念は基本的だが，群環上の加群を使うと「テンソル積」(2.11 節参照) を考えるだけで構成できる．また，G が対称群 $\mathfrak{S}_n$ の場合，その「既約」表現というものは，「ヤング図形」というものを用いて $\mathbb{C}[G]$ の具体的な左イデアルを構成することにより実現できる．このように，非可換な群 G の表現とその群環 $\mathbb{C}[G]$ は密接に関係している．非可換環と関連したことで量子群と W 代数という概念がある (これらは直接は関係していない)．量子群は本書の意味での群というわけではないが，非可換代数と関連している．2023 年現在，こういった概念はさかんに研究されている．これらの概念は表現論と物理に関係するとだけ言及しておく．

　第 3 巻で p 進体 $\mathbb{Q}_p$ というものを定義するが，整数論では $\mathbb{Q}_p$ 上の中心単純環の性質を通して「類体論」という理論を構成する方法がある．4 章ではガロア理論について解説するが，ガロア理論においてガロアコホモロジーの概念は基本的である．ガロアコホモロジーは基本的には有限群のコホモロジーであり，有限群 G のコホモロジーは，$\mathbb{Z}$ を群環 $\mathbb{Z}[G]$ 上の加群とみなして，その「標準複体」といったものを使って定義される．

　このように，非アーベル群の表現やガロアコホモロジー，あるいは中心単純環などにより，非可換環論は表現論や整数論と関係している．

1.11　一意分解環・単項イデアル整域・ユークリッド環

この節では再び環は可換環であると仮定する.

$n \neq 0, \pm 1$ を任意の整数とすると, 素数 $p_1, \cdots, p_N$ があり (重複もありえる), $n = \pm p_1 \cdots p_N$ と書ける. これを n の素因数分解というが, このようなことは他の環でも可能だろうか?　この節では, このようなことが成り立つ一意分解環の概念について解説する. また一意分解環に関連して, 単項イデアル整域・ユークリッド環といった概念についても解説する.

素元などについての考察を始める前に, 一般の環での約数・倍数の概念を定義する. 約数・倍数の概念は, 主に一意分解環 (定義 1.11.12) の場合に使う.

定義 1.11.1 (約元・倍元)　A を整域, $a, b \in A$, $a \neq 0$ とする. $c \in A$ があり $b = ac$ となるなら, b は a の**倍数**, または**倍元**, a は b の**約数**, **約元**, あるいは**因子**という. このとき, **$a \mid b$** という記号を使うこともある. また, a は b を割り切るともいう. a が b を割らないなら, $a \nmid b$ と書く.　　　　　◇

上の定義で $a \neq 0$ と仮定したのは, 0 は約数とはなりえないからである. $a, b \in A$, $a \neq 0$ なら, a が b の約数であることと, $(b) \subset (a)$ は同値である. $\mathbb{C}$ の部分環のような場合には, 「倍数」や「約数」といった用語が適切だが, 多項式環の元の場合には, 「倍元」や「約元」といった用語のほうが適切なので, 状況によって, 用語を使い分けることにする.

例 1.11.2　$\mathbb{Z}$ において, -6 は 2 の倍数で, 2 は -6 の約数である.　　　◇

例 1.11.3　$\mathbb{C}[x]$ において, $x^2(x+1)$ は x の倍元である. $x^2(x+1)$ は $2x$ の倍元でもある. $x, x^2, x+1$ は $x^2(x+1)$ の因子である.　　　　　◇

定義 1.11.4 (公約元・公倍元)　A を整域, $a_1, \cdots, a_n \in A$ とする.

(1) $(a_1, \cdots, a_n) \neq (0, \cdots, 0)$ とする. $b \in A$ がすべての $a_1, \cdots, a_n$ の約元なら, $a_1, \cdots, a_n$ の**公約数・公約元**という. また, b が $a_1, \cdots, a_n$ の公約元で, $c \in A$ も $a_1, \cdots, a_n$ の公約元なら, $c \mid b$ となるなら, b を $a_1, \cdots, a_n$ の**最大公約数・最大公約元**といい, **$\mathrm{GCD}(a_1, \cdots, a_n)$** と書く.

(2) $a_1, \cdots, a_n \in A \setminus \{0\}$ とする. b がすべての $a_1, \cdots, a_n$ の倍元なら, $a_1, \cdots, a_n$ の**公倍数・公倍元**という. また, b が $a_1, \cdots, a_n$ の公倍元で, $c \in A$ も $a_1, \cdots, a_n$

の公倍元なら，$b|c$ となるなら，b を $a_1,\cdots,a_n$ の**最小公倍数・最小公倍元**とい
い，$\mathbf{LCM}(a_1,\cdots,a_n)$ と書く．

(3) $a,b \in A$, $(a,b) \neq (0,0)$ で GCD(a,b) が単元なら，a,b は**互いに素である**
という． ◇

　もし b,c が $a_1,\cdots,a_n$ の最大公約元なら，$b = cd$, $c = be$ となる $d,e \in A$ があ
る．すると，$b = bde$ なので，$de = 1$ である．よって，b/c は単元である．最小
公倍元についても同様である．よって，最大公約元・最小公倍元は存在すれば，
単元の積を除き一意的である．**以下，最大公約元・最小公倍元については単元
の積による曖昧さは無視する**．後で定義する一意分解環においては，最大公約
元・最小公倍元は存在することがわかる．

　1.6 節の最後でイデアルについての互いに素という概念を定義したが，これ
は元の場合の互いに素という概念とは対応しない．例えば，多項式環 $\mathbb{C}[x,y]$ で
x,y は互いに素だが，$I = (x)$, $J = (y)$ とすると，$I+J = (x,y) \neq \mathbb{C}[x,y]$ なの
で，I,J は互いに素なイデアルではない．

例 1.11.5 (最大公約元・最小公倍元 1)　上のような一般的な枠組では，$\mathbb{Z}$ に
おいて $2,-2$ は両方とも $4,6$ の最大公約数であり，$12,-12$ は $4,6$ の最小公倍数
である．ただし，$\mathbb{Z}$ に特化して考えるときには，正である $2,12$ だけをそれぞれ
最大公約数・最小公倍数という．$-3,4$ は互いに素である． ◇

　多項式環での最大公約元・最小公倍元の例は一意分解環について解説した後
で述べる．

定義 1.11.6　A を整域，$A \ni a \neq 0$ とする．
(1) a で生成されるイデアル (a) が素イデアルのとき，a を**素元**という．
(2) a が単元ではなく，$b,c \in A$ で $a = bc$ なら b または c が A の単元になる
とき，a を**既約元**という．既約でない元は**可約**であるという．
(3) $a,b \in A$ が既約元で，単元 $u \in A$ が存在し $a = bu$ となるとき，a,b は**同
伴**であるという． ◇

　A が整域，$B = A[x] = A[x_1,\cdots,x_n]$ が多項式環で，$f(x) \in B$ が B の元とし
て既約・可約であるとき，$(A$ 上$)$ **既約・可約な多項式**という．A が体なら，定
数 (つまり次数 0 の多項式) は既約とはみなさないことに注意する．

例 1.11.7 (素元 1)　例 1.7.9 により, $x^3 - y^2 \in \mathbb{C}[x,y]$ は素元である.　　　◇

例 1.11.8 (素元 2)　A を整域, $A[x_1, \cdots, x_n]$ を A 上の n 変数多項式環とする. $a \in A$ なら, $(x_1 - a)$ は例 1.3.38, 1.7.10 より素イデアルである. したがって, $x_1 - a$ は素元である. 例えば, $\mathbb{C}[x,y]$, あるいは $\mathbb{Z}[x,y]$ において $\mathbb{C}[x,y] = \mathbb{C}[y][x]$ とみなすことにより, $x, x-y, x-y^3+y+1$ は素元である. また, $\mathbb{C}[x,y] = \mathbb{C}[x][y]$ とみなすことにより, y, x^4+x+y も素元である. $\mathbb{Z}[x,y]$ においても同様である.　　　◇

命題 1.11.9　A が整域なら, A の素元は既約元である.

証明　$A \ni a \neq 0$ を素元とする. $(a) \neq A$ なので, a は単元ではない. $b, c \in A$ で $a = bc$ とする. $bc = a \in (a)$ で (a) は素イデアルなので, b または c が (a) の元である. 同じことなので, $b \in (a)$ とする. $b = ad$ となる $d \in A$ がある. $bc = a$ なので $adc = a$ である. A は整域で $a(dc-1) = 0$ なので, $dc - 1 = 0$, つまり $dc = 1$ である. したがって, c は単元である. よって, a は既約元である.　　□

命題 1.11.10　p が整域 A の素元なら, p は A 上の n 変数多項式環 $A[x] = A[x_1, \cdots, x_n]$ でも素元である.

証明　$p \in A$ が A の元として素元なら, 命題 1.7.6 より, $pA[x]$ は $A[x]$ の素イデアルである. よって, p は $A[x]$ の元としても素元である.　　□

この節の最初に述べたように, 単元でない元が有限個の素元の積にある意味一意的に表せる環として一意分解環の概念を定義する. しかし, 一意性の部分は次の命題のように必要ないことがわかる.

命題 1.11.11　整域 A の元 $p_1, \cdots, p_n, q_1, \cdots, q_m$ が素元で $p_1 \cdots p_n = q_1 \cdots q_m$ なら, $n = m$ であり, 置換 $\sigma \in \mathfrak{S}_n$ があり, $i = 1, \cdots, n$ に対し $q_{\sigma(i)}$ と p_i が同伴となる.

証明　$n \leqq m$ としてよい. $n = 0$ なら $p_1 \cdots p_n$ は単元なので, $m = 0$ である.

よって，$n > 0$ とする．$q_1 \cdots q_m \in (p_1 \cdots p_n) \subset (p_1)$ で (p_1) は素イデアルなので，$q_1, \cdots, q_m$ のどれかは (p_1) の元である．$q_1, \cdots, q_m$ の順序を変え，$q_1 \in (p_1)$ としてよい．よって，$u_1 \in A$ があり，$q_1 = p_1 u_1$ となる．命題 1.11.9 より q_1 は既約元である．p_1 は単元ではないので，u_1 は単元である．

$p_1 \cdots p_n = p_1 u_1 q_2 \cdots q_m$ となるが，A は整域なので，$p_2 \cdots p_n = u_1 q_2 \cdots q_m$ となる．$q_2' = u_1 q_2$ とおけば q_2' も既約元である．帰納法により $n-1 = m - 1$ となるので，$n = m$ である．また，$p_2, \cdots, p_n$ の順序を変えれば，可逆元 $u_2, \cdots, u_{n-2}$ があり，$q_2' = p_2 u_2, q_3 = p_3 u_3, \cdots, q_n = p_n u_n$ となる．$q_2 = q_2' u_1^{-1}$ なので，$u_1^{-1} u_2$ をあらためて u_2 とすればよい． □

定義 1.11.12 次の条件 $(*)$ を満たす整域 A を，**一意分解環** (**UFD**) という．
$(*)$ 任意の A の元 $a \neq 0$ は可逆元であるか，有限個の素元 $p_1, \cdots, p_n$ が存在して $a = p_1 \cdots p_n$ となる． ◇

A が一意分解環，$p_1, \cdots, p_n$ が素元で $a = p_1 \cdots p_n$ であるとき，これを a の**素元分解**，$p_1, \cdots, p_n$ を a の**素因子**という．

一意分解環が満たすいくつかの簡単な性質について解説する．

命題 1.11.13 A が一意分解環なら，既約元は素元である．

証明 $p \in A$ を既約元，$p = p_1 \cdots p_n$ を p の素元分解とする．p は単元ではないので，$n \geqq 1$ である．もし $n \geqq 2$ なら，$q = p_2 \cdots p_n$ とおくと，$p = p_1 q$ である．p_1 は単元ではないので，q は単元である．$(q) \subset (p_2) \subsetneqq A$ なので矛盾である．よって，$n = 1$ であり p は素元である． □

A を一意分解環，$a \in A$ とする．a の素元分解で同伴なものをまとめれば，素元 $p_1, \cdots, p_n$，$u \in A^\times$ と非負整数 $\alpha_1, \cdots, \alpha_n$ で $i \neq j$ なら p_i と p_j が互いに素であるものがあり，$a = u p_1^{\alpha_1} \cdots p_n^{\alpha_n}$ となる．

一意分解環では有限個の元の最大公約元・最小公倍元は次のように表される．

命題 1.11.14 A を一意分解環，$p_1, \cdots, p_n$ を互いに同伴でない素元，α_{ij}, β_j $(i = 1, \cdots, m, \; j = 1, \cdots, n)$ を非負整数，$u_i, v \in A^\times$ $(i = 1, \cdots, m)$，$a_i = u_i p_1^{\alpha_{i1}} \cdots p_n^{\alpha_{in}}, b = v p_1^{\beta_1} \cdots p_n^{\beta_n}$ とする．このとき，次の (1)–(3) が成

り立つ.

(1) a_i が b の約元 (倍元) であることと, すべての j に対して $\alpha_{ij} \leqq \beta_j$ $(\alpha_{ij} \geqq \beta_j)$ となることは同値である.

(2) $a_1, \cdots, a_m$ の最大公約元と最小公倍元は存在し, それぞれ
$$p_1^{\min\{\alpha_{11}, \cdots, \alpha_{m1}\}} \cdots p_n^{\min\{\alpha_{1n}, \cdots, \alpha_{mn}\}},$$
$$p_1^{\max\{\alpha_{11}, \cdots, \alpha_{m1}\}} \cdots p_n^{\max\{\alpha_{1n}, \cdots, \alpha_{mn}\}}.$$

(3) $i \neq j$ なら a_i, a_j が互いに素であるとき, $a_1, \cdots, a_m$ の最小公倍元は $a_1 \cdots a_m$ である.

証明 (1) だけ証明する. すべての j に対して $\alpha_{ij} \leqq \beta_j$ なら a_i が b の約元であることは明らかである. 逆に a_i が b の約元なら, $b = a_i c$ となる $c \in A$ がある. 必要なら素因子 $p_1, \cdots, p_n$ を増やして, $c = w p_1^{\gamma_1} \cdots p_n^{\gamma_n}$ $(w \in A^\times, \gamma_j \geqq 0)$ と表すと, $b = (u_i w) p_1^{\alpha_{i1}+\gamma_1} \cdots p_n^{\alpha_{in}+\gamma_n}$. すると $\beta_j = \alpha_{ij} + \gamma_j \geqq \alpha_{ij}$ $(j = 1, \cdots, m)$ である. a_i が b の倍元の場合も同様である. □

A が一意分解環, K がその商体, $a, b \in A \setminus \{0\}$ が互いに素であるとき, $\dfrac{a}{b} \in K$ を**既約分数**という. $a, b \in A \setminus \{0\}$ で $d = \mathrm{GCD}(a, b)$ なら, $a = a_1 d$, $b = b_1 d$ とすると, a_1, b_1 は互いに素であり, $\dfrac{a}{b} = \dfrac{a_1}{b_1}$ となる. よって, $K^\times$ の任意の元は既約分数として表せる.

一意分解環の概念に関連して, 次の二つの概念を定義する.

定義 1.11.15　整域 A の任意のイデアルが単項イデアル, つまり $a \in A$ により (a) となるとき, A を**単項イデアル整域 (PID)** という.　◇

定義 1.11.16 (ユークリッド環)　整域 A が次の条件を満たすときユークリッド環という.

写像 $d : A \setminus \{0\} \to \mathbb{N}$ があり, $a, b \in A$ で $b \neq 0$ なら $q, r \in A$ があり, $a = qb + r$ で $r = 0$ または $d(r) < d(b)$ となる.　◇

要するにユークリッド環とは割り算の余りの概念がある環である. 以下,

ユークリッド環 $\Longrightarrow$ 単項イデアル整域 $\Longrightarrow$ 一意分解環

となることを示す.

定理 1.11.17　ユークリッド環は単項イデアル整域である.

証明　A をユークリッド環, $d : A \setminus \{0\} \to \mathbb{N}$ を定義 1.11.16 の条件を満たす写像とする. $I \subset A$ をイデアルとする. $I = (0)$ なら明らかなので, $I \neq (0)$ とする. $I \ni x \neq 0$, $d(x) = \min\{d(y) \mid I \ni y \neq 0\}$ とする. $z \in I$ なら, $q, r \in A$ があり, $z = qx + r$ で $r = 0$ または $d(r) < d(x)$ となる. $z, qx \in I$ なので $r = z - qx \in I$ である. x のとり方より $r = 0$. よって $z = qx \in (x)$ となるので, $I = (x)$ である. $\qquad\square$

定理 1.11.18　単項イデアル整域は一意分解環である.

証明　A を単項イデアル整域とする. まず既約元が素元であることを示す. $A \ni r \neq 0$ を既約元とする. $a, b \in A$, $a \notin (r)$ で $ab \in (r)$ とする.

$(a) + (r) = (c)$ (定義 1.3.43 参照) となる $c \in A$ があるが, $a \notin (r)$ なので, $(r) \subsetneq (c)$ である. $r = r'c$ となる $r' \in A$ があるが, r は既約元なので, r' または c が単元である. もし r' が単元なら $(r) = (c)$ となり, 矛盾である. したがって, c が単元である. これは $(a) + (r) = A$ を意味する. よって, $ax + ry = 1$ となる $x, y \in A$ がある. 両辺に b をかけると $b = abx + bry$ だが, $ab \in (r)$ なので, $b \in (r)$ となる. これで r が素元であることが証明できた.

$A \ni r \neq 0$ が単元でなく, 有限個の既約元の積でかけないとして矛盾を導く. r は既約元ではないので, 単元でない $a_1, r_1 \in A$ があり, $r = a_1 r_1$ となる. a_1, r_1 のどちらも既約元の有限個の積で書けるなら, r も既約元の有限個の積で書けるので矛盾である. よって, 必要なら a_1, r_1 を交換して, r_1 が既約元の有限個の積で書けないとしてよい. a_1 は単元ではないので, $(r) \subsetneq (r_1)$ である. これを繰り返すと, A の元の無限列 $r_0 = r$, $r_1, r_2, \cdots$ で $(r_0) \subsetneq (r_1) \subsetneq (r_2) \subsetneq (r_3) \subsetneq \cdots$ となるものがある.

$I = \bigcup_{i=0}^{\infty} (r_i)$ とおく. I はイデアルであることを示す. 明らかに $0 \in I$ である. $x, y \in I$ なら十分大きい i があり, $x, y \in (r_i)$ となる. すると, $x \pm y \in (r_i) \subset I$. 同様に $x \in I$, $r \in A$ なら, $rx \in I$ となる. よって, I はイデアルである. A は単項イデアル整域なので, $I = (a)$ となる $a \in A$ がある. $a \in I$ なので十分大き

い i があり，$a \in (r_i)$．すると $I = (a) \subset (r_i) \subsetneqq (r_{i+1}) \subset I$ となり矛盾である．これで A の任意の単元でない元が有限個の既約元の積で書けることが示せた．既約元は素元であることは既に示したので，A の任意の単元でない元は有限個の素元の積で書けることが示せた．定義より，A は一意分解環である．　　　　□

　A は単項イデアル整域で $a, b \in A \setminus \{0\}$ とする．$(a) + (b) = (d)$ $(d \in A)$ とすると，$a = a'd$, $b = b'd$ $(a', b' \in A)$ となるので，d は a, b の公約元である．$d = ax + by$ となる $x, y \in A$ があるので，$d' \in A$ が a, b の公約元なら，d' は d の約元である．よって d は a, b の最大公約元である．特に，a, b が互いに素なら，$(a) + (b) = A$ であり，$(a), (b)$ はイデアルとしても互いに素である．
　また，次の性質も成り立つ．これは $\mathbb{Z}/p\mathbb{Z}$ が体であることの一般化である．

> **命題 1.11.19**　A が単項イデアル整域なら，(0) でない任意の素イデアルは極大イデアルである．したがって，p が素元なら，$A/(p)$ は体である．

　証明　$\mathfrak{p}$ が (0) でない素イデアルなら，$\mathfrak{p} = (p)$ とすると，p は素元である．$(p) \subset (q) \neq A$ と仮定する．すると，$p = qu$ となる $u \in A$ があるが，$(q) \neq A$ なので，q は単元ではない．p は素元なので既約元である．よって，u が単元である．したがって，$(p) = (q)$ となるので，(p) は極大イデアルである．(p) が極大イデアルなら，$A/(p)$ は体である．　　　　□

　$n \in \mathbb{Z}$ に対して $d(n) = |n|$ とおくと $\mathbb{Z}$ はこの関数 d により，定義 1.11.16 の条件を満たす (つまり割り算の概念がある)．したがって，次の命題が成り立つ．

> **命題 1.11.20**　$\mathbb{Z}$ はユークリッド環である．したがって，$\mathbb{Z}$ は単項イデアル整域でもあり，一意分解環でもある．

　K を体，$K[x]$ を K 上の1変数多項式環とする．$d(f(x)) = \deg f(x)$ とおくと，命題 1.2.13 により次の命題が成り立つ．

> **命題 1.11.21**　体 K 上の1変数多項式環 $K[x]$ はユークリッド環である．したがって，$K[x]$ は単項イデアル整域，一意分解環でもある．

命題 1.11.13, 1.11.19, 1.11.21 より，次の系が従う．

系 1.11.22 K が体，$f(x) \in K[x]$ が既約なら，$K[x]/(f(x))$ は体である．

例 1.11.23 (最大公約元・最小公倍元 2) $\mathbb{Z}$ において $\mathrm{GCD}(30, 45, 72) = 3$, $\mathrm{LCM}(30, 45, 72) = 360$. ◇

例 1.11.24 (最大公約元・最小公倍元 3) $\mathbb{C}[x]$ の乗法群は $\mathbb{C}^\times$ である．例 1.7.10 より，$x, x-1, x-2$ は同伴でない素元である．したがって，$x^2(x-1)(x-2)^2, x(x-2), x^3(x-1)^2$ の最大公約元は x, 最小公倍元は $x^3(x-1)^2(x-2)^2$. ◇

例 1.11.25 (系 1.11.22 の例) $d \neq 1$ が平方因子のない整数なら，例 1.1.4 と同様にして，$L = \mathbb{Q}[\sqrt{d}] = \{a + b\sqrt{d} \mid a, b \in \mathbb{Q}\} \subset \mathbb{C}$ は $\mathbb{C}$ の部分環である．例 1.4.12 と同様にして，$L \cong \mathbb{Q}[x]/(x^2 - d)$ である．L は整域なので，$x^2 - d$ は既約であり，系 1.11.22 より L は体である． ◇

I–2.4 節でユークリッドの互除法について解説したが，$\mathbb{Z}$ の場合とほとんど同じ議論で，体 K 上の 1 変数多項式環 $K[x]$ においてもユークリッドの互除法が可能である．次の定理の証明は省略する．

定理 1.11.26 $f(x), g(x), q(x), r(x) \in K[x]$ で $f(x), g(x) \neq 0$ とする．もし $f(x) = q(x)g(x) + r(x)$ なら，$f(x), g(x)$ の最大公約元は $g(x), r(x)$ の最大公約元でもある．

上の定理より，$f(x), g(x) \in K[x]$ の最大公約元を求めるには，$f(x)$ を $g(x)$ で割った余りを $r(x)$ とし，$f(x), g(x)$ を $g(x), r(x)$ で取り換える，ということを $r(x) = 0$ となるまで続ければよい．

例 1.11.27 $f(x) = x^4 - 3x^3 + 2x^2 - x - 1$, $g(x) = x^3 - 2x^2 + 2x - 1 \in \mathbb{C}[x]$ に対し，$\mathrm{GCD}(f(x), g(x))$ を求める．ユークリッドの互除法により

$$f(x) = (x-1)g(x) - 2x^2 + 2x - 2, \quad g(x) = (x-1)(x^2 - x + 1).$$

したがって，$\mathrm{GCD}(f(x), g(x)) = x^2 - x + 1$ である． ◇

以下，例 1.11.42 を除きこの節の終わりまで，A を一意分解環とする．一意
分解環上の多項式環が一意分解環であることを証明するために原始多項式の概
念を定義する．

定義 1.11.28　A を一意分解環，$f(x) = a_0 x^n + \cdots + a_n \in A[x]$ で $a_0, \cdots, a_n$
の最大公約元が単元であるとき，$f(x)$ を**原始多項式**という．　　　　　◇

例 1.11.29　$12x^3 + 15x^2 + 10x + 6 \in \mathbb{Z}[x]$ は原始多項式である．　　◇

命題 1.11.30　A を一意分解環，$f(x) \in A[x]$ とする．このとき，次の
(1), (2) は同値である．

(1)　$f(x)$ は原始多項式である．

(2)　$p \in A$ を任意の素元とするとき，$f(x)$ を p を法として考えた多項
式 $\overline{f}(x) \in (A/(p))[x]$ は零でない．

証明　$f(x) = a_0 x^n + \cdots + a_n$ とする．

(1) $\Rightarrow$ (2): $p \nmid a_i$ となる i がある．したがって，$\overline{f}(x)$ における x^{n-i} の係数
は 0 ではない．

(2) $\Rightarrow$ (1): $d = \mathrm{GCD}(a_0, \cdots, a_n)$ が単元でないとする．$p \mid d$ となる素元 p が
ある．この p を法として考えると，$\overline{f}(x) = 0$ となり，矛盾である．　　　□

定理 1.11.31　A が一意分解環なら，A 上の多項式環 $A[x_1, \cdots, x_n]$ は一
意分解環である．

準備として三つの補題と一つの命題を証明する．

補題 1.11.32　A を一意分解環，A の商体を K とする．$f(x) \in K[x] \setminus \{0\}$ に
対し 原始多項式 $g(x) \in A[x]$ と $a \in K \setminus \{0\}$ が存在し，$f(x) = ag(x)$ となる．ま
た $h(x)$ も原始多項式，$b \in K \setminus \{0\}$ で $f(x) = bh(x)$ なら，$a/b \in A^\times$ である．も
し $f(x) \in A[x]$ なら，$a \in A$ である．

証明　まず $a, g(x)$ の存在を示す．$f(x) = a_0 x^n + \cdots + a_n$ $(a_0, \cdots, a_n \in K, \ a_0 \neq$

0) とする. $a_i = b_i/c_i$ $(b_i, c_i \in A,\ i = 0, \cdots, n)$ とすれば $c_0 \cdots c_n f(x) \in A[x]$ である. よって $f(x) \in A[x]$ と仮定してよい. $d = \mathrm{GCD}(a_0, \cdots, a_n)$, $a_i = db_i$ $(b_0, \cdots, b_n \in A)$, $g(x) = b_0 x^n + \cdots + b_n$ とおけば $g(x)$ は原始多項式で $f(x) = dg(x)$ である. この構成より, $d \in A$ である.

$ag(x) = bh(x)$ で $g(x), h(x)$ が原始多項式とする. 両辺に A の元をかけることにより, $a, b \in A$ としてよい. $ag(x)$ の係数の最大公約元は a で $bh(x)$ の係数の最大公約元は b である. よって, a/b は単元である. □

補題 1.11.33 (ガウスの補題) A を一意分解環, $f(x), g(x) \in A[x]$ を原始多項式とすると, $f(x)g(x)$ も原始多項式である.

証明 p を任意の素元とする. 多項式の係数を p を法として考えた多項式をバーをつけて表す. 例えば $\overline{f}(x)$ は $f(x)$ の係数を p を法として考えた多項式である. 命題 1.11.30 により, $\overline{f}(x), \overline{g}(x)$ は $(A/(p))[x]$ の零でない多項式である. $A/(p)$ は整域なので, $(A/(p))[x]$ も整域である. よって, $\overline{f}(x)\overline{g}(x) \neq 0$. 命題 1.3.14 より $h(x) = f(x)g(x)$ とすると, $\overline{h}(x) = \overline{f}(x)\overline{g}(x) \neq 0$. これがすべての素元 p に対して成り立つので, $f(x)g(x)$ は原始多項式である. □

注 1.11.34 なお, 「平方剰余の相互法則」の証明でも「ガウスの補題」というものがあるので, 「ガウスの補題」とよばれるものは一つだけではない. ◇

補題 1.11.35 A を一意分解環, A の商体を K, $f(x), g(x) \in A[x]$ で $g(x)$ は原始多項式とする. このとき, $f(x)$ が $K[x]$ において $g(x)$ で割り切れれば $A[x]$ においても $g(x)$ で割り切れる.

証明 $h(x) \in K[x]$ で $f(x) = g(x)h(x)$ とする. $f(x) = ap(x)$, $h(x) = bq(x)$ で $a \in A$, $b \in K^{\times}$, $p(x), q(x)$ を原始多項式とする. $a = 0$ なら明らかなので $a \neq 0$ とする. $p(x) = a^{-1}bg(x)q(x)$ であり, $g(x)q(x)$ は補題 1.11.33 より原始多項式である. 補題 1.11.32 より $a^{-1}b \in A^{\times}$ である. したがって, $a^{-1}bq(x) = r(x)$ とおけば, $r(x) \in A[x]$ で $p(x) = g(x)r(x)$ である. $f(x) = g(x)(ar(x))$ なので, $f(x)$ は $A[x]$ においても $g(x)$ で割り切れる. □

命題 1.11.36 A を一意分解環, A の商体を K, $f(x) \in A[x]$ を原始多項式とするとき, 次の (1), (2) は同値である.

(1) $f(x)$ は $A[x]$ で既約である.

(2) $f(x)$ は $K[x]$ で既約である.

証明 **(1)** $\Rightarrow$ **(2)**：$f(x)$ が $A[x]$ で既約で $K[x]$ で可約なら, $g(x), h(x) \in K[x]$ があり, $f(x) = g(x)h(x)$, $\deg g(x), \deg h(x) > 0$ となる. 補題 1.11.32 より, $g(x)$ は原始多項式としてよい. すると, 補題 1.11.35 より $f(x)$ は $A[x]$ において $g(x)$ で割り切れることになり矛盾である.

(2) $\Rightarrow$ **(1)**：$f(x)$ が $K[x]$ で既約で $A[x]$ で可約なら, $f(x) = g(x)h(x)$ となる $g(x), h(x) \in A[x] \setminus A[x]^{\times}$ がある. もし $g(x) \in A$ なら, $g(x) \notin A[x]^{\times}$ なので, 系 1.2.32 により, $g(x)$ を割る素元 p がある. すると, $f(x)$ のすべての係数が p で割り切れ, $f(x)$ が原始多項式であることに矛盾する. $h(x)$ についても同様で, $\deg g(x), \deg h(x) > 0$ となるので, $f(x)$ は $K[x]$ で可約である. $\qquad\square$

これで, 定理 1.11.31 を証明する準備ができた.

定理 1.11.31 の証明 $n = 1$ の場合に証明すれば帰納法が使える. K を A の商体とする. $K[x]$ は一意分解環なので, 0 でなく単元でない任意の元は $K[x]$ の元として素元の積になる. $f(x) \in K[x]$ を素元とする. $\deg f(x) > 0$ である. $f(x) = ag(x)$ $(a \in K^{\times}, g(x) \in A[x]$ は原始多項式$)$ とするとき, $g(x)$ は $A[x]$ の素元であることを示す. もし $p(x), q(x) \in A[x]$ で $p(x)q(x) \in g(x)A[x]$ なら, $g(x)$ は $K[x]$ では素元なので, $p(x) \in g(x)K[x]$ または $q(x) \in g(x)K[x]$ である. $p(x) \in g(x)K[x]$ なら $p(x)$ は $K[x]$ の元として $g(x)$ で割り切れるが, $g(x)$ は原始多項式なので, 補題 1.11.35 より $p(x) \in g(x)A[x]$ である. $q(x) \in g(x)K[x]$ の場合も同様なので, $g(x)$ は $A[x]$ の素元である.

$A[x] \setminus \{0\}$ の単元でない元が素元の積で表せることを示す. 命題 1.11.10 より, A の素元は $A[x]$ でも素元である. $A[x] \ni f(x) \neq 0$ を単元でないとする. $f(x) \in A$ なら, $f(x)$ を A の元として素元分解すれば, それが $A[x]$ の元としての素元分解である. よって, $\deg f(x) > 0$ とする. $f(x)$ を $K[x]$ の元として素元分解し $f(x) = g_1(x) \cdots g_l(x)$ とする. $K^{\times}$ の元は $K[x]$ で単元なので,

$g_1(x), \cdots, g_l(x)$ は $K^\times$ の元ではない. $g_i(x) = a_i h_i(x)$ で $a_i \in K^\times$, $h_i(x) \in A[x]$ を原始多項式とすると, $f(x) = a_1 \cdots a_l h_1(x) \cdots h_l(x)$ である. 補題 1.11.33 より $h_1(x) \cdots h_l(x)$ は原始多項式なので, $a_1 \cdots a_l \in A$ である. この元を A の元として素元分解し $a_1 \cdots a_l = p_1 \cdots p_m$ とすると, $f(x) = p_1 \cdots p_m h_1(x) \cdots h_l(x)$ となり, $p_1, \cdots, p_m, h_1(x), \cdots, h_l(x)$ は素元である. □

例 1.11.37 (一意分解環) 定理 1.11.31 より, $\mathbb{Z}$ や体 K 上の n 変数多項式環 $\mathbb{Z}[x_1, \cdots, x_n]$, $K[x_1, \cdots, x_n]$ は一意分解環である. ◇

例 1.11.38 (最大公約元・最小公倍元 4) $A = \mathbb{C}[x, y, z]$ は一意分解環で, $A^\times = \mathbb{C}^\times$ である. $A = \mathbb{C}[y, z][x]$ とみなすと, 例 1.7.10 より $x - f(y, z)$ という形をした元は素元である. よって, $x, x - y, x - z$ などは素元である. 同様に, $y - z, y - x^2$ などは素元である. これらは互いの定数倍でないので同伴でない. よって, $x - z, y - x^2$ の最大公約元は 1 で最小公倍元は $(x - z)(y - x^2)$. したがって, $f(x, y, z) \in A$ が $x - z, y - x^2$ の倍元なら $(x - z)(y - x^2)$ の倍元になる. ◇

以下, 素数 p がいつ整数 x, y により $x^2 + y^2$ という形をしているかを調べる. 準備として, 有限体の乗法群が巡回群であることを示す.

命題 1.11.39 K が体で $G \subset K^\times$ が有限部分群なら, G は巡回群である.

証明 $|G| = p_1^{\alpha_1} \cdots p_N^{\alpha_N}$ を素因数分解で $p_1, \cdots, p_N$ は相異なる素数とする. $i = 1, \cdots, N$ に対して, H_i をシロー p_i 部分群とする. H_i が巡回群であることを示す. $a \in H_i$ を H_i の元の中で位数が最大の元とし, その位数を $p_i^{d_i}$ とする. a で生成される部分群は $\{1, \cdots, a^{p_i^{d_i}-1}\}$ で, これらの元はすべて異なる. $b \in H_i$ なら, b の位数は $p_i^{d_i}$ の約数である. よって, $b^{p_i^{d_i}} = 1$ である. 系 1.2.16 を方程式 $x^{p^{d_i}} = 1$ に適用することにより, b は $\{1, \cdots, a^{p_i^{d_i}-1}\}$ のどれかである. したがって, H_i は a で生成され, $H_i \cong \mathbb{Z}/p^{\alpha_i}\mathbb{Z}$ である.

G はアーベル群なので, $H_1, \cdots, H_N \lhd G$ である. したがって, $H_1 \cdots H_i \subset G$ は部分群である. $H_1 \cdots H_i \cong \mathbb{Z}/p_1^{\alpha_1}\mathbb{Z} \times \cdots \times \mathbb{Z}/p_i^{\alpha_i}\mathbb{Z}$ $(i < N)$ なら, 位数が互いに素なので, $(H_1 \cdots H_i) \cap H_{i+1} = \{1\}$ である. よって, i に関する帰納法に

より,

$$H_1 \cdots H_{i+1} \cong (H_1 \cdots H_i) \times H_{i+1} \cong \mathbb{Z}/p_1^{\alpha_1}\mathbb{Z} \times \cdots \times \mathbb{Z}/p_{i+1}^{\alpha_{i+1}}\mathbb{Z}$$

である. したがって, 中国式剰余定理 (定理 I–2.9.3) により,

$$G \cong H_1 \cdots H_N \cong \mathbb{Z}/p_1^{\alpha_1} \times \cdots \times \mathbb{Z}/p_N^{\alpha_N} \cong \mathbb{Z}/p_1^{\alpha_1} \cdots p_N^{\alpha_N}\mathbb{Z}$$

である. □

$d \neq 1$ は平方因子を持たないとする. 例 1.11.25 より $\mathbb{Q}[\sqrt{d}] = \{a+b\sqrt{d} \mid a,b \in \mathbb{Q}\} \subset \mathbb{C}$ は体である.

命題 1.11.40 $x = a+b\sqrt{d} \in \mathbb{Q}[\sqrt{d}]$ に対し, $\phi(x) = a-b\sqrt{d}$ と定義すると, $\phi : \mathbb{Q}[\sqrt{d}] \to \mathbb{Q}[\sqrt{d}]$ は $\mathbb{Q}$ 代数の同型である.

証明 例 1.11.25 により, $\mathbb{Q}[\sqrt{d}] \cong \mathbb{Q}[x]/(x^2-d)$ である. $\psi : \mathbb{Q}[x] \to \mathbb{Q}[\sqrt{d}]$ を $\mathbb{Q}$ 準同型で $\psi(x) = -\sqrt{d}$ であるものとする (命題 1.3.16). $x^2-d \in \mathrm{Ker}(\psi)$ なので, $(x^2-d) \subset \mathrm{Ker}(\psi)$. したがって, 定理 1.4.8 により, $\mathbb{Q}$ 準同型 $\phi : \mathbb{Q}[\sqrt{d}] \to \mathbb{Q}[\sqrt{d}]$ で $\phi(\sqrt{d}) = -\sqrt{d}$ であるものがある. $\phi \circ \phi$ は恒等写像なので, ϕ は同型である. □

$a+b\sqrt{d} \in \mathbb{Q}[\sqrt{d}]$ に対して $\mathbf{N}_d(a+b\sqrt{d}) = a^2-db^2 \in \mathbb{Q}$ とおく. これを体 $\mathbb{Q}[\sqrt{d}]$ の**ノルム**という. なお, ノルム写像は 4.13 節で一般の代数拡大の場合に定義する. ノルムは次の性質を持つ.

命題 1.11.41 (1) $x \in \mathbb{Z}[\sqrt{d}]$ なら, $\mathrm{N}_d(x) \in \mathbb{Z}$ である.
(2) 任意の $x,y \in \mathbb{Q}[\sqrt{d}]$ に対し, $\mathbf{N}_d(xy) = \mathbf{N}_d(x)\mathbf{N}_d(y)$ である.
(3) $x = a+b\sqrt{d} \neq 0$ なら, $\mathrm{N}_d(x) \neq 0$, $x^{-1} = \phi(x)\mathrm{N}_d(x)^{-1}$ である.
(4) $x = a+b\sqrt{d} \in \mathbb{Z}[\sqrt{d}]$ が $\mathbb{Z}[\sqrt{d}]$ の単元であることと, $\mathrm{N}_d(x) = \pm 1$ であることは同値である.

証明 (1) は明らかである.

(2) ϕ を命題 1.11.40 の準同型とすると, $\mathrm{N}_d(x) = x\phi(x)$ である. $\phi(x)$ は準同型なので, $\mathrm{N}_d(xy) = xy\phi(xy) = xy\phi(x)\phi(y) = x\phi(x)y\phi(y) = \mathrm{N}_d(x)\mathrm{N}_d(y)$.

(3) ϕ は同型なので, $x \neq 0$ なら, $\phi(x) \neq 0$. よって, $x\phi(x) \neq 0$.

(4) $y \in \mathbb{Z}[\sqrt{d}]$, $xy = 1$ なら $N_d(x)N_d(y) = 1$ だが，$N_d(x), N_d(y) \in \mathbb{Z}$ なので，$N_d(x) = \pm 1$. 逆に $N_d(x) = \pm 1$ なら，$x^{-1} = \phi(x)N_d(x)^{-1} \in \mathbb{Z}[\sqrt{d}]$ である. $\square$

例 1.11.42 $A = \mathbb{Z}[\sqrt{-5}]$ が一意分解環ではないことを示す. $6 = 2 \times 3 = (1 + \sqrt{-5})(1 - \sqrt{-5})$ である. まず 2 が既約元であることを示す.

もし $2 = (a + b\sqrt{-5})(c + d\sqrt{-5})$ $(a, b, c, d \in \mathbb{Z})$ なら，両辺のノルムをとり $4 = (a^2 + 5b^2)(c^2 + 5d^2)$ となる. $b \neq 0$ または $d \neq 0$ なら右辺は 5 以上になるので，$b = d = 0$ である. $4 = a^2 c^2$ なので，$a = \pm 2, c = \pm 1$ または $a = \pm 1, c = \pm 2$ である. よって 2 は既約元である.

もし A が一意分解環なら既約元は素元である. $(1 + \sqrt{-5})(1 - \sqrt{-5}) \in (2)$ なので，$1 + \sqrt{-5}, 1 - \sqrt{-5}$ のどちらかが (2) の元である. $1 + \sqrt{-5} \in (2)$ なら，$1 + \sqrt{-5} = 2(a + b\sqrt{-5})$ $(a, b \in \mathbb{Z})$ となるが，1 が偶数となり矛盾である. よって $1 + \sqrt{-5} \notin (2)$ である. 同様に $1 - \sqrt{-5} \notin (2)$ である. したがって 2 は素元ではなく，A は一意分解環ではない. $\diamond$

定理 1.11.43 $\mathbb{Z}[\sqrt{-1}]$ はユークリッド環である. したがって，$\mathbb{Z}[\sqrt{-1}]$ は単項イデアル整域，一意分解環でもある.

証明 $x = a + b\sqrt{-1} \in \mathbb{Z}[\sqrt{-1}]$ に対し，$d(x) = N_{-1}(x) = |x|^2$ と定義すると，d は $\mathbb{Z}[\sqrt{-1}]$ から $\mathbb{N}$ への写像である. $\mathbb{Z}[\sqrt{-1}]$ は $\mathbb{C}$ の中で下図のような格子点の集合になる. $x = a + b\sqrt{-1} \in \mathbb{Q}[\sqrt{-1}]$ とするとき，x を含む区画の四つの頂点の中で，x に一番近い頂点との距離は $1/\sqrt{2} < 1$ 以下である.

距離は $1/\sqrt{2}$ 以下

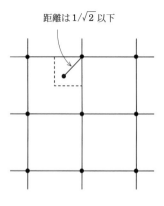

$\mathbb{Z}[\sqrt{-1}] \ni x = a+b\sqrt{-1}$, $y = c+d\sqrt{-1} \neq 0$ とするとき，$x/y \in \mathbb{Q}[\sqrt{-1}]$ である．$z \in \mathbb{Z}[\sqrt{-1}]$ を $|x/y - z| < 1$ となるようにとると，$|x-yz| < |y|$ となる．よって，$d(x-yz) < d(y)$．したがって，$\mathbb{Z}[\sqrt{-1}]$ はユークリッド環である．□

命題 1.11.44 p を素数とする．このとき，p が $\mathbb{Z}[\sqrt{-1}]$ で素元であることと，$p \equiv 3 \mod 4$ であることは同値である．

証明 例 1.4.12 より，$\mathbb{Z}[\sqrt{-1}] \cong \mathbb{Z}[x]/(x^2+1)$．よって，定理 1.4.7 より

$$\mathbb{Z}[\sqrt{-1}]/(p) \cong \mathbb{Z}[x]/(p, x^2+1) \cong \mathbb{F}_p[x]/(x^2+1).$$

よって，p が素元であることと，x^2+1 が $\mathbb{F}_p[x]$ で既約多項式であることは同値である．x^2+1 が可約なら，1 次式の積になるしかないので，$x^2+1 = 0$ が $\mathbb{F}_p$ で解を持つ．逆に $x^2+1 = 0$ が $\mathbb{F}_p$ で解を持てば，x^2+1 は可約である．

$p = 2$ なら，$x^2+1 = (x+1)^2$ なので，x^2+1 は可約である．よって，$p = 2$ は素元ではない．p が奇素数なら，命題 1.11.39 より，$\mathbb{F}_p^{\times}$ は位数 $p-1$ の巡回群である．-1 は位数 2 の元なので，$x^2+1 = 0$ が $\mathbb{F}_p$ で解を持つことは，$\mathbb{F}_p^{\times}$ が位数 4 の元を持つこと，つまり $p-1$ が 4 で割り切れることと同値である．したがって，p が素元であることと，$p \equiv 3 \mod 4$ であることは同値である．□

系 1.11.45 p を素数とするとき，整数 a, b があり，$p = a^2+b^2$ となることと，$p = 2$ または $p \equiv 1 \mod 4$ であることは同値である．

証明 $x = a+b\sqrt{-1} \in \mathbb{Z}[\sqrt{-1}]$ が単元なら，命題 1.11.41 (4) より $a^2+b^2 = 1$ なので，$x = \pm 1, \pm\sqrt{-1}$ である．

$p = 2$ なら，$p = 1^2+1^2$ である．$p \equiv 1 \mod 4$ なら，p は $\mathbb{Z}[\sqrt{-1}]$ で素元ではないので，単元でない $a+b\sqrt{-1}, c+d\sqrt{-1} \in \mathbb{Z}[\sqrt{-1}]$ があり，$p = (a+b\sqrt{-1})(c+d\sqrt{-1})$ となる．ノルムをとると，$p^2 = (a^2+b^2)(c^2+d^2)$ である．$a^2+b^2 > 1$, $c^2+d^2 > 1$ なので，$p = a^2+b^2 = c^2+d^2$ となるしかない．

逆に $p \neq 2$ で $p = a^2+b^2$ となる整数 a, b があるとする．a, b のどちらかが偶数でもう一方が奇数である．必要なら a, b を交換し，$a = 2c$, $b = 2d+1$ $(c \in \mathbb{Z})$ としてよい．すると，$p = a^2+b^2 = 4(c^2+d^2+d)+1 \equiv 1 \mod 4$ である．□

1.12   正規環

この節では正規環の概念を導入する．1.3 節の最後では，方程式 $x^n + y^n = 1$ に関するクンマーのアプローチについて解説した．一般の環では素元分解という性質は期待できないが，整数論的状況ではイデアルの素元分解ができる場合がある．ではどのような環なら，イデアルの素元分解ができるのだろう？III–2.8 節で定義する「デデキント環」なら，イデアルの素元分解ができることがわかる．デデキント環の定義の一部は環が正規環であるということである．ここでは正規環を定義し，一意分解環が正規環であることを証明するだけだが，2.8 節で再び正規環について解説する．

定義 1.12.1　(1)　A を環 B の部分環とする．このとき，$x \in B$ が A 上整とは，$a_1, \cdots, a_n \in A$ があり $x^n + a_1 x^{n-1} + \cdots + a_n = 0$ となることである（**モニックの根である**ということがポイント）．

(2)　$\phi : A \to B$ を環準同型とする．$x \in B$ が $\phi(A)$ 上整なら，x は A 上整であるという．B の元がすべて A 上整なら，B は A 上整であるという．

(3)　B が A の拡大環で A 上整なら**整拡大**という．　　　　　　　　◇

例 1.12.2　$\sqrt{2} \in \mathbb{R}$ は方程式 $x^2 - 2 = 0$ の解なので，$\sqrt{2}$ は $\mathbb{Z}$ 上整である．◇

定義 1.12.3　A を整域，K をその商体とする．「$a \in K$ が A 上整なら $a \in A$ である」という性質を持つとき，A を**整閉整域**，あるいは**正規環** [2] という．◇

次節で一意分解環の商体上の多項式の既約性について解説するが，正規環上では次の命題が成り立つ．

> **命題 1.12.4**　A を正規環，$f(x) = a_0 x^n + \cdots + a_n \in A[x]$ で $a_0, a_n \neq 0$ とする．$\alpha \in K$ で $f(\alpha) = 0$ なら，$a_0 \alpha \in A$ であり，$a_0 \alpha | a_0^{n-1} a_n$ となる．特に，$f(x)$ がモニックなら，$\alpha | a_n$ となる．

証明　$\beta = a_0 \alpha$ とおくと，$\beta \in K$ であり，$\beta^n + a_1 \beta^{n-1} + a_0 a_2 \beta^{n-2} + \cdots + a_0^{n-1} a_n = 0$．よって，$\beta$ は A 上整である．A は正規環なので，$\beta \in A$ である．

---

2)　本書では主に正規環という用語を使うことにする．

$$\beta(\beta^{n-1}+\cdots+a_0^{n-2}a_{n-1}) = -a_0^{n-1}a_n,$$

なので，$\beta | a_0^{n-1}a_n$.   □

定理 1.12.5 A が一意分解環なら，A は正規環である．

証明 A を一意分解環，K をその商体とする．$\alpha \in K$ が A 上整なら，モニック $f(x) = x^n + a_1 x^{n-1} + \cdots + a_n \in A[x]$ があり，$f(\alpha) = 0$ となる．α を既約分数として $\alpha = \beta/\gamma$ と表す．$\gamma^n f(\alpha)$ を考え，$\beta^n + a_1 \gamma \beta^{n-1} + \cdots + a_n \gamma^n = 0$ である．$\beta^n = -\gamma(a_1 \beta^{n-1} + \cdots + a_n \gamma^{n-1})$ なので，$\gamma | \beta^n$ である．もし γ が単元でなければ，β/γ が既約分数という仮定に反する．したがって，γ は単元であり，$\alpha \in A$ である．   □

例 1.12.6 $\mathbb{Z}$ は一意分解環なので正規環である．また K を体とするとき，多項式環 $K[x_1, \cdots, x_n]$ も正規環である．   ◇

1.13 既約性

この節を通して，**A を一意分解環，K をその商体とする**．この節では，A 上の 1 変数多項式が K 上の多項式として既約になる十分条件について考察する．多項式が既約であることを示すのは，4 章で必要になる．なぜかというと，それにより，「ガロア群」の位数が確定するからである．

$f(x) \in A[x]$ とする．おもに $\deg f(x)$ が比較的小さい場合を考察する．$g(x), h(x) \in A[x]$ があり，$f(x) = g(x)h(x)$ かつ $\deg g(x), \deg h(x) < \deg f(x)$ となったとする．$n = \deg f(x), l = \deg g(x), m = \deg h(x)$ とおくと，$n = l + m$ である．必要なら $g(x)$ と $h(x)$ を交換して，$l \leqq m$ としてよい．n が小さいと l, m の可能性は限られている．例えば，$n = 2$ なら，$(l, m) = (1, 1)$ がただ一つの可能性である．$n = 2, 3, 4, 5$ に対して，(l, m) の可能性は次ページの表のようになる．

n	(l,m) の可能性
2	$(1,1)$
3	$(1,2)$
4	$(1,3), (2,2)$
5	$(1,4), (2,3)$

この表から，$n=2,3$ で，$f(x)$ が可約なら，1 次の因子を持つ．つまり，K に根を持つことがわかる．$f(x) = a_0 x^n + \cdots + a_n$ とすると，

$$a_0^{n-1} f(x) = (a_0 x)^n + a_0 a_1 (a_0 x)^{n-1} + \cdots + a_0^{n-1} a_n$$

となるので，既約性の判定には，$f(x) \in A[x]$ がモニックの場合を考えればよい．$f(x)$ がモニックのときには，次の命題が成り立つ．

命題 1.13.1　$f(x) \in A[x]$ はモニック，$g(x), h(x) \in K[x]$，$\deg g(x)$，$\deg h(x) > 0$ で $f(x) = g(x)h(x)$ とする．このとき，$a \in K^\times$ があり，$ag(x), a^{-1}h(x) \in A[x]$ がモニックとなる．

証明　補題 1.11.32 により，$b, c \in K^\times$ があり，$bg(x), ch(x)$ は $A[x]$ の原始多項式になる．すると，$bcg(x)h(x) \in A[x]$ も原始多項式である．$f(x) = (bc)^{-1}(bg(x))(ch(x))$ も原始多項式なので，bc は単元である．

$$bg(x) = d_0 x^l + d_1 x^{l-1} + \cdots, \quad ch(x) = e_0 x^m + e_1 x^{m-1} + \cdots$$

とすると，$d_0 e_0$ は単元である．$d_0, e_0 \in A$ なので，d_0, e_0 は単元である．よって，$f(x) = b^{-1} c^{-1} d_0 e_0 (d_0^{-1} bg(x))(e_0^{-1} ch(x))$ となり，$d_0^{-1} bg(x), e_0^{-1} ch(x) \in A[x]$ はモニックで $b^{-1} c^{-1} d_0 e_0 = 1$ である．すると $d_0^{-1} b e_0^{-1} c = 1$ なので，$a = d_0^{-1} b$ とすればよい．　□

命題 1.12.4, 1.13.1 より，$f(x)$ がモニックで 1 次の因子を持つなら，$f(x)$ の定数項の約数で $f(x)$ の根になるものがあることがわかる．これだけでも次数が 2, 3 の場合には役に立つ．

例 1.13.2 (既約性 1)　$\mathbb{Z}$ は一意分解環である．$f(x) = x^3 - 2x^2 + 3x - 1 \in \mathbb{Z}[x]$ とする．$f(x)$ はモニックなので，$\alpha \in \mathbb{Q}$ が $f(x)$ の根なら，$\alpha \in \mathbb{Z}$ で -1

の約数である. -1 の約数は ± 1 であり, $f(1) = 1$, $f(-1) = -7$ なので, $f(x)$ は $\mathbb{Q}[x]$ の元として 1 次式では割り切れない. 3 次式が可約なら 1 次式で割り切れるので, $f(x)$ は $\mathbb{Q}$ 上既約である. よって, $f(x)$ は $\mathbb{Q}[x]$ の素元である. ◇

例 1.13.3 (既約性 2) $f(x,y) = y^3 - xy^2 + x^3y + x^2 - 1 \in \mathbb{C}[x,y]$ とする. $f(x,y)$ が $\mathbb{C}[x,y]$ の既約元であることを示す. この例では, $\mathbb{C}[x,y]$ の元の次数は y の多項式としての次数を意味するものとする.

$f(x,y) = g(x,y)h(x,y)$ となる単元でない $g(x,y), h(x,y) \in \mathbb{C}[x,y]$ があるとする. $f(x,y)$ の次数は 3 なので, $g(x,y)$ の次数は 0 か 1 としてよい. $g(x,y)$ の次数が 0 なら, $g(x,y) \in \mathbb{C}[x] \backslash \mathbb{C}$ である. しかし, $g(x,y)$ は $f(x,y)$ における y^3 の係数 1 の約元なので, 矛盾である.

$A = \mathbb{C}[x]$ とおく. $g(x,y)$ の次数が 1 なら, $f(x,y)$ は $A[y]$ の元としてはモニックなので, 命題 1.12.4 より, $f(x, \alpha) = 0$ となる $x^2 - 1$ の約元 α がある. $x^2 - 1 = (x+1)(x-1)$ で $x \pm 1$ は A の素元である (例 1.7.10). A は一意分解環で A の単元の集合は $\mathbb{C}^\times$ である (系 1.2.32). よって, $x^2 - 1$ の約元は $c, c(x \pm 1)$, $c(x^2 - 1)$ $(c \in \mathbb{C}^\times)$ という形をしている. $f(x,c)$ は x の多項式として 3 次なので, 0 ではない. $f(x, c(x \pm 1))$ において, $x^3 y = cx^3(x \pm 1)$ で他の項は 3 次以下なので 0 ではない. 同様に, $f(x, c(x^2 - 1))$ は x の多項式として 6 次なので, 0 ではない. したがって, $f(x,y)$ は既約である. ◇

$\mathfrak{p} \subset A$ を素イデアル, k を $A/\mathfrak{p}$ の商体とする. $a \in A$, $f(x) \in A[x]$ のそれぞれ $A/\mathfrak{p}$, $(A/\mathfrak{p})[x]$ での類を $\bar{a}$, $\overline{f}(x)$ とする.

命題 1.13.4 $f(x) = x^n + a_1 x^{n-1} + \cdots + a_n \in A[x]$ を原始多項式とする. $\overline{f}(x)$ が $(A/\mathfrak{p})[x]$ で $m < n$ 次の因子を持たなければ, $f(x)$ も m 次の因子を持たない. 特に, $\overline{f}(x)$ が既約なら, $f(x)$ も既約である.

証明 もし $f(x) = g(x)h(x)$, $g(x), h(x) \in K[x]$, $\deg g(x) = m$ とすると, 命題 1.13.1 より, $g(x), h(x) \in A[x]$ であり, 両方ともモニックであるとしてよい. $\overline{f}(x) = \overline{g}(x)\overline{h}(x)$ となるが $g(x), h(x)$ はモニックなので, $\deg \overline{g}(x) = m$ である. これは仮定に矛盾する. □

例 1.13.5 (既約性 3) $\mathbb{F}_2[x]$ の 4 次の既約多項式をみつけ, それにより, $\mathbb{Q}[x]$ の 4 次の既約多項式の例を構成する. そのためにまず $\mathbb{F}_2[x]$ の 2 次の既約多項式をすべて決定する. なお, $\mathbb{F}_2[x]$ の 0 でない多項式はモニックであることに注意する. $\mathbb{F}_2$ の元は $\overline{0}, \overline{1}$ などと書かずに, 単に $0, 1$ などと書くことにする.

$f(x) = x^2 + a_1 x + a_2$ が可約なら, 1 次の因子を持つ. よって $f(0) = 0$ または $f(1) = 0$ である. したがって, $x^2 + x + 1$ は既約である. $x^2 + a_1 x + a_2$ が既約なら, 明らかに $a_2 = 1$ である. $a_1 = 0$ なら $x^2 + 1 = (x+1)^2$ なので, 2 次の既約多項式は $x^2 + x + 1$ だけである.

$f(x) \in \mathbb{F}_2[x]$ が 4 次の多項式なら, $f(x)$ の x^4 の係数は 1 である. もし, $f(x)$ が 1 次の因子を持たず可約なら, $f(x) = (x^2 + x + 1)^2 = x^4 + x^2 + 1$ の可能性しかない. したがって, これ以外の 4 次の多項式で 1 次の因子を持たないものは既約な多項式である. $f(x) = x^4 + a_1 x^3 + \cdots + a_4$ とするとき, $a_4 = 0$ なら $f(x)$ は x で割り切れる. よって, $a_4 = 1$ と仮定する. $f(1) = a_1 + a_2 + a_3$ なので,

$$(a_1, a_2, a_3) = (0,0,1), (0,1,0), (1,0,0), (1,1,1).$$

$(a_1, a_2, a_3) = (0,1,0)$ なら $f(x) = x^4 + x^2 + 1$ なので,

$$f(x) = x^4 + x + 1, \ x^4 + x^3 + 1, \ x^4 + x^3 + x^2 + x + 1$$

が既約である. 命題 1.13.4 により $x^4 + 2x^3 + 5x + 1 \in \mathbb{Q}[x]$ は $\mathbb{Q}$ 上既約である.

◇

例 1.13.6 (既約性 4) $f(x) = x^4 + 3x^3 - x + 2 \in \mathbb{Q}[x]$ とする. $f(x)$ が 1 次の因子を持てば, 命題 1.12.4 により, $f(x)$ は 2 の約数を根に持つ. $f(1) = 5, f(-1) = 1, f(2) = 40, f(-2) = -4$ なので, $f(x)$ は 1 次因子を持たない.

$\overline{f}(x) = x^4 + x^3 + x = x(x^3 + x^2 + 1) \in \mathbb{F}_2[x]$ を $f(x)$ の $\mathbb{F}_2[x] = (\mathbb{Z}/2\mathbb{Z})[x]$ における類とする. $g(x) = x^3 + x^2 + 1 \in \mathbb{F}_2[x]$ とおく. $g(0) = 1, g(1) = 1$ なので, $g(x)$ は 1 次因子を持たず既約である. よって, $f(x)$ は 2 次因子を持たない. したがって, $f(x)$ は既約である.

◇

例 1.13.7 (既約性 5) $f(x) = x^5 - x + 1$ が既約であることを初等的に示す (命題 4.16.1 を使えば容易だが). $f(1) = 1, f(-1) = 1$ なので, $f(x)$ は 1 次因子を持たない.

$f(x)$ が 2 次因子を持てば, 命題 1.13.1 により, $a, b, c, d, e \in \mathbb{Z}$ があり,

$$x^5 - x + 1 = (x^3 + ax^2 + bx + c)(x^2 + dx + e)$$

となる. すると,

$$a + d = 0, \quad b + e + ad = 0, \quad ae + bd + c = 0, \quad be + cd = -1, \quad ce = 1.$$

最後の条件より $(c, e) = (1, 1), (-1, -1)$.

$(c, e) = (1, 1)$ なら, $a + d = 0, ad + b = -1, a + bd + 1 = 0, b + d = -1$ である. $a = -d, b = -d - 1$ なので, $-d^2 - d - 1 = -1, -d - d(d+1) = -1$. 2 番目の等式より, $d^2 - 2d - 1 = 0$. すると, $d = 1 \pm \sqrt{2} \notin \mathbb{Z}$ となり, 矛盾である.

$(c, e) = (-1, -1)$ なら, $a + d = 0, ad + b = 1, -a + bd - 1 = 0, -b - d = -1$ である. $a = -d, b = -d + 1$ なので, $-d^2 - d + 1 = 1, d + d(-d+1) = -1$. 2 つ目の条件より $d^2 - 2d - 1 = 0$. すると, $d = 1 \pm \sqrt{2} \notin \mathbb{Z}$ となり, 矛盾である. したがって, $x^5 - x + 1$ は 2 次の因子も持たないので, $\mathbb{Q}[x]$ の既約元である. ◇

定理 1.13.8 (アイゼンシュタインの判定法)　$p \in A$ を素元とする.

$$f(x) = a_0 x^n + a_1 x^{n-1} + \cdots + a_n \in A[x]$$

が A 上の多項式, $p \nmid a_0, \; p \mid a_1, \cdots, a_n$ で $p^2 \nmid a_n$ なら, $f(x)$ は A の商体 K 上既約な多項式である.

証明　$a_0, \cdots, a_n$ の最大公約元を N とすれば, $p \nmid N$ である. $N^{-1} f(x)$ も $f(x)$ と同じ条件を満たすので, $f(x)$ は原始多項式と仮定してよい. $g(x), h(x) \in K[x]$, $\deg g(x) = m > 0$, $\deg h(x) = n - m > 0$ で, $f(x) = g(x)h(x)$ とする. 補題 1.11.32 より, 原始多項式 $g_1(x), h_1(x) \in A[x]$ と $a, b \in K^\times$ があり, $g(x) = ag_1(x), h(x) = bh_1(x)$ となる. すると, $f(x) = abg_1(x)h_1(x)$. 補題 1.11.33 より $g_1(x)h_1(x)$ も原始多項式で, 補題 1.11.32 より, $ab \in A^\times$ である. したがって, $g(x), h(x)$ は原始多項式としてよい.

$$g(x) = b_0 x^m + \cdots + b_m, \; h(x) = c_0 x^{n-m} + \cdots + c_{n-m} \quad (b_0, \cdots, c_{n-m} \in A)$$

とすると, $a_0 = b_0 c_0$ なので, $b_0, c_0 \notin (p)$ である.

$A[x]$ の元の係数を p を法として考えるときには, $\overline{f}(x)$ などと書く.

$$\overline{f}(x) = \overline{g}(x)\overline{h}(x) = \overline{a}_0 x^n$$

である. k を $A/(p)$ の商体とすると, $k[x]$ も一意分解環で x は素元なので

(例 1.7.10), $\overline{g}(x) = \overline{b}_0 x^m$, $\overline{h}(x) = \overline{c}_0 x^{n-m}$ となる. $(A/(p))[x] \subset k[x]$ なので, $b_m, c_{n-m} \in (p)$ である. $a_n = b_m c_{n-m}$ なので, a_n が p^2 で割り切れることになり, 矛盾である. □

例 1.13.9 (既約性 6)　定理 1.13.8 を $A = \mathbb{Z}$, $p = 2$ の場合に適用することにより, 多項式 $3x^4 - 4x^3 + 8x - 2 \in \mathbb{Z}[x]$ が既約であることがわかる.　　◇

例 1.13.10 (既約性 7)　p を素数, $f(x) = x^{p-1} + x^{p-2} + \cdots + 1$ とする. $(x-1)f(x) = x^p - 1$ なので, $xf(x+1) = (x+1)^p - 1 \equiv x^p \mod p$ である. $f(x+1) = x^{p-1} + a_1 x^{p-2} + \cdots + a_{p-1}$ とおくと, $p | a_1, \cdots, a_{p-1}$ である. $f(1) = p$ なので, $a_{p-1} = p$. 定理 1.13.8 より, $f(x+1)$, したがって, $f(x)$ も既約である.　　◇

1.14　ネーター環・アルティン環

　この節ではネーター (Noether) 環とアルティン (Artin) 環を定義し, ネーター環上の有限生成環がネーター環であるという, ヒルベルト (Hilbert) により証明された有名な定理について解説する.

定義 1.14.1　A を環とする.

　(1)　$I_1, I_2, \cdots$ が A のイデアルで $I_1 \subset I_2 \subset \cdots$ なら, 自然数 N があり, $I_N = I_{N+1} = \cdots$ となるとき, A は**ネーター環**という.

　(2)　$I_1, I_2, \cdots$ が A のイデアルで $I_1 \supset I_2 \supset \cdots$ なら, 自然数 N があり, $I_N = I_{N+1} = \cdots$ となるとき, A は**アルティン環**という.　　◇

次の命題は上の定義より明らかである.

命題 1.14.2　A を環, S を A のイデアルよりなる集合とするとき, 次の (1), (2) が成り立つ.

　(1)　A がネーター環なら, S には包含関係に関して極大元がある.

　(2)　A がアルティン環なら, S には包含関係に関して極小元がある.

以下, ネーター環について考察する.

> **命題 1.14.3** A を環とするとき，次の (1), (2) は同値である.
>
> (1) A はネーター環である.
>
> (2) A の任意のイデアルは有限生成である.

証明 **(1) $\Rightarrow$ (2)**：A がネーター環で，$I \subset A$ がイデアルとする．$I = (0)$ なら I は有限生成である．I が有限生成でないと仮定する．$I \neq (0)$ なので，$x_1 \in I \setminus \{0\}$ をとる．I は有限生成ではないので，$I \neq (x_1)$ である．よって，$x_2 \in I \setminus (x_1)$ をとると，$(x_1, x_2) \subset I$ である．I が有限生成でないので，これを繰り返し，$x_1, \cdots, x_n, \cdots \in I$ を，$x_i \notin (x_1, \cdots, x_{i-1})$ となるようにとれる．すると $I_1 \subsetneq I_2 \subsetneq I_3 \subsetneq \cdots$ となり，矛盾である．

(2) $\Rightarrow$ (1)：逆に A の任意のイデアルが有限生成であると仮定する．$I_1 \subset I_2 \subset \cdots$ を A のイデアルの増加列とする．$I = \bigcup_{n=1}^{\infty} I_n$ とおく．明らかに $0 \in I$ である．$a, b \in I$ なら十分大きい i, j があり $a \in I_i$，$b \in I_j$ である．$i \leq j$ なら $I_i \subset I_j$ なので，$a, b \in I_j$ である．I_j はイデアルなので，$a \pm b \in I_j \subset I$ である．$r \in A$ なら $ra \in I_j \subset I$ である．$i \geq j$ でも同様である．よって I はイデアルである．I は有限生成なので，$x_1, \cdots, x_m \in I$ があり $I = (x_1, \cdots, x_m)$ である．$x_j \in I_{i_j}$ である i_j が存在する．$i_1, \cdots, i_m$ のなかで最大のものを N とすれば $x_j \in I_N$ なので，$i \geq N$ なら $I_i \subset I = (x_1, \cdots, x_m) \subset I_N$ となる． $\square$

例 1.14.4 体 k のイデアルは (0), $(1) = k$ だけなので，k はネーター環である．単項イデアル整域はすべてのイデアルが一つの元で生成されるので，ネーター環である． $\diamond$

> **定理 1.14.5** (ヒルベルト) A がネーター環なら，1 変数多項式環 $A[x]$ もネーター環である.

証明 $I \subset A[x]$ をイデアルとする．I が有限生成でないとして矛盾を導く．当然 $I \neq (0)$ である．$I \ni f_1(x) \neq 0$ を I の零でない元のなかで次数が最小になるようにとる．I は有限生成ではないので，$I \neq (f_1(x))$ である．帰納的に，$I \ni f_1(x), f_2(x), f_3(x), \cdots$ を，すべての $n > 0$ に対し，$f_{n+1}(x)$ が $I \setminus (f_1(x), \cdots, f_n(x))$ のなかで次数が最小であるようにとる．$f(x) \in A[x] \setminus \{0\}$

に対し, その最高次の係数を $\text{in}(f(x))$ とする. 例えば, $\text{in}(2x^2+3) = 2$ である. $i = 1, 2, \cdots$ に対し, $a_i = \text{in}(f_i(x))$ とおく. J を $\{a_1, a_2, \cdots\}$ で生成された A のイデアルとすると, A はネーター環なので, $J = (a_1, \cdots, a_m)$ となる m がある. $a_{m+1} \in J$ なので, $a_{m+1} = c_1 a_1 + \cdots + c_m a_m$ となる $c_1, \cdots, c_m \in A$ がある. 仮定より $f_{m+1}(x)$ の次数は $f_1(x), \cdots, f_m(x)$ の次数以上である. よって,

$$g(x) = f_{m+1}(x) - \sum_{i=1}^{m} c_i x^{\deg f_{m+1}(x) - \deg f_i(x)} f_i(x)$$

とおくと, $\deg g(x) < \deg f_{m+1}(x)$ である. $f_{m+1}(x) \in I \setminus (f_1(x), \cdots, f_m(x))$ なので, $g(x) \in I \setminus (f_1(x), \cdots, f_m(x))$ である. これは $f_{m+1}(x)$ のとり方に矛盾する. したがって, I は有限生成である. □

系 1.14.6　A がネーター環なら, $A[x_1, \cdots, x_n]$ もネーター環である.

命題 1.14.3 と定理 1.4.6 より, 次の命題が従う.

命題 1.14.7　A がネーター環で $I \subset A$ がイデアルなら, A/I もネーター環である.

系 1.14.8　A がネーター環で, A の拡大環 B が環として A 上有限生成なら, B もネーター環である.

証明　B が A 上 $b_1, \cdots, b_n$ で生成されるなら, A 準同型 $\phi : A[x_1, \cdots, x_n] \to B$ で $\phi(x_i) = b_i$ $(i = 1, \cdots, n)$ となるものがある (命題 1.3.16). B は A 上 $b_1, \cdots, b_n$ で生成されるので, ϕ は全射である. $I = \text{Ker}(\phi)$ とすると, 定理 1.4.4 より, $B \cong A[x_1, \cdots, x_n]/I$. 系 1.14.6 と命題 1.14.7 より, B はネーター環である. □

例 1.14.9　$\mathbb{Z}, \mathbb{C}$ はネーター環なので, $\mathbb{Z}[\sqrt{2}], \mathbb{C}[t^2, t^3], \mathbb{C}[x, y, z]/(y^2 - xz)$ などは系 1.14.8 より, ネーター環である. ◇

命題 1.14.10　A がネーター環で $S \subset A$ が乗法的集合なら, $S^{-1}A$ もネーター環である.

証明 $\pi : A \to S^{-1}A$ を自然な準同型とする. $I \subset S^{-1}A$ がイデアルなら, 命題 1.8.20 より $I = \pi^{-1}(I)S^{-1}A$. A がネーター環なので, $\pi^{-1}(I)$ は有限生成なイデアルである. したがって, I も有限生成である.   □

定理 1.14.5 はヒルベルトにより証明された. ヒルベルトは定理 1.14.5 を使って, 「不変式環」が有限生成であることを証明した. 第 3 巻で証明するが, $G = \mathrm{SL}_n(\mathbb{C})$ が多項式環に代数的に作用するとき, 環

$$\mathbb{C}[x_1,\cdots,x_m]^G \overset{\text{def}}{=} \{f(x_1,\cdots,x_m) \mid {}^\forall g \in \mathrm{SL}_n(\mathbb{C}), gf = f\}$$

は $\mathbb{C}$ 上有限生成であることがわかる. この事実の正確な定式化と証明については, 定理 III–7.3.1 参照.

アルティン環については定義しただけだが, アルティン環の例とネーター環との関係については, III–2.2 節で解説する.

後で必要になるので, 次の命題を証明しておく.

命題 1.14.11 A をネーター環, $I \subset A$ をイデアルとすると, 十分大きい整数 N があり, $a \in \sqrt{I}$ なら, $a^N \in I$ となる.

証明 A はネーター環なので, $\sqrt{I}$ は有限生成である. $\sqrt{I} = (a_1,\cdots,a_n)$ とする. 整数 N_1 があり, $a_1^{N_1},\cdots,a_n^{N_1} \in I$ となる. $b = a_1x_1+\cdots+a_nx_n$ $(x_1,\cdots,x_n \in A)$ なら, b^{nN_1} は $(a_1x_1)^{i_1}\cdots(a_nx_n)^{i_n}$ $(i_1+\cdots+i_n = nN_1)$ という形の元の有限和である. $i_1,\cdots,i_n$ のうちどれかは N_1 以上なので, $b^{nN_1} \in I$ となる.   □

1 章の演習問題

1.1.1 (群環での計算) $G = \mathfrak{S}_3$, $\sigma_1 = 1$, $\sigma_2 = (12)$, $\sigma_3 = (13)$, $\sigma_4 = (23)$, $\sigma_5 = (123)$, $\sigma_6 = (132)$ とする. $g = 1-2\sigma_2+3\sigma_5$, $h = 3\sigma_6-2\sigma_4+\sigma_2 \in \mathbb{Z}[G]$ に対し, gh を計算せよ.

1.1.2 (群環のノルム元) G を有限群, A を可換環, $N = \displaystyle\sum_{g \in G} g \in A[G]$ とおく. このとき, すべての $g \in G$ に対し, $gN = Ng = N$ であることを証明せよ.

1.1.3 $A = \mathbb{Z}[\sqrt{-2}]$, $a = 1+3\sqrt{-2}$, $b = 2-\sqrt{-2}$ とする. $2a+b, ab$ を計算せよ.

1.2.1 (1) $g(x) = 3x^3 - x^2 + x - 1$ を $f(x) = x^2 - 3x + 1$ で ($\mathbb{Z}[x]$ において) 割り算せよ.

(2) $f(x, y) = x^2 + 3xy^3 - y^2 - 3$, $g(x, y) = x^3 y^2 + 3xy^3 - 2x^2 y + x - 3 \in \mathbb{Z}[x, y]$ とするとき, $g(x, y)$ を x の多項式とみなして, $f(x, y)$ で割り算せよ.

1.2.2 次の多項式について, (a) 次数, (b) 斉次式であるかどうか, (c) 単項式であるかどうか, を述べよ.

(1) $f(x, y) = x^3 + y^3 - 2$ 　　　(2) $f(x, y) = x^4 - 3xy^3 + 16y^4$

(3) $f(x_1, x_2, x_3) = 3x_1^3 x_2^5 x_3$ 　　(4) $f(x, y, z) = x^3 y^5 z^2$

1.2.3 多項式 $f(x, y) = x^2 + y^2 + 2x + y + 1 \in \mathbb{C}[x, y]$ の定数項は何か？ また $f(x, y)$ を (a) $\mathbb{C}[x][y]$, (b) $\mathbb{C}[y][x]$ の元とみなしたときの定数項は何か？

1.2.4 $f(x) \in \mathbb{Z}[x] \setminus \mathbb{Z}$ なら, 整数 $n > 0$ が存在して $f(n)$ が合成数になることを証明せよ.

1.2.5 無限変数多項式環 $A[x_i]_{i \in I}$ を集合論的に厳密に定義せよ.

1.3.1 $f(x, y, z) = x^2 + yz$ に $x = t^2 + 1$, $y = 1 - t$, $z = 3t + 2$ を代入して整理せよ.

1.3.2 (1) $A = \mathbb{C}[x]$ のなかで $a_0 + a_2 x^2 + a_3 x^3 + \cdots + a_n x^n$ ($a_0, a_2, a_3, \cdots, a_n \in \mathbb{C}$) という形の元全体よりなる部分集合を B とすると, B は A の部分環であることを証明せよ.

(2) $A = \mathbb{C}[x]$ のなかで $a_0 + a_1 x + a_3 x^3 + \cdots + a_n x^n$ ($a_0, a_1, a_3, \cdots, a_n \in \mathbb{C}$) という形の元全体よりなる部分集合を B とすると, B は A の部分環ではないことを証明せよ.

1.3.3 A を $a/2^n$ ($a \in \mathbb{Z}$ で $n \geqq 0$) という形をした有理数全体の集合とするとき, A は $\mathbb{Q}$ の部分環であることを証明せよ.

1.3.4 環 $\mathbb{Z}$ の自己同型は恒等写像だけであることを証明せよ.

1.3.5 写像 $\phi : \mathbb{Z} \to \mathbb{Z}$ で定義 1.1.8 (1) のはじめの 2 条件は満たすが, 最後の条件は満たさないものはあるか？

1.3.6 $\mathbb{C}$ 代数の準同型の例を五つあげよ.

1.3.7　$A = \mathbb{C}[x,y]$ とする．$x^2 - x^5 y$ がイデアル $I = (x^2 - y^3, x^5 - y^2)$ の元であることを証明せよ．

1.3.8　(1)　$\phi : \mathbb{C}[x,y] \to \mathbb{C}[t]$ を $\mathbb{C}$ 代数の準同型で，$\phi(x) = t^3$, $\phi(y) = t^4$ であるものとする．このとき，$\mathrm{Ker}(\phi)$ の生成系を求めよ．

(2)　$\phi : \mathbb{C}[x,y,z] \to \mathbb{C}[t,s]$ を $\mathbb{C}$ 代数の準同型で，$\phi(x) = t^2$, $\phi(y) = ts$, $\phi(z) = s^2$ であるものとする．このとき，$\mathrm{Ker}(\phi)$ の生成系を求めよ．

(3)　$\phi : \mathbb{C}[x,y,z] \to \mathbb{C}[t]$ を $\mathbb{C}$ 代数の準同型で，$\phi(x) = t^3$, $\phi(y) = t^4$, $\phi(z) = t^5$ であるものとする．このとき，$\mathrm{Ker}(\phi)$ の生成系を求めよ．

(4)　$\phi : \mathbb{C}[x,y,z] \to \mathbb{C}[t]$ を $\mathbb{C}$ 代数の準同型で，$\phi(x) = t^4$, $\phi(y) = t^5$, $\phi(z) = t^7$ であるものとする．このとき，$\mathrm{Ker}(\phi)$ の生成系を求めよ．

1.3.9　$A = \mathbb{C}[x,y,z]$, $B = \mathbb{C}[x,z]$, $I \subset A$ をイデアル $(x^2 - y^3, y^3 - z^5)$ とするとき，$I \cap B = (x^2 - z^5)B$ であることを証明せよ．

1.3.10　$A = \mathbb{C}[x,y]$ を $\mathbb{C}$ 上の 2 変数多項式環とする．

(1)　$a,b,c,d \in \mathbb{C}$ とするとき，$\phi(x) = ax + by$, $\phi(y) = cx + dy$ であるような $\mathbb{C}$ 代数の準同型 $A \to A$ が同型であることと $ad - bc \neq 0$ であることは同値であることを証明せよ．

(2)　$f(x) \in \mathbb{C}[x]$ とするとき，$\phi(x) = x$, $\phi(y) = f(x) + y$ であるような $\mathbb{C}$ 代数の準同型 $A \to A$ は同型であることを証明せよ．

1.3.11　$B = \mathbb{C}[t]$ が $\mathbb{C}$ 上の 1 変数多項式環で $f(t), g(t) \in B \setminus \{0\}$ なら，$\deg f(g(t)) = \deg f(t) \deg g(t)$ であることを証明せよ．

1.3.12　$A = \mathbb{C}[x]$ を $\mathbb{C}$ 上の 1 変数多項式環とするとき，$\phi : A \to A$ が $\mathbb{C}$ 代数としての自己同型なら，$a \in \mathbb{C} \setminus \{0\}$, $b \in \mathbb{C}$ があり $\phi(x) = ax + b$ となることを証明せよ．

1.3.13　$A = \mathbb{Z}$, $B = \mathbb{Q}$, $I = 2\mathbb{Z}$ のとき，$IB \cap A$ は何か？

1.3.14　$A = \mathbb{Z}$, $B = \mathbb{Z}[x]$ (1 変数多項式環)，$I = (x^2 + 1)B$ とする．このとき，$I \cap A = (0)$ であることを証明せよ．

1.3.15　$A = \mathbb{C}[x,y]$ (2 変数多項式環)，$B = \mathbb{C}[x^2, y]$, $I = (x^3 - y^2)A$ とする．このとき，$I \cap B$ の生成系を求めよ．

1.3.16 $A = \mathbb{C}[x,y]$, $I = (x^2+y+1, x+y^2)$, $J = (x,y)$ とするとき, $I+J$ は何か？

1.3.17 $x = (x_1, \cdots, x_n)$, $y = (y_1, \cdots, y_m)$ を変数として $A = \mathbb{C}[x]$, $B = \mathbb{C}[x,y]$ とする. $l_1 \leqq n$, $l_2 \leqq m$, $I = Bx_1 + \cdots + Bx_{l_1} + By_1 + \cdots + By_{l_2}$ とするとき, $I \cap A = Ax_1 + \cdots + Ax_{l_1}$ であることを証明せよ.

1.3.18 $x = (x_1, \cdots, x_n), y = (y_1, \cdots, y_m)$ を変数として $A = \mathbb{C}[x,y], I = (x_1, \cdots, x_n)$ とする. $1 \leqq i_1, \cdots, i_t \leqq n, 1 \leqq j_1, \cdots, j_s \leqq m$ に対し $D = \partial_{x_{i_1}} \cdots \partial_{x_{i_t}} \partial_{y_{j_1}} \cdots \partial_{y_{i_s}}$ とおく. $l \geqq t$ で $f \in I^l$ なら, $Df \in I^{l-t}$ であることを証明せよ.

1.3.19 $A = \mathbb{C}[x,y]$ (2 変数多項式環), $I = (x,y)$, $J = (x)$, $K = (y)$ とする. 次のイデアルの生成系を求めよ.

(1) $I^2 \cap J$ 　　　(2) $I^3 \cap J \cap K$

1.4.1 (1) $\mathbb{Z}[\sqrt{2}]/(3+\sqrt{2}) \cong \mathbb{F}_7$ であることを証明せよ.

(2) $\mathbb{Z}[\sqrt{5}]/(1+2\sqrt{5})$ は何か？

1.4.2 環 A とその部分環 B で, B が整域で A が整域ではないものの例を一組みつけよ.

1.5.1 $f(x,y) = x^3 - 2xy + y^3 \in \mathbb{C}[x,y]$ とする. $a = (a_1, a_2) \in \mathbb{C}^2$ が次の (1), (2) であるとき, $f(a_1+b_1\varepsilon, a_2+b_2\varepsilon) = 0$ となる $(b_1, b_2) \in \mathbb{C}^2$ をすべて求めよ. ただし, $a_1+b_1\varepsilon$ などは dual number の環 $\mathbb{C}[\varepsilon]/(\varepsilon^2)$ の元である.

(1) $(a_1, a_2) = (1,1)$ 　　　(2) $(a_1, a_2) = (0,0)$

1.5.2 $f(x,y,z) \in \mathbb{C}[x,y,z]$ と $a = (a_1, a_2, a_3)$ が次の (1)–(3) であるとき, $f(a_1+b_1\varepsilon, a_2+b_2\varepsilon, a_3+b_3\varepsilon) = 0$ となる $(b_1, b_2, b_3) \in \mathbb{C}^3$ をすべて求めよ. ただし, $a_1+b_1\varepsilon$ などは dual number の環 $\mathbb{C}[\varepsilon]/(\varepsilon^2)$ の元である.

(1) $f(x,y,z) = xz - y^2$, $(a_1, a_2, a_3) = (1,2,4)$

(2) $f(x,y,z) = xz - y^2$, $(a_1, a_2, a_3) = (0,0,0)$

(3) $f(x,y,z) = xy^2 - z^2$, $(a_1, a_2, a_3) = (1,0,0)$

1.6.1 $I_1 = (x)$, $I_2 = (x-1)$ を $\mathbb{C}[x]$ のイデアルとする. $f(x) \in \mathbb{C}[x]$ で $f \equiv 1 \mod I_1$, $f \equiv 2 \mod I_2$ であるものをみつけよ.

1.6.2 $I_1 = (x,y)$, $I_2 = (x^2+y^2+1)$ を $\mathbb{C}[x,y]$ のイデアルとする. $f(x,y) \in \mathbb{C}[x,y]$ で $f \equiv 1 \mod I_1$, $f \equiv 2 \mod I_2$ であるものをみつけよ.

1.6.3　$I_1 = (3, x^2+1)$, $I_2 = (x+1)$ を $\mathbb{Z}[x]$ のイデアルとする．$f(x) \in \mathbb{Z}[x]$ で $f \equiv x \mod I_1$, $f \equiv 1 \mod I_2$ であるものをみつけよ．

1.6.4　$\mathbb{Z}[\sqrt{-5}]/(3) \cong \mathbb{F}_3 \times \mathbb{F}_3$ であることを証明せよ．

1.6.5　$\mathbb{C}[x,y]/(xy)$ から $\mathbb{C}[x,y]/(x) \times \mathbb{C}[x,y]/(y)$ への自然な写像は全射ではないことを証明せよ．

1.6.6　A, B を環とするとき，$A \times B$ の素イデアルは A の素イデアル $\mathfrak{p}$ により $\mathfrak{p} \times B$ という形か，B の素イデアル $\mathfrak{q}$ により $A \times \mathfrak{q}$ という形をしていることを証明せよ．

1.7.1　次の環の素イデアル，極大イデアルをすべて求めよ．

(1)　$\mathbb{C}[x]/((x^2-1)(x+1)(x-3)^2)$

(2)　$\mathbb{C}[x,y]/((x-1,y+1)^2 \cap (x,y)^3 \cap ((x-2)(y+2)))$

1.7.2　$\mathfrak{p}_1 = (5)$, $\mathfrak{p}_2 = (3) \subset \mathbb{Z}[\sqrt{5}]$ とする．$\mathfrak{p}_1, \mathfrak{p}_2$ は素イデアルか？

1.8.1　次の (1), (2) を証明せよ．

(1)　$a, b \neq 0$ が互いに素な整数なら，$\mathbb{Z}[a/b] = \mathbb{Z}[1/b]$ である．

(2)　$A \subset \mathbb{Q}$ が部分環なら，$\mathbb{Z}$ の乗法的集合 S があり，$A = S^{-1}\mathbb{Z}$ となる．

1.8.2　$\mathbb{C}[t^{24}, t^{35}] \subset \mathbb{C}[t]$ の商体は $\mathbb{C}(t)$ であることを証明せよ．

1.8.3　$I = (xy) \subset \mathbb{C}[x,y]$, $A = \mathbb{C}[x,y]/I$, $\alpha = x+I \in A$ とする．

(1)　$A_\alpha \cong \mathbb{C}[x, 1/x]$ であることを証明せよ．

(2)　K を A の全商環，$\phi : A \to K$, $\psi : A \to A_\alpha$ を自然な準同型とするとき，$\phi = f \circ \psi$ となる $\mathbb{C}$ 準同型 $f : A_\alpha \to K$ は存在しないことを証明せよ．

(3)　(2) が命題 1.8.11 と矛盾しないのはなぜか？

1.8.4　A を環，$S_1 \subset S_2 \subset A$ を乗法的集合，$B = S_1^{-1}A$ とし，$\phi : A \to B$ を自然な準同型とする．このとき，$\phi(S_2)^{-1}B \cong S_2^{-1}A$ であることを証明せよ．

1.8.5　A を環，$f \in A$ を零因子でない元とするとき，$A[1/f] \cong A[x]/(fx-1)$ であることを証明せよ．

1.8.6　$A = \mathbb{C}[x,y]$, $S = A \setminus (x,y)$, $I = (x,y) \cap (y-1)$ とする．

(1)　I の生成系を求めよ．

(2)　$\pi : A \to S^{-1}A$ を自然な準同型とするとき，$\pi^{-1}(IS^{-1}A)$ は何か？

1.8.7　環 $\mathbb{Z}$ において，次のイデアルの商を求めよ．

(1)　$35\mathbb{Z} : 20\mathbb{Z}$　　(2)　$60\mathbb{Z} : 98\mathbb{Z}$

1.8.8　$I_1,\cdots,I_n$ が環 A のイデアルなら，$\sqrt{I_1\cap\cdots\cap I_n} = \sqrt{I_1}\cap\cdots\cap\sqrt{I_n}$ であることを証明せよ．

1.8.9　次のイデアルの根基を求めよ．

(1) $144\mathbb{Z}\subset\mathbb{Z}$　　(2) $(x^3, x^4y, y^5)\subset\mathbb{C}[x,y]$　　(3) $(x^2y, xy^2)\subset\mathbb{C}[x,y]$

1.9.1　$\mathbb{C}[y_1,y_2,y_3]$ から $\mathbb{C}[x_1,x_2]$ への $\mathbb{C}$ 準同型を $y_1 \mapsto x_1^2+x_2^2$, $y_2 \mapsto x_1^3x_2$, $y_3 \mapsto x_2^3$ と定める．この準同型に対応する $\mathbb{C}^2$ から $\mathbb{C}^3$ への写像は何か？

1.10.1　(1)　K を体とするとき，$R = \mathrm{M}_n(K)$ が $\{0\}, R$ 以外の両側イデアルを持たないことを証明せよ．ただし，補題 2.1.22 を使ってもよい．

(2)　R の中心は $\{tI_n \mid t\in K\}$ に一致することを証明せよ．したがって，R は K 上の中心単純環である．

1.11.1　次の (1), (2) の最大公約元・最小公倍元を求めよ．

(1)　$\mathbb{Z}\ni 84, 70, 98$.

(2)　$\mathbb{C}[x,y]\ni (x-1)^2(x-y)(x^2-y), (x+y)(x^2-y)^2, (x-1)(x^2-y)^2$.

1.11.2　$f(x) = x^2(x-1)^3$, $g(x) = x^5(x-1)^2(x+1)\in\mathbb{C}[x,y]$ とするとき，$-2x^2(x-1)^2$ は $f(x), g(x)$ の最大公約元か？

1.11.3　$f(x) = x^5+x^4-x^3-x^2-x+1$, $g(x) = x^4+x^3-x-1$ の最大公約元をユークリッドの互除法を使って求めよ．

1.11.4　A を整域 B の部分環，K を A の商体，$a, b\in A$ で $K\cap B = A$ であるとする．このとき，B で a が b の約元なら，A でも a は b の約元であることを証明せよ．

1.11.5　$\mathbb{Q}$ は $\mathbb{Z}$ 代数として有限生成ではないことを証明せよ．

1.11.6　(1)　$\phi : \mathbb{R}[x]\to\mathbb{C}$ を $\mathbb{R}$ 代数の準同型で，$\phi(x) = 1+\sqrt{-1}$ であるものとする．このとき，$\mathrm{Ker}(\phi)$ の生成系を求めよ．

(2)　$\phi : \mathbb{R}[x,y]\to\mathbb{C}[t]$ を $\mathbb{R}$ 代数の準同型で，$\phi(x) = t^2+\sqrt{-1}$, $\phi(y) = t^3$ であるものとする．このとき，$\mathrm{Ker}(\phi)$ の生成系を求めよ．

1.11.7　$A = \mathbb{C}[x]$ とするとき，$A[y]$ の原始多項式の例を三つあげよ．

1.11.8 A を一意分解環, a,b を互いに素な素元, $\phi : A[x,y] \to A[t]$ を $\phi(x) = at,\ \phi(y) = bt$ となる A 準同型とするとき, $\mathrm{Ker}(\phi) = (bx - ay)$ を証明せよ.

1.11.9 $A = \mathbb{C}[x,y,z]$ (3 変数多項式環), $I = (x,y,z)$, $J_1 = (x,y)$, $J_2 = (x,z)$, $J_3 = (y,z)$ とする.

(1) $F \in J_1^2$ に対し $G \in (x^2, xyz, y^2z^2)$ と $f \in \mathbb{C}[y]$, $g \in \mathbb{C}[y,z]$ が存在して, $F - G = fxy + gy^2$ と書けることを証明せよ.

(2) $J_1^2 \cap J_2^2 = (x^2, xyz, y^2z^2)$ であることを証明せよ (ヒント： (1) の $fxy + gy^2$ に $x = 0$ を代入せよ. また, x に関する微分を考えよ).

(3) $F \in J_1^2 \cap J_2^2$ に対し $G \in (x^2y^2, x^2z^2, y^2z^2, xyz)$ と $f \in \mathbb{C}[x]$, $g \in \mathbb{C}[x,z]$ が存在して, $F - G = (fy + g)x^2$ と書けることを証明せよ.

(4) $J_1^2 \cap J_2^2 \cap J_3^2 = (x^2y^2, x^2z^2, y^2z^2, xyz)$ であることを証明せよ (ヒント： (3) の $(fy + g)x^2$ に $y = 0$ を代入せよ. また, y に関する微分を考えよ).

(5) $I^6 \cap J_1^3 \cap J_2^3 \cap J_3^3 = (x^3y^3, x^3z^3, y^3z^3, x^2y^2z^2, x^3y^2z, x^3yz^2, x^2y^3z, x^2yz^3, xy^3z^2, xy^2z^3)$ であることを証明せよ.

1.11.10 (1) $\mathbb{Z}[\sqrt{-1}]$ の単元の集合は $\{\pm 1, \pm \sqrt{-1}\}$ であることを証明せよ.

(2) $d < -1$ を平方因子をもたない整数とするとき, $A = \mathbb{Z}[\sqrt{d}]$ の単元の集合は $\{\pm 1\}$ であることを証明せよ.

1.11.11 $\mathbb{Z}[\sqrt{-1}]$ における 4 の約数をすべて求めよ.

1.11.12 $\mathbb{Z}[\sqrt{-2}]$ はユークリッド環であることを証明せよ.

1.11.13 $\omega = (-1 + \sqrt{-3})/2$ とおく.

(1) $\mathbb{C}$ のなかで $\mathbb{Z}$ と ω で生成された環 $\mathbb{Z}[\omega]$ は集合として $\{a + b\omega \mid a, b \in \mathbb{Z}\}$ と等しいことを証明せよ.

(2) $\mathbb{Z}[\omega]$ はユークリッド環であることを証明せよ.

1.11.14 (1) 環 $A = \mathbb{Z}[\sqrt{-7}]$ の元 $1 + \sqrt{-7}$ は既約元であることを証明せよ.

(2) A は一意分解環ではないことを証明せよ.

1.11.15 環 $A = \mathbb{C}[x,y,z]/(xz - y^2)$ は一意分解環ではないことを証明せよ.

1.11.16 環 $\mathbb{C}[x]$ においてイデアルの商 $((x^3 - x)^2) : (x(x+1)^3(x-2))$ を求めよ.

1.11.17 (部屋割り論法)　$n > 0$ が整数で $2, 5$ で割り切れないなら，$999 \cdots 9$ という形の整数の約数になることを証明せよ．

1.11.18　A を一意分解環，$S \subset A$ を乗法的集合とする．

(1)　$S^{-1}A$ の単元の集合を決定せよ．

(2)　$B = S^{-1}A$ も一意分解環であることを証明せよ．

1.13.1　次の $\mathbb{Q}[x]$ の元が既約であることを証明せよ．

(1)　$x^3 + 15x^2 - 45x + 42$　　　　(2)　$x^3 + 2x^2 + 4x + 35$

(3)　$3x^3 - 24x^2 + 11x + 405$　　　　(4)　$2x^3 + 5x + 3$

(5)　$x^4 + 5x + 6$

1.13.2　(1)　$\mathbb{F}_2[x]$ の 5 次の既約多項式をすべて求めよ．

(2)　$\mathbb{F}_3[x]$ の 2 次のモニック既約多項式をすべて求めよ．

(3)　$\mathbb{F}_3[x]$ の 4 次のモニック既約多項式を五つ求めよ．

(4)　(1) を使い，$\mathbb{Q}[x]$ の 5 次のモニック既約多項式を五つあげよ．

1.13.3　次の $\mathbb{C}[x,y]$ の元が既約であることを証明せよ．

(1)　$x^2 - xy + y^2 - 1$　　　　(2)　$x^3 - x^2y + y^3 + x^2 - y$

(3)　$x^3 - x^2(y+2) + y(y+1)$　　　　(4)　$x^4 + x^2y + x(y^2+1) + y^3$

1.14.1　$A = \mathbb{C}[x,y]$，$P = \{(a,b) \in \mathbb{N} \mid b \geqq \sqrt{2}a\}$ とする．なお，$(0,0) \in P$ である．B を A の元で有限和 $f(x,y) = \displaystyle\sum_{(a,b) \in P} c_{a,b} x^a y^b$ の形をした元全体の集合とする．

(1)　B は A の部分 $\mathbb{C}$ 代数であることを証明せよ．

(2)　$\mathfrak{m} = (Ax + Ay) \cap B$ は有限生成ではないことを証明せよ．したがって，B はネーター環ではない．

第2章

環上の加群

　この章では環上の加群の基本概念を定義，解説するが，その前に環に成分を持つ行列やベクトルを定義し，その基本性質を 2.1–2.2 節で解説する．しかし，多くの性質は環が $\mathbb{R}$ や $\mathbb{C}$ の場合と同様である．$\mathbb{R}$ や $\mathbb{C}$ 上の行列やベクトルは，どの線形代数の教科書でも解説されている．そのため，これらの節はおもに復習で必ずしも証明は与えられない．

　群や環の場合と同様に部分加群や商加群，準同型定理などの概念があるが，こういったことは 2.3–2.5 節で解説する．2.6 節では，環上の加群を学ぶ動機について説明する．それが，読者になぜ環上の加群という概念があるかについての洞察の助けになると幸いである．2.7–2.10, 2.14 節はもう少し進んだ話題を扱う．2.11, 2.12 節ではテンソル積や双対加群について解説するが，これは環上の加群に特有の概念である．2.13 節では PID 上の有限生成加群の基本定理について解説する．これは I–4.8 節の有限生成アーベル群の基本定理の拡張になっている．この章では，**2.2 節以外では環は可換とは仮定しない**．

2.1　行列と線形方程式

　この節では，行列やベクトルの基本について解説する．R を環とする．

　定義 2.1.1　(1)　R の元を成分とする，あるいは R 上の $m \times n$ **行列** とは mn 個の R の元 $A = (a_{ij})_{\substack{1 \le i \le m \\ 1 \le j \le n}}$ のことである．行や列の数を問題にしなければ単に行列といい，$A = (a_{ij})$ とも書く．

　(2)　a_{ij} のことを A の (i, j)**-成分**という．

　(3)　$m \times n$ のことを行列 A の**サイズ**という．

(4) $m = n$ のとき，A を **n 次正方行列**，**n 次行列**，あるいは単に**正方行列**という．$A = (a_{ij})$ が n 次正方行列なら，$a_{11}, \cdots, a_{nn}$ のことを**対角成分**とよぶ．

(5) $A = (a_{ij})$ が正方行列なら，$i > j$，あるいは $i < j$ に対して $a_{ij} = 0$ なら，A をそれぞれ **上三角行列**，**下三角行列**という．

(6) R 上の $m \times n$ 行列全体の集合を $\mathbf{M}_{m,n}(\boldsymbol{R})$ と書く．$m = n$ のときは，$\mathbf{M}_n(\boldsymbol{R})$ とも書く．

(7) $1 \times n$ 行列，$m \times 1$ 行列のことを**行ベクトル**，**列ベクトル**という．　　　◇

$$
A = \begin{pmatrix}
a_{11} & \cdots & a_{1j} & \cdots & a_{1n} \\
\vdots & \vdots & \vdots & & \vdots \\
a_{i1} & \cdots & a_{ij} & \cdots & a_{in} \\
\vdots & \vdots & \vdots & & \vdots \\
a_{m1} & \cdots & a_{mj} & \cdots & a_{mn}
\end{pmatrix}
\quad (\triangle)
$$

（□）

$m \times n$ $\cdots$ サイズ
a_{ij} $\cdots (i,j)$-成分
$(\triangle)$ $\cdots$ 第 i 行
$(\square)$ $\cdots$ 第 j 列

$(\triangle)$ を A の第 i 行，$(\square)$ を A の第 j 列という．$(\triangle)$ はそれ自身行ベクトルで，$(\square)$ はそれ自身列ベクトルである．

$\mathrm{M}_{n,1}(R)$ のこと，つまり n 個の R の元よりなる列ベクトルの集合のことを R^n と書く．R^n の元のことを n 次元列ベクトル，あるいは単に n 次元ベクトルという．$\mathrm{M}_{1,n}$ の元を n 次元行ベクトルという．R^n の元はスペースの関係上 $[x_1, \cdots, x_n]$ とも書くことにする．

以下，行列はすべて R の元を成分に持つとする．$A = (a_{ij})$，$B = (b_{ij})$ が同じサイズの行列なら，$A \pm B$ は A, B の成分ごとに和・差を取った行列である．また，$r \in R$ と行列 A に対し，rA, Ar は r を A のすべての成分に左・右からかけて得られる行列とする．つまり，

(2.1.2) $\qquad A \pm B = (a_{ij} \pm b_{ij}), \quad rA = (ra_{ij}), \quad Ar = (a_{ij}r).$

この節では R は可換と仮定していないので，どちらから R の元をかけるかということが問題になる．R が可換なら，もちろん $rA = Ar$ である．

定義 2.1.3 A, B はサイズが同じ R 上の行列とする．

(1)　$A\pm B$ を行列 A,B の**和・差**という.

(2)　$rA,\ Ar$ をそれぞれ, 行列 A の**左スカラー倍, 右スカラー倍**という. r のことを**スカラー**という.　　　　　　　　　　　　　　　　　　◇

ベクトルは行列の特別な場合なので, ベクトルにも和とスカラー倍の概念が定義される. スカラー倍は, たいがいの場合, 左・右どちらからかけるか決めて使うので, 左スカラー倍などではなく, 単にスカラー倍ということにする.

すべての成分が 0 である行列を**零行列**といい, $\mathbf{0}$ と書く. サイズを指摘する必要があるときには, $\mathbf{0}_{m,n}, \mathbf{0}_n$ などと書く. 明らかに, すべての行列 A に対し, $A+\mathbf{0}=\mathbf{0}+A=A$ である. $\mathrm{M}_{m,n}(R)$ は和に関してアーベル群になる.

定義 2.1.4　R を可換環とする.

(1)　$m\times n$ 行列 $A=(a_{ij})$ に対し, (j,i) 成分が a_{ij} である $n\times m$ 行列を A の**転置行列**といい, ${}^t\!A$ と書く.

(2)　A が正方行列で ${}^t\!A=A$ なら, A を**対称行列**という.　　　　　◇

次に, 行列の**積**を定義する. $A=(a_{ij})$ を $l\times m$ 行列, $B=(b_{jk})$ を $m\times n$ 行列とする. このとき, A,B の積 $C=(c_{ik})=AB$ をその (i,k)-成分が

$$(2.1.5)\qquad c_{ik}=\sum_{j=1}^{m}a_{ij}b_{jk}=a_{i1}b_{1k}+\cdots+a_{im}b_{mk}$$

で与えられる $l\times n$ 行列と定義する. 行列の和, スカラー倍, 積を行列の**演算**という. R において結合法則や分配法則が成り立っているので, これらの法則は $(2.1.5)$ の各項 $a_{ij}b_{jk}$ に対しても成り立つ. したがって, 次の命題が成り立つ.

命題 2.1.6　整数 $l,m,n>0$ に対し, 次の (1)–(5) が成り立つ.

(1)　行列の積に対し, 結合法則が成り立つ.

(2)　行列の積と和の間に分配法則が成り立つ.

(3)　すべての $r,s\in R$ と $A\in \mathrm{M}_{l,m}(R), B\in \mathrm{M}_{m,n}(R)$ に対し,
$$r(AB)=(rA)B,\ r(sA)=(rs)A,\ (AB)r=A(Br),\ (Ar)s=A(rs).$$

(4)　分配法則が, 行列の積とスカラー倍の間で成り立つ.

(5)　すべての $A\in \mathrm{M}_{m,n}(R)$ に対し, $1_R A=A1_R=A$ である.

(1), (2) はもちろんサイズに整合性がある行列に対してである.

行列の転置と行列の演算の間には次の関係がある.

命題 2.1.7　R は可換環で $A \in \mathrm{M}_{n,m}(R)$ とする. このとき, 次の (1)–(4) が成り立つ.

(1)　$B \in \mathrm{M}_{n,m}(R)$ なら, ${}^t(A+B) = {}^tA + {}^tB$.

(2)　${}^t(rA) = r\,{}^tA\ (r \in R)$.

(3)　${}^t({}^tA) = A$.

(4)　$B \in \mathrm{M}_{m,l}(R)$ なら, ${}^t(AB) = {}^tB\,{}^tA$.

$$(2.1.8) \qquad I_n = \begin{pmatrix} 1 & & \\ & \ddots & \\ & & 1 \end{pmatrix}, \qquad \mathbb{e}_1 = \begin{pmatrix} 1 \\ 0 \\ \vdots \\ 0 \end{pmatrix}, \qquad \cdots, \qquad \mathbb{e}_n = \begin{pmatrix} 0 \\ \vdots \\ 0 \\ 1 \end{pmatrix}$$

とおき, I_n を**単位行列**, $\mathbb{e}_1, \cdots, \mathbb{e}_n$ のことを**基本ベクトル**という. ただし, I_n のサイズは $n \times n$ である. 単位行列 I_n は他の行列 A, B との積が定義できる限り, $AI_n = A$, $I_nB = B$ となる.

R は加法に関してアーベル群であり, 命題 2.1.6 と上の I_n の性質より, 次の命題を得る.

命題 2.1.9　$\mathrm{M}_n(R)$ は $0_{n,n}, I_n$ をそれぞれ, 加法, 乗法に関する単位元とする環になる.

定義 2.1.10　$\mathrm{M}_n(R)$ の乗法群を $\mathbf{GL}_n(\mathbf{R})$ と書く. $A \in \mathrm{GL}_n(R)$ なら, A は**可逆行列**であるという.　　　　　　　　　　　　　　　　　　◇

R が体なら, 可逆行列という用語より**正則行列** という用語のほうが一般的である. $A \in \mathrm{GL}_n(R)$ であるとは, $B \in \mathrm{M}_n(R)$ が存在して, $AB = BA = I_n$ となることである. 環の乗法群は群なので (I–2.2 節参照), B は A により一意的に定まる. これを A^{-1} と書き, A の**逆行列**という. 次の命題の証明は省略する.

命題 2.1.11　以下の (2), (3) では, R は可換環とする.

(1)　$A, B \in \mathrm{GL}_n(R)$ なら, $(AB)^{-1} = B^{-1}A^{-1}$ である.

(2)　$A \in \mathrm{M}_{l,m}(R), B \in \mathrm{M}_{m,n}(R)$ なら，${}^t(AB) = {}^tB\,{}^tA$ である.

(3)　$A \in \mathrm{GL}_n(R)$ なら，${}^tA \in \mathrm{GL}_n(R)$, $({}^tA)^{-1} = {}^t(A^{-1})$ である.

A が $m \times n$ 行列なら，$A e_j$ は A の第 j 列である. B も行列で積 AB が定義できるなら，AB の第 j 列は A を B の第 j 列にかけたものである. また，AB の第 i 行は A の第 i 行を B にかけたものである. もっと一般的には，以下のように，行列の積は行列のブロック化と整合性がある.

行列 A, B は次の形をしているとする.

$$
A = \left(\begin{array}{c|c|c|c}
A_{11} & A_{12} & \cdots & A_{1m} \\ \hline
A_{21} & A_{22} & \cdots & A_{2m} \\ \hline
\vdots & \vdots & \ddots & \vdots \\ \hline
A_{l1} & A_{l2} & \cdots & A_{lm}
\end{array} \right), \quad
B = \left(\begin{array}{c|c|c|c}
B_{11} & B_{12} & \cdots & B_{1n} \\ \hline
B_{21} & B_{22} & \cdots & B_{2n} \\ \hline
\vdots & \vdots & \ddots & \vdots \\ \hline
B_{m1} & B_{m2} & \cdots & B_{mn}
\end{array} \right).
$$

ただし，正の整数 $p_1, \cdots, p_l, q_1, \cdots, q_m, r_1, \cdots, r_n$ により，A_{ij} のサイズは $p_i \times q_j$, B_{jk} のサイズは $q_j \times r_k$ である. このような行列を**ブロック行列**という.

命題 2.1.12　上の状況で，$C = AB$ は

$$
C = \left(\begin{array}{c|c|c|c}
C_{11} & C_{12} & \cdots & C_{1n} \\ \hline
C_{21} & C_{22} & \cdots & C_{2n} \\ \hline
\vdots & \vdots & \ddots & \vdots \\ \hline
C_{l1} & C_{l2} & \cdots & C_{ln}
\end{array} \right)
$$

という形であり，$C_{ik} = \displaystyle\sum_{j=1}^m A_{ij} B_{jk}$ となる.

以下，体 K 上の行列の行変形と線形方程式，逆行列について復習する.

定義 2.1.13　K 上の行列 A が行変形に関する**標準形**であるとは，次の性質を満たすことである.

(1)　すべての成分が 0 である行は A の一番下にまとまってある.

(2)　各行の 0 でない成分の中で，一番左にある成分 (これを以下**ピボット**という) は，それより上の行のピボットより右にある.

(3)　ある行のピボットになっている成分を含む列は，そのピボットになっている成分以外 0 である．またピボットの値はすべて 1 である．　　　◇

定義 2.1.14　次の三つの操作を行列の (行に関する) **基本変形**，あるいは単に**行変形・行変換**とよぶ．

(1)　第 j 行に第 i 行の c 倍を足す．

(2)　第 i 行に 0 でない定数 c をかける．

(3)　第 i 行と第 j 行を取り換える．　　　◇

次の定理の証明は省略する．線形代数の教科書を参照されたい．

定理 2.1.15　体上の行列は，行変形により標準形に変形できる．また行列の標準形は一意的である．

定義 2.1.16　A を体上の行列とするとき，A の標準形に現れるピボットの数を A の**階数**といい $\mathrm{rk}\, A$ と書く．　　　◇

K を体，$\boldsymbol{x} = [x_1, \cdots, x_n]$ を変数 $x_1, \cdots, x_n$ を成分とする n 次元列ベクトルとする．$A = (a_{ij}) \in \mathrm{M}_{m,n}(K)$，$\boldsymbol{b} = [b_1, \cdots, b_m] \in K^m$ とする．

定義 2.1.17　(1)　方程式 $A\boldsymbol{x} = \boldsymbol{b}$ は**線形方程式**，**連立 1 次方程式**という．

(2)　(1) で $\boldsymbol{b} = \boldsymbol{0}$ の場合，つまり，方程式 $A\boldsymbol{x} = \boldsymbol{0}$ を**斉次方程式**という．$\boldsymbol{b} \neq \boldsymbol{0}$ なら，$A\boldsymbol{x} = \boldsymbol{b}$ を**非斉次方程式**という．　　　◇

線形方程式の解は A に列を加えた $m \times (n+1)$ 行列 $(A\ \boldsymbol{b})$ の標準形を求めることにより記述できる．これについても線形代数の教科書を参照されたい．A が標準形なら，斉次方程式 $A\boldsymbol{x} = \boldsymbol{0}$ は**自明な解** $\boldsymbol{x} = \boldsymbol{0}$ を持つので，解の集合は空ではなく，ピボットに対応しない変数の数だけ自由度を持つ．$m < n$ なら，行列の標準形でピボットに対応しない列があるので，次の命題を得る．

命題 2.1.18　$0 < m < n$ を整数とする．A が K の元を成分に持つ $m \times n$ 行列なら，$A\boldsymbol{x} = \boldsymbol{0}$ となる $\boldsymbol{x} \in K^n \setminus \{\boldsymbol{0}\}$ がある．

$1 \leqq i \neq j \leqq n$ のとき，n 次正方行列を

$$
(2.1.19) \qquad R_{n,ij}(c) = \begin{array}{c} \\ i\cdots \end{array} \begin{pmatrix} 1 & & & \overset{\overset{j}{\vdots}}{} & \\ & \ddots & & c & \\ & & \ddots & & \\ & & & & 1 \end{pmatrix},
$$

$$
(2.1.20) \qquad T_{n,i}(c) = \begin{array}{c} \\ i\cdots \end{array} \begin{pmatrix} 1 & & & & \\ & \ddots & & & \\ & & c & & \\ & & & \ddots & \\ & & & & 1 \end{pmatrix},
$$

$$
(2.1.21) \qquad P_{n,ij} = \begin{array}{c} \\ \\ i\cdots \\ \\ j\cdots \\ \\ \\ \end{array} \begin{pmatrix} 1 & & \overset{\overset{i}{\vdots}}{} & & \overset{\overset{j}{\vdots}}{} & & \\ & \ddots & & & & & \\ & & 0 & & 1 & & \\ & & & \ddots & & & \\ & & 1 & & 0 & & \\ & & & & & \ddots & \\ & & & & & & 1 \end{pmatrix}
$$

とおく. なお, $T_{n,i}(c)$ の対角成分は (i,i)-成分を除き 1 である. また, $P_{n,ij}$ の対角成分は (i,i), (j,j)-成分を除き 1 である. $R_{n,ij}(c)$, $T_{n,i}(c)$, $P_{n,ij}$ は可逆行列で, 逆行列はそれぞれ, $R_{n,ij}(-c)$, $T_{n,i}(c^{-1})$, $P_{n,ij}$ である.

2.13 節では列に関する基本変形も使うので, 次の補題では, 上のような行列を右からかける場合も考える. 証明は省略する.

補題 2.1.22 $A \in \mathrm{M}_{m,n}(K)$, $c \in K^\times$ とする.

(1) $R_{m,ij}(c)A$ は A の第 i 行に第 j 行の c 倍を足したものである.

(2) $T_{m,i}(c)A$ は A の第 i 行を c 倍したものである.

(3) $P_{m,ij}A$ は A の第 i 行と第 j 行を交換したものである.

(4) $AR_{n,ij}(c)$ は A の第 j 列に第 i 列の c 倍を足したものである.

(5) $AT_{n,i}(c)$ は A の第 i 列を c 倍したものである.

(6) $AP_{n,ij}$ は A の第 i 列と第 j 列を交換したものである.

　逆行列の実際の計算には行変換を使うのが効率的である．A を体 K 上の $n \times n$ 行列とするとき，A に単位行列 I_n を加えた $n \times 2n$ 行列 $(A\ I_n)$ を考える．次の命題の証明は省略する．

命題 2.1.23　行列 $(A\ I_n)$ の標準形が $(I_n\ B)$ となるとき，A は可逆行列で，$A^{-1} = B$ である．また，$A \in \mathrm{GL}_n(K)$ なら，行列 $(A\ I_n)$ の標準形は $(I_n\ B)$ という形になる．

2.2　行列式

　この節では R は可換環とし，ことわらなければ，行列はすべて R の元を成分に持つとする．以下，行列の行列式を定義し，行列が可逆行列であることと，行列式が R の単元であることが同値であることなどについて解説する．

　$\mathfrak{S}_n$ を n 次対称群とする．$\sigma \in \mathfrak{S}_n$ なら，σ を互換の積に表すことができ，その個数の偶・奇は σ により定まる．その個数が偶数のとき $\mathrm{sgn}(\sigma) = 1$，そうでないとき $\mathrm{sgn}(\sigma) = -1$ である (線形代数の教科書参照)．また $\sigma, \tau \in \mathfrak{S}_n$ なら，$\mathrm{sgn}(\sigma\tau) = \mathrm{sgn}(\sigma)\mathrm{sgn}(\tau)$，つまり，$\mathrm{sgn} : \mathfrak{S}_n \to \{\pm 1\}$ は群の準同型である．

　定義 2.2.1　$A = (a_{ij})$ を $n \times n$ 行列とするとき，

$$\det A = \sum_{\sigma \in \mathfrak{S}_n} \mathrm{sgn}(\sigma) a_{1\sigma(1)} a_{2\sigma(2)} \cdots a_{n\sigma(n)}$$

とおき，これを A の**行列式**という．　　　　　　　　　　　　　　　◇

　以下，$\boldsymbol{v}_1, \cdots, \boldsymbol{v}_n$ が $\boldsymbol{A}$ の列ベクトルなら，$\det(\boldsymbol{v}_1, \cdots, \boldsymbol{v}_n)$ で $\det A$ を表す．次の定理は，R が体の場合と同様に証明できるので，証明は省略する．

　定理 2.2.2　(1)　行列式は行列の各列ベクトルに関して線形である．

　(2)　$\det(AB) = \det A \det B$．

　(3)　$\det I_n = 1$．

　(4)　A の第 i 列と第 j 列 $(i \neq j)$ が等しければ $\det A = 0$ である．

　(5)　$\det A = \det {}^t\!A$．

---

　(1) は例えば $n = 2$ なら，$\det(a\boldsymbol{v}_1 + a'\boldsymbol{v}_1', \boldsymbol{v}_2) = a\det(\boldsymbol{v}_1, \boldsymbol{v}_2) + a'\det(\boldsymbol{v}_1', \boldsymbol{v}_2)$

などが成り立つことを意味し，**多重線形性**を満たすともいう．(5) より行列式
は各行に関しても線形である．(4) より，二つの列を交換すると，行列式の値が
(-1) 倍されることがわかる．例えば，$n = 2$ なら，

$$\det(\boldsymbol{v}_1 + \boldsymbol{v}_2, \boldsymbol{v}_1 + \boldsymbol{v}_2) = \det(\boldsymbol{v}_1, \boldsymbol{v}_1) + \det(\boldsymbol{v}_2, \boldsymbol{v}_2) + \det(\boldsymbol{v}_1, \boldsymbol{v}_2) + \det(\boldsymbol{v}_2, \boldsymbol{v}_1)$$
$$= \det(\boldsymbol{v}_1, \boldsymbol{v}_2) + \det(\boldsymbol{v}_2, \boldsymbol{v}_1)$$

となるが，左辺は 0 なので，$\det(\boldsymbol{v}_1, \boldsymbol{v}_2) = -\det(\boldsymbol{v}_2, \boldsymbol{v}_1)$ となる．

$A, B \in \mathrm{M}_n(R)$ で $AB = I_n$ なら，定理 2.2.2 (2) より $\det A \det B = 1$ なので，
$\det A \in R^\times$ である．よって，次の系が従う．

系 2.2.3 $\det : \mathrm{GL}_n(R) \ni A \mapsto \det A \in R^\times$ は群の準同型である．

定義 2.2.4 $\mathrm{SL}_n(R) = \mathrm{Ker}(\det)$ を R 上の**特殊線形群**という． ◇

当然 $\mathrm{SL}_n(R) \lhd \mathrm{GL}_n(R)$ である．(2.1.20) の $T_{n,1}(c)$ $(c \in R^\times)$ を考えれば，
$\det T_{n,1}(c) = c$ なので，$\det$ は全射で $\mathrm{GL}_n(R)/\mathrm{SL}_n(R) \cong R^\times$ である．

定義 2.2.5 $A = (a_{ij})$ を n 次正方行列とする．

(1) $1 \leqq i, j \leqq n$ のとき，A から第 i 行と第 j 列を除いた行列を A_{ij} と書く．
$M_{ij} \overset{\mathrm{def}}{=} \det A_{ij}$ を A の **(i, j) 小行列式**という．

(2) $(-1)^{i+j} M_{ij}$ を A の **(i, j) 余因子**という．

(3) (i, j)-成分が $(-1)^{i+j} \det A_{ji}$ である n 次正方行列を A の**随伴行列**，ある
いは余因子行列という． ◇

例 2.2.6 行列 $\begin{pmatrix} 1 & 2 \\ 3 & 4 \end{pmatrix}$ の随伴行列は $\begin{pmatrix} 4 & -2 \\ -3 & 1 \end{pmatrix}$ である． ◇

次の定理の証明も省略する．

定理 2.2.7 $A = (a_{ij}) \in \mathrm{M}_n(R)$ とするとき，次の (1), (2) が成り立つ．

(1) (**第 i 行に関する余因子展開**) $\det A = \sum_{j=1}^{n} (-1)^{i+j} a_{ij} \det A_{ij}$.

(2) (**第 j 列に関する余因子展開**) $\det A = \sum_{i=1}^{n} (-1)^{i+j} a_{ij} \det A_{ij}$.

この定理により，上三角行列や下三角行列の行列式は対角成分の積になることがわかる．

系 2.2.8　$A \in \mathrm{M}_n(R)$ とする．

(1)　B を A の随伴行列とすると，$AB = BA = (\det A)I_n$.

(2)　$A \in \mathrm{GL}_n(R)$ であることと $\det A \in R^\times$ であることは同値である．

(3)　$A, B \in \mathrm{M}_n(R)$ で $AB = I_n$ なら，$A \in \mathrm{GL}_n(R)$，$BA = I_n$ である．

証明　(1) は定理 2.2.7 より従う．

(2)　$A \in \mathrm{GL}_n(R)$ なら $\det A \in R^\times$ であることは，系 2.2.3 の前に説明した．逆は，B を随伴行列とすると，$\det A \in R^\times$ なら $A^{-1} = (\det A)^{-1}B$ である．

(3)　$\det A \det B = 1$ なので，$\det A \in R^\times$ である．よって，A^{-1} が存在する．A^{-1} を $AB = I_n$ に左からかけると，$B = A^{-1}$ となる．したがって，$BA = I_n$ も成り立つ．　　　　　　　　□

上の公式は A^{-1} の計算のためには効率的ではないが，群論的には A の可逆性の判定条件を与えてくれ，都合がよい．

例 2.2.9　例えば，$R = \mathbb{Z}$ なら，$\mathbb{Z}^\times = \{\pm 1\}$ なので，$A \in \mathrm{M}_n(\mathbb{Z})$ が可逆行列であることと $\det A = \pm 1$ であることは同値である．　　　　　◇

注 2.2.10　R が非可換だと，行列式はうまく定義できない．例えば，$\mathbb{H}$ をハミルトンの四元数体 (例 1.1.7 参照)，$A = \begin{pmatrix} i & j \\ i & j \end{pmatrix}$ とすると，A は可逆行列ではないが，定義 2.2.1 を適用すると，$\det A = a_{11}a_{22} - a_{12}a_{21} = ij - ji = 2k \neq 0$ となるので，「A が可逆行列 $\Longleftrightarrow \det A \neq 0$」といった性質が成り立たない．　◇

2.3　環上の加群とベクトル空間

この節では，環上の加群を定義し，その特別な場合であるベクトル空間の定義や次元・基底などの考察を行う．

定義 2.3.1　A を環とするとき，**左 A 加群**とは，アーベル群 M ($+$ をその演算とする) と写像 $A \times M \ni (a, x) \mapsto a \cdot x \in M$ で，次の性質を満たすものであ

る．以下，x, x_1, x_2 は M の任意の元を，a, b は A の任意の元を表す．

(1) $a \cdot (b \cdot x) = (ab) \cdot x$.

(2) $(a+b) \cdot x = a \cdot x + b \cdot x$.

(3) $a \cdot (x_1 + x_2) = a \cdot x_1 + a \cdot x_2$.

(4) $1 \cdot x = x$. ◇

環の場合と同様に加法に関する群に注目するときには，「M の加法群」，あるいは「M に付随する加法群」ということにする．

右 A 加群も $a \cdot x$ の代わりに $x \cdot a$ と書き，(1) を $(x \cdot a) \cdot b = x \cdot (ab)$ などとして同様に定義する．「$\cdot$」は書かずに，ax, xa などと書くことも多い．右加群の場合，x^a とも書く．(4) を仮定するのは，$M = A$ で，すべての $a \in A$, $x \in M = A$ に対し $a \cdot x = 0$ と定義しても (1)–(3) は満たされるので，このような場合を除外するためである．同じことなので，以下ことわらないかぎり，**左加群を考えることにする**．M が A 加群であるとき，$a \in A$ による写像 $M \ni x \mapsto ax \in M$ を a の**作用**ともいう．**A が体であるとき，A 加群のことをベクトル空間という**．A が非可換可除環の場合も左加群・右加群のことを左ベクトル空間・右ベクトル空間という．

例 2.3.2 (加群 1)　A^n を 環 A の元を成分に持つ サイズが $n \times 1$ の列ベクトル全体の集合とする．A^n が加法に関してアーベル群になることは 2.1 節で解説した．A^n 上では A の元による左・右からのスカラー倍が定義されている．このスカラー倍により，A^n は左・右 A 加群になる．同様に $m \times n$ 行列の集合 $\mathrm{M}_{m,n}(A)$ も A 加群になる．これらは後で定義する自由加群の例である．A が体なら，$\mathrm{M}_{m,n}(A)$ はベクトル空間である． ◇

例 2.3.3 (加群 2)　M を任意のアーベル群とする．M の演算を $x + y$ ($x, y \in M$) と加法的に書き，M の単位元を 0 とする．例 1.1.12 と同様に，正の整数 n と $x \in M$ に対し，$n \cdot x = \overbrace{x + \cdots + x}^{n}$ と定義する．$0 \cdot x = 0$, $n < 0$ なら $n \cdot x = -((-n)x)$ と定義する．これにより M は $\mathbb{Z}$ 加群となる (証明は略)． ◇

例 2.3.4 (加群 3 (環準同型による加群))　$\phi : A \to B$ を環準同型，M を B 加群とする．このとき，$a \in A$, $x \in M$ に対し，ax を $\phi(a)x$ と定義する．

$$a \cdot (b \cdot x) = \phi(a) \cdot (\phi(b) \cdot x) = (\phi(a)\phi(b)) \cdot x = \phi(ab) \cdot x = (ab) \cdot x.$$

などが成り立ち, M は A 加群となる. 特に, B は A 加群となる. このような例として次のようなものがある.

(1) $A \subset B$ が部分環なら, B は A 加群である. これは A, B が体である場合を含むので, 例えば, $\mathbb{R}, \mathbb{C}$ は $\mathbb{Q}$ 上のベクトル空間, $\mathbb{C}$ は $\mathbb{R}$ 上のベクトル空間である. $\mathbb{Z}[x, y]$ は $\mathbb{Z}[x]$ 加群, $\mathbb{C}[x]$ は $\mathbb{C}[x^2]$ 加群である.

(2) A が可換環なら, 多項式環 $A[x_1, \cdots, x_n]$ は A 加群である.

(3) G を有限群, $H \subset G$ を部分群, K を可換環とする. このとき, 群環 $K[H]$ は群環 $K[G]$ の部分環である. したがって, $K[G]$ は $K[H]$ 加群である.

(4) $V = \mathbb{F}_2^3$ は $\mathbb{F}_2$ 上のベクトル空間であり, $A = \mathbb{Z}/4\mathbb{Z}$ から $\mathbb{F}_2$ への自然な準同型があるので, V は A 加群ともみなせる. V は $\mathbb{Z}$ 加群ともみなせる.

(5) $\mathbb{C}[x, y]/(x, y^2)$ は $\mathbb{C}[x, y]$ 加群である.　　　　　　　　　　◇

例 2.3.5 (加群 4 (イデアル))　A を環, $I \subset A$ を左イデアルとする. $a \in A$, $x \in I$ に対し, ax を A の元としての積とする. A で結合法則と分配法則が成り立つので, I は左 A 加群になる (定義 1.10.2 参照).　　　　　　　◇

例 2.3.6 (加群 5)　$G = \mathbb{Z}/2\mathbb{Z}$, $A = \mathbb{C}[G]$, $V = \mathbb{C}$ とする. $G = \{1, \sigma\}$ と乗法的に表し, $a, b \in \mathbb{C}$, $x \in V$ に対し, $(a + b\sigma)x = (a - b)x$ と定義する. $a', b' \in \mathbb{C}$ なら, $(a' + b'\sigma)((a + b\sigma)x) = (a' - b')(a - b)x$, $((a' + b'\sigma)(a + b\sigma))x = (a'a + b'b + (a'b + ab')\sigma)x = (a'a + b'b - (a'b + ab'))x$ なので, V は左 $\mathbb{C}[G]$ 加群である.　◇

例 2.3.7 (加群 6)　A を零環, M を A 加群とする. $x \in M$ なら, $1x = 0x = (0 + 0)x = 0x + 0x$. よって, $x = 0x = 0$. したがって, $M = \{0\}$ がただ一つの可能性である.　　　　　　　　　　　　　　　　　　　　　　◇

以下, 1 次独立性や基底などの概念について解説する.

定義 2.3.8　M を環 A 上の左加群, $S = \{x_1, \cdots, x_n\} \subset M$ とする.

(1) S が **1 次従属**, あるいは**線形従属**であるとは, すべては 0 でない A の元 $a_1, \cdots, a_n$ があり,

$$a_1 x_1 + \cdots + a_n x_n = 0$$

が成り立つことである. S が 1 次従属でないとき, S は **1 次独立**, あるいは**線**

形独立であるという. 空集合 $\emptyset$ は 1 次独立であるとみなす.

(2) $a_1x_1+\cdots+a_nx_n$ という形の元は S の**1 次結合**, あるいは**線形結合**であるという. 0 は $\emptyset$ の 1 次結合であるとみなす.　　　　　　　　　　　◇

上の (1) のような等式を S の元の線形関係という. $a_1=\cdots=a_n=0$ なら, (1) の等式は明らかに満たされる. このような関係を**自明な線形関係**という. **S が 1 次独立とは,「S が自明でない線形関係を持たない」ということもできる.** S が有限集合でない場合には 1 次独立性などを次のように定義する.

定義 2.3.9　M を環 A 上の左加群, $S \subset M$ を部分集合とする.

(1)　S の任意の有限部分集合が, 定義 2.3.8 の意味で 1 次独立であるとき, S は 1 次独立であるという.

(2)　M の任意の元が S の有限部分集合の 1 次結合になるとき, S は M を**張る**, あるいは**生成する**という. また S を M の生成系, S の元を M の生成元という.

(3)　S が 1 次独立であり, M を生成するとき, S を M の**基底**という[1].　◇

右 A 加群についても, 1 次独立性などを定義 2.3.8, 2.3.9 と同様に定義する. $A=\mathbb{Z}$, $M=\mathbb{Z}/2\mathbb{Z}$ とする. $x=1 \bmod 2\mathbb{Z}$ は M の 0 でないただ一つの元で $2x=0 \bmod 2\mathbb{Z}$ である. よって, M は A 加群として基底を持たない. しかし $\{x\}$ は M の $\mathbb{Z}/2\mathbb{Z}$ 加群としての基底である.

次の定理の証明は省略する.

定理 2.3.10　体 K 上のベクトル空間が基底 $S=\{v_1,\cdots,v_n\}$ を持つなら, V の任意の基底は n 個の元よりなる.

---

[1]　ここで定義した基底は, 元の順序によらず定まる概念である. しかし, 後で基底に関する座標ベクトルの概念を考える際には, 元の順序を考える必要がある. だから, 基底は単なる部分集合ではなく, M の元の列であるとみなすことになる. その場合は, 基底を集合のように $S=\{x_1,\cdots,x_n\}$ と書くのは適当ではないのかもしれない. しかし, このような記号を使っている教科書は多いし, ときには順序に依存するということを認識していれば, 単なる集合と混同することはないだろうから, このような記号を使うことにする. なお, S が無限集合の場合には, 順序を考えないことのほうが多い.

体 K 上のベクトル空間 V が n 個の元よりなる基底をもつとき，$\dim_K V = n$，あるいは $\dim V = n$ と書き，n を V の**次元**という．上の定理より，この定義は well-defined である．V が有限集合の基底を持たないときは，V の次元は無限であるといい，$\dim V = \infty$ と書く．

例 2.3.11 (基底 1)　$A \neq \{0\}$ を環とする．$\mathrm{e}_1, \cdots, \mathrm{e}_n \in A^n$ を (2.1.8) で定義した基本ベクトルとすると $\{\mathrm{e}_1, \cdots, \mathrm{e}_n\}$ は A^n の基底である．これを A^n の**標準基底**という．よって，K が体なら，$\dim K^n = n$ である． ◇

例 2.3.12 (基底 2)　体 K 上の 1 変数多項式環 $K[x]$ を K 上のベクトル空間とみなすとき，$K[x]$ は $S = \{1, x, x^2, \cdots\}$ を基底に持つ．この場合，$\dim K[x] = \infty$ である． ◇

以下，K を体とする． V を K 上のベクトル空間，$\dim V < \infty$ で $S \subset V$ とするとき，S が 1 次独立なら，S を含む V の基底が存在する．また，S が V を張るなら，S の部分集合で V の基底になるものがある．この二つの主張を使うと，$|S| = \dim V$ のとき，S が 1 次独立であることと，S が V の基底であることが同値であることもわかる．

任意のベクトル空間に対し，基底が存在することを証明する．

定理 2.3.13　V は K 上のベクトル空間とする．このとき，$S_0 \subset V$ が 1 次独立なら，V は S_0 を含む K 上の基底を持つ．

証明　部分集合 $S \subset V$ で，S_0 を含み 1 次独立であるもの全体の集合を X と書く．$S_1, S_2 \in X$ のとき，集合として $S_1 \subset S_2$ であるとき $S_1 \leqq S_2$ と定義する．これは X の半順序になる．X がツォルンの補題の仮定を満たすことを示す．

$Y \subset X$ を全順序部分集合とする．$\overline{S} = \bigcup_{S \in Z} S$ とおく．$\overline{S}$ がすべての $S \in Y$ を含むことは明らかである．$\overline{S}$ が 1 次独立であることを示す．もし 1 次従属なら，$S_1, \cdots, S_n \in Y$ と $v_1 \in S_1, \cdots, v_n \in S_n$，および $0 \neq [a_1, \cdots, a_n] \in K^n$ があり，$a_1 v_1 + \cdots + a_n v_n = 0$ が成り立つ．Y は全順序部分集合なので，$S_1 \subset S_2$ または $S_2 \subset S_1$ である．議論は同様なので，$S_2 \subset S_1$ と仮定する．$S_3 \subset S_1$ または $S_1 \subset S_3$ であり，これを繰り返すと，ある i が存在して $S_1, \cdots, S_n \subset S_i$ であ

ることがわかる. つまり, $v_1, \cdots, v_n$ はすべて S_i の元である. 仮定より S_i は 1 次独立なので, これは矛盾である. よって $\overline{S}$ は 1 次独立である. $S_0 \subset \overline{S}$ は明らかなので, $\overline{S} \in X$ となり, $\overline{S}$ は Y の上界である.

ツォルンの補題により, X には極大元 S が存在する. S が V の基底であることを示す. S は 1 次独立なので, S が V を張ることを示せばよい. $v \in V$ とし, v が S の 1 次結合になることを示す. もし $S' = S \cup \{v\}$ が 1 次独立なら, S の極大性に反するので, S' は 1 次従属である. よって, $v_1, \cdots, v_n \in S$, $[a_1, \cdots, a_n] \in K^n$, $b \in K$ ($[a_1, \cdots, a_n] \neq \mathbf{0}$ または $b \neq 0$) があり, $a_1 v_1 + \cdots + a_n v_n + bv = 0$ である. $b = 0$ なら, S が 1 次独立であることに反するので, $b \neq 0$. したがって, $v = -b^{-1} \sum_i a_i v_i$ となるので, v は S の 1 次結合である. $\qquad\square$

定理 2.3.14 V が K 上のベクトル空間で S, T が V の基底なら, S, T は同じ濃度を持つ.

証明 S, T どちらかが有限集合なら, もう一方も有限集合で元の個数が等しいことは既に復習した. よって, S, T ともに無限集合と仮定してよい.

S の n 個の直積の元 $v = (v_1, \cdots, v_n) \in S \times \cdots \times S$ に対し, T の元で $v_1, \cdots, v_n$ の 1 次結合となっているものの集合を $B_{n,v}$ とおく. T は 1 次独立なので, $|B_{n,v}| \leqq n$ である. S は V を張るので, $T = \bigcup_n \bigcup_v B_{n,v}$ (v は S の n 個の直積の元すべてを動く) である. 集合 $\bigcup_v B_{n,v}$ の濃度は S の n 個の直積の濃度の n 倍以下である. S は無限集合なので, $\bigcup_v B_{n,v}$ の濃度は S の濃度以下である (定理 I–1.5.3 (2)). よって, $|T| \leqq |S \times \mathbb{N}|$ である.

S は無限集合なので, $|\mathbb{N}| \leqq |S|$. よって, $|S \times \mathbb{N}| \leqq |S|$ である. したがって, $|T| \leqq |S|$ である. S, T を交換し $|S| \leqq |T|$ ともなるので, $|S| = |T|$ である. $\qquad\square$

2.4　部分加群と剰余加群

ことわらない限り, この節を通して, **A は環とする**.

部分加群や剰余加群の概念は群の場合の部分群や剰余群の概念と同様である. この節では, これらの概念を定義し, 群や環の場合と同様な準同型定理を証明する. ことわらない限り, **左加群を考える**. しかし, ほとんどの主張は僅かな

変更で右加群についても成り立つ.

定義 2.4.1　M を A 加群とする. 部分集合 $N \subset M$ が M の演算により A 加群となるとき, N を M の**部分 A 加群**, あるいは単に部分加群という. A が体または非可換可除環なら, N を**部分空間**ともいう.　　　　　◇

命題 2.4.2　M を A 加群とする. 部分集合 $N \subset M$ が部分加群であることと, 次の条件が成り立つことは同値である.

(1)　N は $+$ (M の加法) に関して M の部分群である.

(2)　$a \in A$, $n \in N$ なら $an \in N$ (つまり, 作用に関して閉じている).

証明　N が部分 A 加群とする. 定義より N は M の加法により部分群になる. よって, (1) が成り立つ. 写像 $A \times M \ni (a, x) \mapsto ax$ を $A \times N$ に制限したものの像は N に含まれなければならないので, (2) も成り立つ.

逆に (1), (2) が成り立っているとする. N が部分加群になるためには,

(i)　すべての $a, b \in A$ と $x \in N$ に対して,　$a(bx) = (ab)x$,

(ii)　すべての $a, b \in A$ と $x, y \in N$ に対して, $a(x+y) = ax + ay$, $(a+b)x = ax + bx$

が成り立てばよいが, これらの性質はすべての $a, b \in A$ と $x, y \in M$ に対して成り立っている. したがって, 特に, すべての $a, b \in A$ と $x, y \in N$ に対して成り立っている.　　　　　□

上の命題の (2) が成り立てば, N は A の作用で閉じているという.

M を環 A 上の加群, $S \subset M$ を部分集合とするとき, S の有限個の元の 1 次結合全体の集合を $\langle S \rangle$ とおく. $S = \emptyset$ なら $\langle S \rangle = \{0\}$ とする.

命題 2.4.3　上の状況で, $\langle S \rangle$ は M の部分 A 加群となる.

証明　左加群の場合のみ考える. 0 は空集合 $\emptyset$ の 1 次結合であるとみなしていたので, $0 \in \langle S \rangle$ である. $\langle S \rangle$ の二つの元は $a_1, \cdots, a_n, b_1, \cdots, b_m \in A$, $x_1, \cdots, x_n, y_1, \cdots, y_m \in S$ により, 次のように表せる.

$$v = a_1 x_1 + \cdots + a_n x_n, \qquad w = b_1 y_1 + \cdots + b_m y_m.$$

$v \pm w$ も S の有限個の元の 1 次結合なので，$v \pm w \in \langle S \rangle$ である．$c \in A$ なら $cv = (ca_1)x_1 + \cdots + (ca_n)x_n \in \langle S \rangle$ なので，$\langle S \rangle$ は部分 A 加群である． $\square$

定義 2.4.4 上の状況で，$\langle S \rangle$ を S により生成された，あるいは張られた部分 A 加群という． $\diamond$

$\langle S \rangle$ のことを $\displaystyle\sum_{x \in S} Ax$ とも書く．$S = \{x_1, \cdots, x_n\}$，つまり S が有限集合なら，$\langle x_1, \cdots, x_n \rangle$ あるいは $Ax_1 + \cdots + Ax_n$ とも書く．

次の命題の証明は省略する．

命題 2.4.5 M を A 加群，$S \subset M$ を部分集合とするとき，次の (1)–(3) が成り立つ．

(1) $\langle S \rangle$ は S を含む M の最小の部分 A 加群である．

(2) $S_1 \subset S$ なら，$\langle S_1 \rangle \subset \langle S \rangle$ は部分 A 加群である．

(3) $S_1 \subset \langle S \rangle$ なら，$\langle S_1 \rangle \subset \langle S \rangle$ である．

上の命題の (3) は 1 次結合の 1 次結合は 1 次結合であるという主張である．

例 2.4.6 (部分加群 1) $M = A^3$ を A の元を成分に持つ 3 次元列ベクトルの集合とする．A の元の左からの積を考えることにより，M は左 A 加群である． $\mathbb{e}_1 = [1,0,0]$，$\mathbb{e}_2 = [0,1,0]$，$S = \{\mathbb{e}_1, \mathbb{e}_2\}$ とすれば，$\langle S \rangle$ は M の部分加群であり，$\langle S \rangle = \{[x_1, x_2, 0] \mid x_1, x_2 \in A\}$ である． $\diamond$

例 2.4.7 (部分加群 2) M を環 A 上の加群，$I \subset A$ を左イデアルとするとき，$IM = \langle \{ax \mid a \in I,\ x \in M\} \rangle$ と定義する．IM は M の左部分加群である (定義 1.10.2 参照)．特に，A の左イデアルは左部分加群である．例えば，$3\mathbb{Z}$ は $\mathbb{Z}$ の部分 $\mathbb{Z}$ 加群である．$A = \mathbb{C}[x,y]$ のイデアル $I = (x^2, xy, y^3)$ は A の部分 A 加群である． $\diamond$

例 2.4.8 (部分加群 3) $A = \mathbb{C}[x,y]$，$I, J \subset A$ がイデアルなら，$\{[a,b] \in A^2 \mid a \in I,\ b \in J\}$ は A^2 の部分加群である．例えば，$\{[a,b] \in A^2 \mid a \in (x),\ b \in (y)\} \subset A^2$ は部分加群である． $\diamond$

例 2.4.9 (部分加群 4) 環 A が環 B の部分環なら，B は A 加群とみなせる (例 2.3.4 参照). $A \subset B$ は部分 A 加群である. このような例として次のような ものがある.

(1) A が可換環なら，多項式環 $B = A[x_1, \cdots, x_n]$ は A 加群で，$A \subset B$ は部 分加群である.

(2) 例 2.3.4 (3) もこのような部分加群の例になっている. ◇

命題 2.4.10 M を A 加群，$N_1, N_2 \subset M$ を部分 A 加群とする. この とき，次の (1), (2) が成り立つ.

(1) $N_1 \cap N_2 \subset M$ は部分 A 加群である.

(2) $N_1 + N_2 = \{x + y \mid x \in N_1, y \in N_2\} \subset M$ は部分 A 加群である.

証明 (1) 命題 I–2.3.3 より，$N_1 \cap N_2$ は M の加法群の部分群である. $a \in A$, $x \in N_1 \cap N_2$ なら，$ax \in N_1, N_2$ なので，$ax \in N_1 \cap N_2$ である. したがって，命 題 2.4.2 より，$N_1 \cap N_2$ は M の部分 A 加群である.

(2) 定理 I–2.10.3 (1) より，$N_1 + N_2$ は M の加法群の部分群である. $a \in A$, $x \in N_1 + N_2$ なら，$y \in N_1, z \in N_2$ があり，$x = y + z$ である. すると，$ax = ay + az \in N_1 + N_2$. したがって，$N_1 + N_2$ は M の部分 A 加群である. $\square$

定義 2.4.11 A 上の加群 M が有限集合で生成されるとき，A 上**有限生成な 加群**，あるいは**有限加群**という. ◇

A のイデアルがイデアルとして有限生成であることは，A 加群として有限生 成であることと同値である.

例 2.4.12 (有限生成加群 1) A が環で $n > 0$ が整数なら，A^n は A 上有限生 成加群である. A を可換環，$B = A[x]$ を 1 変数多項式環とすると，B は A 加 群としては有限生成ではない. しかし，A 代数としては，一つの元 x で生成さ れるので，有限生成な A 代数である. これはよく間違うところである. ◇

例 2.4.13 (有限生成加群 2) A がネーター環で $I \subset A$ がイデアルなら，I は 有限生成加群である. ◇

定義 2.4.14 M, N を環 A 上の加群とする.

(1) 写像 $f : M \to N$ が **A 加群の準同型**, あるいは A 準同型であるとは, f がアーベル群としての準同型であり, $a \in A$, $x \in M$ に対し $f(ax) = af(x)$ が成り立つことである. A 加群の準同型全体の集合を $\mathbf{Hom}_A(M, N)$ と書く.

(2) $f : M \to N$ が A 加群の準同型であり, 逆写像が存在してそれも A 加群の準同型であるとき, f を **A 加群の同型**という. このとき $M \cong N$ と書く.

(3) K が可除環なら, K 加群の準同型を **K 線形写像**ともいう. ◇

定義 1.3.15 で B, C が k 代数なら, $\mathrm{Hom}_A^{\mathrm{alg}}(B, C)$ は k 準同型全体の集合と定義した. k 加群の準同型全体の集合であることを示す必要があるときには, $\mathbf{Hom}_A^{\mathrm{mod}}(B, C)$ と書く.

注 2.4.15 命題 I-2.5.14 と同様に, A 加群の準同型 $M \to N$ は M の生成元での値で定まる. 群や環の場合と同様に, A 加群の準同型が全単射なら, 同型である. また, M が有限生成な A 加群で $M \to N$ が A 加群の全射準同型なら, N も有限生成 A 加群である. ◇

k を可換環, A を k 代数, M, N を A 加群とするとき, $\mathrm{Hom}_A(M, N)$ に k 加群の構造を定義する.

$f, g \in \mathrm{Hom}_A(M, N)$ なら, $(f + g)(x) = f(x) + g(x)$ $(x \in M)$ と定義する. N はアーベル群なので, 上の演算は結合法則を満たす. 0 を恒等的に 0_N である写像とすると, すべての $f \in \mathrm{Hom}_A(M, N)$ に対し, $f + 0 = f$ である. また, $-f$ を $(-f)(x) = -f(x)$ (N での加法に関する逆元) と定義する. すると, $\mathbf{Hom}_A(M, N)$ は $\mathbf{0}$ を単位元とするアーベル群になる.

$a \in k, f \in \mathrm{Hom}_A(M, N)$ に対し, $(af)(x) = af(x)$ $(x \in M)$ と定義する. $b \in A$, $x \in M$ なら, k の A における像は A の中心に含まれるので,

$$(af)(bx) = af(bx) = abf(x) = baf(x) = b(af)(x).$$

よって, $af \in \mathrm{Hom}_A(M, N)$ である. N は A 加群なので, af は a, f 両方の加法と整合性がある. また, $a, a' \in k$ に対し, $a(a'f) = (aa')f$ である. よって, $\mathbf{Hom}_A(M, N)$ は $\mathbf{k}$ 加群になる. したがって, A が可換なら, $A = k$ とみなし, $\mathrm{Hom}_A(M, N)$ は A 加群になる. これより, 次の命題を得る.

> **命題 2.4.16** 上の状況で $\operatorname{Hom}_A(M,N)$ は k 加群になる．したがって，A が可換なら $\operatorname{Hom}_A(M,N)$ は A 加群になる．

$\phi : M_1 \to M_2$ を A 加群の A 準同型で N も A 加群とする．このとき，$f \in \operatorname{Hom}_A(M_2, N)$ に対し $f \circ \phi \in \operatorname{Hom}_A(M_1, N)$ である．写像

$$\operatorname{Hom}_A(M_2, N) \ni f \mapsto f \circ \phi \in \operatorname{Hom}_A(M_1, N)$$

を ϕ^* と書く．N は A 加群なので，ϕ^* は k 準同型である．したがって，$A = k$ なら ϕ^* は A 準同型である．$\psi : M_2 \to M_3$ も A 加群の A 準同型なら，$(\psi \circ \phi)^* = \phi^* \circ \psi^*$ である．

同様に，M が A 加群で $\phi : N_1 \to N_2$ が A 加群の A 準同型なら，$f \in \operatorname{Hom}_A(M, N_1)$ に対して $\phi \circ f \in \operatorname{Hom}_A(M, N_2)$ である．写像

$$\operatorname{Hom}_A(M, N_1) \ni f \mapsto f \circ \phi \in \operatorname{Hom}_A(M, N_2)$$

を ϕ_* と書く．ϕ_* は k 準同型である．したがって，$A = k$ なら ϕ_* は A 準同型である．$\psi : M_2 \to M_3$ も A 加群の A 準同型なら，$(\psi \circ \phi)_* = \psi_* \circ \phi_*$ である．

次に**剰余加群**について解説する．M を A 加群，$N \subset M$ を部分加群とする．M は $+$ に関してアーベル群なので，N は $+$ に関して正規部分群．よって，剰余群 M/N が定義できる．$a \in A$, $x \in M$ なら，$\boldsymbol{a(x+N) = ax+N}$ と定義する．$y \in N$ なら，$a(x+y) = ax + ay \in ax + N$ なので，上の定義は well-defined である．この演算により，M/N は A 加群になる．また，写像 $M \ni x \mapsto x + N \in M/N$ は A 加群の準同型である．

定義 2.4.17 (1) 上のように定義した A 加群 M/N を M の N による**剰余加群**という．

(2) 上の準同型 $M \to M/N$ を**自然な準同型**という．

(3) A が可除環なら，M/N を**剰余空間**ともいう． ◇

例 2.4.18 (剰余加群 1) $I \subset A$ が左イデアルなら，A/I は左 A 加群となる． ◇

例 2.4.19 (剰余加群 2) H が有限群 G の部分群なら，$\mathbb{C}[G]$ は $\mathbb{C}[H]$ 加群で $\mathbb{C}[H] \subset \mathbb{C}[G]$ は部分加群．よって，剰余加群 $\mathbb{C}[G]/\mathbb{C}[H]$ も $\mathbb{C}[H]$ 加群である． ◇

定義 2.4.20　$f: M \to N$ を A 加群の準同型とする. このとき,

(1) $\mathrm{Ker}(f) = \{x \in M \mid f(x) = 0\}$,

(2) $\mathrm{Im}(f) = \{f(x) \mid x \in M\}$,

(3) $\mathrm{Coker}(f) = N/\mathrm{Im}(f)$

と定義し $\mathrm{Ker}(f), \mathrm{Im}(f), \mathrm{Coker}(f)$ を f の**核**, **像**, **余核**という.　　　　◇

命題 2.4.21　M, N を A 加群で $f: M \to N$ を A 準同型とする.

(1) $L \subset M$ が部分 A 加群なら, $f(L)$ は N の部分 A 加群である.

(2) $L \subset N$ が部分 A 加群なら, $f^{-1}(L)$ は M の部分 A 加群である.

(3) $\mathrm{Ker}(f) \subset M$, $\mathrm{Im}(f) \subset N$ は部分 A 加群である.

証明　(1) 命題 I–2.5.4 (4) より, $f(L)$ は N の加法群の部分群である. $a \in A$, $y \in f(L)$ なら, $x \in L$ があり, $f(x) = y$ となる. すると, $ay = af(x) = f(ax) \in f(L)$. したがって, $f(L) \subset N$ は部分 A 加群である.

(2) 命題 I–2.5.4 (3) より, $f^{-1}(L)$ は M の加法群の部分群である. $a \in A$, $x \in f^{-1}(L)$ なら, $f(x) \in L$ である. $f(ax) = af(x) \in L$ なので, $ax \in f^{-1}(L)$. したがって, $f^{-1}(L) \subset M$ は部分 A 加群である.

(3) $\mathrm{Ker}(f) = f^{-1}(\{0_N\})$ なので, (2) より $\mathrm{Ker}(f)$ は M の部分 A 加群である. (1) で $L = M$ とすれば, $\mathrm{Im}(f)$ が N の部分 A 加群となる.　　□

例 2.4.22 (加群の準同型 1)　$I \subset A$ が左イデアルとする. $i: I \to A$ が包含写像で, $\pi: A \to A/I$ が自然な準同型なら, $\mathrm{Ker}(i) = \{0\}$, $\mathrm{Coker}(i) = A/I$, $\mathrm{Ker}(\pi) = I$, $\mathrm{Coker}(\pi) = \{0\}$ である.　　　　◇

例 2.4.23 (加群の準同型 2)　$A = \mathbb{C}[x, y]$, $I = (x, y) \subset A$ とする. A^2 から I への写像を $\phi: A^2 \ni (f_1, f_2) \mapsto f_1 x + f_2 y$ と定義すると, ϕ は全射である. I は A 加群とみなせ, ϕ は A 準同型である. $\mathrm{Ker}(\phi)$ を求める.

$(f_1, f_2) \in \mathrm{Ker}(\phi)$ なら, $f_1 x + f_2 y = 0$ である. よって, $f_1 x = -f_2 y$ となるが, A は一意分解環で x, y は互いに素な元なので, f_1, f_2 はそれぞれ y, x で割り切れる. $f_1 = y g_1$, $f_2 = x g_2$ と書くと, $g_1 xy = -g_2 xy$ である. A は整域なので, $g_1 = -g_2$. したがって, $(f_1, f_2) = g_1(y, -x)$ である. 逆にこの形をした元

が Ker(ϕ) の元であることは明らかである．よって，**Ker(ϕ) = $A(y, -x)$** である．Ker(ϕ) の元はイデアル I の生成元の関係式とみなすことができる．　◇

群や環の場合と同様に，以下，一連の準同型定理の類似を証明する．環の場合と同様に，補題 1.4.3 の類似である次の補題は議論を簡略化する．

補題 2.4.24 L, M, N は A 加群，$f: M \to N, \pi: M \to L$ は A 準同型，$g: L \to N$ は加法群の準同型とする．$f = g \circ \pi$ で π が全射なら，g は A 準同型である．

証明 すべての $a \in A, y \in L$ に対し $g(ay) = ag(y)$ であることを示せばよい．π が全射なので，$\pi(x) = y$ となる $x \in M$ がある．すると，

$$g(ay) = g \circ \pi(ax) = f(ax) = af(x) = ag \circ \pi(x) = ag(y). \qquad \square$$

定理 2.4.25 (第一同型定理) M, N は A 加群，$f: M \to N$ は A 準同型，$\pi: M \to M/\mathrm{Ker}(f)$ は自然な準同型とする．このとき，A 準同型 $g: M/\mathrm{Ker}(f) \to N$ で $f = g \circ \pi$ となるものがただ一つ存在する．また，g は同型 $M/\mathrm{Ker}(f) \to \mathrm{Im}(f)$ を引き起こす．

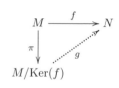

証明 定理 I–2.10.1 を M, N の加法群に適用し，群準同型 $g: M/\mathrm{Ker}(f) \to N$ で $f = g \circ \pi$ となるものがある．補題 2.4.24 より，g は A 準同型である．g の一意性は，加法群に対する g の一意性から従う．定理 I–2.10.1 から，g は加法群の同型 $M/\mathrm{Ker}(f) \cong \mathrm{Im}(f)$ を引き起こす．注 2.4.15 より，g は A 同型である．　$\square$

定理 2.4.26 (部分加群の対応) M を A 加群，$L \subset M$ を部分 A 加群とする．このとき，M の部分 A 加群 N で $N \supset L$ であるものと M/L の部分 A 加群は，$N \to N/L \subset M/L$ という対応により，1 対 1 に対応する．

証明 $\pi: M \to M/L$ を自然な準同型とする．$L \subset N \subset M$ が部分 A 加群なら，命題 2.4.21 (1) より，$N/L \subset M/L$ は部分 A 加群である．また，$\overline{N} \subset M/L$

が部分 A 加群なら，命題 2.4.21 (2) より，$\pi^{-1}(\overline{N})$ は L を含む部分 A 加群である．$N, \overline{N}$ の加法群を考え，定理 I–2.10.2 より，対応 $N \to N/L$ は 1 対 1 であり，$\overline{N} \to \pi^{-1}(\overline{N})$ がその逆対応である．　　　　　　　　　　□

定理 2.4.27　M は A 加群，$N \subset M$ は部分 A 加群，$\pi : M \to M/N$ は自然な準同型とする．

(1) (**第二同型定理**) $L \subset M$ が部分 A 加群なら，

$$(L+N)/N \cong L/(L \cap N).$$

(2) (**第三同型定理**) $N \subset L \subset M$ が部分 A 加群なら，A 準同型 $\phi : M/N \to M/L$ ですべての $x \in M$ に対し $\phi(x+N) = x+L$ となるものがある．さらに，$(M/N)/(L/N) \cong M/L.$

証明　(1) 命題 2.4.10 (2) より，$L+N \subset M$ は部分 A 加群である．自然な準同型 $L \to (L+N)/N$ は全射で，核は $L \cap N$ である．したがって，定理 2.4.25 より，$L/(L \cap N) \cong (L+N)/N$ である．

(2) 定理 I–2.10.4 より，加法群の準同型 $\phi : M/N \to M/L$ ですべての $x \in M$ に対し $\phi(x+N) = x+L$ となるものがある．よって，アーベル群として，$(M/N)/(L/N) \cong M/L$ である．補題 2.4.24 より，ϕ は A 準同型で $(M/N)/(L/N) \cong M/L$ は A 同型である．　　　　　　　　□

定理 2.4.28 (準同型の分解)　M, N は A 加群，$\phi : M \to N$ は A 準同型，$L \subset M$ は部分 A 加群，$\pi : M \to M/L$ は自然な準同型とする．このとき，A 準同型 $\psi : M/L \to N$ で $\phi = \psi \circ \pi$ であるものが存在することと，$L \subset \mathrm{Ker}(\phi)$ であることは同値である．

証明　もしそのような ψ が存在するなら $L \subset \mathrm{Ker}(\phi)$ であることは明らかである．逆に，$L \subset \mathrm{Ker}(\phi)$ とする．定理 I–2.10.5 より，加法群の準同型 $\psi : M/L \to N$ で $\phi = \psi \circ \pi$ であるものが存在する．π は全射なので，補題 2.4.24 より，ψ は A 準同型である．　　　　　　　　　　□

準同型定理は後で頻繁に使うが，とりあえず簡単な例を一つ考える．

例 2.4.29 (準同型定理) $A = \mathbb{C}[x]$, $M = A^2$, $N = A[1,x]$ とすると，N は M の部分 A 加群である．$\phi : M \ni [a,b] \mapsto b - ax \in A$ は A 準同型である．$\phi([0,b]) = b$ なので，ϕ は全射である．$\mathrm{Ker}(\phi) = \{[a,ax] \mid a \in A\} = A[1,x] = N$ より $M/N \cong A$ である．$[1,x]$ は基底 $\{[1,x],[0,1]\}$ の一部である．   ◇

以下，直積と直和について解説する．

A を環，$I \neq \emptyset$ を任意の集合とし，各 $i \in I$ に対し A 加群 M_i が与えられているとする．$M = \prod_{i \in I} M_i$ を $\{M_i\}$ の集合としての直積とするとき，成分ごとに和・差・A の作用を定める．明示的には，$(x_i)_{i \in I}, (y_i)_{i \in I} \in \prod_{i \in I} M_i$, $a \in A$ なら，

$$(x_i)_{i \in I} \pm (y_i)_{i \in I} \overset{\text{def}}{=} (x_i \pm y_i)_{i \in I}, \qquad a(x_i)_{i \in I} \overset{\text{def}}{=} (ax_i)_{i \in I}$$

である．0_{M_i} を M_i の加法に関する単位元，$0_M = (0_{M_i})_{i \in I}$ とする．群の場合と同様に (定義 I–2.3.22 の前の議論参照)，M は 0_M を単位元とするアーベル群となる．$a, b \in A$, $x_i \in M_i$, $x = (x_i)_{i \in I}$ なら，

$$a(bx) = a(bx_i)_{i \in I} = (abx_i)_{i \in I} = (ab)x.$$

分配法則も同様である．したがって，M も A 加群になる．$I = \emptyset$ なら，$\prod_{i \in I} M_i = \{0\}$ とみなす．

$\bigoplus_{i \in I} M_i$ を直積の元 $x = (x_i)_{i \in I} \in \prod_{i \in I} M_i$ で有限個の $i \in I$ を除いて $x_i = 0$ であるような元全体の集合とする．$x = (x_i)_{i \in I}$, $y = (y_i)_{i \in I} \in \bigoplus_{i \in I} M_i$ なら，有限集合 $I_1, I_2 \subset I$ があり，$x_i = 0 \ (i \notin I_1)$, $y_i = 0 \ (i \notin I_2)$ となる．すると $i \notin I_1 \cup I_2$ なら $x_i + y_i = 0$ なので，$(x_i + y_i)_{i \in I} \in \bigoplus_{i \in I} M_i$. 同様に $a \in A$ なら $ax \in \bigoplus_{i \in I} M_i$. 特に $(-1)x = -x \in \bigoplus_{i \in I} M_i$ である．したがって，$\bigoplus_{i \in I} M_i$ は $\prod_{i \in I} M_i$ の部分 A 加群になる．$I = \emptyset$ なら，$\bigoplus_{i \in I} M_i$ も $\{0\}$ とみなす．

定義 2.4.30 $\prod_{i \in I} M_i$, $\bigoplus_{i \in I} M_i$ をそれぞれ $\{M_i\}$ の**直積**，**直和**という．各 M_i を **直積因子**という．   ◇

$I = \{1, \cdots, t\}$ が有限集合なら，直積と直和は同じである．その場合，直積と

直和はもっと明示的に

$$M_1 \times \cdots \times M_t, \qquad M_1 \oplus \cdots \oplus M_t$$

と表せる．これらは A 加群としては同じだが，直和と考えるほうがより多い．

群の場合と同様に N が A 加群で N_1, N_2 が部分 A 加群とするとき，$N = N_1 + N_2$ で $N_1 \cap N_2 = \{0\}$ なら，$N = N_1 \oplus N_2$ である．

注 2.4.31 加群の場合，直積，直和を上とは少し違った状況で考えることもある．$i \in I$ に対し環 A_i と A_i 加群 M_i が与えられている場合，$A = \prod_{i \in I} A_i$ は環で $M = \prod_{i \in I} M_i$ は A 加群となる．直和についても同様である． ◇

直積と直和の「普遍性」について考察する．

$i \in I$ に対し A 加群 M_i が与えられているとする．$j \in I$ に対し，写像 $p_j : \prod_{l \in I} M_l \to M_j$ を $p_j((x_l)_{l \in I}) = x_j$ と定義する．また，$x_j \in M_j$ に対し，$i_j(x_j) \in \bigoplus_{l \in I} M_l$ を M_j の成分が x_j で他の成分が 0 であるような元とする．すると，

$$p_j : \prod_{l \in I} M_l \to M_j, \qquad i_j : M_j \to \bigoplus_{l \in I} M_l$$

は A 準同型である．

直積と直和は次の普遍性の性質を持つ．次の 2 つの命題では，N を A 加群とする．

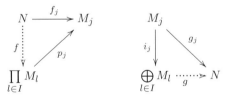

命題 2.4.32 上の状況で $i \in I$ に対し A 準同型 $f_i : N \to M_i$ が与えられているとする．このとき，A 準同型 $f : N \to \prod_{l \in I} M_l$ で，すべての $j \in I$ に対して $p_j \circ f = f_j$ となる，つまり上の左の図式が可換であるものがただ一つ存在する．

証明 A 準同型 $f : N \to \prod_{l \in I} M_l$ を $f(n) = (f_l(n))_{l \in I}$ $(n \in N)$ と定義する．

この f は上の条件を満たす．$p_j \circ f = f_j$ なら，$f(n)$ はこの形でなければならないので，f は一意的に定まる．　　　　　　　　　　　　□

命題 2.4.33 上の状況で $i \in I$ に対し A 準同型 $g_i : M_i \to N$ が与えられているとする．このとき，A 準同型 $g : \bigoplus_{l \in I} M_l \to N$ で，すべての $j \in I$ に対して $g \circ i_j = g_j$ となる，つまり上の右の図式が可換であるものがただ一つ存在する．

証明 A 準同型 $g : \bigoplus_{l \in I} M_l \to N$ を $g((m_l)_{l \in I}) = \sum_{l \in I} g_l(m_l)$ $\quad (m_l)_{l \in I} \in \bigoplus_{l \in I} M_l$ と定義する．有限個の l を除いて $m_l = 0$ なので，和 $\sum_{l \in I} g_l(m_l)$ は有限和である (ここがポイント)．したがって，g は well-defined である．$m_j \in M_j$ なら，$i_j(m_j)$ の零でない成分は $m_j \in M_j$ だけである．よって，$g \circ i_j(m_j) = g_j(m_j)$ である．

g が上の条件を満たすなら，$(m_l)_{l \in I} = \sum_j i_j(m_j)$ なので，

$$g((m_l)_{l \in I}) = \sum_j g \circ i_j(m_j) = \sum_j g_j(m_j)$$

である．したがって，g は一意的である．　　　　　　　　　　　□

すべての $i \in I$ に対して $M_i = M$ なら，直積と直和を $\prod_I M, \bigoplus_I M$ と定義する．

定義 2.4.34 $\bigoplus_I A$ という形の A 加群を**自由 A 加群**という．　　◇

$|I| = n < \infty$ なら，$\bigoplus_I A$ は A^n と同型である．$\bigoplus_I A$ の元は $\sum_{i \in I} a_i i$ ($a_i \in A$ は有限個の i を除き 0) と書くこともある．これを I の元の A を係数とする**形式有限和**という．

命題 2.4.35 M が零環でない可換環 A 上の自由加群で $M \cong \bigoplus_I A \cong \bigoplus_J A$ なら，$|I| = |J|$ である．

証明 A の極大イデアルを一つ選び, $\mathfrak{m}$ とおく. すると, $\left[\bigoplus_I A\right] \Big/ \left[\mathfrak{m}\left(\bigoplus_I A\right)\right]$
$\cong \bigoplus_I (A/\mathfrak{m})$ である. $\bigoplus_J A$ についても同様なので, $k = A/\mathfrak{m}$ とおくと,

$$M/\mathfrak{m}M \cong \bigoplus_I k \cong \bigoplus_J k.$$

右辺はベクトル空間の同型とみなせる. 定理 2.3.14 より $|I| = |J|$ である. $\square$

定義 2.4.36 $A \neq \{0\}$ を可換環, M を自由 A 加群, $M \cong \bigoplus_I A$ とするとき, $|I|$ を M の**階数**といい, $\mathrm{rk}\, M$ あるいは $\mathrm{rk}_A M$ と書く. ◇

階数が無限の場合は $\mathrm{rk}_A M = \infty$ と書くか, 大小関係を比べるだけである. 命題 2.4.35 は A が可換でなければ, 一般には正しくない. これについては, 演習問題 2.4.10 参照. A が非可換でも, 体 k 上の代数で k 上の次元が有限なら, 命題 2.4.35 は正しい. これについては, 演習問題 2.9.2 参照.

次の命題の証明は省略する.

命題 2.4.37 M を A 加群, $S \subset M$ を部分集合とするとき, 自由加群 $\bigoplus_S A$ から M への準同型 g で, $g((a_s)_{s \in S}) = \sum_{s \in S} a_s s$ となるものがある.

上の命題の準同型 g の像 $\mathrm{Im}(g)$ は, 定義 2.4.4 の $\langle S \rangle$ と一致する.

自由加群 $\bigoplus_S A$ の元で $s \in S$ に対応する成分が 1 で他の成分が 0 であるものを e_s と書くと, $\{\mathrm{e}_s \mid s \in S\}$ は $\bigoplus_S A$ の基底である.

次の命題は, 基底を持つ A 加群が自由加群であると主張する.

命題 2.4.38 A 加群 M が基底 S を持てば, $M \cong \bigoplus_S A$ である.

証明 $\phi: \bigoplus_S A \to M$ を命題 2.4.37 の A 準同型とする. M の任意の元は S の 1 次結合なので, ϕ は全射である. $(a_s)_{s \in S} \in \mathrm{Ker}(\phi)$ なら, $\sum_{s \in S} a_s s = 0$. これは有限和で S は 1 次独立なので, すべての $s \in S$ に対し, $a_s = 0$ である. したがって, $\mathrm{Ker}(\phi) = \{0\}$ となり, ϕ は同型である. $\square$

定義 2.4.39 A を可換環, M を A 加群, $x \in M$ とする. 非零因子 $a \in A$ が

あり $ax = 0$ なら，x は **ねじれ元**という．M のねじれ元全体よりなる部分集合
を M_{tor} と書く．　　　　　　　　　　　　　　　　　　　　　　　　◇

命題 2.4.40　定義 2.4.39 の状況で次の (1), (2) が成り立つ.

(1)　$M_{\mathrm{tor}} \subset M$ は部分 A 加群である．また，M/M_{tor} には 0 以外のね
じれ元はない.

(2)　M が自由 A 加群なら，$M_{\mathrm{tor}} = \{0\}$ である．

証明　(1) $1_A 0 = 0$ なので，$0 \in M_{\mathrm{tor}}$ である．$x, y \in M_{\mathrm{tor}}$ なら，非零因子
$a, b \in A$ があり，$ax = by = 0$ となる．A が可換なので，

$$ab(x+y) = bax + aby = 0 + 0 = 0$$

だが，a, b が非零因子なので，ab も非零因子である (補題 1.2.7)．よって，$x +$
$y \in M_{\mathrm{tor}}$ である．同様に $-x \in M_{\mathrm{tor}}$ である．$a \in A$, $x \in M_{\mathrm{tor}}$ なら，非零因
子 $b \in A$ があり $bx = 0$. よって，$b(ax) = a(bx) = 0$ である．したがって，$ax \in$
M_{tor} であり，M_{tor} は部分 A 加群である．

$x \in M$, $a \in A$ は非零因子で，$ax \in M_{\mathrm{tor}}$ とする．定義より，非零因子 $b \in$
A があり，$bax = 0$ となる．ba も非零因子なので，$x \in M_{\mathrm{tor}}$. したがって，
M/M_{tor} のねじれ元は 0 だけである．

(2) は明らかである．　　　　　　　　　　　　　　　　　　　　　　　□

定義 2.4.41　上の状況で M_{tor} を **ねじれ部分 A 加群**という．M がアーベル
群で $\mathbb{Z}$ 加群とみなすときには，M_{tor} を**ねじれ部分群**という．$M_{\mathrm{tor}} = \{0\}$ なら，
M にはねじれがないという．　　　　　　　　　　　　　　　　　　　◇

例 2.4.42 (ねじれ)　$A = \mathbb{Z}$, $M = \mathbb{Z} \oplus \mathbb{Z}/2\mathbb{Z} \oplus \mathbb{Z}/3\mathbb{Z}$ なら，$M_{\mathrm{tor}} = \mathbb{Z}/2\mathbb{Z} \oplus$
$\mathbb{Z}/3\mathbb{Z}$, $M/M_{\mathrm{tor}} \cong \mathbb{Z}$ である．$M_{\mathrm{tor}} \neq \{0\}$ なので，M は自由加群ではない．　◇

定義 2.4.43　A は可換環で M は A 加群とする．任意の $x \in M$ と非零因子
$a \in A$ に対し $y \in M$ があり $x = ay$ となるとき，M は**可除 A 加群**という．　◇

可除加群の概念は III–6 章のコホモロジー理論で必要になる．

例 2.4.44 (可除加群)　$\mathbb{Q}, \mathbb{Q}/\mathbb{Z}$ は可除 $\mathbb{Z}$ 加群である．　　　　　　　　◇

ここで加群の場合の中国式剰余定理を証明しておく.

定理 2.4.45 (中国式剰余定理)　A を可換環, $I_1, \cdots, I_n \subset A$ をイデアル, M を A 加群とする. $i \neq j$ なら $I_i + I_j = A$ という条件が満たされるなら,

$$M/(I_1 \cap \cdots \cap I_n)M \cong M/I_1 M \times \cdots \times M/I_n.$$

証明　$J = I_1 \cap \cdots \cap I_n$ とおく. 定理 2.4.27 (2) により, すべての j に対して A 準同型 $\phi_j : M/JM \to M/I_j M$ で $\phi_j(x + JM) = x + I_j M$ となるものがある. 命題 2.4.32 より, A 準同型 $\phi : M/JM \to \prod_j M/I_j M$ で

$$\phi(x) = (\phi_1(x), \cdots, \phi_n(x))$$

となるものがある. $n = 2$ の場合に定理が成り立つとする. 定理 1.6.3 (2), (3) により, $I_1 \cap \cdots \cap I_{n-1} + I_n = A$ である. n に関する帰納法で

$$M/JM \cong M/(I_1 \cap \cdots \cap I_{n-1})M \times M/I_n \cong \prod_{j=1}^{n} M/I_j M$$

となる. よって, $n = 2$ の場合を示せばよい.

$c_1 \in I_1, c_2 \in I_2$ を $c_1 + c_2 = 1$ となるように取る. $x, y \in M$ に対し $z = c_2 x + c_1 y \in M$ とおく. $z = x + c_1(y - x)$ なので, $z + I_1 M = x + I_1 M$, 同様に $z + I_2 M = y + I_2 M$ である. したがって, ϕ は全射である.

$z \in M$ とする. $z + (I_1 \cap I_2)M \in \mathrm{Ker}(\phi)$ なら, $z = c_1 z + c_2 z$ である. $z \in I_2 M$ なので, $c_1 z \in I_1 I_2 M \subset (I_1 \cap I_2)M$ である. 同様に, $c_2 z \in (I_1 \cap I_2)M$. したがって, $z \in (I_1 \cap I_2)M$ である. よって, $\mathrm{Ker}(\phi) = \{0\}$ で ϕ は同型である.　□

2.5　準同型と表現行列

この節では, 有限生成な自由加群の間の準同型の表現行列について解説する.

この節を通して R を可換とは限らない環とする.

$A = (a_{ij})$ を R の元を成分に持つ $m \times n$ 行列とする. 列ベクトルの集合 R^m, R^n を右 R 加群とみなす ((2.1.2) 参照). つまり $r \in R$ の R^n への作用は

$$R^n \ni \boldsymbol{x} = \begin{pmatrix} x_1 \\ \vdots \\ x_n \end{pmatrix} \mapsto \boldsymbol{x}r = \begin{pmatrix} x_1 r \\ \vdots \\ x_n r \end{pmatrix} \in R^n$$

で与えられる R^n から R^m への写像 T_A を次のように定義する.

$$R^n \ni \boldsymbol{x} = \begin{pmatrix} x_1 \\ \vdots \\ x_n \end{pmatrix} \mapsto \boldsymbol{y} = \begin{pmatrix} y_1 \\ \vdots \\ y_m \end{pmatrix} = T_A(\boldsymbol{x}) = A\boldsymbol{x} \in R^m.$$

補題 2.5.1 $T_A : R^n \to R^m$ は右 R 加群の準同型である.

証明 T_A は明らかに R^n, R^m の加法群の準同型である. $r \in R$ なら,

$$T_A(\boldsymbol{x}r) = \left(\sum_j a_{ij}(x_j r) \right)_i = \left(\sum_j a_{ij} x_j \right)_i r = T_A(\boldsymbol{x})r.$$

したがって, T_A は右 R 加群の準同型である. □

命題 2.5.2 $\mathbb{e}_i$ $(i = 1, \cdots, n)$ を R^n の基本ベクトルとする ((2.1.8) 参照). $f : R^n \to R^m$ が右 R 加群の準同型なら, A を $f(\mathbb{e}_1), \cdots, f(\mathbb{e}_n)$ を列とする $m \times n$ 行列とすると, $f = T_A$ となる.

証明 $\boldsymbol{x} = [x_1, \cdots, x_n] \in R^n$ は $\boldsymbol{x} = \sum_j \mathbb{e}_j x_j$ と表せるので,

$$f(\boldsymbol{x}) = \sum_j f(\mathbb{e}_j) x_j = (f(\mathbb{e}_1) \ \cdots \ f(\mathbb{e}_n)) \begin{pmatrix} x_1 \\ \vdots \\ x_n \end{pmatrix} = A\boldsymbol{x} = T_A(\boldsymbol{x})$$

である (命題 2.1.12 参照). □

R が可換環なら, $\boldsymbol{v}_i x_i = x_i \boldsymbol{v}_i$ なので, 右加群と左加群は同じことである.

命題 2.5.3 (1) $A \in \mathrm{M}_n(R)$ なら, T_A が R^n の恒等写像であることと $A = I_n$ であることは同値である.

(2) $A \in \mathrm{M}_{l,m}(R)$, $B \in \mathrm{M}_{m,n}(R)$ なら, $\boldsymbol{T_A} \circ \boldsymbol{T_B} = \boldsymbol{T_{AB}}$ である.

(3) $A \in \mathrm{M}_n(R)$ とすると, $T_A : R^n \to R^n$ が同型であることと, $A \in \mathrm{GL}_n(R)$ であることは同値である. もしそうなら, $\boldsymbol{T_A^{-1}} = \boldsymbol{T_{A^{-1}}}$ である.

証明 (1) $T_A = \mathrm{id}_{R^n}$ と $T_A(\mathbb{e}_i) = \mathbb{e}_i$ がすべての i に対して成り立つことは同値である. $T_A(\mathbb{e}_i)$ は A の i 列なので, それは $A = I_n$ と同値である.

(2) は行列の積の結合法則より従う.

(3) 命題 2.5.2 より, T_A が同型であることは, $B \in \mathrm{M}_n(R)$ があり $T_A \circ T_B = T_B \circ T_A = T_{I_n}$ となることと同値である. (1), (2) より, これは $AB = BA = I_n$ と同型である. これは $A \in \mathrm{GL}_n(R)$ と同値である. $\qquad\square$

注 2.5.4 一般の R では R が R^n と R 加群として同型ということもあるが, それでも上の命題は成り立つ. しかし, 上の命題が適用できるのは, 主に R が可換の場合である. $\qquad\qquad\qquad\qquad\qquad\qquad\qquad\qquad\qquad\qquad\Diamond$

命題 2.5.5 $A = (\boldsymbol{v}_1 \; \cdots \; \boldsymbol{v}_n) \in \mathrm{M}_{m,n}(R)$ とすると, 次の (1), (2) が成り立つ.

(1) $\mathrm{Ker}(T_A) = \{\boldsymbol{x} \in R^n \mid A\boldsymbol{x} = \boldsymbol{0}\}$.

(2) $\mathrm{Im}(T_A)$ は $S = \{\boldsymbol{v}_1, \cdots, \boldsymbol{v}_n\}$ で生成された部分右 R 加群である.

証明 (1) は $\mathrm{Ker}(T_A)$ の定義である.

(2) $\boldsymbol{x} = [x_1, \cdots, x_n] \in R^n$ なら命題 2.1.12 より,

$$(2.5.6) \qquad\qquad T_A(\boldsymbol{x}) = A\boldsymbol{x} = \boldsymbol{v}_1 x_1 + \cdots + \boldsymbol{v}_n x_n.$$

この形をした元全体の集合は S で生成された右部分 R 加群である. $\qquad\square$

命題 2.5.7 $A = (a_{ij}) = (\boldsymbol{v}_1 \; \cdots \; \boldsymbol{v}_n) \in \mathrm{M}_n(R)$ とすると, $S = \{\boldsymbol{v}_1, \cdots, \boldsymbol{v}_n\}$ が右 R 加群 R^n の基底であることと, $A \in \mathrm{GL}_n(R)$ であることは同値である.

証明 S が R^n の基底とする. S は R^n を生成するので, $i = 1, \cdots, n$ に対し $e_i = \sum_j \boldsymbol{v}_j b_{ji}$ となる $b_{ji} \in R$ がある. すると,

$$(2.5.8) \qquad\qquad e_i = \sum_j \boldsymbol{v}_j b_{ji} = \sum_{j,k} e_k a_{kj} b_{ji}$$

となる. $B = (b_{ij}) \in \mathrm{M}_n(R)$ とすると, $AB = I_n$ である. A を右からかけると, $ABA = A$ である. したがって, $A(BA - I_n) = \boldsymbol{0}_n$ である.

$C = (c_{ij}) = BA - I_n$ とおくと, $AC = \boldsymbol{0}_n$ である. C の j 列は $\boldsymbol{w}_j = [c_{1j}, \cdots, c_{nj}]$ なので, AC の j 列は $A\boldsymbol{w}_j = \boldsymbol{v}_1 c_{1j} + \cdots + \boldsymbol{v}_n c_{nj} = [0, \cdots, 0]$ である. S は 1 次独立なので, $c_{1j} = \cdots = c_{nj} = 0$ である. j は任意なので, $C = \boldsymbol{0}_{n,n}$,

$BA = I_n$ である．したがって，B は A の逆行列であり，$A \in \mathrm{GL}_n(R)$ である．

逆に $A \in \mathrm{GL}_n(R)$ なら S が R^n の基底になることはやさしいので，証明は省略する． □

以下の例では R は可換なので，左 R 加群と右 R 加群は同じである．

例 2.5.9 $R = \mathbb{Z}$, $A = \begin{pmatrix} 2 & 0 & 0 \\ 0 & 3 & 0 \end{pmatrix}$ とする．$\boldsymbol{x} = [x_1, x_2, x_3] \in \mathbb{Z}^3$ とするとき，$A\boldsymbol{x} = \boldsymbol{0}$ は $x_1 = x_2 = 0$ と同値である．したがって，$\mathrm{Ker}(T_A) = \{[0, 0, x_3] \mid x_3 \in \mathbb{Z}\}$．よって，$\mathrm{Im}(T_A) \cong \mathbb{Z}^2$ である．$\mathrm{Im}(T_A) = \{[2y_1, 3y_2] \mid y_1, y_2 \in \mathbb{Z}\}$ は自然な準同型 $\mathbb{Z}^2 \to \mathbb{Z}/2\mathbb{Z} \oplus \mathbb{Z}/3\mathbb{Z}$ の核と等しいので，$\mathrm{Coker}(T_A) \cong \mathbb{Z}/2\mathbb{Z} \oplus \mathbb{Z}/3\mathbb{Z}$．◇

例 2.5.10 $R = \mathbb{C}[x, y]$, $A = \begin{pmatrix} x & y & 0 & 0 \\ 0 & 0 & x+y & 0 \\ 0 & 0 & 0 & 0 \end{pmatrix}$ とする．$\boldsymbol{a} = [a_1, a_2, a_3, a_4] \in R^4$ で $A\boldsymbol{a} = \boldsymbol{0}$ なら，$xa_1 + ya_2 = 0$, $a_3 = 0$ である．R は一意分解環なので，$a_1 = -yb$, $a_2 = xb$ $(b \in R)$ という形をしている．したがって，$\mathrm{Ker}(T_A) = \langle [-y, x, 0, 0], [0, 0, 0, 1] \rangle$ となる．また，$\mathrm{Im}(T_A) = \{[a, b, 0] \mid a \in (x, y),\ b \in (x+y)\}$．したがって，$\mathrm{Coker}(T_A) \cong R/(x, y) \oplus R/(x+y) \oplus R$．◇

一般には，体上の行列の場合のように，A を行変形して，$\mathrm{Ker}(T_A)$ などを記述する一般的な方法があるわけではない．

命題 2.5.11 $A \in \mathrm{M}_{m,n}(R)$, $P \in \mathrm{GL}_m(R)$, $Q \in \mathrm{GL}_n(R)$, $B = PAQ^{-1}$
$\Longrightarrow \mathrm{Ker}(T_A) \cong \mathrm{Ker}(T_B)$, $\mathrm{Im}(T_A) \cong \mathrm{Im}(T_B)$, $\mathrm{Coker}(T_A) \cong \mathrm{Coker}(T_B)$.

証明 同型 $\mathrm{Coker}(T_A) \cong \mathrm{Coker}(T_B)$ だけ証明する．$T_{AQ^{-1}} = T_A \circ T_{Q^{-1}}$ なので，$\mathrm{Im}(T_{AQ^{-1}}) \subset \mathrm{Im}(T_A)$ である．$A = AQ^{-1}Q$ なので，$\mathrm{Im}(T_A) \subset \mathrm{Im}(T_{AQ^{-1}})$ である．よって，$\mathrm{Im}(T_A) = \mathrm{Im}(T_{AQ^{-1}})$ となり，$\mathrm{Coker}(T_A) \cong \mathrm{Coker}(T_{AQ^{-1}})$ である．したがって，$Q = I_n$ としてよい．

T_P は R^m から R^m への同型である．この同型により，$\mathrm{Im}(T_A)$ は $\mathrm{Im}(T_{PA})$ に移る．したがって，$\mathrm{Coker}(T_A) \cong \mathrm{Coker}(T_{PA})$ である． □

定義 2.5.12 V を $B = \{v_1, \cdots, v_n\}$ を基底とする階数 n の自由 R 加群とする．

(1) R^n の元 $\boldsymbol{x} = [x_1, \cdots, x_n]$ に対し，$\phi_{V,B}(\boldsymbol{x}) = v_1 x_1 + \cdots + v_n x_n$ と定義する．

(2) (1) の状況で $\boldsymbol{x}$ を $v = \phi_{V,B}(\boldsymbol{x})$ の B に関する**座標ベクトル**とする． ◇

命題 2.4.38 より ϕ_B は R^n から V への右 R 加群の同型である. したがって, 座標ベクトルの定義は well-defined である.

以下, 基底の変換行列について考察する.

定義 2.5.13 右 R 加群 V は二つの基底 B_1, B_2 を持ち, $|B_1| = |B_2| = n$ とする. $P \in \mathrm{GL}_n(R)$ が $\phi_{V,B_2}^{-1} \circ \phi_{V,B_1} = T_P$ という条件を満たすとき (つまり, 下の図式を可換にする), P を基底 B_1 から B_2 への**変換行列**という. ◇

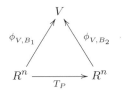

$\phi_{V,B_2}^{-1} \circ \phi_{V,B_1}$ は R^n から R^n への同型なので, 命題 2.5.2 より, 定義 2.5.13 の P は存在し, 一意的である. よって, 上の定義は well-defined である. $\boldsymbol{x}, \boldsymbol{y} \in R^n$ が $v \in V$ のそれぞれ B_1, B_2 に関する座標ベクトルなら, $\boldsymbol{y} = P\boldsymbol{x}$ である.

定義 2.5.14 V, W は自由右 R 加群で, それぞれ $B = \{v_1, \cdots, v_n\}$, $C = \{w_1, \cdots, w_m\}$ を基底に持つとする. また, $T : V \to W$ は R 準同型とする. $A \in \mathrm{M}_{m,n}(R)$ が $\phi_{W,C}^{-1} \circ T \circ \phi_{V,B} = T_A$ という条件を満たすなら (つまり, 下の図式を可換にする), A を T の B, C に関する**表現行列**という. ◇

上の定義の A の存在は命題 2.5.2 より従う.

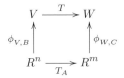

$T(v_j)$ の C に関する座標ベクトルが $\boldsymbol{a}_j$ なら, 図式が可換なので, $A\mathfrak{e}_j = \boldsymbol{a}_j$ である. したがって, **$T(v_j)$ の C に関する座標ベクトルが A の j 列である.** $V = W, B = C$ なら, A を T の B に関する表現行列という.

命題 **2.5.15** 定義 2.5.14 の状況で次が成り立つ

$$\mathrm{Ker}(T_A) \cong \mathrm{Ker}(T), \qquad \mathrm{Im}(T_A) \cong \mathrm{Im}(T), \qquad \mathrm{Coker}(T_A) \cong \mathrm{Coker}(T).$$

証明 $T \circ \phi_{V,B} = \phi_{W,C} \circ T_A$ なので，$\boldsymbol{x} \in R^n$ なら

$$T_A \boldsymbol{x} = \boldsymbol{0} \iff \phi_{W,C} \circ T_A \boldsymbol{x} = \boldsymbol{0} \iff T \circ \phi_{V,B} \boldsymbol{x} = \boldsymbol{0}.$$

したがって，$\phi_{V,B}$ は同型 $\mathrm{Ker}(T_A) \cong \mathrm{Ker}(T)$ を引き起こす.

$\phi_{V,B}, \phi_{W,C}$ は同型なので，

$$\mathrm{Im}(T) = \mathrm{Im}(T \circ \phi_{V,B}) = \mathrm{Im}(\phi_{W,C} \circ T_A) = \phi_{W,C}(\mathrm{Im}(T_A)).$$

よって，$\phi_{W,C}$ は同型 $\mathrm{Im}(T_A) \cong \mathrm{Im}(T)$, $R^m \cong W$ を引き起こす. したがって，$\mathrm{Coker}(T_A) \cong \mathrm{Coker}(T)$ である. $\qquad\square$

例 2.5.16 $V = \mathrm{M}_2(\mathbb{Z})$, $A = \begin{pmatrix} 0 & 1 \\ 0 & 0 \end{pmatrix}$ とし，$\mathbb{Z}$ 加群の準同型 $T : V \to V$ を $T(X) = AX - XA$ $(X \in V)$ と定める. E_{ij} を (i,j)-成分が 1 で他の成分が 0 である行列とすると，$B = \{E_{11}, E_{12}, E_{21}, E_{22}\}$ は V の $\mathbb{Z}$ 加群としての基底である.

$$T(E_{11}) = -E_{12}, \qquad T(E_{12}) = \boldsymbol{0}, \qquad T(E_{21}) = E_{11} - E_{22}, \qquad T(E_{22}) = E_{12}$$

なので，T の B に関する表現行列，核，像は

$$A = \begin{pmatrix} 0 & 0 & 1 & 0 \\ -1 & 0 & 0 & 1 \\ 0 & 0 & 0 & 0 \\ 0 & 0 & -1 & 0 \end{pmatrix} \implies \begin{aligned} &\mathrm{Ker}(T_A) = \mathbb{Z}[0,1,0,0] + \mathbb{Z}[1,0,0,1], \\ &\mathrm{Im}(T_A) = \mathbb{Z}[0,1,0,0] + \mathbb{Z}[1,0,0,-1]. \end{aligned}$$

これらの列ベクトルを座標ベクトルに持つ元を考えると，

$$\mathrm{Ker}(T) = \mathbb{Z}E_{12} + \mathbb{Z}(E_{11} + E_{22}), \qquad \mathrm{Im}(T) = \mathbb{Z}E_{12} + \mathbb{Z}(E_{11} - E_{22}).$$

$\{E_{12}, E_{11} - E_{22}, E_{21}, E_{22}\}$ は V の基底なので，$\mathrm{Coker}(T_A) \cong \mathbb{Z}^2$ である. $\qquad\diamond$

命題 **2.5.17** V, W を階数 n, m の自由右 R 加群，$T : V \to W$ を加群の準同型，B_1, B_2 を V の基底，C_1, C_2 を W の基底，A_1 を T の B_1, C_1 に関する表現行列，A_2 を T の B_2, C_2 に関する表現行列とする. このとき，P, Q をそれぞれ B_1 から B_2, C_1 から C_2 への基底の変換行列とすれば，$A_2 = QA_1P^{-1}$. 特に，$V = W$, $B_1 = C_1$, $B_2 = C_2$ なら，$A_2 = PA_1P^{-1}$.

証明　証明は次の可換図式より従う.

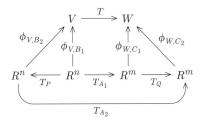

R が体なら，$\mathrm{Ker}(T_A), \mathrm{Im}(T_A)$ の次元には，次の関係がある (詳細は略).

定理 2.5.18　K を体，V, W を次元 n, m の K 上のベクトル空間，$T:$ $V \to W$ を線形写像，B, C をそれぞれ V, W の基底，A を T の B, C に関する表現行列，r を A の階数とする. このとき，$\dim \mathrm{Ker}(T) = n - r$, $\dim \mathrm{Im}(T) = r$. したがって，$\mathbf{\dim \mathrm{Ker}(T) + \dim \mathrm{Im}(T) = n}$ である.

2.6　環上の加群について学ぶ理由

この節では，環上の加群について学ぶ理由について解説する.

理由の一つは環のイデアルが環上の加群の重要な例の一つであるということである. イデアルは代数幾何および整数論両方でとても重要な対象である. $\mathbb{C}$ 上のアフィン代数多様体 X が多項式環 $\mathbb{C}[x_1, \cdots, x_n]$ のイデアル I の零点であるとき，X の幾何学的性質に I の性質が反映されるのは当然のことである. 整数論でも，系 1.11.45 で示したように，素数 p が整数 x, y により $p = x^2 + y^2$ と表されることの証明では，$\mathbb{Z}[\sqrt{-1}]$ のイデアルがすべて単項イデアルであることが本質的だった.

A のイデアルは A 加群である. しかし，イデアルではない一般の環上の加群を考える必要があるのだろうか？ 答えは Yes である. 一つの理由は，A 加群のコホモロジーを時として考える必要があるからである. ホモロジー代数は III–6 章で解説するが，ここではホモロジーもコホモロジーも定義することはできない. しかし，そのようなものを考える必要性について少し述べる.

$\mathbb{Z}$ 加群 $M = N = \mathbb{Z}$ と $\phi(x) = 2x$ で定義される準同型 $\phi : M \to N$ を考える. 明らかに ϕ は単射である. この準同型を 2 を法として考えたらどうなるだろ

う？ ϕ を 2 を法とした準同型 $M/2M \cong N/2N \cong \mathbb{Z}/2\mathbb{Z}$ は恒等的に 0 になる.
したがって，$\phi \bmod 2$ は単射ではない. ホモロジー代数は，こういった現象を
説明する一つの手段である. これは一つの例だが，代数では，ホモロジーやコ
ホモロジーは重要な役割を果たすが，それらを定義するのに，イデアルから出
発したとしても，もっと一般に環上の加群を考える必要がある. これは環上の
加群を考える一つの理由である.

　もう一つの理由は，与えられた加群からさまざまな新しい加群を組織的に定
義することができ，それによりさまざまな対象が，整理されるということであ
る. I–2.3 節の最初で述べたが，群を調べるのに，部分群や剰余群を考えること
が有益である. それは，環上の加群についても同じことが言える. それが，前
節のいくつかで解説してきたことである. 後でテンソル積を定義するが，テン
ソル積はさまざまな対象を記述するのに非常に役に立つ.

　例えば，上で加群や準同型を 2 を法として考えることについて述べたが，テ
ンソル積を使うと，それは $\mathbb{Z}/2\mathbb{Z}$ のすべての加群にテンソルするだけで記述で
きる. 例えば $M/2M \cong M \underset{\mathbb{Z}}{\otimes} (\mathbb{Z}/2\mathbb{Z})$ である. 2.14 節の局所化についても同様で
ある. III–3 章で環や加群の完備化について解説するが，A がネーター局所環
で M が有限生成 A 加群なら，$\widehat{A}$ を A の完備化とするとき，M の完備化は
$\widehat{A} \underset{A}{\otimes} M$ と同型になる. また，加群上の双線形形式といった対象もテンソル積を
使って統一的に記述できる.

　K が体で A, B が可換 K 代数なら，新たな K 代数を $A \underset{K}{\otimes} B$ として定義で
きる. 代数幾何で $X = \operatorname{Spec} A$, $Y = \operatorname{Spec} B$ なら，$\operatorname{Spec} A \underset{K}{\otimes} B$ は X, Y の「積」
$X \times_K Y$ に対応する. それとは別のことだが，$\phi : A \to B$ が K 準同型なら，写
像 $Y \to X$ が対応するが，B の A 加群としての性質が $Y \to X$ の幾何学的な
性質に対応することがある. 例えば，第 3 巻の上昇定理 (定義 III–1.5.1, 定理
III–1.5.2) や下降定理 (定義 III–2.3.1, 命題 III–2.3.3) がそのような例である.

　G が有限群なら，$\mathbb{C}$ 上の表現を考えることは群環 $\mathbb{C}[G]$ 上の加群を考えるこ
とと同じことである. 必ずしも有限ではない群 G 代数多様体に作用するとき，
さまざまなコホモロジー群は G の (必ずしも有限次元でない) 表現になる.

　他にもいろいろ理由はあるだろうが，読者はこれ以降に加群に関する解説に
ついて見通しが得られると幸いである.

2.7 $\mathrm{GL}_n(\mathbb{Z}/m\mathbb{Z})^*$

以下，n, m を正の整数とする．この節では，$\mathrm{GL}_n(\mathbb{Z}/m\mathbb{Z})$ と，それに関連した群について考察する．この節のおもな目的は定理 2.7.11 を証明することである．この節では環はすべて可換環であると仮定する．

補題 2.7.1 R_1, R_2 を環，$\phi : R_1 \to R_2$ を環準同型とする．このとき，$A = (a_{ij}) \in \mathrm{GL}_n(R_1)$ なら，$(\phi(a_{ij})) \in \mathrm{GL}_n(R_2)$ である．

証明 $A \in \mathrm{GL}_n(R_1)$ なので，$\det A \in R_1^{\times}$ である．行列式は同じ式で定義されているので，$\det((\phi(a_{ij}))) = \phi(\det(A))$ である．命題 I–2.5.29 より $\phi(R_1^{\times}) \subset R_2^{\times}$ なので，$(\phi(a_{ij})) \in \mathrm{GL}_n(R_2)$ である． $\qquad\square$

$p_1, \cdots, p_t$ を相異なる素数，$m = p_1^{a_1} \cdots p_t^{a_t}$ $(a_1, \cdots, a_t > 0)$ とする．中国式剰余定理より，$\mathbb{Z}/m\mathbb{Z} \cong \mathbb{Z}/p_1^{a_1}\mathbb{Z} \times \cdots \times \mathbb{Z}/p_t^{a_t}\mathbb{Z}$ である．

命題 2.7.2 上の状況で

$$\mathbf{GL}_n(\mathbb{Z}/m\mathbb{Z}) \cong \mathbf{GL}_n(\mathbb{Z}/p_1^{a_1}\mathbb{Z}) \times \cdots \times \mathbf{GL}_n(\mathbb{Z}/p_t^{a_t}\mathbb{Z}).$$

証明 $\phi_l : \mathbb{Z}/m\mathbb{Z} \to \mathbb{Z}/p_l^{a_l}\mathbb{Z}$ を自然な準同型とする．$A = (a_{ij}) \in \mathrm{GL}_n(\mathbb{Z}/m\mathbb{Z})$ に対し $\Phi_l(A) = (\phi_l(a_{ij}))$ $(l = 1, \cdots, t)$ とおくと，補題 2.7.1 より $\Phi_l(A) \in \mathrm{GL}_n(\mathbb{Z}/p_l^{a_l}\mathbb{Z})$ $(l = 1, \cdots, t)$ である．$\Phi : \mathrm{GL}_n(\mathbb{Z}/m\mathbb{Z}) \to \mathrm{GL}_n(\mathbb{Z}/p_1^{a_1}\mathbb{Z}) \times \cdots \times \mathrm{GL}_n(\mathbb{Z}/p_t^{a_t}\mathbb{Z})$ を $\Phi(A) = (\Phi_1(A), \cdots, \Phi_t(A))$ と定義すると，これは準同型である．

$A = (a_{ij})$, $B = (b_{ij}) \in \mathrm{GL}_n(\mathbb{Z}/m\mathbb{Z})$ で $\Phi(A) = \Phi(B)$ なら，すべての i, j に対し $a_{ij} \equiv b_{ij} \mod p_l^{a_l}$ $(l = 1, \cdots, t)$ である．中国式剰余定理により，$a_{ij} = b_{ij}$ $(\forall i, j)$ である．よって，Φ は単射である．

$A_1 = (a_{1,ij}) \in \mathrm{GL}_n(\mathbb{Z}/p_1^{a_1}\mathbb{Z})$, $\cdots$, $A_t = (a_{t,ij}) \in \mathrm{GL}_n(\mathbb{Z}/p_t^{a_t}\mathbb{Z})$ が与えられたとする．やはり中国式剰余定理により，$A = (a_{ij}) \in \mathrm{M}_n(\mathbb{Z}/m\mathbb{Z})$ で $\phi_l(a_{ij}) = a_{l,ij}$ となるものがある．すると，$\phi_l(\det A) = \det A_i$ である．したがって，$\det A = c \mod m$ $(c \in \mathbb{Z})$ とすると，c は $p_1, \cdots, p_t$ と互いに素な整数である．よって，c は m と互いに素な整数でもあり，$\det A \in (\mathbb{Z}/m\mathbb{Z})^{\times}$ である．よって，$A \in \mathrm{GL}_n(\mathbb{Z}/m\mathbb{Z})$ となるので，Φ は全射である． $\qquad\square$

上の命題より，m が素数べきのときを考える.

命題 2.7.3　p を素数，a を正の整数とし，また，$\phi_a : \mathrm{GL}_n(\mathbb{Z}/p^{a+1}\mathbb{Z}) \to$
$\mathrm{GL}_n(\mathbb{Z}/p^a\mathbb{Z})$ を自然な準同型とする. このとき，次の (1), (2) が成り立つ.

(1)　$\phi_a : \mathrm{GL}_n(\mathbb{Z}/p^{a+1}\mathbb{Z}) \to \mathrm{GL}_n(\mathbb{Z}/p^a\mathbb{Z})$ は全射である.

(2)　$\mathrm{Ker}(\phi_a)$ は $I_n + p^a A$ $(A \in \mathrm{M}_n(\mathbb{Z}/p^{a+1}\mathbb{Z}))$ という形の行列全体の集合であり，その位数は p^{n^2} である. またこの A は p を法として定まる.

証明　(1)　$A = (a_{ij}) \in \mathrm{GL}_n(\mathbb{Z}/p^a\mathbb{Z})$ に対し，$B = (b_{ij}) \in \mathrm{M}_n(\mathbb{Z}/p^{a+1}\mathbb{Z})$ を
すべての i, j に対し $\phi(b_{ij}) = a_{ij}$ となるようにとる. $\phi(\det B) = \det A$ なの
で，$\det B = c \bmod p^{a+1}$ とすると，c は p と互いに素である. よって，$\det B \in$
$(\mathbb{Z}/p^{a+1}\mathbb{Z})^{\times}$ となり，$B \in \mathrm{GL}_n(\mathbb{Z}/p^{a+1}\mathbb{Z})$ である. よって，ϕ_a は全射である.

(2)　$\mathrm{Ker}(\phi_a)$ が (2) の主張の形をした元よりなることは定義より明らかであ
る. 行列 A が p を法として定まることと，$p^a A$ が p^{a+1} を法として定まること
は同値である. したがって，$|\mathrm{Ker}(\phi_a)| = p^{n^2}$ である. □

命題 2.7.4　p が素数なら，
$$|\mathbf{GL}_n(\mathbb{Z}/p\mathbb{Z})| = (p^n - 1)(p^n - p) \cdots (p^n - p^{n-1}).$$

証明　位数 p の有限体を $\mathbb{F}_p = \mathbb{Z}/p\mathbb{Z}$ とおく. $A \in \mathrm{M}_n(\mathbb{F}_p)$ とするとき，$A \in$
$\mathrm{GL}_n(\mathbb{F}_p)$ であることと，A の列ベクトルが V の基底になることは同値である
(命題 2.5.7). それは，A の列ベクトルが 1 次独立であることとも同値である.

$S = \{\boldsymbol{v}_1, \cdots, \boldsymbol{v}_n\} \subset (\mathbb{Z}/p\mathbb{Z})^n$ とする. $i = 1, \cdots, n$ に対し，W_i を $\{\boldsymbol{v}_1, \cdots, \boldsymbol{v}_i\}$
で張られる部分空間とする. 便宜上 $W_0 = \{\boldsymbol{0}\}$ とおく. S が 1 次独立であれ
ば，$\{\boldsymbol{v}_1, \cdots, \boldsymbol{v}_i\}$ $(i = 1, \cdots, n)$ も 1 次独立である. よって，$\dim W_i = i$. 逆にこ
の条件が満たされれば，$\{\boldsymbol{v}_1, \cdots, \boldsymbol{v}_n\}$ は 1 次独立である. W_{i+1} は W_i と $\boldsymbol{v}_{i+1}$
で張られるので，$\dim W_{i+1} = \dim W_i + 1$ は $\boldsymbol{v}_{i+1} \notin W_i$ と同値である. よって，
$|\mathrm{GL}_n(\mathbb{Z}/p\mathbb{Z})|$ を計算するには，すべての $i = 0, \cdots, n-1$ に対し $\boldsymbol{v}_{i+1} \notin W_i$ であ
るような $\boldsymbol{v}_1, \cdots, \boldsymbol{v}_n$ を数えればよい.

$\boldsymbol{v}_1$ は任意の零でないベクトルでよいので，$(p^n - 1)$ 個の可能性がある.
$\boldsymbol{v}_1, \cdots, \boldsymbol{v}_i$ まで選ぶと，これらで張られる部分空間の元の個数は p^i なので，そ

れに属さないベクトルの個数は $p^n - p^i$ である．したがって，$|\mathrm{GL}_n(\mathbb{Z}/p\mathbb{Z})| = (p^n-1)(p^n-p)\cdots(p^n-p^{n-1})$ である． □

命題 2.7.3, 2.7.4 より，次の系が従う．

系 2.7.5　p が素数，$a > 0$ が整数なら，
$$|\mathrm{GL}_n(\mathbb{Z}/p^a\mathbb{Z})| = p^{(a-1)n^2}(p^n-1)(p^n-p)\cdots(p^n-p^{n-1}).$$

任意の可換環 R に対し，$\mathrm{SL}_n(R)$ を特殊線形群とする（定義 2.2.4）．$T \subset \mathrm{GL}_n(R)$ を aI_n $(a \in R^{\times})$ という形をした元全体の集合とする．T は部分群である．$T \cap \mathrm{SL}(R) = \{aI_n \mid a \in R^{\times},\ a^n = 1\}$ である．

定義 2.7.6　上の状況で次のように定義する．

(1)　$\mathrm{PGL}_n(R) = \mathrm{GL}_n(R)/T$．

(2)　$\mathrm{PSL}_n(R) = \mathrm{SL}_n(R)/(T \cap \mathrm{SL}_n(R))$． ◇

$R = \mathbb{F}_p$ の場合を考える．

以下，$p > 0$ を素数として，$R = \mathbb{Z}/p\mathbb{Z} = \mathbb{F}_p$ の場合を考える．

命題 2.7.7　$n > 0$ を整数とすると，次の (1)–(3) が成り立つ．

(1)　$\mathbf{|SL_n(\mathbb{F}_p)| = |GL_n(\mathbb{F}_p)|/(p-1)}$．

(2)　$\mathbf{|PGL_n(\mathbb{F}_p)| = |SL_n(\mathbb{F}_p)|}$．

(3)　$\mathbf{|PSL_n(\mathbb{F}_p)| = |SL_n(\mathbb{F}_p)|/GCD(n, p-1)}$．

証明　(1)　$\det : \mathrm{GL}_n(\mathbb{F}_p) \ni A \mapsto \det A \in \mathbb{F}_p^{\times}$ は群準同型であり，$\mathrm{SL}_n(\mathbb{F}_p) = \mathrm{Ker}(\det)$ である．例 I–2.5.8 と同様にして，$\det : \mathrm{GL}_n(\mathbb{F}_p) \to \mathbb{F}_p^{\times}$ は全射である．$\mathbb{F}_p$ は体なので，$|\mathbb{F}_p^{\times}| = p-1$ である．したがって，(1) を得る．

(2)　$|T| = p-1$ なので，$|\mathrm{PGL}_n(\mathbb{F}_p)| = |\mathrm{GL}_n(\mathbb{F}_p)|/|T| = |\mathrm{SL}_n(\mathbb{F}_p)|$ となる．

(3)　$|T \cap \mathrm{SL}_n(\mathbb{F}_p)| = \mathrm{GCD}(n, p-1)$ であることを示せばよい．命題 1.11.39 より，$\mathbb{F}_p^{\times}$ は位数 $p-1$ の巡回群である．x を $\mathbb{F}_p^{\times}$ の生成元とするとき，$(x^d)^n = x^{dn} = 1$ となることと，dn が $p-1$ で割り切れることは同値である．$m = \mathrm{GCD}(n, p-1)$，$n = ma$，$p-1 = mb$ とおく．すると，$dn = dma$ が $p-1 = mb$ で割り切れることと，da が b で割り切れることは同値である．a, b は互いに

素なので，これは d が b で割り切れることと同値である．したがって，$T \cap \mathrm{SL}_n(\mathbb{F}_p)$ は $x^b I_n$ で生成される．x^b の位数は m なので (これは演習問題 I–2.4.6 で証明されたものとする)，$|T \cap \mathrm{SL}_n(\mathbb{F}_p)| = m = \mathrm{GCD}(n, p-1)$ である．□

注 2.7.8 $p > 0$ を素数，$n > 0$ を整数，$q = p^n$ とする．位数 q の有限体 $\mathbb{F}_q$ を 3.5 節で構成する．このとき，命題 2.7.4, 2.7.7 と同様に $\mathrm{GL}_n(\mathbb{F}_q)$ などの位数を決定でき，主張の p を q で置き換えればよい． ◇

例 2.7.9 (1) $|\mathrm{GL}_2(\mathbb{F}_2)| = |\mathrm{SL}_2(\mathbb{F}_2)| = |\mathrm{PSL}_2(\mathbb{F}_2)| = 6$.

(2) $|\mathrm{GL}_2(\mathbb{F}_3)| = 48$, $|\mathrm{SL}_2(\mathbb{F}_3)| = 24$, $|\mathrm{PSL}_2(\mathbb{F}_3)| = 12$.

(3) $|\mathrm{GL}_2(\mathbb{F}_5)| = 480$, $|\mathrm{SL}_2(\mathbb{F}_5)| = 120$, $|\mathrm{PSL}_2(\mathbb{F}_5)| = 60$.

(4) $|\mathrm{GL}_2(\mathbb{F}_7)| = 48 \cdot 42 = 2016$, $|\mathrm{SL}_2(\mathbb{F}_7)| = 336$, $|\mathrm{PSL}_2(\mathbb{F}_7)| = 168$.

(5) $|\mathrm{GL}_3(\mathbb{F}_2)| = |\mathrm{SL}_3(\mathbb{F}_2)| = |\mathrm{PSL}_3(\mathbb{F}_2)| = 168$. ◇

注 2.7.10 位数を計算すれば，ほとんどの場合，$\mathrm{PGL}_n(\mathbb{F}_p) \not\cong \mathrm{PSL}_n(\mathbb{F}_p)$ であることがわかる．本書では代数群については解説しないが，**代数群の商としては $\mathbf{PGL}_n \cong \mathbf{PSL}_n$ となる**．これは，代数群の商は集合論的な商ではないので，K を体とするとき，PSL_n の K 有理点の集合が必ずしも $\mathrm{SL}_n(K)/(T \cap \mathrm{SL}_n(K))$ とはならないからである． ◇

$\mathrm{PSL}_n(\mathbb{F}_p)$ がほとんどの場合に単純群であることを証明する．これが本節の目的である．

定理 2.7.11 K を体とする．$n \geqq 3$ または $|K| \geqq 4$ なら，$G = \mathrm{PSL}_n(K)$ は単純群である．

この定理の証明のための準備をする．証明のポイントは以下の 2 点である．

(1) $\mathrm{PSL}_n(\mathbb{F}_p)$ は $\mathbb{P}^{n-1}$ に二重推移的に作用する．

(2) $\mathrm{PSL}_n(\mathbb{F}_p)$ はユニポテントな元 (つまり上三角行列または下三角行列で対角成分が 1 である元) で生成される．

まず，上にも書いた射影空間と二重推移性を定義する．K を体，$V = K^{n+1}$ とおく．$\boldsymbol{x}, \boldsymbol{y} \in V \backslash \{\boldsymbol{0}\}$ に対し $r \in K^\times$ があり $\boldsymbol{x} = r\boldsymbol{y}$ となるとき，$\boldsymbol{x} \sim \boldsymbol{y}$ と定義する．これは $V \backslash \{\boldsymbol{0}\}$ 上の同値関係となる (証明は省略)．

定義 2.7.12　$\mathbb{P}^n(K) = (V \backslash \{0\})/\sim$ とおき，n 次元**射影空間**という.　　◇

　$g \in \mathrm{GL}_n(K)$ とする. $\boldsymbol{x}, \boldsymbol{y} \in K^n \backslash \{0\}$, $r \in K^{\times}$ で $\boldsymbol{x} = r\boldsymbol{y}$ なら, $g\boldsymbol{x} = rg\boldsymbol{y}$ である. したがって, $\boldsymbol{x}$ の同値類を $[\boldsymbol{x}]$ とすれば, $g[\boldsymbol{x}] = [g\boldsymbol{x}]$ と定義することにより, well-defined な写像 $\mathbb{P}^{n-1}(K) \ni [\boldsymbol{x}] \mapsto [g\boldsymbol{x}] \in \mathbb{P}^{n-1}(K)$ を得る. これは $\mathrm{GL}_n(K)$ の $\mathbb{P}^{n-1}(K)$ への作用になる. $\mathrm{SL}_n(K)$ は $\mathrm{GL}_n(K)$ の部分群なので, $\mathrm{SL}_n(K)$ も $\mathbb{P}^{n-1}(K)$ に作用する. また, tI_n $(t \in K)$ という形をした行列は $\mathbb{P}^{n-1}(K)$ に自明に作用するので, $\mathrm{PSL}_n(K)$ も $\mathbb{P}^{n-1}(K)$ に作用する.

定義 2.7.13　群 G が集合 X に作用し, 任意の $a_1, a_2, b_1, b_2 \in X$ で $a_1 \neq a_2$, $b_1 \neq b_2$ であるものに対し, $ga_1 = b_1$, $ga_2 = b_2$ となる $g \in G$ が存在するとき, G は X に**二重推移的**に作用するという.　　◇

命題 2.7.14　$n \geqq 2$ なら, $\mathrm{SL}_n(K)$ は $\mathbb{P}^{n-1}(K)$ に二重推移的に作用する.

証明　$\{e_1, \cdots, e_n\}$ を K^n の標準基底とする. $\boldsymbol{x}_1 \in K^n \backslash \{0\}$ なら, $\boldsymbol{x}_1$ を最初のベクトルとする基底 $\{\boldsymbol{x}_1, \cdots, \boldsymbol{x}_n\}$ がある. $A = (\boldsymbol{x}_1 \cdots \boldsymbol{x}_n)$ とおくと, $A \in \mathrm{GL}_n(K)$ である. $a = \det A$ なら, A の第 n 列を $1/a$ 倍すれば, $A \in \mathrm{SL}_n(K)$ となり, 第 1 列は変わらないので, $Ae_1 = \boldsymbol{x}_1$ である. $\boldsymbol{y}_1 \in K^n \backslash \{0\}$ なら, $B \in \mathrm{SL}_n(K)$ で $Be_1 = \boldsymbol{y}_1$ となる元もとれるので, $BA^{-1}\boldsymbol{x}_1 = \boldsymbol{y}_1$ である. よって, $\mathrm{SL}_n(K)$ は $K^n \backslash \{0\}$ に, したがって $\mathbb{P}^{n-1}(K)$ にも推移的に作用する.

　$\boldsymbol{x}_1, \boldsymbol{x}_2, \boldsymbol{y}_1, \boldsymbol{y}_2 \in K^n \backslash \{0\}$ で, $[\boldsymbol{x}_1] \neq [\boldsymbol{x}_2]$, $[\boldsymbol{y}_1] \neq [\boldsymbol{y}_2]$ であるとき, $g[\boldsymbol{x}_1] = [\boldsymbol{y}_1]$, $g[\boldsymbol{x}_2] = [\boldsymbol{y}_2]$ となる $g \in \mathrm{SL}_n(K)$ をみつけたい. $\boldsymbol{x}_1 = \boldsymbol{y}_1 = e_1$ であるときにこれが示せたとする. $Ae_1 = \boldsymbol{x}_1$, $Be_1 = \boldsymbol{y}_1$ となる $A, B \in \mathrm{SL}_n(K)$ をとれば, $A^{-1}[\boldsymbol{x}_1] = B^{-1}[\boldsymbol{y}_1] = [e_1]$ である. 仮定より $C[e_1] = [e_1]$, $C[A^{-1}\boldsymbol{x}_2] = [B^{-1}\boldsymbol{y}_2]$ となる $C \in \mathrm{SL}_n(K)$ はあるので, $g = BCA^{-1}$ とすれば, g が求める元である.

　よって, $\boldsymbol{x}_1 = \boldsymbol{y}_1 = e_1$ の場合を示す. $g[e_1] = [e_1]$ ということは, g が

$$(2.7.15) \qquad g = \begin{pmatrix} g_{11} & * \\ 0 & g' \end{pmatrix}, \qquad g_{11} \neq 0, \ g' \in \mathrm{GL}_{n-1}(K)$$

という形をしていることと同値である. 演習問題 2.2.1 より, $g \in \mathrm{SL}_n(K)$ であ

ることと，$g_{11} \det g' = 1$ であることは同値である．$[\boldsymbol{x}_2] \neq [\mathbb{e}_1]$, $[\boldsymbol{y}_2] \neq [\mathbb{e}_1]$ なので，$\boldsymbol{x}_2 = [x_{21}, \cdots, x_{2n}]$, $\boldsymbol{y}_2 = [y_{21}, \cdots, y_{2n}]$ とおくと，$x_{2i}, y_{2j} \neq 0$ となる $2 \leqq i, j \leqq n$ がある．

$$E_1 = \begin{pmatrix} 1 & 0 & \cdots & -x_{2i}^{-1} x_{21} & \cdots & 0 \\ 0 & & & & & \\ \vdots & & & I_{n-1} & & \\ 0 & & & & & \end{pmatrix}$$

とおく．ただし，$-x_{2i}^{-1} x_{21}$ は E_1 の $(1,i)$-成分である．このとき，$E_1 \in \mathrm{SL}_n(K)$, $E_1 \mathbb{e}_1 = \mathbb{e}_1$ であり，$E_1 \boldsymbol{x}_2$ の第 1 成分は 0 となる．同様に，$E_2 \in \mathrm{SL}_n(K)$ で $E_2 \mathbb{e}_1 = \mathbb{e}_1$ であり，$E_2 \boldsymbol{y}_2$ の第 1 成分が 0 となるものがある．

$n = 2$ なら，$E_2^{-1} E_1 [\boldsymbol{x}_2] = [\boldsymbol{y}_2]$ である．$n > 2$ なら，上で証明したように，$\mathrm{SL}_{n-1}(K)$ は $\mathbb{P}^{n-2}(K)$ に推移的に作用するので，$h_1 \in \mathrm{SL}_{n-1}(K)$ が存在し，$h = \begin{pmatrix} 1 & 0 \\ 0 & h_1 \end{pmatrix}$ とおくと，$hE_1[\boldsymbol{x}_2] = E_2[\boldsymbol{y}_2]$ となる．$g = E_2^{-1} h E_1$ とおくと，$g \in \mathrm{SL}_n(K)$ で，$g[\mathbb{e}_1] = [\mathbb{e}_1]$, $g[\boldsymbol{x}_2] = [\boldsymbol{y}_2]$ となる． $\square$

$c \in K$ に対し，$R_{n,ij}(c)$ を (2.1.19) で定義された行列とする．

命題 2.7.16 K を体，$G = \mathrm{SL}_n(K)$ とすると，G は集合 $U = \{R_{n,ij}(c) \mid i \neq j, c \in K\}$ で生成される．

証明 2.1 節で行列が基本変形で標準形に変形できることを述べた．行変形を行うときに，ピボットは 1 でなくても，他の成分を消去することはできる．また，(2.1.21) の $P_{n,ij}$ という形の行列の代わりに，

$$(2.7.17) \qquad P'_{n,ij} = \begin{array}{c} \\ \\ i\cdots \\ \\ \\ j\cdots \\ \\ \\ \\ \end{array} \begin{pmatrix} 1 & & & & & & & \\ & \ddots & & & & & & \\ & & 0 & & -1 & & & \\ & & & \ddots & & & & \\ & & 1 & & 0 & & & \\ & & & & & \ddots & & \\ & & & & & & 1 \end{pmatrix}$$

を考えると，$P'_{n,ij} \in \mathrm{SL}_n(K)$ であり，符号は変わるが，行を交換することができる．よって，そのような行列と，$R_{n,ij}(c)$ という形の行列を左からかけるこ

とにより，行列を対角行列に変形することができる．

また，$\mathrm{SL}_n(K)$ の対角行列は，

$$\begin{pmatrix} a_{11} & & & \\ & \ddots & & \\ & & a_{n-1\,n-1} & \\ & & & (a_{11}\cdots a_{n-1\,n-1})^{-1} \end{pmatrix}$$

という形なので，二つの成分以外 1 であるような対角行列の積で書ける．したがって，そのような行列と $P'_{n,ij}$ が U の有限個の元の積で書ければよい．

$i \neq j$ に対し，準同型

$$\mathrm{SL}_2(K) \ni \begin{pmatrix} a & b \\ c & d \end{pmatrix} \mapsto \begin{matrix} i\cdots \\ \\ j\cdots \end{matrix} \begin{pmatrix} 1 & & & & & \\ & \ddots & & & & \\ & & a & & b & \\ & & & \ddots & & \\ & & c & & d & \\ & & & & & 1 \end{pmatrix} \in \mathrm{SL}_n(K)$$

の像である $\mathrm{SL}_2(K)$ と同型な $\mathrm{SL}_n(K)$ の部分群を考えることにより，$n = 2$ と仮定してよい．

$\alpha \in K \setminus \{0\}$ に対し，$u = \alpha - 1$ とおくと，

$$\begin{pmatrix} 1 & -u\alpha \\ 0 & 1 \end{pmatrix} \begin{pmatrix} 1 & 0 \\ -\alpha^{-1} & 1 \end{pmatrix} \begin{pmatrix} 1 & u \\ 0 & 1 \end{pmatrix} \begin{pmatrix} 1 & 0 \\ 1 & 1 \end{pmatrix} = \begin{pmatrix} \alpha & 0 \\ 0 & \alpha^{-1} \end{pmatrix}$$

となる．よって，U で生成される群は $\mathrm{SL}_2(K)$ の対角行列の集合を含む．また，

$$\begin{pmatrix} 1 & 0 \\ 1 & 1 \end{pmatrix} \begin{pmatrix} 1 & -1 \\ 0 & 1 \end{pmatrix} \begin{pmatrix} 1 & 0 \\ 1 & 1 \end{pmatrix} = \begin{pmatrix} 0 & -1 \\ 1 & 0 \end{pmatrix}$$

である．これで命題の証明が完了した． □

命題 2.7.18 K を体，$G = \mathrm{SL}_n(K)$ とすると，$n \geqq 3$ または $|K| \geqq 4$ なら，$G = [G, G]$ である．

証明 $n \geqq 3$ なら，i, j, k がすべて相異なるとき，

$$(2.7.19) \qquad R_{n,ik}(c) R_{n,kj}(1) R_{n,ik}(c)^{-1} R_{n,kj}(1)^{-1} = R_{n,ij}(c)$$

なので，$[G, G]$ は G を生成する集合を含む．

$n = 2$ なら,

$$\begin{pmatrix} a & 0 \\ 0 & a^{-1} \end{pmatrix} \begin{pmatrix} 1 & u \\ 0 & 1 \end{pmatrix} \begin{pmatrix} a & 0 \\ 0 & a^{-1} \end{pmatrix}^{-1} \begin{pmatrix} 1 & u \\ 0 & 1 \end{pmatrix}^{-1} = \begin{pmatrix} 1 & (a^2-1)u \\ 0 & 1 \end{pmatrix},$$

$$\begin{pmatrix} a^{-1} & 0 \\ 0 & a \end{pmatrix} \begin{pmatrix} 1 & 0 \\ u & 1 \end{pmatrix} \begin{pmatrix} a^{-1} & 0 \\ 0 & a \end{pmatrix}^{-1} \begin{pmatrix} 1 & 0 \\ u & 1 \end{pmatrix}^{-1} = \begin{pmatrix} 1 & 0 \\ (a^2-1)u & 1 \end{pmatrix}.$$

$|K| \geqq 4$ なので, $a^2 \neq 1$ となる $a \in K^\times$ がある. よって, $(a^2-1)u$ は K の任意の元になりうる. したがって, $[G,G]$ は G を生成する集合を含む.   □

以下, P を $(2.7.15)$ の形をした元全体のなす $G = \mathrm{SL}_n(K)$ の部分群とする.

補題 2.7.20 P は G の極大部分群である. つまり, $G \supsetneqq H \supsetneqq P$ となる部分群 H は存在しない.

証明 $G \supsetneqq H \supsetneqq P$ となる部分群 H が存在したとする. $g \in G \backslash H$, $h \in H \backslash P$ とし, $x = g[\mathbb{e}_1]$, $y = h[\mathbb{e}_1] \in \mathbb{P}^{n-1}(K)$ とおく. P は $[\mathbb{e}_1]$ の安定化群なので, $x = [\mathbb{e}_1]$ なら, $g \in P$ となり矛盾である. 同様に, $y \neq [\mathbb{e}_1]$ である. G の作用は二重推移的なので, $p[\mathbb{e}_1] = [\mathbb{e}_1]$, $px = y$ となる $p \in G$ が存在する. 最初の条件より $p \in P$ である. $h^{-1}pg[\mathbb{e}_1] = [\mathbb{e}_1]$ となるので, $h^{-1}pg \in P$ となる. すると, $g \in p^{-1}hP \subset H$ となり矛盾である.   □

定理 2.7.11 の証明 $G \triangleright N \neq \{1\}$ となる N が存在したとして $G = N$ を示す. そのために G/N がアーベル群であることを示す. すると, $G = [G,G] \subset N$ となり, 証明が完了する.

$g \in \mathrm{SL}_n(K)$ がすべての $x \in \mathbb{P}^{n-1}(K)$ を固定するなら, $t \in K^\times$ があり $t^n = 1$, $g = tI_n$ となることを示す. $g[\mathbb{e}_i] = [\mathbb{e}_i]$ がすべての i に対して成り立てば, g は対角行列である. g の対角成分を $a_1, \cdots, a_n$ とする. $i \neq j$ なら $g[\mathbb{e}_i + \mathbb{e}_j] = [\mathbb{e}_i + \mathbb{e}_j]$ なので, $a_i = a_j$ である. よって, $g = tI_n$ ($t \in K^\times$) という形をしている. $g \in \mathrm{SL}_n(K)$ なので, $t^n = 1$ である.

次に N が $\mathbb{P}^{n-1}(K)$ に推移的に作用することを示す. 上で証明したことにより, $n \in N$ と $x,y \in \mathbb{P}^{n-1}(K)$ で, $nx = y \neq x$ となるものがある. $z \in \mathbb{P}^{n-1}(K)$, $z \neq x$ なら, G の作用は二重推移的なので, $gx = x$, $gy = z$ となる $g \in G$ がある. すると, $z = gnx = gng^{-1}gx = gng^{-1}x$ となるが, $gng^{-1} \in N$ なので, $z \in Nx$ となる. したがって, N は $\mathbb{P}^{n-1}(K)$ に推移的に作用する.

もし $N \subset P$ なら，$N[\mathfrak{e}_1] = \{[\mathfrak{e}_1]\}$ となり矛盾である．したがって，N は P に含まれない．N は正規部分群なので，NP は G の部分群で P を真に含む．P は極大部分群だったので，$NP = G$ である．

F を (2.7.15) で $g_{11} = 1$，$g' = I_{n-1}$ であるような元全体の集合とする．

$$P \ni \begin{pmatrix} g_{11} & * \\ 0 & g' \end{pmatrix} \mapsto g' \in \mathrm{GL}_{n-1}(K)$$

は準同型で F が核なので，$F \lhd P$ である．$N \lhd G$ なので，NF は G の部分群である．$f \in F, n \in N, p \in P$ なら，$N \lhd G, F \lhd P$ なので，

$$(np)f(np)^{-1} = n(pfp^{-1})n^{-1} = n[(pfp^{-1})n^{-1}(pfp^{-1})^{-1}]pfp^{-1} \in NF$$

である．$N \lhd G$ なので，NF は $G = NP$ の正規部分群である．

すべての $2 \leqq i \neq j \leqq n$ と $u \in K$ に対して $R_{n,1j}(u) \in F$ の共役を考えると，

$$P'_{n,1i}R_{n,1j}(u)(P'_{n,1i})^{-1} = R_{n,ij}(-u),$$
$$P'_{n,1j}R_{n,1j}(u)(P'_{n,1j})^{-1} = P'_{n,j1}(-u)$$

となる．よって，F の元の共役は，命題 2.7.16 の集合 U を含む．したがって，$NF = G$ である．すると，$G/N = NF/N \cong F/(F \cap N)$．$F$ はアーベル群なので，G/N もアーベル群である．これで証明が完了した．□

$|K| \leqq 3$ となる体の可能性としては，$\mathbb{F}_2, \mathbb{F}_3$ しかない．したがって，$\mathrm{PSL}_n(\mathbb{F}_p)$ のなかで定理 2.7.11 が適用できないのは，$n = 2$ で $p = 2, 3$ の場合だけである．$\mathrm{PSL}_2(\mathbb{F}_2) \cong \mathfrak{S}_3$，$\mathrm{PSL}_2(\mathbb{F}_3) \cong A_4$ であることが知られている (演習問題 2.7.1，2.7.2 参照)．

2.8 有限性

この節では環は可換であると仮定する．

加群の有限性は定義 1.12.1 で定義した整拡大の概念と密接に関連している．この節では加群の有限性について解説し，以下を示す．

(1) 環 B が環 A の拡大環なら，B の元で A 上整であるもの全体が B の部分環になる．

(2) 整域 B が整域 A の整拡大であるとき，A が体であることと B が体であることは同値である．

以下，環 B は環 A の拡大環とする．まず B の元が A 上整であることを加群の有限性によって解釈する．次の補題は加群の有限性に関して基本的である．

補題 2.8.1 A を環，$f(x) = x^n + a_1 x^{n-1} + \cdots + a_n \in A[x]$，$B = A[x]/(f(x))$ とするとき，B は $\{1, x, \cdots, x^{n-1}\}$ を基底とする階数 n の自由加群である（x^i の類も x^i と書く）．

証明 上の主張のポイントは $f(x)$ はモニックという点である．$A[x]$ が A 加群として $1, \cdots, x^{n-1}$ で生成されることを示す．M を $1, \cdots, x^{n-1}$ で生成された B の部分 A 加群とする．すべての m について $x^m \in M$ であることを示せばよい．$m \leqq n-1$ なら明らかである．$m \geqq n-1$ とする．$i \leqq m$ に対し $x^i \in M$ なら，$m+1 \geqq n$ なので，

$$x^{m+1} = x^{m+1-n} x^n = -x^{m+1-n}(a_1 x^{n-1} + \cdots + a_n)$$
$$= -a_1 x^m - \cdots - a_n x^{m+1-n} \in M.$$

したがって，$A[x] = M$ である．

$b_0, \cdots, b_{n-1} \in A$ で $b_0 + \cdots + b_{n-1} x^{n-1} \in (f(x))$ なら，$g(x) \in A[x]$ があり，$b_0 + \cdots + b_{n-1} x^{n-1} = g(x)f(x)$ である．もし $g(x) \neq 0$ なら，$f(x)$ はモニックなので，命題 1.2.10 (2) より $\deg g(x)f(x) \geqq n$ となる．これは矛盾なので，$g(x) = 0$ となるしかなく，$b_0 = \cdots = b_{n-1} = 0$ となる．したがって，$\{1, x, \cdots, x^{n-1}\}$ は B を A 加群として生成し 1 次独立なので，基底である．□

命題 2.8.2 環 B を環 A の拡大環とするとき，次の (1), (2) は同値である．また，(1), (2) が成り立つなら，(3) が成り立つ．

(1) $x \in B$ は A 上整である．

(2) B の有限生成部分 A 加群 M があり，$xM \subset M$ であり，$g(t) \in A[t]$ ですべての $y \in M$ に対し $g(x)y = 0$ なら $g(x) = 0$ となる．

(3) $y_1, \cdots, y_l$ が (2) の M の A 加群としての生成元で $xy_i = \sum_j p_{ij} y_j$ なら，$P = (p_{ij})$ の特性多項式を $f(t)$ とすると $f(x) = 0$ である．また，$A[x]$ は有限生成 A 加群である．

証明 (1) $\Rightarrow$ (2)：$x \in B$ が定義 1.12.1 (1) の方程式を満たすとする．$f(t) =$

$t^n + a_1 t^{n-1} + \cdots + a_n$ とおくと，準同型定理により $A[t]/(f(t))$ から $A[x]$ への全射準同型がある．補題 2.8.1 より $A[t]/(f(t))$ は有限生成加群なので，$A[x]$ も有限生成加群である．$M = A[x]$ とおく．$xM \subset M$ は明らかである．$g(x) \in A[x]$ で，すべての $y \in M$ に対し $g(x)y = 0$ なら，特に $y = 1_A = 1_B$ に対しても $g(x)1_B = g(x) = 0$ となる．よって，M は (2) の条件を満たす．

(2) ⇒ (1)：$xM \subset M$ なら $g(x) \in A[x]$ に対し $g(x)M \subset M$ である．M は有限生成 A 加群なので，有限個の生成元 $y_1, \cdots, y_l$ をとれる．$xM \subset M$ なので，$p_{ij} \in A \ (i, j = 1, \cdots, l)$ があり，

$$xy_1 = p_{11}y_1 + \cdots + p_{1l}y_l, \qquad (p_{11}-x)y_1 + \cdots + p_{1l}y_l = 0,$$
$$\vdots \qquad \Longrightarrow \qquad \vdots$$
$$xy_l = p_{l1}y_1 + \cdots + p_{ll}y_l \qquad p_{l1}y_1 + \cdots + (p_{ll}-x)y_l = 0$$

となる．$P = (p_{ij})$ とすれば，P は A 上の $l \times l$ 行列である．$Q = (q_{ij}) = P - xI_l$ とおけば，すべての j に対し，$\sum_k q_{jk}y_k = 0$ である．$R = (r_{ij})$ を Q の随伴行列 (定義 2.2.5 (3)) とすれば，系 2.2.8 (1) より $RQ = (\det(P-xI_l))I_l$ である．よって，この行列を列ベクトル $y = [y_1, \cdots, y_l]$ にかけ，第 i 成分は

$$0 = \sum_{j,k} r_{ij}q_{jk}y_k = \det(P-xI_l)\sum_k \delta_{ik}y_k = \det(P-xI_l)y_i.$$

ここで δ_{ik} はクロネッカーのデルタである．すべての i に対し $\det(P-xI_l)y_i = 0$ なので，仮定より $\det(P-xI_l) = 0$．$f(t) = \det(tI_l - P)$ とおくと，$f(t)$ はモニックで $f(x) = 0$ である．よって，x は A 上整である．(1) より $A[x]$ は有限生成 A 加群である．よって，**(2) ⇒ (3)** が成り立つ． $\square$

C が B の部分環で A 加群として有限生成なら，$1_B \in C$. したがって，$\det(P-xI_l)1_B = 0$ なら，$\det(P-xI_l) = 0$ である．よって，任意の $x \in C$ は A 上整である．また，B が整域で $M \neq \{0\}$ が A 加群として有限生成，$y \in M \setminus \{0\}$ で $\det(P-xI_l)y = 0$ なら，B が整域なので，$\det(P-xI_l) = 0$ である．

例題 2.8.3　$\alpha = \sqrt[3]{4} + \sqrt[3]{2}$ とする．3 次のモニック多項式 $f(t) \in \mathbb{Z}[t]$ で $f(\alpha) = 0$ となるものを求めよ．

解答　命題 2.8.2 (3) より，

$$\alpha = 0 + \sqrt[3]{2} + \sqrt[3]{4},$$
$$\alpha\sqrt[3]{2} = 2 + 0\sqrt[3]{2} + \sqrt[3]{4}, \quad \Longrightarrow \quad P = \begin{pmatrix} 0 & 1 & 1 \\ 2 & 0 & 1 \\ 2 & 2 & 0 \end{pmatrix}$$
$$\alpha\sqrt[3]{4} = 2 + 2\sqrt[3]{2} + 0\sqrt[3]{4}$$

とすれば, α は $f(t) = \det(tI_3 - P) = t^3 - 6t - 6$ の根である. □

補題 2.8.4 A が環で $A \subset B \subset C$ が拡大環なら, 次の (1)–(3) が成り立つ.

(1) B が有限生成 A 加群で C が有限生成 B 加群なら, C は有限生成 A 加群である.

(2) $x \in C$ が A 上整なら, x は B 上整である.

(3) C が A 上整なら, B も A 上整である.

証明 (1) $b_1, \cdots, b_n \in B$ が B を A 加群として生成し, $c_1, \cdots, c_m \in C$ が B 加群として C を生成するとする. このとき, $d \in C$ なら, $e_1, \cdots, e_m \in B$ があり, $d = \sum_{i=1}^{m} e_i c_i$ となる. $e_i \in B$ なので, $f_{ij} \in A$ $(j = 1, \cdots, n)$ があり, $e_i = \sum_{j=1}^{n} f_{ij} b_j$ となる. よって, $d = \sum_{i=1}^{m} \sum_{j=1}^{n} f_{ij} c_i b_j$ である. したがって, $\{c_i b_j \mid i = 1, \cdots, m, \ j = 1, \cdots, n\}$ が A 加群として C を生成する.

(2), (3) は明らかである. □

> **系 2.8.5** 環 B が環 A の拡大環とするとき, B の元で A 上整であるもの全体の集合は B の部分環である.

証明 $x, y \in B$ が A 上整とするとき, $A[x, y]$ の元が A 上整であることを示せばよい. 命題 2.8.2 より, $A[x]$ は有限生成 A 加群である. 補題 2.8.4 (2) より y は $A[x]$ 上整なので, $A[x, y]$ は有限生成 $A[x]$ 加群である. よって, 補題 2.8.4 (1) より $A[x, y]$ は有限生成 A 加群である. したがって, 命題 2.8.2 より, 任意の $A[x, y]$ の元は A 上整である. □

定義 2.8.6 $x \in \mathbb{C}$ が $\mathbb{Z}$ 上整なら**代数的整数**であるという. $\mathbb{C}$ の代数的整数の集合を Ω と書き, **代数的整数環**という (系 2.8.5 よりこれは $\mathbb{C}$ の部分環). ◇

> **命題 2.8.7** (1) 環 B が環 A の拡大環で B は A 上整であり，A 代数として有限生成とする．このとき，B は A 加群として有限生成である．
>
> (2) A は環で，$A \subset B \subset C$ は拡大環とする．B が A 上整，C が B 上整なら，C は A 上整である．

証明 (1) $B = A[x_1, \cdots, x_n]$ とする．n に関する帰納法で証明する．帰納法により，$A[x_1, \cdots, x_{n-1}]$ は有限生成 A 加群である．x_n は A 上整なので，補題 2.8.4 (2) より $A[x_1, \cdots, x_{n-1}]$ 上整である．よって，命題 2.8.2 より B は有限生成 $A[x_1, \cdots, x_{n-1}]$ 加群である．したがって，補題 2.8.4 (1) より B は有限生成 A 加群である．

(2) $x \in C$ なら，$b_1, \cdots, b_n \in B$ があり，$x^n + b_1 x^{n-1} + \cdots + b_n = 0$ となる．B は A 上整なので，$A[b_1, \cdots, b_n]$ は補題 2.8.4 (3) より A 上整である．(1) より $A[b_1, \cdots, b_n]$ は有限生成 A 加群となる．x は $A[b_1, \cdots, b_n]$ 上整なので，$A[b_1, \cdots, b_n, x]$ は有限生成 $A[b_1, \cdots, b_n]$ 加群である．よって，$A[b_1, \cdots, b_n, x]$ は有限生成 A 加群である．したがって，命題 2.8.2 より x は A 上整である． $\square$

次の命題は整拡大の概念を考える大きな理由である．

> **命題 2.8.8** B は整域，$A \subset B$ は部分環で B は A 上整とする．このとき，**B が体 $\iff$ A が体**.

証明 A が体とする．$0 \neq x \in B$ なら，$a_1, \cdots, a_n \in A$ があり

$$x^n + a_1 x^{n-1} + \cdots + a_n = 0$$

である．$a_n = 0$ なら $x(x^{n-1} + a_1 x^{n-2} + \cdots + a_{n-1}) = 0$ なので，$x^{n-1} + a_1 x^{n-2} + \cdots + a_{n-1} = 0$ である．これを繰り返し，$a_n \neq 0$ と仮定してよい．すると，$x(x^{n-1} + a_1 x^{n-2} + \cdots + a_{n-1}) = -a_n$ である．したがって，

$$\boldsymbol{x^{-1} = -a_n^{-1}(x^{n-1} + a_1 x^{n-2} + \cdots + a_{n-1}) \in B}$$

なので B は体である．

逆に B が体と仮定する．$0 \neq x \in A$ とする．$A \subset B$ で B は体なので，$x^{-1} \in B$ である．したがって，$a_1, \cdots, a_n \in A$ があり，$x^{-n} + a_1 x^{-(n-1)} + \cdots + a_n = 0$

となる. よって, $x(a_nx^{n-1}+\cdots+a_1) = -1$ である.

$$x^{-1} = -(a_nx^{n-1}+\cdots+a_1) \in A$$

となるので, A は体である.   □

命題 2.8.8 により, 系 1.11.22 の別証明を与えることもできる. K が体で $f(x) \in K[x]$ が既約なら, $B = K[x]/(f(x))$ は整域である. 命題 2.8.2 より B は K 上整である. したがって, 命題 2.8.8 より B は体となる.

定義 2.8.9 A を整域, L を A を含む体とする. L の元で A 上整であるもの全体の集合 B を A の L における**整閉包**という.   ◇

系 2.8.5 より上の定義の B は部分環である

例 2.8.10 t を変数として, $A = \mathbb{C}[t^2,t^3]$ とする. $x = t^2$, $y = t^3$ とおくと, $t^2 - x = 0$ なので, t は A 上整である. $t = y/x$ なので, t は A の商体 K の元である. B を A の整閉包とすると, $A \subset \mathbb{C}[t] \subset B \subset K$ である. K は A の商体なので, $K = \mathbb{C}(t)$ である. $\mathbb{C}[t]$ は一意分解環なので, 正規環である. B は A 上整なので, $\mathbb{C}[t]$ 上整でもある. よって, $B = \mathbb{C}[t]$ である. したがって, $\mathbb{C}[t]$ が A の K における整閉包である.   ◇

正規環という概念は重要である. その理由のうちの二つについて説明する. 一つは整数論的な理由で, もう一つは代数幾何的な理由である.

系 1.11.45 では興味深い方程式 $p = x^2 + y^2$ を考えたが, その考察では環 $\mathbb{Z}[\sqrt{-1}]$ での素元分解がポイントだった. 例えば, 例 1.11.25 のような体 $L = \mathbb{Q}[\sqrt{d}]$ でも $B = L \cap \Omega$ (Ω は代数的整数環) を考え, L の整数環という. p を素数とするとき, $p = x^2 - dy^2$ といった方程式は環 B の性質に深く関係している. B は一意分解環になるとは限らないが, 正規環にはなる. そしてそのような環 (デデキント環という) ではイデアルは素イデアルの積で表すことができることが知られている. これについては, III–2.8 節で解説するが, 整数論の基礎である整数環の性質は環の正規性に深く関係している.

代数幾何では「代数多様体の射 $f : X \to Y$」といったものをよく考えるが, 例えば X 上の正則関数で任意の $y \in Y$ に対し $f^{-1}(y)$ 上で定数であるような

ものが Y 上の関数とみなせるか，といったことは基本的な問題である．そのとき，Y，あるいは X, Y 両方が「正規」であるとうまくいくことがある．だから，商体における整域の整閉包に対応する，代数多様体の「正規化」が代数多様体になるかどうかが問題になる．この問題に対する答えは Yes だが，これについては III–2.7 節で解説する．

2.9　組成列*

　この節では，環上の加群に対して組成列の概念を定義し，その性質について解説する．この概念は，加群だけでなく非可換な群に対して定義することも可能だが，III–2 章で環上の加群の場合に使うだけなので，その場合に限って解説する．

　定義 2.9.1　A を (必ずしも可換ではない) 環，M を A 加群とする．

　(1)　A 加群の減少列 $M_0 = M \supsetneqq M_1 \supsetneqq \cdots \supsetneqq M_r = 0$ を M の**降鎖列**，あるいは**フィルトレーション**，r をその**長さ**という．

　(2)　$\mathscr{M} : M_0 \supsetneqq M_1 \supsetneqq \cdots \supsetneqq M_r = 0$，$\mathscr{N} : N_0 \supsetneqq N_1 \supsetneqq \cdots \supsetneqq N_s = 0$ を M の降鎖列とするとき，$\{M_0, \cdots, M_r\} \subset \{N_0, \cdots, N_s\}$ なら，$\mathscr{N}$ は $\mathscr{M}$ の**細分**という．

　(3)　真に細分できない A 加群の降鎖列を A 加群の**組成列**という．　　　　◇

　上の定義の (2) で，$\mathscr{N}$ が $\mathscr{M}$ の細分であるとは，M_{i-1}, M_i の間に (複数かもしれない) A 加群を加えて長い列にしたもの，ということである．

　補題 2.9.2 (ツァッセンハウス (**Zassenhaus**) の補題)　A を環，M を A 加群とする．$M_1 \supset M_2$，$N_1 \supset N_2$ が M の部分 A 加群なら，

$$(M_1 \cap N_1 + M_2)/(M_1 \cap N_2 + M_2) \cong (M_1 \cap N_1 + N_2)/(M_2 \cap N_1 + N_2).$$

　証明　$M_1 \cap N_1 + M_2 = M_1 \cap N_1 + M_1 \cap N_2 + M_2$ である．$M_1 \cap N_2 \subset M_1 \cap N_1$ なので，

$$M_1 \cap N_1 \cap (M_1 \cap N_2 + M_2) = M_1 \cap N_2 + (M_1 \cap N_1) \cap M_2 = M_1 \cap N_2 + M_2 \cap N_1.$$
したがって，定理 2.4.27 (1) より

$$(M_1 \cap N_1 + M_2)/(M_1 \cap N_2 + M_2) \cong (M_1 \cap N_1)/(M_1 \cap N_2 + M_2 \cap N_1).$$
右辺は M, N に関して対称なので，補題の主張が従う．　　　　　　　　　□

注 2.9.3 補題 2.9.2 は非可換な群でも成り立つ (演習問題 2.9.3).　　　　◇

次の定理はジョルダン (**Jordan**)-ヘルダー (**Hölder**)-シュライアー (**Schreier**) の定理とよばれる.

定理 2.9.4 A を環, M を A 加群とする.

(1) もし, M が長さ r の組成列を持てば, M のすべての組成列の長さは r である.

(2) $M_0 = M \supsetneqq M_1 \supsetneqq \cdots \supsetneqq M_r = \{0\}$, $N_0 = M \supsetneqq N_1 \supsetneqq \cdots \supsetneqq N_r = \{0\}$ が二つの組成列なら, 置換 $\sigma \in \mathfrak{S}_r$ があり, $M_{\sigma(i)-1}/M_{\sigma(i)} \cong N_{i-1}/N_i$ $(i = 1, \cdots, r)$ となる.

証明 (1) $M_0 = M \supsetneqq M_1 \supsetneqq \cdots \supsetneqq M_r = \{0\}$ を長さ r の組成列, $N_0 = M \supsetneqq N_1 \supsetneqq \cdots \supsetneqq N_s = \{0\}$ を降鎖列とする. $M_{i,j} = M_{i-1} \cap N_j + M_i$ $(i = 1, \cdots, r,$ $j = 0, \cdots, s)$ とおく. $M_{i,0} = M_{i-1} \supset M_{i,1} \supset \cdots \supset M_{i,s} = M_i$ である. M_{i-1} と M_i の間には A 加群はないので, $1 \leqq \tau(i) \leqq s$ があり, $M_{i,j} = M_{i-1}$ $(j < \tau(i))$, $M_{i,j} = M_i$ $(j \geqq \tau(i))$ となる. したがって, $i = 1, \cdots, r$ に対し, $\boldsymbol{M_{i,j-1}/M_{i,j} \neq \{0\}}$ **となる** $\boldsymbol{1 \leqq j \leqq s}$ **は** $\boldsymbol{j = \tau(i)}$ **だけである**.

同様に $N_{j,k} = N_{j-1} \cap M_k + N_j$ $(j = 1, \cdots, s, \ k = 0, \cdots, r)$ とおくと, $N_{j,0} = N_{j-1} \supset N_{j,1} \supset \cdots \supset N_{j,r} = N_j$ である. $N_{j,0} \neq N_{j,r}$ なので, $N_{j,i-1} \neq N_{j,i}$ となる $i = 1, \cdots, r$ がある. その一つを選び $\sigma(j)$ とする. $j \mapsto \sigma(j)$ は $\{1, \cdots, s\}$ から $\{1, \cdots, r\}$ への写像を定める.

補題 2.9.2 より,

$$N_{j,i-1}/N_{j,i} = (N_{j-1} \cap M_{i-1} + N_j)/(N_{j-1} \cap M_i + N_j)$$
$$\cong (M_{i-1} \cap N_{j-1} + M_i)/(M_{i-1} \cap N_j + M_i)$$
$$= M_{i,j-1}/M_{i,j}.$$

$i \overset{\text{def}}{=} \sigma(j_1) = \sigma(j_2)$ なら, $M_{i,j_1-1}/M_{i,j_1}, M_{i,j_2-1}/M_{i,j_2} \neq \{0\}$. しかし, 上で述べたことにより, $j_1 = j_2$ となる. よって, $j \mapsto \sigma(j)$ は単射である. したがって, $r \geqq s$ である. もし $N_0 = M \supsetneqq N_1 \supsetneqq \cdots \supsetneqq N_s = \{0\}$ も組成列なら, $s \geqq r$ も成り立つので, $s = r$ である.

(2) (1) の証明より $\{1, \cdots, r\} \ni j \mapsto \sigma(j) \in \{1, \cdots, r\}$ は単射なので, 全単射で

ある. そして, $N_{j,\sigma(j)-1}/N_{j,\sigma(j)} \cong M_{\sigma(j),j-1}/M_{\sigma(j),j} \neq \{0\}$ である. N_{j-1}, N_j の間と $M_{\sigma(j)-1}, M_{\sigma(j)}$ の間に加群はないので,

$$N_{j-1}/N_j \cong N_{j,\sigma(j)-1}/N_{j,\sigma(j)} \cong M_{\sigma(j),j-1}/M_{\sigma(j),j} \cong M_{\sigma(j)-1}/M_{\sigma(j)}$$

となる. □

定義 2.9.5 M が環 A 上の加群で組成列を持つなら, その長さを $\ell(M)$ と書き M の長さという. M が組成列を持たなければ, $\ell(M) = \infty$ と定義する. ◇

命題 2.9.6 (1) M が A 加群で M_1 が M の部分 A 加群なら, $\ell(M) = \ell(M_1) + \ell(M/M_1)$.

(2) M_1, M_2 が A 加群で $M = M_1 \oplus M_2$ なら, $\ell(M) = \ell(M_1) + \ell(M_2)$.

(3) M_1 が M の部分 A 加群なら, $\ell(M) \geq \ell(M_1)$.

(4) A 加群の全射準同型 $M \to M_1$ があれば, $\ell(M) \geq \ell(M_1)$.

証明 (1) $M_1, M/M_1$ が組成列

$$\mathscr{C} : C_0 = M/M_1 \supsetneqq C_1 \supsetneqq \cdots \supsetneqq C_r,$$
$$\mathscr{D} : D_0 = M_1 \supsetneqq D_1 \supsetneqq \cdots \supsetneqq D_s$$

を持つとする. $\pi : M \to M/M_1$ を自然な準同型とすると,

$$\pi^{-1}(C_0) = M \supsetneqq \pi^{-1}(C_1) \supsetneqq \cdots \supsetneqq \pi^{-1}(C_r) = M_1 \supsetneqq D_1 \supsetneqq \cdots \supsetneqq D_s$$

は組成列である. したがって, $\ell(M) = \ell(M_1) + \ell(M/M_1)$. $\ell(M/M_1) = \infty$ なら, 任意の $r > 0$ に対し上の $\mathscr{C}$ のような部分 A 加群の列がある. すると,

$$\pi^{-1}(C_0) = M \supsetneqq \pi^{-1}(C_1) \supsetneqq \cdots \supsetneqq \pi^{-1}(C_r) = M_1 \supsetneqq \{0\}$$

の長さ $r+1$ の降鎖列である. r は任意なので, $\ell(M) = \infty$. $\ell(M_1) = \infty$ の場合も同様である.

(2)–(4) は (1) より従う. □

例 2.9.7 (組成列 1) K を体, $V = K$ を K 上の 1 次元ベクトル空間とする. $x \in V \setminus \{0\}$ なら, $Kx = V$ なので, $\ell(V) = 1$. これを使い, V が K 上の n 次元ベクトル空間なら, $\ell(V) = n$ であることもわかる. ◇

例 2.9.8 (組成列 2) $m > 0$ を整数, K を体, $A = K[x]/(x^m)$ とする. $I_j = (x^j)/(x^m)$ $(j = 0, \cdots, m)$ とすれば, $I_0 = A \supsetneqq I_1 \supsetneqq \cdots \supsetneqq I_m = \{0\}$ であり, $I_{j-1}/I_j \cong K$ $(j = 1, \cdots, m)$ となる. $\mathfrak{m} = (x)/(x^m)$ とおけば, $\mathfrak{m}$ は A の極大イデアルであり, A 加群として $K \cong A/\mathfrak{m}$ である. $\mathfrak{m}$ は極大イデアルなので, A と $\mathfrak{m}$ の間に A 加群はない. よって, A 加群の列 $I_0 = A \supsetneqq I_1 \supsetneqq \cdots \supsetneqq I_m = \{0\}$ は組成列である. したがって, $\ell(A) = m$ である. ◇

例 2.9.9 (組成列 3) $A = \mathbb{C}[x,y]/(y - x^2, x - y^2)$ とする. $\mathbb{C}$ 代数として $\mathbb{C}[x,y]/(y - x^2) \cong \mathbb{C}[x]$ で y は x^2 に対応する. よって, $A \cong \mathbb{C}[x]/(x - x^4)$ である. $x - x^4 = x(1-x)(x-\omega)(x-\omega^2)$ $(\omega = (-1+\sqrt{-3})/2)$ なので, 中国式剰余定理より $\mathbb{C}$ 代数として

$$A \cong \mathbb{C}[x]/(x) \times \mathbb{C}[x]/(1-x) \times \mathbb{C}[x]/(x-\omega) \times \mathbb{C}[x]/(x-\omega^2) \cong \mathbb{C} \times \mathbb{C} \times \mathbb{C} \times \mathbb{C}.$$

よって, $\ell(A) = 4$. この数は 2 つの曲線 $y = x^2, x = y^2$ の交点の数である. ◇

例 2.9.10 (組成列 4) $R = \mathrm{M}_n(\mathbb{C})$, $M = \mathbb{C}^n$ とする. $\boldsymbol{x}, \boldsymbol{y} \in M$ が零ベクトルでなければ, $A\boldsymbol{x} = \boldsymbol{y}$ となる $A \in R$ がある. したがって, M の零ベクトルでない元を含む部分 R 加群は M しかなく, $\ell(M) = 1$. ◇

2.10 ネーター環上の加群

この節では A は可換環とする.

> **命題 2.10.1** A をネーター環, M を有限生成 A 加群, N を M の部分 A 加群とする. このとき, N も有限生成 A 加群となる.

証明 $M = Ax_1 + \cdots + Ax_n$ とする. n に関する帰納法により証明する.

$n = 1$ なら $M = Ax_1$ である. $a \in A$ に対し $f(a) = ax_1 \in M$ と定義する. $I = \mathrm{Ker}(f)$ とおくと, I は A の部分加群であり, A 加群として $A/I \cong M$ である. I は A のイデアルである. M の部分加群は A/I の部分加群と対応するが, 準同型定理により, A/I の部分加群は A のイデアルで I を含むものと対応する. 特に, $J \supset I$ がイデアルなら, A がネーター環なので, J は有限生成である. よって, J/I も有限生成である. よって $n = 1$ のときは証明できた.

$n > 1$ とする. $M_1 = Ax_1 + \cdots + Ax_{n-1}$ とおくと, $M_1 = M$ なら N が有限生成であることは帰納法より従う. よって, $M_1 \neq M$ と仮定する. $\phi : M \to M/M_1$ を自然な全射とする. $N_1 = N \cap M_1$, $N_2 = \phi(N)$ とおく. N_1 は M_1 の部分加群なので, 有限生成である. よって $y_1, \cdots, y_l \in N$ があり $N_1 = Ay_1 + \cdots + Ay_l$ である. N_2 は M/M_1 の部分加群で M/M_1 は一つの元で生成されているので, N_2 も有限生成であり, $N_2 = \langle \phi(z_1), \cdots, \phi(z_m) \rangle$ となる $z_1, \cdots, z_m \in N$ がある.

$N_3 = Ay_1 + \cdots + Ay_l + Az_1 + \cdots + Az_m \subset N$ とおく. $w \in N$ なら $a_1, \cdots, a_m \in A$ があり, $\phi(w) = a_1 \phi(z_1) + \cdots + a_m \phi(z_m)$. よって, $w - \sum a_i z_i \in N \cap \mathrm{Ker}(\phi) = N_1$. これより, $b_1, \cdots, b_l \in A$ があり, $w - \sum a_i z_i = \sum b_j y_j$ となる. これは $w \in N_3$ を意味する. したがって, $N = N_3$ であり, N は有限生成である. $\square$

2.11 テンソル積

この節では環は可換であると仮定しない. この節では, 環上の加群のテンソル積を定義し, その性質について解説する. **この節を通して k を可換環とし, k 代数はすべて k の像を中心に含むとする.**

A を k 代数, M を右 A 加群, N を左 A 加群とする. U を k 加群 $f : M \times N \to U$ を写像とする. なお A が可換なら, $A = k$ の場合を考えればよい.

定義 2.11.1 上の状況で次のように定義する.

(1) 任意の $x, x_1, x_2 \in M, y, y_1, y_2 \in N, c \in k$ に対して

$$f(x_1 + x_2, y) = f(x_1, y) + f(x_2, y),$$
$$f(x, y_1 + y_2) = f(x, y_1) + f(x, y_2),$$
$$f(xc, y) = f(x, cy) = cf(x, y)$$

が成り立つなら, f は**双線形**であるという.

(2) 任意の $x \in M, y \in N, a \in A$ に対して $f(xa, y) = f(x, ay)$ となるなら, f は **A 不変**であるという. $\diamond$

A が可換なら, 左, 右加群の区別はない. よって, (2) の条件は $f(ax, y) = f(x, ay)$ としてよい.

注 2.11.2 ここで, なぜ右 A 加群と左 A 加群を考えるかについて説明する.

M,N として両方左 A 加群を考えたとする．任意の $a \in A$, $x \in M$, $y \in N$ に対して $f(ax,y) = f(x,ay)$ が成り立つとする．$a,b \in A$ なら，

$$f(x,aby) = f(x,(ab)y) = f(abx,y) = f(bx,ay) = f(x,bay).$$

もし f が双線形でもあるなら，任意の $a,b \in A$, $x \in M$, $y \in N$ に対して $f(x,(ab-ba)y) = 0$ である．しかし，A が非可換なら，$ab-ba \in A$ 全体の集合は大きくなる可能性もあり，f はほとんど 0 になってしまうかもしれない． ◇

ここでテンソル積を定義する．

定義 2.11.3　上の状況で M,N の A 上の**テンソル積**とは，k 加群 $M \underset{A}{\otimes} N$ と双線形で A 不変な写像 $\phi : M \times N \to M \underset{A}{\otimes} N$ の組で，次の性質 $(*)$ を満たすものである．

$(*)$　U が k 加群，$f : M \times N \to U$ が双線形で A 不変な写像なら，$M \underset{A}{\otimes} N$ から U への k 準同型 g で $g(\phi(x,y)) = f(x,y)$ となるものが一意的に存在する．

◇

上の $(*)$ の性質を**テンソル積の普遍性**という．もし定義 2.11.3 の $M \underset{A}{\otimes} N$ が存在すれば，$x \in M$, $y \in N$ に対し，$\phi(x,y)$ を $x \otimes y$ と書く．次の定理で，$M \underset{A}{\otimes} N$ の存在と一意性を示す．

定理 2.11.4 (テンソル積の存在)　上の状況で $M \underset{A}{\otimes} N$ は一意的に存在し，$x \otimes y$ $(x \in M$, $y \in N)$ という形の元全体の集合で k 上生成される．

証明　一意性から示す．$\psi : M \times N \to X$ も定義 2.11.3 の条件を満たしているとする．ψ も双線形で A 不変なので，k 加群の準同型 $F : M \underset{A}{\otimes} N \to X$ で $\psi(x,y) = F(\phi(x,y))$ となるものが一意的に存在する．同様に k 加群の準同型 $G : X \to M \underset{A}{\otimes} N$ で $G(\psi(x,y)) = \phi(x,y)$ となるものが一意的に存在する．$G \circ F(\phi(x,y)) = \phi(x,y)$ であり，恒等写像 $\mathrm{id}_{M \underset{A}{\otimes} N}$ もこの式の $G \circ F$ と同じ性質

を満たす. よって, 定義 2.11.3 の g の一意性により $G \circ F = \mathrm{id}_{M \underset{A}{\otimes} N}$ である. 同様に $F \circ G$ も恒等写像 id_X であることがわかるので, $X \cong M \underset{A}{\otimes} N$.

これで $M \underset{A}{\otimes} N$ の一意性が示せた. 次に $M \underset{A}{\otimes} N$ の存在を証明するが, それには少し準備が必要である.

このような状況では, 最初に非常に大きな対象を構成し, 必要な性質を満たすように最低限の変形を行うというような方法を取ることが多い. $I = M \times N$ とし, 直和 $V = \bigoplus_I k$ を考える (定義 2.4.30 参照). V は非常に大きい集合である. $(x, y) \in I = M \times N$ に対応する成分が 1 で, 他の成分が 0 である V の元を $e(x, y)$ と書く. $\{e(x, y) \mid (x, y) \in I\}$ は V の基底である. V の部分集合

$$S_1 = \{e(x_1 + x_2, y) - e(x_1, y) - e(x_2, y) \mid x_1, x_2 \in M, \ y \in N\},$$

$$S_2 = \{e(x, y_1 + y_2) - e(x, y_1) - e(x, y_2) \mid x \in M, \ y_1, y_2 \in N\},$$

$$S_3 = \{e(xc, y) - ce(x, y), e(x, cy) - ce(x, y) \mid x \in M, \ y \in N, \ c \in k\},$$

$$S_4 = \{e(xa, y) - e(x, ay) \mid x \in M, \ y \in N, \ a \in A\}$$

を考える. $W = \langle S_1 \cup S_2 \cup S_3 \cup S_4 \rangle$ (生成された部分加群) とするとき, V/W が定義 2.11.3 の性質を満たすことを証明する.

$\phi : M \times N \to V/W$ を $\phi(x, y) = e(x, y) + W$ と定義する. ϕ は双線形で A 不変である. 例えば

$$\phi(x_1 + x_2, y) = e(x_1 + x_2, y) + W$$
$$= e(x_1, y) + e(x_2, y) + (e(x_1 + x_2, y) - e(x_1, y) - e(x_2, y)) + W$$

だが, $e(x_1 + x_2, y) - e(x_1, y) - e(x_2, y) \in W$ なので,

$$\phi(x_1 + x_2, y) = e(x_1, y) + e(x_2, y) + W = \phi(x_1, y) + \phi(x_2, y)$$

である. 他の関係式も同様である.

U を k 加群, $f : M \times N \to U$ を双線形で A 不変な写像とする. $\{e(x, y) \mid (x, y) \in M \times N\}$ は V の基底なので, 加群の準同型 $h : V \to U$ を $h(e(x, y)) = f(x, y)$ として定めることができる.

補題 2.11.5 $h(S_i) = \{0\}$ $(i = 1, 2, 3, 4)$ が成り立つ.

証明 f は双線形なので, $x_1, x_2 \in M, y \in N$ なら,

$$h(e(x_1 + x_2, y) - e(x_1, y) - e(x_2, y))$$

$$= h(e(x_1+x_2,y)) - h(e(x_1,y)) - h(e(x_2,y))$$
$$= f(x_1+x_2,y) - f(x_1,y) - f(x_2,y) = 0.$$

よって，$h(S_1) = \{0\}$．同様に，$i = 1,2,3,4$ に対し $h(S_i) = \{0\}$ となる．   □

h は準同型なので，h は S_1,S_2,S_3,S_4 で生成された部分加群上で 0 である．したがって，$h(W) = \{0\}$ である．

準同型定理 (定理 2.4.28) により，加群の準同型 $g : V/W \to U$ で，$v \in V$ なら $g(v+W) = h(v)$ となるものがある．$\phi(x,y) = e(x,y) + W$ なので，$g(\phi(x,y)) = f(x,y)$ である．また，この条件が満たされていれば $g(e(x,y)+W) = f(x,y)$ であり，V/W は $\{e(x,y)+W \mid x \in M,\ y \in N\}$ で生成されるので，g は定まってしまう．よって g は一意的である．これで $M \underset{A}{\otimes} N$ の構成が完了した．なお，$\phi(x,y)$ のことを $x \otimes y$ と書く．   □

命題 1.3.17 の前に，任意の環は $\mathbb{Z}$ 代数と見なせることを注意した．なお，A が環なら，1_A は他の元と可換なので，$\mathbb{Z}$ の A における像は A の中心に含まれる．k 代数上の加群についてのテンソル積について上で解説したが，これは，任意の環上の加群のテンソル積の定義を含むとみなす．

なお，A が可換なら，$A = k$ の場合を考え，$M \otimes N$ は A 加群になる．

ここでやさしい例を 1 つ考える．さらに例を考えるためにはもう少しテンソル積の性質を証明する必要がある．テンソル積のさらなる例は本節の最後と，次節の最後で考える．

例 2.11.6 (テンソル積 1)　M が左 A 加群，N が右 A 加群なら，k 加群として，$A \underset{A}{\otimes} M \cong M$, $N \underset{A}{\otimes} A \cong N$ であることを示す．

写像 $f : A \times M \to M$ を $f(a,x) = ax$ で定義すると，$b \in A$ なら，$f(ab,x) = abx = a(bx) = f(a,bx)$ である．f は双線形なので，k 準同型 $g : A \underset{A}{\otimes} M \to M$ で $g(a \otimes x) = ax$ となるものがある．写像 $h : M \to A \otimes M$ を $x \in M$ に対し $h(x) = 1_A \otimes x$ と定義する．これは k 準同型である．

$g \circ h = \mathrm{id}_M$ は明らかである．よって，h は単射である．$\sum_i a_i \otimes x_i = 1 \otimes (\sum_i a_i x_i)$ なので，h は全射である．したがって，$A \underset{A}{\otimes} M \cong M$ である．$N \underset{A}{\otimes} A \cong N$ であることも同様である．

A が可換なら，$A = k$ の場合より，上の同型は A 加群の同型である．   ◇

次の命題で示すように，テンソル積は加群の準同型とも整合性がある．

命題 2.11.7 M_1, M_2 を右 A 加群，N_1, N_2 を左 A 加群，$f : M_1 \to M_2$ を右 A 加群の準同型，$g : N_1 \to N_2$ を左 A 加群の準同型とする．このとき，k 加群の準同型 $f \otimes g : M_1 \underset{A}{\otimes} N_1 \to M_2 \underset{A}{\otimes} N_2$ で，$(f \otimes g)(x \otimes y) = f(x) \otimes g(y)$ $(x \otimes y \in M_1 \underset{A}{\otimes} N_1)$ となるものがある．A が可換なら，$f \otimes g$ も A 準同型である．

証明   写像 $f \times g : M_1 \times N_1 \ni (x, y) \mapsto f(x) \otimes g(y) \in M_2 \otimes N_2$ が双線形であることは明らかである．$a \in A$ なら，

$$(f \times g)(xa, y) = f(xa) \otimes g(y) = f(x)a \otimes g(y) = f(x) \otimes ag(y)$$
$$= f(x) \otimes g(ay) = (f \times g)(x, ay)$$

なので，テンソル積の普遍性 (定義 2.11.3) より $f \otimes g$ の存在がわかる．

なお，A が可換なら，$A = k$ の場合より，$f \otimes g$ も A 準同型である．   □

上の状況でさらに M_3 は右 A 加群，N_3 は左 A 加群，$f' : M_2 \to M_3$ は右 A 準同型，$g' : N_2 \to N_3$ は左 A 準同型とする．このとき，$x \otimes y$ $(x \in M_1, y \in N_1)$ という形の元での値を考えることにより，

$$(2.11.8) \qquad (f' \otimes g') \circ (f \otimes g) = (f' \circ f) \otimes (g' \circ g)$$

である．

次の命題では，テンソル積が，直和と整合性があることを示す．

命題 2.11.9 A は k 代数，M は右 A 加群，I は集合，$i \in I$ に対し左 A 加群 N_i が与えられているとする．このとき，

$$M \underset{A}{\otimes} \left(\bigoplus_{i \in I} N_i \right) \cong \bigoplus_{i \in I} (M \underset{A}{\otimes} N_i).$$

また，$i \in I$ に対し右 A 加群 N_i が与えられていて，N が左 A 加群なら，

$$\left(\bigoplus_{i \in I} M_i \right) \underset{A}{\otimes} N \cong \bigoplus_{i \in I} (M_i \underset{A}{\otimes} N).$$

証明   最初の主張だけ証明する．$N = \bigoplus_i N_i$ とする．写像 $i_j : N_j \to N$ を

$y \in N_j$ に対し, $i_j(y)$ の j 成分が y で他の成分が 0 であるものとする. また, 写像 $p_j : N \to N_j$ を $p_i((y_l)_{l \in I}) = y_j$ と定める. i_j, p_j は左 A 準同型である.

この命題の証明は「関手的」である. 証明のためには, 次の性質を使う.

$$(2.11.10) \qquad p_l \circ i_j = \begin{cases} \mathrm{id}_{N_j} & j = l, \\ 0 & j \neq l, \end{cases} \qquad \sum_{j \in I} i_j \circ p_j = \mathrm{id}_N.$$

なお, $y \in N$ なら, $\sum_{j \in I} i_j \circ p_j(y)$ は有限和である.

命題 2.11.7 より, i_j, p_j は k 準同型

$$\mathrm{id}_M \otimes i_j : M \otimes N_j \to M \otimes N,$$

$$\mathrm{id}_M \otimes p_j : M \otimes N \to M \otimes N_j$$

を引き起こす. (2.11.10) より,

$$(2.11.11) \qquad (\mathrm{id}_M \otimes p_l) \circ (\mathrm{id}_M \otimes i_j) = \begin{cases} \mathrm{id}_{M \otimes N_j} & j = l, \\ 0 & j \neq l. \end{cases}$$

命題 2.4.33 より, k 準同型 $\phi : \bigoplus_{l \in I} (M \underset{A}{\otimes} N_l) \to M \otimes N$ で

$$\phi((z_l)_{l \in I}) = \sum_{j \in I} (\mathrm{id}_M \otimes i_j)(z_j)$$

となるものがある. (2.11.11) より,

$$(\mathrm{id}_M \otimes p_j) \circ \phi((z_l)_{l \in I}) = z_j.$$

したがって, ϕ は単射である.

$z \in M \otimes N$ とする. $z = \sum_l x_l \otimes y_l \in M \otimes N$ ($x_l \in M, y_l \in N$ で有限和) と表すと, 有限部分集合 $J \subset I$ があり, $j \notin J$ なら $p_j(y_l) = 0$ となる. $z_j = (\mathrm{id}_M \otimes p_j)(z)$ とおくと, $j \notin J$ なら $z_j = 0$ である. (2.11.10) より,

$$z = \sum_j (\mathrm{id}_M \otimes i_j)(\mathrm{id}_M \otimes p_j)(z).$$

よって,

$$\phi(((\mathrm{id}_M \otimes p_l)(z))_l) = \sum_j (\mathrm{id}_M \otimes i_j)(\mathrm{id}_M \otimes p_j)(z) = z.$$

したがって, ϕ は全射となり, 同型である. □

I が有限集合 $I = \{1, \cdots, t\}$ なら, 上の同型は

$$M \otimes (N_1 \oplus \cdots \oplus N_t) \cong (M \otimes N_1) \oplus \cdots \oplus (M \otimes N_t)$$

と表せる.

上の証明では, 加群の元はあまり使わなかった. 圏と関手については, III–6 章で解説するが, 上の証明の関手性のポイントを説明するために $I = \{1,2\}$ の場合を考える. 使っていたのは,

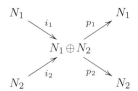

準同型 i_1, i_2, p_1, p_2 で

(i) $j = l$ なら $p_l \circ i_j$ は恒等写像で, $j \neq l$ なら $p_l \circ i_j = 0$ ということと,

(ii) $(i_1 \circ p_1) + (i_2 \circ p_2)$ が恒等写像ということ

である. そして, すべての写像と id_M のテンソル積を取っただけである.

同様の議論により, 次の命題を証明することができる. その証明は演習問題 2.11.6 とする.

命題 2.11.12 命題 2.11.9 の状況で次の (1), (2) が成り立つ.

(1) $\mathrm{Hom}\left(\bigoplus_{i \in I} M_i, N\right) \cong \prod_{i \in I} \mathrm{Hom}(M_i, N)$.

(2) $\mathrm{Hom}\left(M, \bigoplus_{i \in I} N_i\right) \cong \bigoplus_{i \in I} \mathrm{Hom}(M, N_i)$.

補題 2.11.13 A, B は環で $A \to B$ は環準同型, M は A 加群とする. B は右 A 加群とみなす. このとき, $B \underset{A}{\otimes} M$ は写像

$$B \times (B \underset{A}{\otimes} M) \ni (b_1, b_2 \otimes x) \mapsto (b_1 b_2) \otimes x \in B \underset{A}{\otimes} M$$

により, 左 B 加群となる.

証明 $b_1 \in B$ に対して, 写像

$$\phi_{b_1} : B \times M \ni (b_2, x) \mapsto (b_1 b_2) \otimes x \in B \underset{A}{\otimes} M$$

を考える．この写像は明らかに双線形である．$a \in A$ なら，

$$\phi_{b_1}(b_2 a, x) = (b_1 b_2 a) \otimes x = (b_1 b_2) \otimes ax = \phi_{b_1}(b_2, ax).$$

よって，$\mathbb{Z}$ 準同型 $\psi_{b_1} : B \underset{A}{\otimes} M \to B \underset{A}{\otimes} M$ で $\psi_{b_1}(b_2 \otimes x) = (b_1 b_2) \otimes x$ となるものがある．B では結合法則が成り立つので，$B \underset{A}{\otimes} M$ は B 加群となる． $\square$

$B \underset{A}{\otimes} M$ を M の **係数拡大** という．

命題 2.11.14 (1) $\alpha : A \to B$, $\beta : B \to C$ は環準同型，M は A 加群とする．このとき，C 加群として，$C \underset{B}{\otimes} (B \underset{A}{\otimes} M) \cong C \underset{A}{\otimes} M$ となる．
(2) A が可換環で L, M, N が A 加群なら，A 加群として，

$$(L \underset{A}{\otimes} M) \underset{A}{\otimes} N \cong L \underset{A}{\otimes} (M \underset{A}{\otimes} N).$$

証明 (1) だけ証明して，(2) は演習問題 2.11.7 とする．B, C は右 A 加群，C は右 B 加群とみなす．$c \in C$ に対して，写像 $\phi_c : B \times M \to C \underset{A}{\otimes} M$ を $\phi_c(b, x) = cb \otimes x$ と定義する．ϕ_c は明らかに双線形である．$a \in A$ なら，

$$\phi_c(ba, x) = cba \otimes x = cb \otimes ax = \phi_c(b, ax)$$

である．したがって，well-defined なアーベル群の準同型 $\psi_c : B \underset{A}{\otimes} M \to C \underset{A}{\otimes} M$ で $\psi_c(b \otimes x) = (cb) \otimes x$ となるものがある．

$b_1, b_2 \in B$ なら，

$$\psi_{cb_1}(b_2 \otimes x) = (cb_1 b_2) \otimes x = (c(b_1 b_2)) \otimes x = \psi_c(b_1 b_2 \otimes x).$$

よって，well-defined なアーベル群の準同型 $f : C \underset{B}{\otimes} (B \underset{A}{\otimes} M) \to C \underset{A}{\otimes} M$ で $f(c \otimes (b \otimes x)) = (cb) \otimes x$ となるものがある．$c_1 \in C$ なら $f(c_1 c \otimes (b \otimes x)) = c_1(cb) \otimes x$ なので，f は C 準同型である．

写像 $\chi : C \times M \to C \underset{B}{\otimes} (B \underset{A}{\otimes} M)$ を $\chi(c, x) = c \otimes (1_B \otimes x)$ と定義する．この写像は双線形である．$a \in A$ なら，

$$\chi(ca, x) = ca \otimes (1_B \otimes x) = c \otimes (\alpha(a) \otimes x) = c \otimes (1_B \otimes ax) = \chi(c, ax).$$

よって，well-defined なアーベル群の準同型 $g : C \underset{A}{\otimes} M \to C \underset{B}{\otimes} (B \underset{A}{\otimes} M)$ で

$$g(c \otimes x) = c \otimes (1_B \otimes x)$$

となるものがある. f, g は互いの逆写像となり, f が C 準同型なので, g も C 準同型になる. したがって, $C \underset{A}{\otimes} M \cong C \underset{B}{\otimes} (B \underset{A}{\otimes} M)$ である. $\square$

命題 2.11.15 $\alpha : A \to B$ は環準同型, M は A 加群, N は B 加群とする. このとき, $\mathrm{Hom}_B(B \underset{A}{\otimes} M, N) \cong \mathrm{Hom}_A(M, N)$. A, B が可換なら, N への作用により, 両辺は B 加群になり, これは B 加群の同型である.

証明 B は右 A 加群とみなす. $f \in \mathrm{Hom}_B(B \underset{A}{\otimes} M, N)$ に対して, 写像 $\phi(f) :$ $M \to N$ を $\phi(f)(x) = f(1 \otimes x)$ $(x \in M)$ と定義する. $\phi(f)$ は明らかアーベル群の準同型である. $a \in A$ なら, $\phi(f)(ax) = f(1 \otimes ax) = f(\alpha(a) \otimes x) = af(1 \otimes x)$. よって, $\phi(f)$ は A 準同型である. ϕ は明らかに f に関して和を保つ. A, B が可換で $b \in B, x \in M$ なら,

$$\phi(bf)(x) = bf(1 \otimes x) = b\phi(f)(x)$$

となるので, ϕ は B 準同型である.

逆に $g \in \mathrm{Hom}_A(M, N)$ に対して, 写像 $\psi(g) : B \times M \to N$ を $\psi(g)(b, x) = bg(x)$ と定義する. $\psi(g)$ は明らかに双線形である. $a \in A$ なら,

$$\psi(g)(ba, x) = bag(x) = bg(ax) = \psi(g)(b, ax).$$

よって, well-defined なアーベル群の準同型 $\chi : B \underset{A}{\otimes} M \to N$ で $\chi(b \otimes x) = bg(x)$ となるものがある. $b_1, b_2 \in B$ なら, $b_1\chi(b_2 \otimes x) = b_1 b_2 g(x) = \chi((b_1 b_2) \otimes x)$. よって, $\chi(g) \in \mathrm{Hom}_B(B \underset{A}{\otimes} M, N)$. ϕ, χ は互いの逆写像なので, アーベル群として

$$\mathrm{Hom}_B(B \underset{A}{\otimes} M, N) \cong \mathrm{Hom}_A(M, N)$$

である. A, B が可換なら, これは B 同型である. $\square$

以下, $A = k$ の場合を考える. テンソル積は添字の A なしに $M \otimes N$ と書く. また, k 加群, k 準同型ではなく, 加群, 準同型と書く. しかし, 新たに環を考えるときには, A, B などの記号を使うが, A 上のテンソル積などは考えない.

$I, J \neq \emptyset$ を集合とし, M, N をそれぞれ $\{x_i\}_{i \in I}$, $\{y_j\}_{j \in J}$ を基底とする自由加群とする. すると,

$$M \cong \bigoplus_{i \in I} kx_i, \quad N \cong \bigoplus_{j \in J} ky_j.$$

命題 2.11.16　上の状況で $M \otimes N$ は $S = \{x_i \otimes y_j \mid i \in I, j \in J\}$ を基底とする自由加群である.

証明　命題 2.11.9 より, $M \otimes N \cong \bigoplus_{i \in I, j \in J} (kx_i) \otimes (ky_j)$. 例 2.11.6 より $k \otimes k \cong k$ なので, $M \otimes N \cong \bigoplus_{i \in I, j \in J} kx_i \otimes y_j$. したがって, $M \otimes N$ は S を基底とする自由加群である. □

以下 k 代数のテンソル積に, k 代数の構造が定義できることを示す.

命題 2.11.17　A, B を k 代数, M, N をそれぞれ A 加群, B 加群とする.

(1)　$A \otimes B$ の元 $a_1 \otimes b_1, a_2 \otimes b_2$ に対し

$$\boldsymbol{(a_1 \otimes b_1) \cdot (a_2 \otimes b_2) = a_1 a_2 \otimes b_1 b_2}$$

となる k 代数の構造が定義できる.

(2)　$M \otimes N$ に, $a \otimes b \in A \otimes B$, $x \otimes y \in M \otimes N$ に対し

$$\boldsymbol{(a \otimes b) \cdot (x \otimes y) = ax \otimes by}$$

となる $A \otimes B$ 加群の構造が定義できる.

証明　(1) だけ示す. 上の写像が well-defined なら, つまり $(A \otimes B) \times (A \otimes B)$ から $A \otimes B$ への双線形写像で $(x_1 \otimes y_1, x_2 \otimes y_2)$ の像が $x_1 x_2 \otimes y_1 y_2$ となるものがあれば, これを演算として $A \otimes B$ が k 代数になることは明らかである.

$x_2 \in A$, $y_2 \in B$ を固定する. $A \times B$ から $A \otimes B$ への写像 ϕ を

$$\phi : A \times B \ni (x_1, y_1) \mapsto x_1 x_2 \otimes y_1 y_2 \in A \otimes B$$

と定義する. ϕ が x_1, y_1 に関して双線形であることは明らかなので, $A \otimes B$ から $A \otimes B$ への k 準同型 ψ で $\psi(x_1 \otimes y_1) = x_1 x_2 \otimes y_1 y_2$ となるものがある.

ψ は x_2, y_2 に依存していたので, $(A \otimes B) \times (A \times B)$ から $A \otimes B$ への写像 f で $f((x_1 \otimes y_1, x_2, y_2)) = x_1 x_2 \otimes y_1 y_2$ となるものができたことになる. f が x_2, y_2

に関して和を保つことは明らかである. $c \in k$ なら,

$$x_1 c x_2 \otimes y_1 y_2 = x_1 x_2 \otimes y_1 c y_2 = c x_1 x_2 \otimes y_1 y_2$$

(k の像は A, B の中心に含まれる). これにより, $(A \otimes B) \times (A \otimes B)$ から $A \otimes B$ への写像で $(x_1 \otimes y_1, x_2 \otimes y_2)$ を $x_1 x_2 \otimes y_1 y_2$ に移すものがあることがわかる.

この演算を積として, $A \otimes B$ が環となり, k の像が中心に含まれる. □

例 2.11.18 (テンソル積 2)　$A = B = k[x]$ なら, $B \cong k[y]$ なので, 例 2.11.6 と命題 2.11.9 より,

$$
\begin{aligned}
A \otimes B &\cong \left(\bigoplus_{i=0}^{\infty} k x^i \right) \otimes \left(\bigoplus_{i=0}^{\infty} k y^i \right) \cong \left(\bigoplus_{i,j=0}^{\infty} (k x^i) \otimes (k y^j) \right) \\
&\cong \left(\bigoplus_{i,j=0}^{\infty} k x^i \otimes y^j \right) \cong k[x, y].
\end{aligned}
$$

◇

2.12　双対加群*

A を環, M を左 A 加群とする. $\mathrm{Hom}_A(M, A)$ がアーベル群になることは 2.4 節で述べた. $a \in A$, $f \in \mathrm{Hom}_A(M, A)$ なら, $(fa)(x) = f(x)a$ $(x \in M)$ と定義すると, $b \in A$ なら, $(fa)(bx) = f(bx)a = bf(x)a = b((fa)(x))$ なので, $fa \in \mathrm{Hom}_A(M, A)$ となる. これにより, $\mathrm{Hom}_A(M, A)$ は右 A 加群となる.

M が右 A 加群なら, 上と同様にして, $\mathrm{Hom}(M, A)$ は左 A 加群になる.

定義 2.12.1　左, 右 A 加群 M に対し, 右, 左 A 加群 $M^* = \mathrm{Hom}_A(M, A)$ を M の**双対加群**という. A が可除環なら, M^* を**双対空間**という. ◇

命題 2.12.2　M を $\{x_1, \cdots, x_n\}$ を基底に持つ自由左, 右 A 加群とすると, M^* は $f_i(x_j) = \delta_{ij}$ $(i, j = 1, \cdots, n)$ となるような基底 $\{f_1, \cdots, f_n\}$ を持つ自由右, 左 A 加群となる.

証明　M が左 A 加群の場合だけ証明する. M の元は一意的に $x = a_1 x_1 + \cdots + a_n x_n$ $(a_1, \cdots, a_n \in A)$ と書けるので, $f_i(x) = a_i$ と定義すると, これは well-defined な写像である. 明らかに f_i はアーベル群の準同型である. $b \in A$ で $x = a_1 x_1 + \cdots + a_n x_n$ なら, $bx = b a_1 x_1 + \cdots + b a_n x_n$. よって, $f_i(bx) = b a_i =$

$bf_i(x)$ である．したがって，$f_i \in M^*$ である．$f \in M^*$ なら，$f(x_i) = b_i$ $(i = 1, \cdots, n)$ とすると，$f(\sum_i a_i x_i) = \sum_i a_i f(x_i) = \sum_i a_i b_i = \sum_i f_i(x) b_i$. したがって，$f = \sum_i f_i b_i$ となるので，$\{f_1, \cdots, f_n\}$ は M^* を A 加群として生成する．

$b_1, \cdots, b_n \in A$ で $\sum_i f_i b_i = 0$ なら，$\sum_i f_i(x_j) b_i = b_j = 0$ なので，$b_1 = \cdots = b_n = 0$ である．したがって，$\{f_1, \cdots, f_n\}$ は M^* の基底になる．　□

定義 2.12.3　上の基底 $\{f_1, \cdots, f_n\}$ を $\{x_1, \cdots, x_n\}$ の**双対基底**という．　◇

注 2.12.4　I が無限集合で $M = \bigoplus_I A$ なら，$M^* = \prod_I A$ である．A が体なら，これも基底を持つが，A が一般なら，M^* は基底を持つとは限らない．命題 2.12.2 は M が有限の基底を持つことに依存する．A が非可換なら，命題 2.12.2 の n は必ずしも一意的ではないが，命題 2.12.2 はそれでも成り立つ．　◇

M が左，右 A 加群なら，$(M^*)^*$ も左，右 A 加群である．写像 $\phi: M \to (M^*)^*$ を $\phi(x)(f) = f(x)$ $(f \in M^*)$ と定める．$\phi(x)(f)$ が x, f それぞれの和と整合性があることは明らかである．$a \in A$, $x \in M$, $f \in M^*$ なら，M が左 A 加群のときは，

$$\phi(x)(fa) = (fa)(x) = f(x)a = \phi(x)(f)a,$$
$$\phi(ax)(f) = f(ax) = af(x) = a\phi(x)(f).$$

これより，$\phi(x) \in (M^*)^*$ で ϕ は A 準同型である．M が右加群の場合も同様である．ϕ を**自然な準同型**という．

命題 2.12.5　M が有限階数の自由 A 加群なら，$\phi: M \to (M^*)^*$ は同型である．

証明　M が左 A 加群の場合だけ証明する．$\phi: M \to (M^*)^*$ を上で定義した準同型とする．$\{x_1, \cdots, x_n\}$ を M の基底とし，$\{f_1, \cdots, f_n\}$ をその双対基底とする．$1 \le i, j \le n$ なら，$\phi(x_i)(f_j) = f_j(x_i) = \delta_{ji} = \delta_{ij}$ なので，$\{\phi(x_1), \cdots, \phi(x_n)\}$ は $\{f_1, \cdots, f_n\}$ の双対基底である．$(M^*)^*$ の任意の元は $\sum_i a_i \phi(x_i)$ $(a_1, \cdots, a_n \in A)$ という形をしているが，この元は $\phi(\sum_i a_i x_i)$ に等しい．よって，ϕ は全射で

ある．$\phi(\sum_i a_i x_i) = 0$ なら，$\sum_i a_i \phi(x_i) = 0$ なので，$a_1 = \cdots = a_n = 0$ である．よって，ϕ は同型である．　　　　　　　　　　　　　　　　　　　□

次の命題では，A を可換環，V, W を階数 n, m の自由 A 加群とし，$v \in V$,
$v^* \in V^*$ に対し，$v^*(v)$ のことを $(v, v^*)_V$ と書く．$(\ ,\ )_W$ も同様に定義する．

命題 2.12.6　上の状況で，$f : V \to W$ を A 加群の準同型，S_1, S_2 をそれぞれ V, W の基底，S_1^*, S_2^* を S_1, S_2 の双対基底とする．H を f の S_1, S_2 に関する表現行列とする．このとき，次の (1), (2) が成り立つ．

(1) A 加群の準同型 $f^* : W^* \to V^*$ で，すべての $v \in V$, $w^* \in W^*$ に対して $(f(v), w^*)_W = (v, f^*(w^*))_V$ となるものがただ一つ存在する．

(2) ${}^tH$ が f^* の S_1^*, S_2^* に関する表現行列である．

証明　(1) $v \mapsto (f(v), w^*)_W$ は w^* に依存する V^* の元なので，これを $f^*(w^*)$ と書くと，$(f(v), w^*)_W = (v, f^*(w^*))_V$ である．この等式から $f^*(w^*)$ は定まるので，$f^*(w^*)$ は一意的である．

$v \in V$, $w_1^*, w_2^* \in W^*$, $a \in A$ なら，

$$(v, f^*(w_1^* + w_2^*)) = (f(v), w_1^* + w_2^*) = (f(v), w_1^*) + (f(v), w_2^*)$$
$$= (v, f^*(w_1^*)) + (v, f^*(w_2^*)) = (v, f^*(w_1^*) + f^*(w_2^*)),$$
$$(v, f^*(aw_1^*)) = (f(v), aw_1^*) = a(f(v), w_1^*)$$
$$= a(v, f^*(w_1^*)) = (v, af^*(w_1^*))$$

なので，$f^*(w_1^* + w_2^*) = f^*(w_1^*) + f^*(w_2^*)$, $f^*(aw_1^*) = af^*(w_1^*)$ である．したがって，f^* は準同型である．

(2) $S_1 = \{v_1, \cdots, v_n\}, S_1^* = \{v_1^*, \cdots, v_n^*\}, S_2 = \{w_1, \cdots, w_m\}, S_2^* = \{w_1^*, \cdots, w_m^*\}$ とする．$H = (h_{ij})$ とおき，$H^* = (h_{ij}^*)$ を f^* の表現行列とする．

$$f(v_j) = \sum_k h_{kj} w_k, \quad f^*(w_i^*) = \sum_k h_{ki}^* v_k^*$$

なので，

$$(f(v_j), w_i^*)_W = \left(\sum_k h_{kj} w_k, w_i^*\right)_W = h_{ij},$$
$$(v_j, f^*(w_i^*))_V = \left(v_j, \sum_j h_{ki}^* v_k^*\right)_V = h_{ji}^*.$$

したがって，$h_{ij}^* = h_{ji}$ である．よって，$H^* = {}^tH$ である．　　　　□

注 2.12.7　A を非可換環とする．V, W を列ベクトルの空間と同一視して T_H などを考えるためには，V, W は右 A 加群でなければならない．すると V^*, W^* は左 A 加群であり，行ベクトルの空間と同一視することになる．このとき，$v \in V, w^* \in W^*$ がそれぞれ列ベクトル $\boldsymbol{y}$，行ベクトル $\boldsymbol{x}$ と対応するなら，$(f(v), w^*)_V = (\boldsymbol{x}H)\boldsymbol{y} = \boldsymbol{x}(H\boldsymbol{y})$ である．行列を右からかけることを W^* に対する作用とみなすと，このことから，f^* の表現行列は H である．A が可換の場合，双対空間では本来行ベクトルを考えるのが自然だが，$\boldsymbol{x}$ も列ベクトルで表すと，${}^t({}^tH\boldsymbol{x})\boldsymbol{y} = {}^t\boldsymbol{x}(H\boldsymbol{y})$ となり，${}^tH$ が f^* の表現行列となる．　　◇

約束したように，もう少しテンソル積の例をここで考える．

例 2.12.8（テンソル積 3）　$A \to B$ が環準同型なら，例 2.11.6 より，$B \underset{A}{\otimes} A^n \cong B^n$ である．これは B 加群の同型である．　　◇

例 2.12.9（テンソル積 4）　R を可換環，$M = R^m, N = R^n$，$\{\mathbb{e}_1, \cdots, \mathbb{e}_m\}$，$\{\mathbb{e}'_1, \cdots, \mathbb{e}'_n\}$ をそれぞれ M, N の標準基底とする．$\{\mathbb{f}_1, \cdots, \mathbb{f}_m\}$ を $\{\mathbb{e}_1, \cdots, \mathbb{e}_m\}$ の双対基底とする．テンソル積は R 上で考える．

$$(2.12.10) \qquad c = \sum_{i=1}^n \sum_{j=1}^m a_{ij} \mathbb{e}'_i \otimes \mathbb{f}_j \in N \otimes M^*$$

とする．$\phi(c) \in \mathrm{Hom}_R(M, N)$ を $\boldsymbol{x} \in M$ に対し

$$\phi(c)(\boldsymbol{x}) = \sum_{i=1}^n \sum_{j=1}^m a_{ij} \mathbb{f}_j(\boldsymbol{x}) \mathbb{e}'_i \in N$$

と定義する．R は可換なので，$M^* \otimes N$，$\mathrm{Hom}_R(M, N)$ 両方とも R 加群である．ϕ が R 加群の同型であることを示す．

$\Phi \in \mathrm{Hom}_R(M, N)$ なら，$A = (a_{ij}) \in \mathrm{M}_{n,m}(R)$ があり，$\Phi = T_A$ となる．$\boldsymbol{x} = [x_1, \cdots, x_m]$ なら，

$$\Phi(\boldsymbol{x}) = A\boldsymbol{x} = \sum_{i=1}^n \sum_{j=1}^m a_{ij} x_j \mathbb{e}'_i = \sum_{i=1}^n \sum_{j=1}^m a_{ij} \mathbb{f}_j(\boldsymbol{x}) \mathbb{e}'_i$$
$$= \phi\left(\sum_{i=1}^n \sum_{j=1}^m a_{ij} \mathbb{e}'_i \otimes \mathbb{f}_j\right)(\boldsymbol{x}).$$

したがって，ϕ は全射である．c が (2.12.10) という形なら，$\phi(c)(\mathbb{e}_j) = \sum_{i=1} a_{ij} \mathbb{e}'_i$.

よって，a_{ij} は $\phi(c)$ で定まる．したがって，ϕ は単射である．

ϕ は明らかに和を保つ．$r \in R$ なら，$rc = \sum\limits_{i=1}^{n} \sum\limits_{j=1}^{m} r a_{ij} \mathbb{e}'_i \otimes \mathbb{f}_j$ なので，

$$\phi(rc)(x) = \sum_{i=1}^{n} \sum_{j=1}^{m} r a_{ij} \mathbb{f}_j(x) \mathbb{e}'_i = r \phi(c)(x).$$

したがって，ϕ は R 加群の同型である．

例えば，$n = m = 2$, $R = \mathbb{R}$ で $c = 2\mathbb{e}'_1 \otimes \mathbb{f}_1 - \mathbb{e}'_1 \otimes \mathbb{f}_2 + 3\mathbb{e}'_2 \otimes \mathbb{f}_1 + 4\mathbb{e}'_2 \otimes \mathbb{f}_2$ なら，$\phi(c)$ は行列 $\begin{pmatrix} 2 & -1 \\ 3 & 4 \end{pmatrix}$ で定まる $\mathbb{R}$ 上の線形写像である．　◇

例 2.12.11 (テンソル積 5)　$V = \mathbb{R}^2$ は $\mathbb{R}$ 上のベクトル空間である．テンソル積は $\mathbb{R}$ 上で考える．$w = \sum\limits_{i} x_i \otimes y_i \otimes z_i \in V^* \otimes V^* \otimes V$ に対し ($x_i, y_i \in V^*$, $z_i \in V$)，双線形写像 $B_w : V \times V \to V$ を

$$B_w(v_1, v_2) = \sum_i x_i(v_1) y_i(v_2) z_i$$

と定める．B_w が双線形写像であり，任意の双線形写像 $V \times V \to V$ が B_w という形であることの証明は，演習問題 2.12.2 とする．　◇

例題 2.12.12　$\{\mathbb{e}_1, \mathbb{e}_2\}$ を $\mathbb{R}^2$ の標準基底 (例 2.3.11)，$\{\mathbb{f}_1, \mathbb{f}_2\}$ をその双対基底とする．また，$(*,*)$ を $\mathbb{R}^2$ の通常の内積とする．$w_1 = [2,-1]$, $w_2 = [1,4]$, $w_3 = [3,2]$ とするとき，双線形写像 $\phi : V \times V \to V$ を

$$\phi(v_1, v_2) = 2(v_1, w_1) v_2 + (v_2, w_2) v_1 - (v_1, v_2) w_3$$

と定める $w = \sum\limits_{i,j,k} a_{ijk} \mathbb{f}_i \otimes \mathbb{f}_j \otimes \mathbb{e}_k \in V^* \otimes V^* \otimes V$ ($a_{ijk} \in \mathbb{R}$) で $\phi = B_w$ (例 2.12.11) となるものを求めよ．　◇

解答　$v_1 = [x_1, x_2]$, $v_2 = [y_1, y_2]$ なら，

$$\begin{aligned}
\phi(v_1, v_2) &= 2(2x_1 - x_2)[y_1, y_2] + (y_1 + 4y_2)[x_1, x_2] - (x_1 y_1 + x_2 y_2)[3,2] \\
&= (2x_1 y_1 + 4x_1 y_2 - 2x_2 y_1 - 3x_2 y_2)\mathbb{e}_1 \\
&\quad + (-2x_1 y_1 + 4x_1 y_2 + x_2 y_1)\mathbb{e}_2.
\end{aligned}$$

よって，

$$w = 2\mathbb{f}_1 \otimes \mathbb{f}_1 \otimes \mathbb{e}_1 + 4\mathbb{f}_1 \otimes \mathbb{f}_2 \otimes \mathbb{e}_1 - 2\mathbb{f}_2 \otimes \mathbb{f}_1 \otimes \mathbb{e}_1 - 3\mathbb{f}_2 \otimes \mathbb{f}_2 \otimes \mathbb{e}_1$$

$$-2\mathbb{f}_1 \otimes \mathbb{f}_1 \otimes \mathbb{e}_2 + 4\mathbb{f}_1 \otimes \mathbb{f}_2 \otimes \mathbb{e}_2 + \mathbb{f}_2 \otimes \mathbb{f}_1 \otimes \mathbb{e}_2,$$

とおけば, $\phi = B_w$ である. □

2.13 単項イデアル整域上の有限生成加群

この節では, R を単項イデアル整域とする. $x \in R$ により $R/(x)$ という形を
した R 加群を巡回加群という. この節の目的は次の定理を証明することである.

> **定理 2.13.1** R が単項イデアル整域, M が有限生成 R 加群なら, 自然
> 数 r と単元でない $e_1, \cdots, e_t \in R$ で次の性質を満たすものが存在する.
> (1) $M \cong R^r \oplus R/(e_1) \oplus \cdots \oplus R/(e_t)$.
> (2) $e_i \mid e_{i+1}$ $(i = 1, \cdots, t-1)$.
> また, 上の条件が満たされるなら, r とイデアル $(e_1), \cdots, (e_t)$ は一意的
> に定まる. ただし, $t = 0$ なら, $R/(e_1)$ などの因子はないものと解釈する.

証明 まず (1), (2) を満たす分解があることを示す.

$M = \langle x_1, \cdots, x_m \rangle$ とする. 自由加群 R^m の基本ベクトルを $\mathbb{e}_1, \cdots, \mathbb{e}_m$ とする
((2.1.8) 参照). 命題 2.4.37 より, R^m から M への R 加群の準同型 ϕ で $\phi(\mathbb{e}_i) = x_i$ となるものがある. M は $x_1, \cdots, x_m$ で生成されているので, ϕ は全射である. $N = \mathrm{Ker}(\phi)$ とおく. R はネーター環なので, N も有限生成な加群である.

$N = \langle y_1, \cdots, y_n \rangle$ とする. R^n の基本ベクトルを $\mathbb{e}'_1, \cdots, \mathbb{e}'_n$ と書く. やはり命
題 2.4.37 より, R^n から R^m への R 加群の準同型 f で $f(\mathbb{e}'_j) = y_j$ となるものがある. $y_1, \cdots, y_n$ が N を生成するので, $f(R^n) = N$ である. したがって, $\mathrm{Coker}(f) \cong M$ である.

f は R^n から R^m への準同型なので, 命題 2.5.2 より R 上の $m \times n$ 行列 $A = (a_{ij})$ があり, $f = T_A$ となる. 命題 2.5.11 より, A に左と右から可逆行列をかけても $\mathrm{Coker}(f)$ は同型を除いて変わらない.

以下, $P \in \mathrm{GL}_m(R)$, $Q \in \mathrm{GL}_n(R)$ があり,

$$(2.13.2) \qquad PAQ = \begin{pmatrix} e_1 & & & & & & \\ & e_2 & & & & 0 & \\ & & \ddots & & & & \\ & & & e_t & & & \\ & & & & 0 & & \\ & 0 & & & & \ddots & \\ & & & & & & 0 \end{pmatrix}$$

となることを示す. A を上の PAQ で取り換えると,

$$\mathrm{Im}(f) = \{(e_1 r_1, \cdots, e_t r_t, 0, \cdots, 0) \mid r_1, \cdots, r_t \in R\}$$

となり, $\mathbf{Coker}(f) \cong R/(e_1) \oplus \cdots \oplus R/(e_t) \oplus R^{m-t}$ (よって $r = m - t$). なお e_i が単元なら $R/(e_i) = \{0\}$ なので, そのような $R/(e_i)$ は除いてよい.

$P \in \mathrm{GL}_m(R)$, $Q \in \mathrm{GL}_n(R)$ に対し $I(P,Q)$ を PAQ の $(1,1)$-成分で生成される R のイデアルとする. $X = \{I(P,Q) \mid P \in \mathrm{GL}_m(R),\ Q \in \mathrm{GL}_n(R)\}$ とおくと, R はネーター環なので, 命題 1.14.2 より, X の中に極大元 (e_1) がある. 必要なら A を取り換えて, A の $(1,1)$-成分が e_1 であるとしてよい.

A の第 1 行と第 1 列の成分がすべて e_1 で割り切れることを示す. 議論は同じなので, $(2,1)$-成分 a_{21} だけ考える. $e_1 \nmid a_{21}$ として矛盾を導く. この仮定は $a_{21} \notin (e_1)$ と同値なので, $(e_1) \subsetneq (e_1) + (a_{21})$ である. R は単項イデアル整域なので, $(e_1) + (a_{21}) = (d)$ となる $d \in R$ がある. $p, q \in R$ があり, $e_1 = pd$, $a_{21} = qd$ で $(p) + (q) = R$ である. よって $px + qy = 1$ となる $x, y \in R$ がある.

$$(2.13.3) \qquad P = \begin{pmatrix} x & y & \\ -q & p & \\ & & I_{m-2} \end{pmatrix}$$

とおくと, $P \in \mathrm{GL}_m(R)$ であり, PA の $(1,1)$-成分は d となる. $(e_1) \subsetneq (d)$ なので, e_1 の取りかたに矛盾する.

$(2.1.19)$ で定義される行列は可逆行列である (ただし $(2.1.19)$ における c は R の元). $a_{12}, \cdots, a_{1n}, a_{21}, \cdots, a_{m1}$ が e_1 で割り切れるので, $R_{m,i1}(c)$ という形の行列を左からかけ, $R_{n,1j}(c)$ という形の行列を右からかけることにより, $a_{12} = \cdots = a_{1n} = a_{21} = \cdots = a_{m1} = 0$ とできる.

もし $2 \leqq i \leqq m$, $2 \leqq j \leqq n$ で a_{ij} が e_1 で割り切れないものがあれば, 第 j 列を第 1 列に足すと, $(1,1)$-成分は変わらず, $(i,1)$-成分は a_{ij} になるので, 上のステップにより矛盾である. したがって, A のすべての成分が e_1 で割り切れる.

A の第1行と第1列を除いた行列を A_1 とする. n に関する帰納法により, $P_1 \in \mathrm{GL}_{m-1}(R)$, $Q_1 \in \mathrm{GL}_{n-1}(R)$ があり,

$$
P_1 A_1 Q_1 = \begin{pmatrix}
e_2 & & & & & & \\
& e_3 & & & & 0 & \\
& & \ddots & & & & \\
& & & e_t & & & \\
& & & & 0 & & \\
& 0 & & & & \ddots & \\
& & & & & & 0
\end{pmatrix}, \quad e_i \mid e_{i+1},\ i = 2, \cdots, t-1
$$

となる. A_1 のすべての成分は e_1 で割り切れるので, $e_1 \mid e_2$ である.

$$
(2.13.4) \qquad P = \begin{pmatrix} 1 & \\ & P_1 \end{pmatrix}, \quad Q = \begin{pmatrix} 1 & \\ & Q_1 \end{pmatrix}
$$

とすれば, PAQ は (2.13.2) の形をしている.

これで, 定理 2.13.1 (1), (2) を満たす同型の存在がいえた. 次に $r, (e_1), \cdots, (e_t)$ が一意的に定まることを示す. 証明は定理 I–4.8.1, I–4.8.2 の証明と同様である.

$M \cong R^r \oplus R/(e_1) \oplus \cdots \oplus R/(e_t)$ なら, $M_{\mathrm{tor}} \cong R/(e_1) \oplus \cdots \oplus R/(e_t)$ (定義 2.4.39), $M/M_{\mathrm{tor}} \cong R^r$ である. 命題 2.4.35 より, r は M にのみ依存する. したがって, $M = M_{\mathrm{tor}}$ の場合だけ考えればよい.

$e_1, \cdots, e_t$ の素元分解に現れるすべての素元を $p_1, \cdots, p_N$ とする. ここで $i \neq j$ なら p_i, p_j は同伴ではないとする. 命題 1.11.19 より, $i \neq j$ なら $(p_i) + (p_j) = R$ である. $u_i \in R^\times$, $\alpha_{ij} \in \mathbb{N}$ ($0 \in \mathbb{N}$ に注意) により $e_i = u_i \prod_j p_j^{\alpha_{ij}}$ とする. 中国式剰余定理により, $R/(e_i) \cong \bigoplus_j R/(p_j^{\alpha_{ij}})$ である. したがって,

$$
(2.13.5) \qquad M \cong \bigoplus_{i,j} R/(p_j^{\alpha_{ij}}).
$$

まず, (2.13.5) の形の分解が M により定まることを証明する.

M を R 加群, $p \in R$ を素元とするとき, 正の整数 n があって $p^n x = 0$ となる元全体の集合を $M_{p,\mathrm{tor}}$ と書く. y も $M_{p,\mathrm{tor}}$ の元で $p^m y = 0$ なら, $p^{n+m}(x+y) = 0$ なので, $x+y \in M_{p,\mathrm{tor}}$ である. $M_{p,\mathrm{tor}}$ が R の作用で不変であることもわかり, $M_{p,\mathrm{tor}}$ は M の部分 R 加群となる. $M_{p,\mathrm{tor}}$ を M の **p ねじれ部分加群**という.

$M_{ij} = R/(p_j^{\alpha_{ij}})$ とおく. $j \neq j'$ なら $(M_{ij'})_{p_j,\mathrm{tor}} = \{0\}$ となることを示す. $x \in (M_{ij'})_{p_j,\mathrm{tor}}$, $p_j^n x = 0$ $(n > 0)$ とする. x はまた, $p_{j'}^{\alpha_{ij'}} x = 0$ という条件も満たす. やはり中国式剰余定理により, $(p_j^n) + (p_{j'}^{\alpha_{ij'}}) = R$ である. $a, b \in R$ が

存在して $ap_j^n + bp_{j'}^{\alpha_{ij'}} = 1$ となるので，$x = ap_j^n x + bp_{j'}^{\alpha_{ij'}} x = 0$ となる．

上の考察により，$M_{p_j,\mathrm{tor}} \cong \bigoplus_i R/(p_j^{\alpha_{ij}})$ である．$M_{p_j,\mathrm{tor}}$ は M により定まるので，M は一つの素元 p に対して $M = M_{p,\mathrm{tor}}$ であると仮定してよい．以下 p を素元，$0 < a_1 < \cdots < a_l$，$b_1,\cdots,b_l$ は正の整数で，

$$(2.13.6) \qquad M = (R/(p^{a_1}))^{b_1} \oplus \cdots \oplus (R/(p^{a_l}))^{b_l}$$

として，$a_1,\cdots,a_l,b_1,\cdots,b_l$ が M より定まることを示せばよい．命題 1.11.19 より，(p) は極大イデアルである．$k = R/(p)$ とおく．

$p^b M \neq \{0\}$ である最大の b は $a_l - 1$ である．したがって，a_l は M により定まる．(2.13.6) の分解が M で定まることを a_l に関する帰納法で示す．$p^{a_l - 1} M \cong k^{b_l}$ なので，b_l も M により定まる．$L = \{x \in M \mid p^{a_l - 1}x = 0\}$ とおく．$i < l$ なら $R/(p^{a_i}) \subset L$ である．$x \in R/(p^{a_l})$ なら，$p^{a_l - 1}x = 0$ であることと，$x = py$ という形であることは同値である．$(p)/(p^{a_l}) \cong R/(p^{a_l - 1})$ なので，

$$L \cong (R/(p^{a_1}))^{b_1} \oplus \cdots \oplus (R/(p^{a_{l-1}}))^{b_{l-1}} \oplus (R/(p^{a_l - 1}))^{b_l}$$

である．$a_{l-1} \leqq a_l - 1 < a_l$ なので，帰納法が使える．

上の L の分解で $R/(p^{a_l - 1})$ が b_l 回だけ現れるなら，$a_{l-1} < a_l - 1$ であり，そうでなければ，$a_{l-1} = a_l - 1$ である．したがって，$a_{l-1} = a_l - 1$ であるかどうかは M により定まる．$a_{l-1} = a_l - 1$ なら，$a_1,\cdots,a_{l-1}$ と $b_1,\cdots,b_{l-2},b_{l-1} + b_l$ が M により定まる．b_l は既に定まっているので，b_{l-1} も定まる．$a_{l-1} < a_l - 1$ なら，$a_1,\cdots,a_{l-1}$ と $b_1,\cdots,b_{l-2},b_{l-1}$ が M により定まる．

(2.13.5) の形の分解が M により定まることがわかったが，j を固定したとき，α_{ij} の中で最大のものが α_{tj} であり，$(e_t) = (p_1^{\alpha_{t1}} \cdots p_N^{\alpha_{tN}})$．同様にして $(e_1),\cdots,(e_{t-1})$ も (2.13.5) の形の分解から定まる．よって，定理 2.13.1 の主張の分解の形も M より定まる．この議論は，I-4.8 節の議論と同じである．　□

以下 $R = \mathbb{Z}$ の場合に変形の方法をまとめるが，すべての場合に最善の方法を与えるとは限らないので，必ずしもこの方法通りに変形を行う必要はない．

整数行列の変形方法

$A \in \mathrm{M}_{m,n}(\mathbb{Z})$ とする．

(1) A が零行列なら，何もしない．$A \neq 0$ とする．行や列を交換して，

絶対値が一番小さい成分を $(1,1)$ 成分に移す. ±1 を第 1 行にかけ, $(1,1)$
成分を正にする. 第 1 行や第 1 列で $(1,1)$ 成分で割り切れない成分があれ
ば, $(2.13.3)$ のような行列を使い, $(1,1)$ 成分の絶対値を小さくする. こ
れを繰り返し, 第 1 行や第 1 列が $(1,1)$ 成分で割り切れるようにする.
$R_{m,i1}(c), R_{n,1j}(c)$ という形の行列を使い, 第 1 行や第 1 列の $(1,1)$ 成分
以外を 0 にする.

(2)　他に $(1,1)$ 成分で割り切れないものがあれば, その成分を含む列を
第 1 列に加え, (1) を適用する. これを繰り返し, すべての成分が $(1,1)$
成分で割り切れるようにする.

(3)　(1), (2) のステップを第 2 行, 列から第 n 行, 列までの $(m-1) \times$
$(n-1)$ 行列に繰り返す.

例 2.13.7　$R = \mathbb{Z}$, $A = \begin{pmatrix} 24 & 32 \\ 10 & 14 \end{pmatrix}$ とするとき, $\mathrm{Coker}(T_A)$ を巡回加群の直
和として表す. A のすべての成分は偶数で, 第 1 列は $2[12,5]$ で $12,5$ は互い
に素である. ユークリッドの互除法により, $-2 \cdot 12 + 5 \cdot 5 = 1$ となる. これを
使い,

$$2 \begin{pmatrix} -2 & 5 \\ -5 & 12 \end{pmatrix} \begin{pmatrix} 12 & 16 \\ 5 & 7 \end{pmatrix} = 2 \begin{pmatrix} 1 & 3 \\ 0 & 4 \end{pmatrix} \to \begin{pmatrix} 2 & 0 \\ 0 & 8 \end{pmatrix}$$

となる. なお最後のステップでは, 第 1 列の 3 倍を第 2 列から引いた. した
がって, $\mathrm{Coker}(T_A) \cong \mathbb{Z}/2\mathbb{Z} \oplus \mathbb{Z}/8\mathbb{Z}$ である. **なお最後に 2, 8 で割り, 単位行列
にしてしまうのは, よくある間違いである.**　　　　　　　　　　　　　◇

単項イデアル整域の元を成分に持つ行列を $(2.13.2)$ の形に変形したとき, そ
の対角成分 $e_1, \cdots, e_t$ を単因子という. そのため, この節の理論を**単因子論**とい
う. 単因子論の応用としてジョルダン標準形の存在と一意性について解説する.
3.2 節で詳しく解説するが, ここで代数閉体の概念を定義する.

定義 2.13.8　K を体とする. 任意の定数でない 1 変数多項式 $f(x) \in K[x]$ に
対し $\alpha \in K$ があり $f(\alpha) = 0$ となるとき, K を**代数閉体**という.　　　　◇

定理 1.7.13 でも述べたが, 複素数体 $\mathbb{C}$ は代数閉体である. これについては
4.18 節で解説する. 代数閉体上の多項式については次の命題が成り立つ.

> **命題 2.13.9**　K が代数閉体で $f(x) \in K[x]$ がモニックなら, $\alpha_1, \cdots, \alpha_n \in K$ があり, $f(x) = (x-\alpha_1)\cdots(x-\alpha_n)$ となる.

証明　$\deg f$ に関する帰納法で証明する. K が代数閉体なので, $f(\alpha) = 0$ となる $\alpha \in K$ がある. 命題 1.2.15 より $f(x) = (x-\alpha_1)g(x)$ となる $g(x) \in K[x]$ がある. $\deg g(x) = \deg f - 1$ なので, 帰納法により $g(x)$ は 1 次式の積である. よって, $f(x)$ も 1 次式の積である. □

以下, **K を代数閉体とし, 行列は K の元を成分に持つとする.**

定義 2.13.10　$\lambda \in K$ に対し p 次正方行列

$$J(\lambda,p) = \begin{pmatrix} \lambda & 1 & & \\ & \ddots & \ddots & \\ & & \lambda & 1 \\ & & & \lambda \end{pmatrix}$$

をジョルダンブロック, p をそのサイズという. ◇

> **定理 2.13.11**　$A \in \mathrm{M}_n(K)$ とするとき, 次が成り立つ.
> (1)　$P \in \mathrm{GL}_n(K)$ があり, $J(A) = P^{-1}AP$ は次の形をしている.
> $$J(A) = \begin{pmatrix} J(\lambda_1,p_1) & & \\ & \ddots & \\ & & J(\lambda_m,p_m) \end{pmatrix}.$$
> (2)　$J(A)$ はジョルダンブロックの順序を除き, 一意的に決まる.

証明　$A \in \mathrm{M}_n(K)$, $M = K^n$, $R = K[x]$ を K 上の 1 変数多項式環とする. $\boldsymbol{v} \in M$ に対し,

$$f(x) = a_0 x^n + \cdots + a_n \implies f(x)\boldsymbol{v} = a_0 A^n \boldsymbol{v} + \cdots + a_n \boldsymbol{v}$$

と定義する. 右辺が定義する線形写像 $M \to M$ を $f(A)$ とも書く. これにより M は R 加群になる.

R は単項イデアル整域である. M は $K \subset R$ 上有限生成なので, R 上有限生成でもある. したがって, 定理 2.13.1 より, 自然数 $r \geqq 0$, 素元 $p_1, \cdots, p_t \in R$ と整数 $a_1, \cdots, a_t > 0$ があり,

$$M \cong R^r \oplus R/(p_1^{a_1}) \oplus \cdots \oplus R/(p_t^{a_t})$$

となる．M は K 上有限次元なので，$r = 0$ である．K は代数閉体なので，命題 2.13.9 により，任意の多項式は 1 次式の積である．$\alpha_1, \cdots, \alpha_m \in K$ とするとき，$m > 1$ なら $(x-\alpha_1) \cdots (x-\alpha_m)$ は既約ではないので，$(x-\alpha_1) \cdots (x-\alpha_m)$ が素元なら，$m = 1$ である．したがって，素イデアルは $x-\alpha$ $(\alpha \in K)$ という形の多項式で生成される．$p_i = x-\lambda_i$，$M_i = R/((x-\lambda_i)^{a_i})$ $(\lambda_i \in K,\ i = 1, \cdots, t)$ とすれば，$M \cong M_1 \oplus \cdots \oplus M_t$ で $M_1, \cdots, M_t$ は部分 R 加群である．

$M = K^n$ のベクトルに A をかけることは，R 加群の元に x をかけることに対応する．M の元に x をかけるという線形写像を T あるいは T_A とする (2.5 節参照)．$1 \leqq i \leqq t$ に対し，$TM_i \subset M_i$ である．M_i の K ベクトル空間としての基底 $\{(x-\lambda_i)^{a_i-1}, \cdots, x-\lambda_i, 1\}$ をとれば，T を適用すると，

$$(x-\lambda_i)^{a_i-1} \to x(x-\lambda_i)^{a_i-1} = (x-\lambda_i)^{a_i} + \lambda_i(x-\lambda_i)^{a_i-1}$$
$$= \lambda_i(x-\lambda_i)^{a_i-1},$$
$$\vdots$$
$$x-\lambda_i \to x(x-\lambda_i) = (x-\lambda_i)^2 + \lambda_i(x-\lambda_i),$$
$$1 \to x = (x-\lambda_i) + \lambda_i$$

となる．したがって，この基底に関する T の表現行列は $J(\lambda_i, a_i)$ である．よって，各 M_i の K 上の基底をまとめて基底 B を作れば，T_A の B に関する表現行列 $J(A)$ は定理の主張 (1) の形をしている．B の元に対応するベクトルを列ベクトルとする行列を P とすれば，$J(A) = P^{-1}AP$ となることがわかるので，(1) が証明できた．

逆に $P^{-1}AP = J(A)$ が定理の主張 (1) の形をしているとする．$AP = PJ(A)$ なので，$P = (\boldsymbol{v}_1 \cdots \boldsymbol{v}_n)$ とすると，

$$A\boldsymbol{v}_1 = \lambda_1\boldsymbol{v}_1,$$
$$A\boldsymbol{v}_2 = \lambda_1\boldsymbol{v}_2 + \boldsymbol{v}_1,$$
$$\vdots$$
$$A\boldsymbol{v}_{p_1} = \lambda_1\boldsymbol{v}_{p_1} + \boldsymbol{v}_{p_1-1}$$

などとなる．$\boldsymbol{v}_1, \cdots, \boldsymbol{v}_{p_1}$ で生成される部分空間を W_1 とすると，W_1 は T_A 不

変で, R 加群として $\boldsymbol{v}_{p_1}$ で生成される.

R の元 r に $r\boldsymbol{v}_{p_1}$ を対応させる写像 ϕ は R 加群の準同型であり, $W_1 = R\boldsymbol{v}_{p_1} \cong R/\mathrm{Ker}(\phi)$ である. $(x-\lambda_1)^{p_1}\boldsymbol{v}_{p_1} = \boldsymbol{0}$ なので, $((x-\lambda_1)^{p_1}) \subset \mathrm{Ker}(\phi)$ である. $\dim_K W_1 = \dim_K R/((x-\lambda_1)^{p_1}) = p_1$ なので, $\mathrm{Ker}(\phi) = ((x-\lambda_1)^{p_1})$ で, $W_1 \cong R/((x-\lambda_1)^{p_1})$ である. 他のブロックも同様なので,

$$M \cong R/((x-\lambda_1)^{p_1}) \oplus \cdots \oplus R/((x-\lambda_t)^{p_t}).$$

定理 2.13.1 より, $(\lambda_1, p_1), \cdots, (\lambda_t, p_t)$ は順序を除いて定まる. したがって, ジョルダンブロックの一意性が証明できた. □

定義 2.13.12 $J(A)$ を A の**ジョルダン標準形**という. ◇

ジョルダン標準形の実際の計算には, べき零行列を使ったほうが効率的である. これについては, 線形代数の教科書を参照せよ. なお, ジョルダン標準形は数式処理ソフトで求めることもできる. 例えば「Maple」なら,

```
with(linalg);
A:= matrix(4,4,[4,1,-1,-1,-1,2,0,1,1,1,1,0,2,1,-1,1]);
B:= jordan(A,'P');
evalm(P);
```

などとすればよい. ただし, A が n 次行列なら, 固有値は n 次方程式の解になるが, 方程式は常に代数的に解けるとはかぎらないので, 近似値を求めることにするなどの工夫が必要である.

2.14 完全系列と局所化*

この節では局所化に関する考察をするときには可換環を考え, それ以外の状況では必ずしも可換でない環を考える.

A を可換環, M を A 加群, $S \subset A$ を乗法的集合 (定義 1.8.1) とする.

定義 2.14.1 $(x_1, s_1), (x_2, s_2) \in M \times S$ に対し, $s \in S$ があり

$$s(s_2\boldsymbol{x}_1 - s_1\boldsymbol{x}_2) = 0$$

となるとき, $(\boldsymbol{x}_1, \boldsymbol{s}_1) \sim (\boldsymbol{x}_2, \boldsymbol{s}_2)$ と定義する. これが同値となることは 1.8 節と同様にわかる. この同値関係による商を $\boldsymbol{S}^{-1}\boldsymbol{M}$ と書く. また (x, s) の同値類を $s^{-1}x, x/s$, または $\dfrac{x}{s}$ などと書く. ◇

$a_1 \in A, x_1, x_2 \in M, s_1, s_2 \in S$ に対し,
$$\frac{x_1}{s_1} + \frac{x_2}{s_2} = \frac{s_2 x_1 + s_1 x_2}{s_1 s_2}, \qquad \frac{a_1}{s_1} \cdot \frac{x_2}{s_2} = \frac{a_1 x_2}{s_1 s_2}.$$
と定義する. 定義 1.8.4 の後の議論と同様の議論で, これは well-defined で, $S^{-1}M$ は $S^{-1}A$ 加群となる.

写像 $M \to S^{-1}M$ を $x \mapsto x/1$ と定義する. 自然な準同型 $A \to S^{-1}A$ により, $S^{-1}M$ は A 加群となる. 加法に関する単位元は $0/1$ である. 記号の乱用だが, これを 0 と書く. $M \to S^{-1}M$ は A 準同型である.

定義 2.14.2 (1) $S^{-1}A$ 加群 $S^{-1}M$ を M の S による**局所化** という.

(2) 準同型 $M \ni x \mapsto x/1 \in S^{-1}M$ を**自然な準同型**という.　　　　◇

例 2.14.3 $\mathbb{Z}$ 加群 $M = \mathbb{Z} \oplus \mathbb{Z}/2\mathbb{Z}$ の $S = \{2^n \mid n \geqq 0\}$ による局所化は $\mathbb{Z}\left[\frac{1}{2}\right]$. $(l, \overline{m}) \in M$ なら, $2^n(l, \overline{m}) = (2^n l, \overline{0})$ $(n > 0)$. よって, 2 番目の因子は局所化で無くなる. したがって, $S^{-1}M$ は $S^{-1}\mathbb{Z}$ と同じで $S^{-1}\mathbb{Z} = \mathbb{Z}\left[\frac{1}{2}\right]$ である.
　　　　◇

加群の局所化についても, 命題 1.8.11 と同様な普遍性が成り立つ.

命題 2.14.4 A は可換環, $S \subset A$ は乗法的集合, M, N は A 加群, $\phi: M \to N$ は A 準同型とする.

(1) もしすべての $s \in S$ に対し, $N \ni x \mapsto sx \in N$ が全単射なら, A 加群の準同型 $S^{-1}M \to N$ で $M \to S^{-1}M \to N$ が ϕ と一致するものがただ一つ存在する.

(2) $S^{-1}A$ 準同型 $\psi: S^{-1}M \to S^{-1}N$ で $\psi(x/s) = \phi(x)/s$ となるものが存在する.

証明 (1) $s \in S$ に対し, $n(s): N \to N$ を $n(s)(x) = sx$ で定義された A 準同型とする. 仮定より, $n(s)$ は逆写像 $n(s)^{-1}$ を持つ. 写像 $\psi_1: S \times M \to N$ を $\psi_1(s, x) = n(s)^{-1}(\phi(x))$ と定義する. $s', s_1 \in S, y \in M$ で $s_1(sy - s'x) = 0$ なら,
$$0 = \phi(s_1(sy - s'x)) = n(s_1)(n(s)(\phi(y)) - n(s')(\phi(x))).$$
$n(s_1)$ は全単射なので, $n(s)(\phi(y)) = n(s')(\phi(x))$. $ss' = s's$ より $n(s) \circ n(s') =$

$n(s')\circ n(s)$. よって, $n(s')^{-1}\circ n(s) = n(s)\circ n(s')^{-1}$. したがって,

$$\phi(x) = n(s')^{-1}\circ n(s)(\phi(y)) = n(s)\circ n(s')^{-1}(\phi(y)),$$

$$n(s')^{-1}(\phi(y)) = n(s)^{-1}(\phi(x)).$$

$n(s)$ が A 準同型なので, $n(s)^{-1}$ も A 準同型である. よって, well-defined な写像 $\psi : S^{-1}M \to N$ で $\psi(x/s) = n(s)^{-1}\phi(x)$ となるものがある. この写像が命題の性質を満たすことの証明は省略する. $y = sz$ $(y, z \in M, s \in S)$ なら, $\phi(y) = s\phi(z)$ なので, $\psi(z) = n(s)^{-1}\phi(y)$ となるしかない. これより一意性が従う.

(2) $S^{-1}N$ は (1) の N の性質を満たすので, ψ の存在が従う. □

> **系 2.14.5** A を環, $S \subset A$ を乗法的集合, M を A 加群とする. すべての $s \in S$ に対し, $M \ni x \mapsto sx \in M$ が全単射なら, M から $S^{-1}M$ への自然な準同型は全単射である.

証明 命題 2.14.4 より $S^{-1}M \to M$ で $M \to S^{-1}M \to M$ が恒等写像であるものが存在する. したがって, $M \to S^{-1}M$ は単射である. $S^{-1}M$ の元は x/s $(x \in M, s \in S)$ という形をしているが, 仮定より $x = sy$ となる $y \in M$ がある. すると, $x/s = sy/s = y/1$ となるので, $M \to S^{-1}M$ は全射である. □

次の命題は, 命題 1.8.5 の類似であり, 証明は $S^{-1}M, M_{\mathrm{tor}}$ (定義 2.4.41) の定義より従う. なお, A が零環なら, 例 2.3.7 より M は $\{0\}$ しかなく, 命題の主張は自明である.

> **命題 2.14.6** A は可換環, $S \subset A$ は乗法的集合, M は A 加群とする. このとき, $x \in M, s \in S$ で $x/s = 0$ となるなら, $s' \in S$ があり, $s'x = 0$ となる. 特に, S が非零因子よりなり, $M_{\mathrm{tor}} = \{0\}$ なら, 自然な準同型 $M \to S^{-1}M$ は単射である.

以下, 複体や完全系列の概念を定義し, 局所化との関係について解説する. A は必ずしも可換ではない環とする.

定義 2.14.7 A 加群の準同型の列

$$(2.14.8) \qquad \cdots \xrightarrow{d_{n+2}} M_{n+1} \xrightarrow{d_{n+1}} M_n \xrightarrow{d_n} M_{n-1} \xrightarrow{d_{n-1}} \cdots$$

がすべての i に対して $d_i \circ d_{i+1} = 0$ という条件を満たすとき，**A 加群の複体と**いう．　　　　　　　　　　　　　　　　　　　　　　　　　　　　◇

$n < 0$ に対して $M_n = 0$ となる場合，複体は

$$\cdots \xrightarrow{d_{n+1}} M_n \xrightarrow{d_n} \cdots \xrightarrow{d_1} M_0 \longrightarrow \{0\}$$

という形をしているとみなす．有限個の加群よりなる複体も同様である．複体は一般に (M_*, d_*) と書く．

次の命題は明らかである．

命題 2.14.9　(M_*, d_*) が複体なら，$\mathrm{Im}(d_{n+1}) \subset \mathrm{Ker}(d_n)$ が成り立つ．

準同型の列で番号が増加するもの

(2.14.10)　　　　$\cdots \xrightarrow{d_{n-2}} M_{n-1} \xrightarrow{d_{n-1}} M_n \xrightarrow{d_n} M_{n+1} \xrightarrow{d_{n+1}} \cdots$

を考えることもある．これも複体という．この場合は $\mathrm{Im}(d_{n-1}) \subset \mathrm{Ker}(d_n)$ が成り立つ．この場合，M^n, d^n というように，上つきの数字を使うこともあるが，直積やべきと混同のおそれもあるので，基本的には下つきの番号を使う．

(M_*, d_*) が (2.14.8) の複体，N が A 加群，$L_n = \mathrm{Hom}_A(M_n, N)$ なら，

(2.14.11)　　　　　　　$\cdots \longrightarrow L_{n-1} \longrightarrow L_n \longrightarrow L_{n+1} \longrightarrow \cdots$

となるので，番号が増加・減少する両方の状況を考える必要がある．番号が減少する複体を**チェイン複体**，番号が増加する複体を**コチェイン複体**という．

以下，複体の中では $\{0\}$ を単に **0** と書く．これは習慣である．

定義 2.14.12　(M_*, d_*) がチェイン複体 (コチェイン複体) で，すべての n に対し $\mathrm{Im}(d_{n+1}) = \mathrm{Ker}(d_n)$ $(\mathrm{Im}(d_{n-1}) = \mathrm{Ker}(d_n))$ なら，この複体は**完全である**という．完全な複体を**完全系列**ともいう．また，

$$0 \longrightarrow L \xrightarrow{\phi} M \xrightarrow{\psi} N \longrightarrow 0$$

という形の完全系列を**短完全系列**という．　　　　　　　　　　　　　◇

なお，複体 $0 \longrightarrow L \xrightarrow{\phi} M$ が完全ということは ϕ が単射であることと

同値であり，複体 $M \xrightarrow{\psi} N \longrightarrow 0$ が完全ということは ψ が全射である
ことと同値である．

命題 2.14.13 A を可換環，M を A 加群，$S \subset A$ を乗法的集合とす
る．このとき，$S^{-1}M \cong S^{-1}A \underset{A}{\otimes} M$ である．

証明 $a/s \in S^{-1}A$, $x \in M$ に対し，$\phi(a/s,x) = (ax)/s \in S^{-1}M$ と定義する．
$a_1 \in A, s_1 \in S$ で $a_1/s_1 = a/s$ なら，$s_2 \in S$ があり，$s_2(sa_1 - s_1a) = 0$ である．
よって，$s_2(sa_1 - s_1a)x = s_2(sa_1x - s_1ax) = 0$. これは $a_1x/s_1 = ax/s$ の定義で
ある．したがって，$\phi : S^{-1}A \times M \to S^{-1}M$ は well-defined である．

$a_1, a_2 \in A, x \in M, s_1, s_2 \in S$ なら，
$$\phi\left(\frac{a_1}{s_1} + \frac{a_2}{s_2}, x\right) = \phi\left(\frac{a_1s_2 + a_2s_1}{s_1s_2}, x\right) = \frac{(a_1s_2 + a_2s_1)x}{s_1s_2}$$
$$= \frac{a_1x}{s_1} + \frac{a_2x}{s_2} = \phi\left(\frac{a_1}{s_1}, x\right) + \phi\left(\frac{a_2}{s_2}, x\right).$$
同様にして x の部分の加法との整合性もわかり，ϕ は双線形である．

$b \in A$ なら，$\phi(ab/s,x) = (ab)x/s = a(bx)/s = \phi(a/s, bx)$. したがって，$A$ 加
群の準同型 $\psi : S^{-1}A \underset{A}{\otimes} M \to S^{-1}M$ で $\psi(a/s \otimes x) = ax/s$ となるものがある．

$s' \in S$ なら，
$$\psi\left(\frac{1}{s'}\frac{a}{s} \otimes x\right) = \psi\left(\frac{a}{s's} \otimes x\right) = \frac{ax}{s's} = \frac{1}{s'}\frac{ax}{s} = \frac{1}{s'}\psi\left(\frac{a}{s} \otimes x\right).$$
よって，ψ は $S^{-1}A$ 準同型である．

$s \in S$, $x \in M$ なら $\psi(1/s \otimes x) = x/s$ なので，ψ は全射である．
$$a_1/s_1 \otimes x_1 + a_2/s_2 \otimes x_2 = 1/(s_1s_2) \otimes a_1s_2x_1 + 1/(s_1s_2) \otimes a_2s_1x_2$$
$$= 1/(s_1s_2) \otimes (a_1s_2x_1 + a_2s_1x_2)$$
となるので，$S^{-1}A \underset{A}{\otimes} M$ の元は (和をとることなく一つの項で) $1/s \otimes x$ という
形に書ける．$1/s \otimes x \in \mathrm{Ker}(\psi)$ なら $x/s = 0$ だが，$S^{-1}M$ の定義，あるいは命
題 2.14.6 より $s' \in S$ があり，$s'x = 0$ となる．すると，$1/s \otimes x = s'/(ss') \otimes x = 1/(ss') \otimes s'x = 0$ となる．よって，ψ は単射である． $\square$

> **命題 2.14.14**　k を可換環，A を (必ずしも可換でない) k 代数，N を
> 左 A 加群，
> $$M_1 \xrightarrow{\ f_1\ } M_2 \xrightarrow{\ f_2\ } M_3 \longrightarrow 0$$
> を右 A 加群の完全系列とする．このとき，
> $$M_1 \underset{A}{\otimes} N \xrightarrow{\ f_1 \otimes \mathrm{id}_N\ } M_2 \underset{A}{\otimes} N \xrightarrow{\ f_2 \otimes \mathrm{id}_N\ } M_3 \underset{A}{\otimes} N \longrightarrow 0$$
> も k 加群の完全系列である．A が可換なら，これらは A 加群の複体で
> ある．

証明　k 代数の定義より k の像は A の中心に含まれることに注意する．
$M_3 \underset{A}{\otimes} N$ は $x \otimes y$ ($x \in M_3$, $y \in N$) という形の元で生成されているが，$M_2 \to$
M_3 は全射なので，任意の $x \in M_3$ に対し $z \in M_2$ があり，$f_2(z) = x$ となる．
よって，$M_2 \underset{A}{\otimes} N \to M_3 \underset{A}{\otimes} N$ により $z \otimes y \mapsto x \otimes y$ ($y \in N$) となる．したがって，
$M_2 \underset{A}{\otimes} N \to M_3 \underset{A}{\otimes} N$ は全射である．

　$M_3 \underset{A}{\otimes} N$ から $M_2 \underset{A}{\otimes} N / \mathrm{Im}(f_1 \otimes \mathrm{id}_N)$ への k 準同型を構成する．$x \in M_3$, $y \in$
N なら，$f_2(z) = x$ となる z をとり $\phi(x,y) = z \otimes y + \mathrm{Im}(f_1 \otimes \mathrm{id}_N)$ と定義する
(ここがポイント)．$f_2(z') = x$ でもあれば，$z - z' \in \mathrm{Im}(f_1)$ なので，
$$z \otimes y - z' \otimes y = (z - z') \otimes y \in \mathrm{Im}(f_1 \otimes \mathrm{id}_N).$$
よって，ϕ は well-defined である．$a \in A$ なら，$\phi(xa, y) = \phi(x, ay)$ であること
はすぐにわかる．よって，$\psi(x \otimes y) = \phi(x, y)$ となる k 加群の準同型がある．
$f_2 \otimes \mathrm{id}_N$ は $M_2 \underset{A}{\otimes} N / \mathrm{Im}(f_1 \otimes \mathrm{id}_N)$ から $M_3 \underset{A}{\otimes} N$ への写像を引き起こし，それが
ψ の逆写像となることは明らかなので，$M_2 \underset{A}{\otimes} N / \mathrm{Im}(f_1 \otimes \mathrm{id}_N) \cong M_3 \underset{A}{\otimes} N$．

　A が可換なら，$A = k$ の場合を考え，ψ は A 同型である．　　　　□

　上の命題では $M \underset{A}{\otimes} N$ の M の部分に完全系列を考えたが，N の部分に完全
系列を考えても同様である．このことから，テンソル積は M, N 両方に関して
右完全であるという．

例 2.14.15 (テンソル積 6)　$(\mathbb{R}[x,y]/(x^2 + y^2)) \underset{\mathbb{R}}{\otimes} \mathbb{C}$ を考える．$\mathbb{R}$ 上のベクト
ル空間として，$\mathbb{R}[x,y] = \underset{i,j \geqq 0}{\bigoplus} \mathbb{R}x^i y^j$ である．命題 2.11.9 と例 2.11.6 より，

$$\mathbb{R}[x,y]\underset{\mathbb{R}}{\otimes}\mathbb{C}\cong\bigoplus_{i,j\geqq 0}\mathbb{R}\underset{\mathbb{R}}{\otimes}\mathbb{C}x^iy^j\cong\bigoplus_{i,j\geqq 0}\mathbb{C}x^iy^j.$$

したがって，$\mathbb{R}[x,y]\underset{\mathbb{R}}{\otimes}\mathbb{C}\cong\mathbb{C}[x,y]$ である．$(x^2+y^2)\mathbb{R}[x,y]\underset{\mathbb{R}}{\otimes}\mathbb{C}\to\mathbb{C}[x,y]$ の像は
イデアル $(x^2+y^2)\mathbb{C}[x,y]$ である．命題 2.14.14 より

$$(\mathbb{R}[x,y]/(x^2+y^2))\underset{\mathbb{R}}{\otimes}\mathbb{C}\cong\mathbb{C}[x,y]/(x^2+y^2)\cong\mathbb{C}[x,y]/(xy)$$

である． ◇

例 2.14.16 (テンソル積 **7**)　$(\mathbb{C}[x,y]/(x^2-y^3))\underset{\mathbb{C}[x,y]}{\otimes}(\mathbb{C}[x,y]/(y))$ を考える．
例 2.11.6 より，

$$(\mathbb{C}[x,y]/(x^2-y^3))\underset{\mathbb{C}[x,y]}{\otimes}\mathbb{C}[x,y]\cong(\mathbb{C}[x,y]/(x^2-y^3))$$

である．

$$(\mathbb{C}[x,y]/(x^2-y^3))\underset{\mathbb{C}[x,y]}{\otimes}y\mathbb{C}[x,y]\to\mathbb{C}[x,y]/(x^2-y^3)$$

の像は y で生成された $\mathbb{C}[x,y]/(x^2-y^3)$ のイデアルである．したがって，

$$(\mathbb{C}[x,y]/(x^2-y^3))\underset{\mathbb{C}[x,y]}{\otimes}(\mathbb{C}[x,y]/(y))$$
$$\cong(\mathbb{C}[x,y]/(x^2-y^3))/((y,x^2-y^3)/(x^2-y^3))$$
$$\cong\mathbb{C}[x,y]/(y,x^2-y^3)\cong\mathbb{C}[x]/(x^2)$$

である． ◇

$\mathrm{Hom}_A(M,N)$ に対しても命題 2.14.14 と同様の主張が成り立つ．

命題 2.14.17　k を可換環，A を k 代数，N を左 A 加群とするとき，

$$0\longrightarrow M_1\overset{f_1}{\longrightarrow}M_2\overset{f_2}{\longrightarrow}M_3$$

が左 A 加群の完全系列なら，

$$0\longrightarrow\mathrm{Hom}_A(N,M_1)\longrightarrow\mathrm{Hom}_A(N,M_2)\longrightarrow\mathrm{Hom}_A(N,M_3)$$

も k 加群の完全系列である．また，

$$M_1\overset{f_1}{\longrightarrow}M_2\overset{f_2}{\longrightarrow}M_3\longrightarrow 0$$

が左 A 加群の完全系列なら，

$$0 \longrightarrow \mathrm{Hom}_A(M_3, N) \longrightarrow \mathrm{Hom}_A(M_2, N) \longrightarrow \mathrm{Hom}_A(M_1, N)$$

も k 加群の完全系列である．A が可換なら，これらは A 加群の複体である．

証明　2 番目の完全性だけ証明する．$g \in \mathrm{Hom}_A(M_3, N)$, $g \circ f_2 = 0$ なら，f_2 が全射なので $g = 0$. よって，$\mathrm{Hom}_A(M_3, N) \to \mathrm{Hom}_A(M_2, N)$ は単射である．

$g \in \mathrm{Hom}_A(M_2, N)$, $g \circ f_1 = 0$ とする．これは g は $f_1(M_1)$ 上では 0 であることを意味する．すると，準同型定理より，g は $M_2/f_1(M_1) \cong M_3$ から N への準同型を引き起こす．よって，$h \in \mathrm{Hom}_A(M_3, N)$ があり，$g = h \circ f_2$ となる．

A が可換なら，$A = k$ の場合を考えればよい．　　　　　　　　　　　　□

上の命題では，左加群について考えたが，右加群でも同様である．命題の完全性のことを**左完全性**という．

定義 2.14.18　A を環，N を左 A 加群とするとき，任意の完全系列 (2.14.8) (ただし右 A 加群の) に対し，

(2.14.19)

$$\cdots \xrightarrow{d_{n+2} \otimes \mathrm{id}_N} M_{n+1} \underset{A}{\otimes} N \xrightarrow{d_{n+1} \otimes \mathrm{id}_N} M_n \underset{A}{\otimes} N \xrightarrow{d_n \otimes \mathrm{id}_N} M_{n-1} \underset{A}{\otimes} N \xrightarrow{d_{n-1} \otimes \mathrm{id}_N} \cdots$$

が完全系列であるとき，N は左 A 加群として**平坦**であるという．右加群の場合も平坦性を同様に定義する．　　　　　　　　　　　　　　　　　◇

「平坦」という用語はセールにより [22, p.34] で導入された，その理由については，言及はなかった．III–2.5 節では平坦性の幾何学的な性質の一つについて解説する．

命題 2.14.20　N を環 A 上の左加群とする．任意の右 A 加群の単射準同型 $M_1 \to M_2$ に対し $M_1 \otimes N \to M_2 \otimes N$ が単射なら，N は平坦である．

証明　完全系列 (2.14.8) に対し，(2.14.19) が完全系列であればよい．$Z_n = \mathrm{Ker}(d_n) \subset M_n$, $B_n = \mathrm{Im}(d_{n+1}) \subset M_n$ とおくと，(2.14.8) が完全系列なので，$Z_n = B_n$ である．$\mathrm{Im}(d_n) = B_{n-1}$ だが，B_{n-1} への写像と M_{n-1} への写像を区別するために，M_n から B_{n-1} への写像を $\bar{d}_n : M_n \to B_{n-1}$ とする．$i_n :$

$B_n \to M_n$ を包含写像とすると，$i_{n-1} \circ \overline{d}_n = d_n$ である．すると，

$$0 \longrightarrow B_n \xrightarrow{\ i_n\ } M_n \xrightarrow{\ \overline{d}_n\ } B_{n-1} \longrightarrow 0$$

は完全系列である．

仮定より，

$$0 \longrightarrow B_n \underset{A}{\otimes} N \xrightarrow{i_n \otimes \mathrm{id}_N} M_n \underset{A}{\otimes} N \xrightarrow{\overline{d}_n \otimes \mathrm{id}_N} B_{n-1} \underset{A}{\otimes} N \longrightarrow 0$$

も完全系列である．$(i_{n-1} \otimes \mathrm{id}_N) \circ (\overline{d}_n \otimes \mathrm{id}_N) = d_n \otimes \mathrm{id}_N$ で $i_{n-1} \otimes \mathrm{id}_N$ は単射なので，$\mathrm{Ker}(d_n \otimes \mathrm{id}_N) = \mathrm{Ker}(\overline{d}_n \otimes \mathrm{id}_N) = (i_n \otimes \mathrm{id}_N)(B_n \underset{A}{\otimes} N)$ である．

$$\overline{d}_{n+1} \otimes \mathrm{id}_N : M_{n+1} \underset{A}{\otimes} N \to B_n \underset{A}{\otimes} N \quad \text{は全射}$$

$$i_n \otimes \mathrm{id}_N : B_n \underset{A}{\otimes} N \to M_n \underset{A}{\otimes} N \quad \text{は単射}$$

なので，$\mathrm{Im}(d_{n+1} \otimes \mathrm{id}_N) = (i_n \otimes \mathrm{id}_N)(B_n \underset{A}{\otimes} N) = \mathrm{Ker}(d_n \otimes \mathrm{id}_N)$．したがって，(2.14.19) も完全系列である． □

例 2.14.21 I を任意の集合とするとき，$\underset{I}{\bigoplus} A$ を左 A 加群とみなす．M を右 A 加群とするとき，命題 2.11.9 と例 2.11.6 より $M \underset{A}{\otimes} (\underset{I}{\bigoplus} A) \cong \underset{I}{\bigoplus} (M \underset{A}{\otimes} A) \cong \underset{I}{\bigoplus} M$．したがって，$M_1 \to M_2$ が右 A 加群の単射準同型なら，$M_1 \underset{A}{\otimes} (\underset{I}{\bigoplus} A) \to M_2 \underset{A}{\otimes} (\underset{I}{\bigoplus} A)$ も単射である．よって，$\underset{I}{\bigoplus} A$ は左 A 加群として平坦である．$\underset{I}{\bigoplus} A$ が右 A 加群として平坦であることも同様である．特に，体上の加群 (ベクトル空間) は基底を持ち，自由加群になるので，体上の任意の加群は平坦である．◇

定理 2.14.22 S が可換環 A の乗法的集合なら，$S^{-1}A$ は A 加群として平坦である．

証明 M_1 を M_2 の部分加群，$i : M_1 \to M_2$ を包含写像とする．i は準同型 $S^{-1}M_1 \to S^{-1}M_2$ を引き起こす．この写像を j と書く．命題 2.14.13 より j が単射であることを示せばよい．$s \in S$, $x \in M_1$ とし，$j(x/s) = 0$ なら $x/s = 0$ であることを示す．$j(x/s) = i(x)/s = 0$ なら，$s' \in S$ があり，$s'i(x) = i(s'x) = 0$ であることを意味する．しかし，$s'x \in M_1$ であり，i は単射なので，M_1 の元として $s'x = 0$ である．よって，$x/s = 0$ である． □

2 章の演習問題

2.1.1　この問題は体 $K = \mathbb{F}_5$ 上で考える．以下，$\mathbb{F}_5$ の元は $\bar{1}$ などではなく，単に 1 などと書く．A を次の行列とする．

$$A = (\boldsymbol{v}_1 \ \cdots \ \boldsymbol{v}_5) = \begin{pmatrix} 2 & 3 & 1 & 0 & 2 \\ 3 & 5 & 2 & 1 & 4 \\ 5 & 6 & 2 & 3 & 2 \end{pmatrix}.$$

(1)　$2^{-1}, 3^{-1}, 4^{-1}$ を求めよ．

(2)　A の標準形を求めよ．

(3)　方程式 $A\boldsymbol{x} = \boldsymbol{0}$ の解を求めよ．

(4)　$\mathbb{F}_5$ 上の連立方程式

$$\begin{cases} 2x_1 + 3x_2 + x_3 & = 2, \\ 3x_1 + 5x_2 + 2x_3 + x_4 = 4, \\ 5x_1 + 6x_2 + 2x_3 + 3x_4 = 2 \end{cases}$$

の解の集合を求めよ．

2.1.2　$A = \begin{pmatrix} 3 & 2 & 5 \\ -7 & 1 & 4 \\ 6 & 5 & -9 \end{pmatrix}$ とおく．

(1)　A を $\mathbb{Q}$ の元を成分とする行列と考えて逆行列を求めよ．

(2)　A を $\mathbb{Z}/7\mathbb{Z}$ の元を成分とする行列と考えて逆行列を求めよ．

2.2.1　K は体，$n > m > 0$ は整数で，$A \in \mathrm{M}_n(K)$ が

$$A = \begin{pmatrix} X & Y \\ 0 & Z \end{pmatrix}, \quad X \in \mathrm{M}_m(K),\ Y \in \mathrm{M}_{m,n-m}(K),\ Z \in \mathrm{M}_{n-m}(K)$$

という形のブロック行列とするとき，$\det A = \det X \det Z$ であることを証明せよ．

2.2.2　$A = \begin{pmatrix} x^2 + x + 1 & x + 3 \\ x^3 - x + 1 & x^2 + 2x - 4 \end{pmatrix}$ とおく．A は $\mathbb{C}[x]$ の元を成分に持つ行列である．A の逆行列を系 2.2.8 を使って求めよ．

2.2.3　a, b を互いに素な整数の組とする．このとき，$[a, b]$ を第 1 列とする $\mathrm{GL}_2(\mathbb{Z})$ の元 A があることを示せ．

2.3.1　$S = \{[2,3], [1,1]\}$ は $\mathbb{Z}^2$ の $\mathbb{Z}$ 加群としての基底であることを証明せよ．

2.3.2 例 2.3.3 より，任意のアーベル群は $\mathbb{Z}$ 加群となる．A を可換環とするとき，A の乗法群 $A^\times$ はアーベル群なので，$\mathbb{Z}$ 加群となる．$x \in A^\times$, $n \in \mathbb{Z}$ に対し，例 2.3.3 の nx にあたるものは何か？

2.4.1 $\mathbb{Q}$ は $\mathbb{Z}$ 加群として有限生成ではないことを証明せよ．

2.4.2 $A = \mathbb{C}[x, y, z]$, $I = (x, y, z) \subset A$ とする．A^3 から I への A 加群の準同型 ϕ を $\phi([f_1, f_2, f_3]) = f_1 x + f_2 y + f_3 z$ と定義する．$\mathrm{Ker}(\phi)$ の生成系を求めよ．

2.4.3[☆] $A = \mathbb{C}[x_1, x_2, x_3, y_1, y_2, y_3]$ とおく．I を行列 $\begin{pmatrix} x_1 & x_2 & x_3 \\ y_1 & y_2 & y_3 \end{pmatrix}$ の 2 次の小行列式で生成されたイデアルとする．つまり，$f_1 = x_1 y_2 - x_2 y_1$, $f_2 = x_1 y_3 - x_3 y_1$, $f_3 = x_2 y_3 - x_3 y_2$ とおくと，$I = (f_1, f_2, f_3)$ である．A 加群の準同型 ϕ : $A^3 \to I$ を $\phi([g_1, g_2, g_3]) = g_1 f_1 + g_2 f_2 + g_3 f_3$ と定義する．

(1) $h_1 = [x_3, -x_2, x_1]$, $h_2 = [y_3, -y_2, y_1]$ とおくと，$\mathrm{Ker}(\phi) = \langle h_1, h_2 \rangle$ であることを証明せよ．

(2) A^2 から $\mathrm{Ker}(\phi)$ への全射準同型 ψ を $\psi([a_1, a_2]) = a_1 h_1 + a_2 h_2$ と定義すると，ψ は単射であることを証明せよ．

2.4.4 $A = \mathbb{Z}[\sqrt{-5}]$ とする．

(1) イデアル $I = (2, 1 + \sqrt{-5})$ は単項イデアルではないことを証明せよ．

(2) A 加群の準同型 $\phi : A^2 \to I$ を $\phi([a, b]) = 2a + (1 + \sqrt{-5})b$ となるように定義する．このとき，$\mathrm{Ker}(\phi)$ の生成系を求めよ．

2.4.5 $A = \mathbb{C}[t^2, t^3]$ は $B = \mathbb{C}[t]$ の部分環である．

(1) $\mathfrak{q}_1 = (t-1)B$, $\mathfrak{p}_1 = \mathfrak{q}_1 \cap A$ とすると，$\mathfrak{q}_1 = \mathfrak{p}_1 B$ であることを証明せよ．

(2) $\mathfrak{q}_2 = tB$, $\mathfrak{p}_2 = \mathfrak{q}_2 \cap A$ とするとき，$\dim_{\mathbb{C}} B/\mathfrak{p}_2 B$ を求めよ．

(3) B は自由 A 加群ではないことを証明せよ．

2.4.6 次の主張 (1), (2) のそれぞれの反例をみつけよ．

(1) $\mathbb{Z}$ 加群 $\mathbb{Z}^n$ の 1 次独立な部分集合は $\mathbb{Z}^n$ の基底に拡張できる．

(2) $S \subset \mathbb{Z}^n$ が $\mathbb{Z}$ 加群 $\mathbb{Z}^n$ を生成すれば，S の部分集合で $\mathbb{Z}^n$ の基底となるものがある．

2.4.7 $A \neq \{0\}$ が可換環で $f : A^n \to A^m$ が A 加群の全射準同型なら，$n \geqq m$ であることを証明せよ．

2.4.8　A は可換環で整域，M, N は A 加群，$f : M \to N$ を A 加群の全射準同型とする．もし M が可除加群なら，N も可除加群であることを証明せよ．

2.4.9　$G = \mathbb{Z}/3\mathbb{Z}$，$R = \mathbb{C}[G]$，$\omega = (-1 + \sqrt{-3})/2$ とする．$\sigma = \bar{1}$ とおくと，σ は G の生成元である．$N = 1 + \sigma + \sigma^2$，$x = 1 + \omega\sigma + \omega^2\sigma^2$，$y = 1 + \omega^2\sigma + \omega\sigma^2$ とおくと，$\mathbb{C}N, \mathbb{C}x, \mathbb{C}y$ は R の左イデアルであることを証明せよ．

2.4.10☆　k は体，$V = \bigoplus_{i=0}^{\infty} k$ とする．R を V から V への線形写像全体の集合とする．行き先の V での和とスカラー倍を考え，写像の合成を積として，R は k 代数となる．M を $V \oplus V$ から V への線形写像全体のなすベクトル空間とする．$\phi \in R, f \in M$ なら，$\phi f(v_1, v_2) = \phi(f(v_1, v_2))$ と定義することにより，M は R 加群となる．

(1)　M は R 加群として R^2 と同型であることを証明せよ．

(2)　M は R 加群として R と同型であることを証明せよ．したがって，R 加群として $R^2 \cong R$ である．

2.5.1　$A = \begin{pmatrix} 1 & 0 & 0 & 0 \\ 0 & 3 & 0 & 0 \\ 0 & 0 & 6 & 0 \\ 0 & 0 & 0 & 0 \end{pmatrix} \in \mathrm{M}_4(\mathbb{Z})$ とし，$T_A : \mathbb{Z}^4 \to \mathbb{Z}^4$ を A により定義される加群の準同型とする．このとき，$\mathrm{Ker}(T_A), \mathrm{Im}(T_A), \mathrm{Coker}(T_A)$ を決定せよ．

2.5.2　$R = \mathbb{C}[x]$，
$$A = \begin{pmatrix} x+2 & x^2-1 & 0 & 0 & 0 & 0 \\ 0 & 0 & (x-1)^2 & 0 & 0 & 0 \\ 0 & 0 & 0 & 0 & x^2+x^3 & x^2-x^3 \end{pmatrix} \in \mathrm{M}_{3,6}(R)$$
とし，$T_A : R^6 \to R^3$ を A により定義される加群の準同型とする．このとき，$\mathrm{Ker}(T_A), \mathrm{Im}(T_A), \mathrm{Coker}(T_A)$ を決定せよ．

2.5.3　$R = \mathbb{C}[x, y]$，
$$A = \begin{pmatrix} x+y+1 & x^2-x-y \\ x & 1-x \\ y & x^2-y \end{pmatrix} \in \mathrm{M}_{3,2}(R)$$
とし，$T_A : R^2 \to R^3$ を A により定義される加群の準同型とする．このとき，$\mathrm{Coker}(T_A) \cong R$ であることを証明せよ．

2.5.4 $\mathbb{H} = \mathbb{C} \oplus \mathbb{C}j$ をハミルトンの四元数体, $V = \mathbb{H}^n$ とする. $A, B \in \mathrm{M}_n(\mathbb{C})$, $C = A + Bj \in \mathrm{M}_n(\mathbb{H})$ とする. V は右 $\mathbb{H}$ 加群で, $\mathbb{C} \subset \mathbb{H}$ なので, $2n$ 次元の $\mathbb{C}$ ベクトル空間とみなす. 線形写像 $T_C : V \ni \boldsymbol{x} \mapsto C\boldsymbol{x} \in V$ の基底 $S = \{\mathrm{e}_1, \cdots, \mathrm{e}_n, \mathrm{e}_1 j, \cdots, \mathrm{e}_n j\}$ に関する表現行列を求めよ.

2.5.5 K を体, A を K 代数で $\dim_K A < \infty$ とする.
$$A_L^\times = \{x \in A \mid {}^\exists y \in A, \ yx = 1\},$$
$$A_R^\times = \{x \in A \mid {}^\exists y \in A, \ xy = 1\}$$
とおく. このとき, $A^\times = A_L^\times = A_R^\times$ であることを証明せよ (ヒント: $a \in A$ を左からかける写像 m_a を考え, 行列の場合に帰着せよ).

2.7.1 (1) $G = \mathrm{PSL}_2(\mathbb{F}_2)$ には位数 2 の元がちょうど 3 個あることを証明せよ.

(2) X を G の位数 2 の元の集合とする. G は共役により, X に作用する. この作用による置換表現 $G \to \mathfrak{S}_3$ が同型であることを証明せよ.

2.7.2 (1) $G = \mathrm{PSL}_2(\mathbb{F}_3)$ のシロー 3 部分群の個数は 4 であることを証明せよ.

(2) X を G のシロー 3 部分群の集合とする. G は共役により, X に作用する. この作用による置換表現 $G \to \mathfrak{S}_4$ を ρ とするとき, ρ は同型 $\mathrm{PSL}_2(\mathbb{F}_3) \cong A_4$ を引き起こすことを証明せよ.

2.7.3 $\mathrm{SL}_2(\mathbb{F}_3)$ と $\mathfrak{S}_4$ は同型でないことを証明せよ (やさしい問題).

2.7.4 K を位数が 4 以上の体, G をアーベル群で $n \geqq 2$ とするとき, $\chi : \mathrm{SL}_n(K) \to G$ が準同型なら, すべての $g \in \mathrm{SL}_n(K)$ に対し $\chi(g) = 1_G$ であることを証明せよ.

2.7.5 $\mathrm{SL}_2(\mathbb{Z}/4\mathbb{Z})$ は $\mathrm{SL}_2(\mathbb{Z}/2\mathbb{Z}) \times (\mathbb{Z}/2\mathbb{Z})^4$ とは同型ではないことを証明せよ (やさしい問題).

2.7.6 演習問題 I–4.9.3 と定理 2.7.11 により $\mathrm{PSL}_2(\mathbb{F}_5) \cong A_5$ であることがわかるが, ここでは違う方法での証明を考える.
$$X = \begin{pmatrix} 0 & -1 \\ 1 & 0 \end{pmatrix}, \quad Y = \begin{pmatrix} 0 & 1 \\ -1 & 1 \end{pmatrix}, \quad Z = \begin{pmatrix} 1 & 1 \\ 0 & 1 \end{pmatrix}$$
の定める $G = \mathrm{PSL}_2(\mathbb{F}_5)$ の元をそれぞれ x, y, z とする.

(1) $x^2 = y^3 = z^5 = xyz = 1$ であることを確かめよ.

(2) 演習問題 I–4.6.10 を使って $\mathrm{PSL}_2(\mathbb{F}_5) \cong A_5$ であることを証明せよ.

2.7.7 $\mathrm{GL}_3(\mathbb{E}_2)$ の部分集合 G を

$$G = \left\{ n(u_1, u_2, u_3) = \begin{pmatrix} 1 & 0 & 0 \\ u_1 & 1 & 0 \\ u_2 & u_3 & 1 \end{pmatrix} \,\middle|\, u_1, u_2, u_3 \in \mathbb{F}_2 \right\}$$

とおくと, G は $\mathrm{GL}_3(\mathbb{F}_2)$ の部分群である.

(1) $x = n(1,0,1)$, $y = n(1,0,0)$ とおくと, $x^4 = y^2 = I_3$, $yxy = x^{-1}$ となることを示せ.

(2) G は二面体群 D_4 と同型であることを証明せよ.

2.7.8$^{☆}$ p を奇素数とするとき, $\mathrm{GL}_2(\mathbb{F}_p)$ の共役類を決定せよ.

2.8.1 $\alpha = \sqrt{2} + \sqrt{3}$ が $\mathbb{Z}$ 上整であることを, モニックな多項式 $f(x) \in \mathbb{Z}[x]$ で $f(\alpha) = 0$ となるものをみつけることにより証明せよ.

2.8.2 $\alpha = \sqrt[3]{4} - 3\sqrt[3]{2}$ とする. 3 次のモニック多項式 $f(t) \in \mathbb{Z}[t]$ で $f(\alpha) = 0$ となるものを求めよ.

2.8.3 $d \neq 1$ を平方因子を持たない整数とする. 以下, $a, b \in \mathbb{Q}$, $x = a + b\sqrt{d}$ とする.

(1) x が $\mathbb{Z}$ 上整なら $y = a - b\sqrt{d}$ も $\mathbb{Z}$ 上整であることを証明せよ (ヒント: 命題 1.11.40).

(2) x が $\mathbb{Z}$ 上整であることと, $2a, a^2 - db^2 \in \mathbb{Z}$ であることは同値であることを証明せよ.

(3) $d \equiv 1 \mod 4$ なら, x が $\mathbb{Z}$ 上整であることと, x が $\mathbb{Z}[(1+\sqrt{d})/2]$ の元であることは同値であることを証明せよ.

(4) $d \equiv 2,3 \mod 4$ なら, x が $\mathbb{Z}$ 上整であることと, x が $\mathbb{Z}[\sqrt{d}]$ の元であることは同値であることを証明せよ.

2.8.4 $A = \mathbb{C}[t^3, t^4]$ とする.

(1) A の商体は $K = \mathbb{C}(t)$ であることを証明せよ.

(2) A の K における整閉包は $\mathbb{C}[t]$ であることを証明せよ.

2.8.5 A を一意分解環, K を A の商体, $a \in A$ を平方でない元 (つまり $a = b^2$ となる $b \in A$ が存在しない) とする. また, K は $\mathbb{Q}$ を含むとする.

(1) $f(t) = t^2 - a \in K[t]$ は既約であることを証明せよ.

(2) $L = K[t]/(f(t))$ とし, $t + (f(t))$ を α とおく. L の元は $c_1 + c_2\alpha$ $(c_1, c_2 \in K)$ と表せる. ϕ を $L \ni c_1 + c_2\alpha \mapsto c_1 - c_2\alpha \in L$ で定義される写像とするとき, ϕ は K 準同型であることを証明せよ.

(3) $x = c_1 + c_2\alpha \in L$ $(c_1, c_2 \in K)$ に対し $\mathrm{T}(x) = x + \phi(x)$, $\mathrm{N}(x) = x\phi(x)$ とおくと, $\mathrm{T}(x), \mathrm{N}(x) \in K$ であることを証明せよ.

2.8.6 $A = \mathbb{C}[x, y]$, $B = \mathbb{C}[x, y, z]$, $C = \mathbb{C}[x, y, z]/(z^2 - xy)$, $\phi : B \to B$ を $\phi(x) = x$, $\phi(y) = y$, $\phi(z) = -z$ となる $\mathbb{C}$ 同型とする. $z^2 - xy$ が B の素元であることは認める (演習問題 1.3.8 (2) 参照). $\mathrm{T}(f) = f + \phi(f)$, $\mathrm{N}(f) = f\phi(f)$ $(f \in B)$ とおくと, $\mathrm{T}(f + g) = \mathrm{T}(f) + \mathrm{T}(g)$, $\mathrm{N}(fg) = \mathrm{N}(f)\mathrm{N}(g)$ $(f, g \in B)$ である.

(1) A から C への自然な準同型は単射であることを証明せよ.

(2) ϕ は C の $\mathbb{C}$ 自己同型を引き起こすことを証明せよ.

(3) C は正規環であることを証明せよ.

2.8.7 $\mathbb{C}[x, y, z]/(x^2 + y^3 + z^5)$ は正規環であることを証明せよ.

2.8.8 K を体, $\{A_i \subset K \mid i \in I\}$ を I を添字集合とする部分環の族で, すべての $i \in I$ に対し A_i は正規環であるとする. このとき, $\bigcap_{i \in I} A_i$ も正規環であることを証明せよ.

2.8.9 A を正規環, $S \subset A$ を乗法的集合で $0 \notin S$ とするとき, $B = S^{-1}A$ も正規環であることを証明せよ.

2.8.10 (辞書式順序) $x = (x_1, x_2)$, $y = (y_1, y_2) \in \mathbb{Z}^2$ に対し, $x_1 < y_1$ であるか, $x_1 = y_1$, $x_2 < y_2$ であるとき $x < y$ とし, $x < y$ または $x = y$ であるとき, $x \leqq y$ と定義する.

(1) 関係 $x \leqq y$ は $\mathbb{Z}^2$ 上の全順序であることを証明せよ.

(2) $(2, 3), (1, 10), (2, 2), (3, 1)$ を (1) の順序に関して大きい順に並べ替えよ.

(3) $\mathbb{Z}^2$ の有限個の点 $a_1 = (a_{11}, a_{12}) > \cdots > a_n = (a_{n1}, a_{n2}) \in \mathbb{Z}^2$ に対し, 整数 $m > 0$ が十分大きければ, すべての $2 \leqq i \leqq n$ に対し $ma_{11} + a_{12} > ma_{i1} + a_{i2}$ となることを証明せよ.

2.8.11 (トーリック多様体)☆ (1)　A は $B = \mathbb{C}[x] = \mathbb{C}[x_1, x_2]$ の部分環で $f_1(x) = x^{I_1}, \cdots, f_m(x) = x^{I_m} \in A$ を単項式とする。ただし，$I_j = (i_{j1}, i_{j2}) \in \mathbb{N}^2$ はマルチインデックスである。$P = (p_1, p_2) \in \mathbb{N}^2$ で $g(x) = x^P$ とする。$\mathbb{Q} \ni a_1, \cdots, a_m \geqq 0$ があり，$P = a_1 I_1 + \cdots + a_m I_m$ となるとき，$g(x)$ は A 上整であることを証明せよ。

(2)　$0 \leqq q_1 < q_2$ を有理数とし，$C = \{(i_1, i_2) \in \mathbb{R}^2 \mid 0 \leqq i_1,\ q_1 i_1 \leqq i_2 \leqq q_2 i_1\}$（下図参照），$A$ を $\mathbb{C}$ 上 x^I $(I \in C \cap \mathbb{Z}^2)$ という形の単項式全体で生成された環とする。

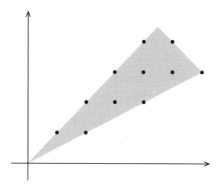

$C \cap \mathbb{Z}^2$ の点 (i_1, i_2) の範囲

q_1, q_2 を既約分数で $q_1 = r_1/s_1$, $q_2 = r_2/s_2$ $(r_1, r_2 \geqq 0,\ s_1, s_2 > 0)$ と表し，$\alpha_i = (r_i, -s_i) \in \mathbb{Z}^2$ $(i = 1, 2)$ とおく。$t \in \mathbb{C}^\times$ と多項式 $f(x)$ に対し，$\beta_i(t)f(x) = f(t^{r_i} x_1, t^{-s_i} x_2)$ とおく。また，$\mathbb{R}^2$ 上の内積 $\langle\ ,\ \rangle$ を $\langle [x_1, x_2], [y_1, y_2] \rangle = x_1 y_1 + x_2 y_2$ と定義する。すると，x^P が単項式なら，$\beta_i(t)x^P = t^{\langle \alpha_i, P \rangle} x^P$ である。この状況で，$x^P \in A$ となる条件を $\langle \alpha_1, P \rangle, \langle \alpha_2, P \rangle$ により表せ。

(3)　(2) の状況で，A が正規環であることを証明せよ。

(4)　$C = \{(i_1, i_2) \in \mathbb{R}^2 \mid 0 \leqq i_1,\ 0 \leqq i_2 \leqq (4/3)i_1\}$，$A$ を $\mathbb{C}$ 上 x^I $(I \in C \cap \mathbb{Z}^2)$ という形の単項式全体で生成された環とする。A を $\mathbb{C}[x_1, \cdots, x_n]/J$ $(J$ はイデアル$)$ という形に表せ。

2.8.12　K が整域で $|K| < \infty$ なら，K は体であることを証明せよ（ヒント：$x \in K^\times$ なら x の乗法群 $K^\times$ での位数を考えよ）。

2.9.1 (1)　$A = \mathbb{C}[x, y]$，$m > 0$ を整数，$I = (x, y)^m$ とするとき，A 加群

$M = A/I$ の長さを求めよ.

(2)　$A = \mathbb{C}[x_1, \cdots, x_n]$, $m > 0$ を整数, $I = (x_1, \cdots, x_n)^m$ とするとき, A 加群 $M = A/I$ の長さを求めよ.

(3)　$\mathbb{Z}$ 加群 $M = \mathbb{Z}/240\mathbb{Z}$ の長さを求めよ.

(4)　$A = \mathbb{C}[x, y]$, $f(x, y) = y - x^2$, $g(x, y) = y - x^3$, $I = (f(x, y), g(x, y))$ とするとき, A 加群 A/I の長さを求めよ.

(5)　$p > 0$ を素数, $A = \mathbb{Z}[T]$, $n, k > 0$ を整数, $\nu_n = 1 + T + \cdots + T^{p^{n}-1}$, $I = (p^k, \nu_n)$ とするとき, A 加群 A/I の長さを求めよ.

2.9.2　A を体 k を中心に含む必ずしも可換でない環で, $\dim_k A < \infty$ とする.

(1)　$\ell(A) < \infty$ であることを証明せよ.

(2)　$n, m < \infty$ で $A^n \cong A^m$ なら, $n = m$ であることを証明せよ.

2.9.3　G を群, H_1, H_2, K_1, K_2 を G の部分群で, $H_1 \lhd H_2$, $K_1 \lhd K_2$ とする. このとき, $H_1(H_2 \cap K_1) \lhd H_1(H_2 \cap K_2)$, $(H_1 \cap K_2)K_1 \lhd (H_2 \cap K_2)K_1$ で

$$H_1(H_2 \cap K_2)/H_1(H_2 \cap K_1) \cong (H_2 \cap K_2)K_1/(H_1 \cap K_2)K_1$$

であることを証明せよ.

2.11.1　k を可換環, $M = N = k^2$ とし, M, N を列ベクトルの集合と同一視する. $A = \begin{pmatrix} a & b \\ c & d \end{pmatrix}$, $B = \begin{pmatrix} \alpha & \beta \\ \gamma & \delta \end{pmatrix}$ とおく. T_A, T_B (補題 2.5.1 参照) は k 準同型 $M \to M$, $N \to N$ を与えるので, k 準同型 $M \otimes N \to M \otimes N$ を引き起こす. $M \otimes N$ の基底 $\{e_1 \otimes e_1, e_1 \otimes e_2, e_2 \otimes e_1, e_2 \otimes e_2\}$ に関するこの準同型の表現行列を求めよ.

2.11.2　可換環 k に対し, k 代数の同型 $M_n(k) \underset{k}{\otimes} M_m(k) \cong M_{nm}(k)$ を証明せよ.

2.11.3　可換環 $A \subset B$ に対し, 同型 $A[x_1, \cdots, x_n] \underset{A}{\otimes} B \cong B[x_1, \cdots, x_n]$ を証明せよ.

2.11.4　k を可換環, A を (必ずしも可換でない) k 代数とするとき, $M_n(k) \underset{k}{\otimes} A \cong M_n(A)$ であることを証明せよ.

2.11.5 $\mathbb{H}$ をハミルトンの四元数体とするとき，$\mathbb{C}$ 代数として $\mathbb{H}\underset{\mathbb{R}}{\otimes}\mathbb{C}\cong$ $M_2(\mathbb{C})$ であることを証明せよ.

2.11.6 命題 2.11.12 を証明せよ.

2.11.7 命題 2.11.14 (2) を証明せよ.

2.12.1* k は体，V,W は k 上のベクトル空間とする．線形写像 ϕ: $V^*\otimes W^* \to (V\otimes W)^*$ を $\alpha \in V^*, \beta \in W^*$ なら，

$$\phi(\alpha\otimes\beta)(v\otimes w) = \alpha(v)\beta(w)$$

となるように定める.

(1) $\dim_k V < \infty$ か $\dim_k W < \infty$ なら，ϕ は同型であることを証明せよ.

(2) $\dim_k V = \infty, \dim_k W = \infty$ なら，ϕ は同型とは限らないことを証明せよ.

(3) $\dim_k V = \infty, \dim_k W = \infty$ でも自然ではない同型 $(V\underset{k}{\otimes}W)^* \cong V^*\underset{k}{\otimes}W^*$ が存在することを証明せよ.

2.12.2 例 2.12.11 の B_w は $V\times V$ から V への双線形写像であることを証明せよ．また，そのような双線形写像はすべて B_w という形であることを証明せよ.

2.12.3 例題 2.12.12 の状況で，$w_1 = [1,3], w_2 = [2,-5], w_3 = [4,1]$ とする．双線形写像 $\phi: V\times V \to V$ を

$$\phi(v_1, v_2) = 2(v_1, w_1)v_2 + (v_2, w_2)v_1 - (v_1, v_2)w_3$$

と定義する．$w = \sum_{i,j,k} a_{ijk}\mathbb{f}_i\otimes\mathbb{f}_j\otimes\mathbb{e}_k \ (a_{ijk}\in\mathbb{R})$ という形をした $V^*\otimes V^*\otimes V$ の元 w で $\phi = B_w$ となるものを求めよ.

2.13.1 A が次の整数行列 (1)–(4) であるとき，$\mathrm{Coker}(T_A)$ を求めよ．ただし，T_A は A により定まる自由 $\mathbb{Z}$ 加群の間の準同型である.

$$(1) \begin{pmatrix} 6 & 12 \\ 4 & 6 \end{pmatrix} \quad (2) \begin{pmatrix} 3 & 7 \\ 10 & 22 \\ 9 & 21 \end{pmatrix} \quad (3) \begin{pmatrix} 14 & 11 \\ 6 & 5 \\ 2 & 4 \end{pmatrix} \quad (4) \begin{pmatrix} 5 & 2 & 5 \\ 6 & 3 & 10 \\ 10 & 4 & 16 \\ 11 & 5 & 15 \end{pmatrix}$$

2.13.2* $\boldsymbol{x} = [x_1,\cdots,x_n], \ \boldsymbol{y} = [y_1,\cdots,y_n] \in \mathbb{Z}^n$ とする．$1 \le i < j \le n$ に対し $p_{ij} = \det \begin{pmatrix} x_i & y_i \\ x_j & y_j \end{pmatrix}$ とおく．このとき，$\boldsymbol{x}, \boldsymbol{y}$ を最初の 2 列とする $\mathrm{GL}_n(\mathbb{Z})$ の元があることと，$\{p_{ij} \mid 1 \le i < j \le n\}$ の最大公約数が 1 であることが同値であることを証明せよ.

2.13.3　$R = \mathbb{C}[x]$, $A = \begin{pmatrix} 1-x^2 & x^3-x^5 \\ x & x^4-1 \end{pmatrix} \in M_2(R)$, $T_A : R^2 \to R^2$ を A に

より定まる R 加群の準同型とするとき，$\mathrm{Coker}(T_A)$ を求めよ．

2.13.4
$$A = \begin{pmatrix} 6 & -6 & 0 \\ -2 & 6 & -4 \\ 2 & 6 & -2 \end{pmatrix}$$

とするとき，$M = \mathbb{Z}^3/A\mathbb{Z}^3$ を位数が素数べきの巡回群の直積で表せ．

2.13.5　a は実数で
$$A = \begin{pmatrix} a+1 & a & 0 \\ -a & -2a+2 & a-1 \\ -a & -2a+1 & a \end{pmatrix}$$

とする．A のジョルダン標準形を求めよ．

2.13.6　(1) $R = \mathbb{F}_3[x]$ とする．$\dim_{\mathbb{F}_3} M = 4$ であるような R 加群 M の同型類をすべて決定せよ．

(2) $M_4(\mathbb{F}_3)$ の共役類をすべて決定せよ．

2.14.1　M を環 A 上の加群，$M_1, M_2 \subset M$ を部分加群，$S \subset A$ を乗法的集合とする．このとき，包含写像 $M_1 \cap M_2 \to M_1, M_2$ により $S^{-1}(M_1 \cap M_2) \cong (S^{-1}M_1) \cap (S^{-1}M_2)$ となることを証明せよ．

2.14.2　(1) $\mathbb{C}$ 代数 $(\mathbb{C}[x,y]/(y-x^3-x)) \underset{\mathbb{C}[x,y]}{\otimes} (\mathbb{C}[x,y]/(y+x^3+x))$ の構造を決定せよ．

(2) $\mathbb{Z}$ 代数 $(\mathbb{Z}[x,y]/(y-2x^3-x)) \underset{\mathbb{Z}[x,y]}{\otimes} (\mathbb{Z}[x,y]/(2,y^2+x))$ の構造を決定せよ．

第3章

体論の基本

　この章と次章では体論について解説する．この章では比較的基本的な拡大次数・分離性・正規性などといった概念について解説し，次章でガロア理論について解説する．

3.1　体の拡大

　まず，体の標数の概念を定義する．K を体とする．$\mathbb{Z}$ から K への自然な環準同型 $n \mapsto n \cdot 1 \in K$ (例 1.1.12) を ϕ とする．$\operatorname{Im}(\phi)$ は K の部分環なので整域である．準同型定理より $\mathbb{Z}/\operatorname{Ker}(\phi) \cong \operatorname{Im}(\phi)$ なので，$\operatorname{Ker}(\phi) \subset \mathbb{Z}$ は素イデアルである．したがって，$\operatorname{Ker}(\phi) = (0)$ または，素数 p があり $\operatorname{Ker}(\phi) = (p)$ である．

　定義 3.1.1　上の状況で，$\operatorname{Ker}(\phi) = (0)$ なら K の**標数**は 0，p が素数で $\operatorname{Ker}(\phi) = p\mathbb{Z}$ なら K の標数は p という．体 K の標数を $\mathbf{ch}\, K$ と書く．　　　　◇

　標数を環の場合に定義することも可能だが，本書では体の場合にだけ使う．

　例 3.1.2　標数が 0 ということは 1 を何倍しても 0 にならないということである．よって，$\mathbb{Q}$ は標数 0 の体である．$\mathbb{R}, \mathbb{C}, \mathbb{Q}(x)$ (有理関数体) など $\mathbb{Q}$ を含む体は標数 0 の体である．　　　　◇

　例 3.1.3　p を素数とするとき，$\mathbb{F}_p = \mathbb{Z}/p\mathbb{Z}$ は標数 p の体である．$\mathbb{F}_p(x)$ (有理関数体) など $\mathbb{F}_p$ を含む体は標数 p の体である．　　　　◇

　標数 p の体に関しては，フロベニウス準同型という非常に重要な概念があるので，これについて解説しておく．

補題 3.1.4 K が標数 $p > 0$ の体, n を正の整数, $q = p^n$ なら, $x, y \in K$ に対し $(x+y)^q = x^q + y^q$ である.

証明 n に関する帰納法により, $n = 1$ の場合だけ示す. 二項定理より,

$$(x+y)^p = x^p + y^p + \sum_{i=1}^{p-1} \binom{p}{i} x^i y^{p-i}.$$

二項係数は

$$\binom{p}{i} = \frac{p(p-1)\cdots(p-i+1)}{i!} = \prod_{j=1}^{i} \frac{p-j+1}{j}$$

と表せる. $i < p$ なら, 分母は p で割り切れない. $i > 0$ なら, 最初の因子は $p/1$ である. したがって, 二項係数 $\binom{p}{i}$ は $0 < i < p$ なら p で割り切れる. K では $p = 0$ なので, $(x+y)^p = x^p + y^p$ である. $\square$

上の補題より次の定理が従う.

定理 3.1.5 K が標数 p の体, n が正の整数で $q = p^n$ なら, $\mathrm{Frob}_q : K \ni x \mapsto x^q \in K$ で定義される写像は体の準同型である.

証明 Frob_q が和を保つことは上の補題からわかる. $x, y \in K$ なら,

$$\mathrm{Frob}_q(xy) = (xy)^q = x^q y^q = \mathrm{Frob}_q(x)\mathrm{Frob}_q(y)$$

となる. $\mathrm{Frob}_q(0) = 0$, $\mathrm{Frob}_q(1) = 1$ は明らかである. $\square$

Frob_q のことを**フロベニウス準同型**という. フロベニウス準同型は整数論や標数 p の代数幾何で非常に重要な概念である.

さらに, $\mathbb{F}_p$ 上の多項式に関して, 次の系が成り立つ.

系 3.1.6 $f(x) = a_0 x^n + a_1 x^{n-1} + \cdots + a_n \in \mathbb{F}_p[x]$ なら, $f(x^p) = f(x)^p$.

証明 フェルマーの小定理 (系 I–2.6.24) より, すべての i に対し, $a_i^p = a_i$. したがって, 定理 3.1.5 より

$$f(x)^p = a_0^p x^{np} + a_1^p x^{(n-1)p} + \cdots + a_n^p = a_0 x^{np} + a_1 x^{(n-1)p} + \cdots + a_n = f(x^p)$$

である. $\square$

定義 1.1.8 (3) で述べたように，環としての準同型・同型を体の準同型・同型という．系 1.3.40 で述べたように，体から零環でない環への準同型は常に単射である．以下，拡大体・中間体の概念を定義する．

定義 3.1.7 (1) 体 L の部分環 K が体であるとき，K は L の**部分体**，L は K の**拡大体**という．L/K は拡大体，あるいは体の拡大であるなどともいう．

(2) L/K を体の拡大とするとき，部分体 $M \subset L$ で K を含むものを L/K の**中間体**という．   ◇

M が L/K の中間体であるとき，K, M の演算は L の演算と一致するので，K は M の部分体である．L/K が体の拡大のとき，その中間体を包含関係があれば線で結び下のような図を書くことが多い．例えば下図では，M_1, M_2, M_3, M_4 は中間体で，M_2 は M_1 に含まれ，M_4 は M_3 に含まれる．

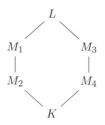

定義 3.1.8 L/K が体の拡大なら，L は K 上のベクトル空間とみなせる（例 2.3.4 (1)）．

(1) $\dim_K L$ は L の K 上の**拡大次数**といい $[\boldsymbol{L} : \boldsymbol{K}]$ と書く．

(2) $[L : K] < \infty$ なら，L は K の**有限次拡大**という．そうでなければ，**無限次拡大**という．

(3) $[L : K] = d < \infty$ なら，L/K を $\boldsymbol{d}$ **次拡大**という．   ◇

本書では整数論をそれほど扱うわけではないが，$\mathbb{Q}$ の拡大体の例をよく考えるので，次の定義をしておく．

定義 3.1.9 (1) $\mathbb{Q}$ の有限次拡大体を**代数体**という．

(2) L を代数体，Ω を代数的整数環（定義 2.8.6 参照）とするとき，$L \cap \Omega$ を L の**整数環**という．   ◇

L_1, L_2 が体 K の拡大体なら，L_1, L_2 は K 代数とみなせる．L_1 から L_2 への K 代数としての準同型・同型を，体の場合にも **K 準同型・K 同型**という (1.3 節参照)．$\operatorname{Hom}_K^{\mathrm{alg}}(L_1, L_2)$, $\operatorname{Aut}_K^{\mathrm{alg}} L_1$ といった記号を体の場合にも使う (定義 1.3.15 参照)．$\operatorname{Hom}_K^{\mathrm{alg}}(L_1, L_2)$ は K 加群の準同型全体の集合 $\operatorname{Hom}_K(L_1, L_2)$ とは異なるので，注意が必要である．$\operatorname{Hom}_K^{\mathrm{alg}}(L_1, L_2)$ の元は単射なので，「L_2 の中への K 準同型」ともいう．なお，環 A に対し，$\operatorname{Aut}^{\mathrm{alg}} A = \operatorname{Aut}_{\mathbb{Z}}^{\mathrm{alg}} A$ である．

上の状況で $\operatorname{Hom}_K^{\mathrm{alg}}(L_1, L_2)$ の任意の元 ϕ は単射なので，ϕ を L_2 の**中への K 同型**ともいう．K が明らかなときには，L_2 の中への同型ともいう．

例 3.1.10 (体の拡大 1) $\mathbb{Q}$ は $\mathbb{R}$ の部分体であり，$\mathbb{R}$ は $\mathbb{Q}$ の拡大体である．また，$\mathbb{R}$ は $\mathbb{C}$ の部分体であり，$\mathbb{C}$ は $\mathbb{R}$ の拡大体である．$\mathbb{C}$ の $\mathbb{R}$ 上のベクトル空間としての基底を $\{1, \sqrt{-1}\}$ ととれるので，$[\mathbb{C} : \mathbb{R}] = 2$ である．よって，$\mathbb{C}$ は $\mathbb{R}$ の 2 次拡大である． ◇

例 3.1.11 (体の拡大 2) $d \neq 1$ を平方因子を持たない整数とする．例 1.11.25 より $L = \mathbb{Q}[\sqrt{d}] = \{a + b\sqrt{d} \in \mathbb{C} \mid a, b \in \mathbb{Q}\}$ は $\mathbb{C}$ の部分体である．$\sqrt{d} \notin \mathbb{Q}$ なので $[L : \mathbb{Q}] \geqq 2$．L は $\mathbb{Q}$ 上 $\{1, \sqrt{d}\}$ で張られるので，$[L : \mathbb{Q}] = 2$ である． ◇

例 3.1.12 (体の拡大 3) K を体とする．$x = (x_1, \cdots, x_n)$ を変数とし，$A = K[x]$ を n 変数多項式環，$L = K(x)$ を n 変数有理関数体とする．

多項式の定義より，$x_1^{i_1} \cdots x_n^{i_n}$ という形の元の集合は A の K 上の基底である．よって，A の K 上のベクトル空間としての次元は ∞ である．A は整域なので，A は $K(x)$ に含まれる．したがって，$K(x)/K$ は無限次拡大である． ◇

命題 3.1.13 (1) K が標数 0 の体なら，$\mathbb{Q}$ と同型な体を含む．

(2) K が標数 $p > 0$ の体なら，$\mathbb{F}_p$ と同型な体を含む．

証明 (1) K を標数 0 の体とする．$\mathbb{Z}$ から K への自然な準同型は単射である．$\mathbb{Q}$ は $\mathbb{Z}$ の商体なので，命題 1.8.11 より，$\mathbb{Q}$ から K への準同型がある．この準同型は系 1.3.40 より単射である．

(2) $\mathbb{Z}$ からの自然な準同型の像が $\mathbb{F}_p$ である (局所化は必要ない)． □

　上の命題が成り立つので，$\mathbb{Q}, \mathbb{F}_p$ のことを**素体**という．$\mathbb{Q}, \mathbb{F}_p$ の自己同型が恒等写像しかないことは演習問題 3.1.3 とする．このことを認めると，L を体とするとき，K を L に含まれる素体とすると，$\mathrm{Aut}_K^{\mathrm{alg}} L = \mathrm{Aut}^{\mathrm{alg}} L$ となる．

　L/K を体の拡大，$S \subset L$ を部分集合とする．S が有限集合 $\{\alpha_1, \cdots, \alpha_n\}$ なら，K 係数の n 変数有理式 $f(x_1, \cdots, x_n)/g(x_1, \cdots, x_n)$ に $x_1 = \alpha_1$，$\cdots$，$x_n = \alpha_n$ を代入したもの（ただし $g(\alpha_1, \cdots, \alpha_n) \neq 0$）全体の集合を $\boldsymbol{K(S)}$，あるいは $\boldsymbol{K(\alpha_1, \cdots, \alpha_n)}$ と定義する．S が無限集合のときには，S のすべての有限部分集合 S' に対しての $K(S')$ の和集合を $K(S)$ と定義する．

命題 3.1.14　$K(S)$ は S を含む L/K の最小の中間体である．

　証明　$\alpha_1, \cdots, \alpha_n \in S, \alpha = (\alpha_1, \cdots, \alpha_n)$ とする．$i = 1, 2$ に対し，$f_i(x)/g_i(x)$ を有理関数で $g_i(\alpha) \neq 0$ であるものとすると，
$$\frac{f_1(\alpha)}{g_1(\alpha)} + \frac{f_2(\alpha)}{g_2(\alpha)} = \frac{f_1(\alpha)g_2(\alpha) + g_1(\alpha)f_2(\alpha)}{g_1(\alpha)g_2(\alpha)} \in K(S).$$
同様に $K(S)$ は積と逆元を取る操作で閉じている．よって，$K(S) \subset L$ は部分体である．明らかに $K, S \subset K(S)$ である．

　$M \subset L$ が部分体で K, S を含めば，M は S の有限個の元の有理式で分母が 0 でないものを含む．したがって，$K(S)$ は L/K の中間体で S を含むものの中で最小である．　　　　　　　□

　定義 3.1.15　$K(S)$ を K 上 $\boldsymbol{S}$ **で生成された体**，S を**生成系**，S の元を $K(S)$ の**生成元**という．$S = \{\alpha_1, \cdots, \alpha_n\}$ なら，$K(S)$ を $K(\alpha_1, \cdots, \alpha_n)$ とも書く．　　◇

　例 3.1.16　例 1.11.25 の $\mathbb{Q}[\sqrt{d}]$ は体なので，$\mathbb{Q}[\sqrt{d}] = \mathbb{Q}(\sqrt{d})$．　　◇

　L が体で M_1, M_2 が L の部分体なら，L に含まれる素体 K 上 M_1, M_2 で生成された L の部分体を $\boldsymbol{M_1 \cdot M_2}$ と書き，M_1, M_2 の**合成体**という．合成体 $M_1 \cdot M_2$ を $M_1(M_2), M_2(M_1)$ と書くこともある．

　次の命題の証明は省略する．

命題 3.1.17　K を体，L, M を K の拡大体とするとき，次の (1), (2) が成り立つ．

> (1)　$S \subset L$ で $L = K(S)$, $\phi, \psi : L \to M$ を K 準同型とする. もしすべ
> ての $x \in S$ に対し $\phi(x) = \psi(x)$ なら, $\phi = \psi$ である.
>
> (2)　$S \subset L$ が部分集合で $\phi : L \to M$ が K 準同型なら, $\phi(K(S)) = K(\phi(S))$ である.

上の命題の (1) は, **体の準同型が, 生成元での値により定まる**と主張して
いる.

定義 3.1.18　L/K を体の拡大とする.
(1)　$\alpha \in L$ により $L = K(\alpha)$ となるとき, L を K の**単拡大**という.
(2)　有限個の元 $\alpha_1, \cdots, \alpha_n \in L$ により $L = K(\alpha_1, \cdots, \alpha_n)$ となるとき, L は
K 上**有限生成**であるという.　　　　　　　　　　　　　　　　　　　　◇

例 3.1.19　K を体とするとき, K 上の n 変数有理関数体 $K(x_1, \cdots, x_n)$ は
K 上有限生成な体である. しかし, 拡大次数は ∞ である. だから, 体として
有限生成であることと, 有限次拡大であることは必ずしも同じではない.　◇

定義 3.1.20　L/K を体の拡大, $x \in L$ とする. $a_1, \cdots, a_n \in K$ が存在して
$x^n + a_1 x^{n-1} + \cdots + a_n = 0$ であるとき, x は **K 上代数的**であるという. x が K
上代数的でなければ, x は **K 上超越的**であるという. L のすべての元が K 上
代数的なら, L/K は**代数拡大**という. そうでなければ, **超越拡大**という.　◇

> **命題 3.1.21**　L/K が体の拡大で $\alpha \in L$ であるとき, 次の (1), (2) は同
> 値である.
> (1)　α は K 上代数的である.
> (2)　$K[\alpha] = K(\alpha)$.

証明　**(1) ⇒ (2)**：$\phi : K[x] \to L$ を $\phi(x) = \alpha$ となる K 準同型とすると,
$f(x) \in K[x]$ があり, $K[\alpha] \cong K[x]/(f(x))$ である. $K[\alpha]$ は整域なので, $f(x)$ は
既約である. 系 1.11.22 より $K[\alpha]$ は体となるので, $K[\alpha] = K(\alpha)$ である.
(2) ⇒ (1)：$\alpha = 0$ は明らかに K 上代数的なので, $\alpha \neq 0$ とする. $\alpha^{-1} \in K[\alpha]$
なので, $\alpha^{-1} = a_0 + a_1 \alpha + \cdots + a_n \alpha^n$ となる $n \geqq 0$ と $a_0, \cdots, a_n \in K$ $(a_n \neq 0)$ が
ある. $-1 + a_0 \alpha + \cdots + a_n \alpha^{n+1} = 0$ となるので, α は K 上代数的である.　□

系 3.1.22 (1) L/K が体の拡大, $M = \{x \in L \mid x は K 上代数的\}$ なら, M は体である.

(2) $L/M, M/K$ が体の代数拡大なら, L/K も代数拡大である.

(3) L/K が有限生成な代数拡大なら, 有限次拡大である.

証明 (1) 系 2.8.5 より, M は K を含む L の部分環である. $\alpha \in M \setminus \{0\}$ なら, 命題 3.1.21 (2) より $\alpha^{-1} \in K[\alpha] \subset M$ である. したがって, M は体である.

(2) 命題 2.8.7 (2) より, L/K は環の拡大として整拡大である. したがって, L の元はすべて K 上代数的である.

(3) $L = K(\alpha_1, \cdots, \alpha_n)$ とする. 命題 3.1.21 (2) と n に関する帰納法により, $L = K[\alpha_1, \cdots, \alpha_n]$. よって, (3) は命題 2.8.7 (1) より従う. □

系 3.1.22 (3) の逆の性質も成り立つ.

命題 3.1.23 体の拡大 L/K が有限次拡大なら代数拡大である.

証明 $x \in L$ なら $n > 0$ があり, $1, x, \cdots, x^n$ は 1 次従属である. よって, すべては 0 でない $a_0, \cdots, a_n \in K$ があり, $a_0 + \cdots + a_n x^n = 0$. したがって, x は K 上代数的である. □

対偶をとり次の系を得る.

系 3.1.24 体の超越拡大は無限次拡大である.

命題 3.1.25 L/M, M/K を体の有限次拡大とする. このとき, L/K も有限次拡大で $[L : K] = [L : M][M : K]$ となる.

証明 $l = [L : M], m = [M : K], \{x_1, \cdots, x_l\}$ を L の M 上の基底, $\{y_1, \cdots, y_m\}$ を M の K 上の基底とする. $B = \{x_i y_j \mid i = 1, \cdots, l, \ j = 1, \cdots, m\}$ とおく. $z \in L$ なら $a_1, \cdots, a_l \in M$ があり, $z = \sum_i a_i x_i$ となる. $b_{ij} \in K$ があり $a_i = \sum_j b_{ij} y_j$ となるので, $z = \sum_{i,j} b_{ij} x_i y_j$. よって, B は K 加群として L を生成する.

$b_{ij} \in K$ で $\sum_{i,j} b_{ij} x_i y_j = 0$ とする. $a_i = \sum_j b_{ij} y_j$ とおくと, $\sum_i a_i x_i = 0$ である. $y_j \in M$ なので, $a_i \in M$ である. $\{x_1, \cdots, x_l\}$ は M 上 1 次独立なので, $a_1, \cdots, a_l = 0$ である. $\{y_1, \cdots, y_m\}$ は K 上 1 次独立なので, $b_{ij} = 0$. よって, B は K 上 1 次独立となり, L の K 上の基底である. したがって, $[L : K] = lm < \infty$ である. □

命題 3.1.25 により中間体の拡大次数は制限を受ける. これは次の例題のように, 有限群に関するラグランジュの定理 (定理 I–2.6.20) の効果と似ている.

例題 3.1.26 K を体, L, F を K の拡大体で $[L : K] = 2$, $[F : K] = 3$ とする. このとき, L が F に含まれることはないことを証明せよ.

解答 もし $K \subset L \subset F$ なら, $3 = [F : K] = [F : L][L : K] = 2[F : L]$ となり, 3 が 2 で割り切れてしまうので矛盾である. □

体の代数拡大に関しては, 次の命題が基本的である.

命題 3.1.27 K を体, $f(x)$ を K 上既約な多項式で $\deg f(x) = n$ とするとき, 次の (1)–(3) が成り立つ.
  (1) $L = K[x]/(f(x))$ は体で $[L : K] = n$ である.
  (2) $\alpha = x + (f(x))$ とおくと $\boldsymbol{f(\alpha) = 0}$ である.
  (3) L の K 上の基底として $B = \{1, \alpha, \alpha^2, \cdots, \alpha^{n-1}\}$ をとれる.

証明 L が体であることは既に系 1.11.22 で証明した (命題 2.8.8 を使うこともできる). (3) と $[L : K] = n$ は補題 2.8.1 より従う. 剰余環の演算の定義より $f(x + (f(x))) = f(x) + (f(x)) = (f(x))$ なので, $f(\alpha) = 0$ である. □

つまり, $\boldsymbol{K}$ 上の $\boldsymbol{n}$ 次の既約多項式に対し, $\boldsymbol{K}$ の $\boldsymbol{n}$ 次拡大体でその根を含むものがある.

命題 3.1.28 L/K を体の代数拡大で $\alpha \in L$ とする. K 上の多項式 $f(x) \neq 0$ で $f(\alpha) = 0$ となり, $\deg f(x)$ が最小のものは既約であり, 定数倍を除いて一意的に定まる. また, $g(x) \in K[x]$ で $g(\alpha) = 0$ なら, $g(x)$ は

$f(x)$ で割り切れる.

証明　$\phi : K[x] \to L$ を $\phi(x) = \alpha$ となる K 準同型とすれば，$I = \{p(x) \mid p(\alpha) = 0\}$ が $\mathrm{Ker}(\phi)$ である．α は K 上代数的なので，$I \neq (0)$ である．$K[x]$ は単項イデアル整域なので，$I = (f(x))$ となる $f(x) \in K[x]$ がある．$K[x]^\times = K^\times$ なので，$f(x)$ は $I \setminus \{0\}$ の元で次数が最小であり，定数倍を除いて定まる．$f(x)$ は I のすべての元を割り切り，準同型定理により $K[x]/I \cong K[\alpha]$．したがって，I は素イデアルであり，$f(x)$ は既約である．　　　　　□

上の命題の $f(x)$ でモニックであるものは一意的に定まる．この $f(x)$ を α の **K 上の最小多項式**という．K が明らかなら単に最小多項式という．

> **系 3.1.29**　L/K が拡大体，$f(x) \in K[x]$ が既約でモニックな多項式，$\alpha \in L$，$f(\alpha) = 0$ とする．このとき，f は α の K 上の最小多項式である.

証明　$g(x)$ を α の最小多項式とすると，命題 3.1.28 より $g(x)$ は $f(x)$ を割り，$f(x)$ は仮定より既約なので，$f(x)$ は $g(x)$ の定数倍である．両方ともモニックなので，$f(x) = g(x)$ である．　　　　　□

例 3.1.30 (最小多項式 1)　$d \neq 1$ が平方因子を持たない整数とすると，例 1.1.4 より $\sqrt{d} \notin \mathbb{Q}$ である．よって，$x^2 - d$ は $\mathbb{Q}$ 上 1 次の因子を持たないので，$\sqrt{d}$ の $\mathbb{Q}$ 上の最小多項式である．しかし，(あたりまえだが) $\sqrt{-1}$ の $\mathbb{Q}(\sqrt{-1})$ 上の最小多項式は $x - \sqrt{-1}$ である．このように，最小多項式の概念はどの体上で考えるかに依存する．　　　　　◇

例 3.1.31 (最小多項式 2)　定理 1.13.8 より，$n > 0$ なら $x^n - 2$ は $\mathbb{Q}$ 上既約．よって，系 3.1.29 より $x^n - 2$ は $\sqrt[n]{2}$ の $\mathbb{Q}$ 上の最小多項式である．命題 3.1.27 より $B = \{1, \sqrt[n]{2}, \cdots, \sqrt[n]{2^{n-1}}\}$ が $\mathbb{Q}(\sqrt[n]{2})$ の $\mathbb{Q}$ 上の基底である．$\phi : \mathbb{Z}[x] \to \mathbb{Z}[\sqrt[n]{2}]$ を $\phi(x) = \sqrt[n]{2}$ となる準同型とする．$f(x) \in \mathrm{Ker}(\phi)$ なら，$f(x)$ は $x^n - 2$ で $\mathbb{Q}$ 上割り切れるが，$x^n - 2$ はモニックなので，$\mathbb{Z}$ 上割り切れる (補題 1.11.35)．$x^n - 2 \in \mathrm{Ker}(\phi)$ は明らかなので，$\mathrm{Ker}(\phi) = (x^n - 2)$．よって，$\mathbb{Z}[x]/(x^n - 2) \cong \mathbb{Z}[\sqrt[n]{2}]$．補題 2.8.1 より B は $\mathbb{Z}[\sqrt[n]{2}]$ の $\mathbb{Z}$ 加群としての基底である．すべての $n > 0$ に対し $\mathbb{R}$ は $\mathbb{Q}(\sqrt[n]{2})$ を含むので，$[\mathbb{R} : \mathbb{Q}] = \infty$ である．　　　　　◇

定義 3.1.32 L, M を体 K の拡大体, $\alpha \in L$ とする. α の K 上の最小多項式を $f(x)$ とするとき, $f(x)$ の根で M に入っているものを α の M における K 上の**共役**, M を指定しなければ, 単に K 上の共役という.   ◇

例 3.1.33 (共役1) $d \neq 1$ が平方因子を持たない整数なら, $x^2 - d = (x - \sqrt{d})(x + \sqrt{d})$ なので, $\sqrt{d}$ の $\mathbb{Q}$ 上の共役は $\pm\sqrt{d}$ である.   ◇

例 3.1.34 (共役2) $x^3 - 2$ は $\sqrt[3]{2}$ の $\mathbb{Q}$ 上の最小多項式である. $\omega = (-1 + \sqrt{-3})/2$ とするとき, $x^3 - 2 = 0$ なら $x = \sqrt[3]{2}, \omega\sqrt[3]{2}, \omega^2\sqrt[3]{2}$ なので, これらが $\sqrt[3]{2}$ の $\mathbb{Q}$ 上の共役である.   ◇

k 代数を考える理由を説明したときに命題 1.3.17 を証明したことに注意する.

命題 3.1.35 L, F は K の代数拡大, $\alpha \in L$, $f(x) \in K[x]$ は α の K 上の最小多項式, $n = \deg f(x)$, $\phi \in \operatorname{Hom}_K^{\mathrm{alg}}(L, F)$, $g(x) \in K[x]$ とする.

(1) $g(\alpha) = 0$ なら $g(\phi(\alpha)) = 0$. 特に, $\phi(\alpha)$ は α の共役である.

(2) $\beta \in F$, $f(\beta) = 0$ なら, $f(x)$ は β の K 上の最小多項式でもある. また, $\psi : K(\alpha) \cong K(\beta)$ となる K 上の同型 ψ がある. さらに, $K(\alpha), K(\beta)$ は両方とも $K[x]/(f(x))$ に K 上同型である.

(3) $\{1, \alpha, \cdots, \alpha^{n-1}\}$ は $K(\alpha)$ の K 上の基底である.

証明 (1) 命題 1.3.17 により $g(\phi(\alpha)) = 0$ である. 特に, $f(\phi(\alpha)) = 0$ である. したがって, $\phi(\alpha)$ は α の共役である.

(2) $f(\beta) = 0$ なので, 全射 K 準同型 $\psi : K[x]/(f(x)) \to K[\beta] = K(\beta)$ で $\psi(x + (f(x))) = \beta$ となるものがある. $K[x]/(f(x))$ は体なので, ψ は単射であり, よって同型である. 特に α に対しても成り立つので, $K(\alpha) \cong K[x]/(f(x))$ でもある. したがって, K 上 $K(\alpha) \cong K(\beta)$ である. 系 3.1.29 より, $f(x)$ は β の最小多項式でもある.

(3) は命題 3.1.27 (3) である.   □

この後の 3.3 節, 3.4 節, 4.1 節で, 分離性, 最小分解体, ガロア拡大といった概念を定義するが, 命題 3.1.35 (2) を分離多項式に適用すると, 分離多項式の最小分解体のガロア群は根の集合に推移的に作用することがわかる (命題 4.1.12 参照). ガロア群を決定する際に, ガロア群の元をみつけるため, 命題

3.1.35 は重要な道具となる.

例題 3.1.36 (1) $\alpha = \sqrt[3]{4} + \sqrt[3]{2}$ の $\mathbb{Q}$ 上の最小多項式を求めよ.

(2) α^{-1} を $a\sqrt[3]{4} + b\sqrt[3]{2} + c$ $(a, b, c \in \mathbb{Q})$ の形に表せ.

解答 (1) α を根に持つ $\mathbb{Q}$ 上の 3 次多項式は例題 2.8.3 で既に求めたが, こ
こでは違う方法で求める. $\omega = (-1 + \sqrt{-3})/2$ とする. $\sqrt[3]{2}$ の $\mathbb{Q}$ 上の最小多項
式は $x^3 - 2$ でその根は $\sqrt[3]{2}, \omega\sqrt[3]{2}, \omega^2\sqrt[3]{2}$ である. 命題 3.1.35 (2) より, $\mathbb{Q}$ 同型
$\phi_1 : \mathbb{Q}(\sqrt[3]{2}) \to \mathbb{Q}(\omega\sqrt[3]{2})$, $\phi_2 : \mathbb{Q}(\sqrt[3]{2}) \to \mathbb{Q}(\omega^2\sqrt[3]{2})$ で $\phi_1(\sqrt[3]{2}) = \omega\sqrt[3]{2}$, $\phi_2(\sqrt[3]{2}) =$
$\omega^2\sqrt[3]{2}$ となるものがある. すると $\phi_1(\alpha) = \omega^2\sqrt[3]{4} + \omega\sqrt[3]{2}$, $\phi_2(\alpha) = \omega\sqrt[3]{4} + \omega^2\sqrt[3]{2}$
となる. $f(x) = (x - \alpha)(x - \phi_1(\alpha))(x - \phi_2(\alpha))$ とおくと, $f(\alpha) = 0$ である.
$f(x) \in \mathbb{Q}[x]$ となることは 4.1 節のガロアの基本定理により保証されるが, ここ
では明示的な計算により確かめる. $1 + \omega + \omega^2 = 0$ なので, $\alpha + \phi_1(\alpha) + \phi_2(\alpha) =$
0 である. よって, $f(x)$ における x^2 の係数は 0 である.

$$\alpha(\phi_1(\alpha) + \phi_2(\alpha)) + \phi_1(\alpha)\phi_2(\alpha) = -\alpha^2 + \phi_1(\alpha)\phi_2(\alpha) = -6$$

なので, $f(x)$ における x の係数は -6 である.

$$\alpha\phi_1(\alpha)\phi_2(\alpha) = (\sqrt[3]{4} + \sqrt[3]{2})(2\sqrt[3]{2} + \sqrt[3]{4} - 2) = 6$$

なので, $f(x) = x^3 - 6x - 6$ である. 定理 1.13.8 を $p = 2$ の場合に適用すること
により, $f(x)$ は $\mathbb{Q}$ 上既約である. したがって, 系 3.1.29 より, $f(x)$ は α の最
小多項式である.

(2) $\alpha(\alpha^2 - 6) = 6$ なので,

$$\alpha^{-1} = \frac{1}{6}(\alpha^2 - 6) = \frac{1}{6}(2\sqrt[3]{2} + 4 + \sqrt[3]{4} - 6) = \frac{1}{6}\sqrt[3]{4} + \frac{1}{3}\sqrt[3]{2} - \frac{1}{3}. \qquad \square$$

この例題のように, 共役を使って最小多項式を求めるのは, 例題 2.8.3 の方
法とともに一般的である.

例題 3.1.37 (1) $\mathbb{R}$ において $\mathbb{Q}$ 上 $\sqrt{2}, \sqrt{3}$ で生成された体を $L = \mathbb{Q}(\sqrt{2}, \sqrt{3})$ とする. このとき, $[L : \mathbb{Q}] = 4$ であることを示せ.

(2) $\alpha = \sqrt{2} + \sqrt{3}$ とすると, $L = \mathbb{Q}(\alpha)$ であることを証明せよ.

(3) α の最小多項式を求めよ.

解答　(1)　例 3.1.11 より $[\mathbb{Q}(\sqrt{2}):\mathbb{Q}]=2$ である. $\sqrt{3}\notin\mathbb{Q}(\sqrt{2})$ を示す.

$a,b\in\mathbb{Q}$ で $(a+b\sqrt{2})^2=a^2+2b^2+2\sqrt{2}ab=3$ とする. $2\sqrt{2}ab\in\mathbb{Q}$ となるが, $\sqrt{2}\notin\mathbb{Q}$ なので, $ab=0$ である. $b=0$ なら $a^2=3$, つまり $\sqrt{3}$ が有理数となり, 矛盾である. $a=0$ なら, $b=c/d$ と既約分数で表すと, $2c^2=3d^2$ より c は 3 の倍数. $c=3e$ とすると, $6e^2=d^2$ となり, d が 3 で割り切れ, c/d が既約分数であることに矛盾する. よって, $\sqrt{3}\notin\mathbb{Q}(\sqrt{2})$ である. $\sqrt{3}$ は $x^2-3=0$ の解なので, $[\mathbb{Q}(\sqrt{2},\sqrt{3}):\mathbb{Q}(\sqrt{2})]=2$. 命題 3.1.25 より $[\mathbb{Q}(\sqrt{2},\sqrt{3}):\mathbb{Q}]=4$ である.

(2)　$\{1,\sqrt{2}\}$ は $\mathbb{Q}(\sqrt{2})$ の $\mathbb{Q}$ 上の基底である. $[L:\mathbb{Q}(\sqrt{2})]=2$ なので $\{1,\sqrt{3}\}$ は L の $\mathbb{Q}(\sqrt{2})$ 上の基底である. よって, 命題 3.1.25 の証明より $\{1,\sqrt{2},\sqrt{3},\sqrt{6}\}$ は L の $\mathbb{Q}$ 上の基底である. $\alpha^2=5+2\sqrt{6}$ なので, $\sqrt{6}\in\mathbb{Q}(\alpha)$ である. $\mathbb{Q}(\sqrt{6})\subset\mathbb{Q}(\alpha)$ であり, $[L:\mathbb{Q}(\sqrt{6})]=2$ なので, $[\mathbb{Q}(\alpha):\mathbb{Q}(\sqrt{6})]=1,2$ である. $\{1,\sqrt{2},\sqrt{3},\sqrt{6}\}$ は $\mathbb{Q}$ 上 1 次独立なので, $\alpha\notin\mathbb{Q}(\sqrt{6})$ である. よって, $[\mathbb{Q}(\alpha):\mathbb{Q}(\sqrt{6})]=2$ となり, $\mathbb{Q}(\alpha)=L$ である.

(3)　(2) より α の $\mathbb{Q}$ 上の最小多項式の次数は 4 である. $(\alpha-\sqrt{2})^2=3$ なので $\alpha^2-1=2\sqrt{2}\alpha$ となり, $(\alpha^2-1)^2=8\alpha^2$. よって, $f(x)=x^4-10x^2+1$ とおくと, $f(\alpha)=0$ である. したがって, α の $\mathbb{Q}$ 上の最小多項式は $f(x)$ である. □

なお, (1) は 4.10 節のクンマー理論を使うとより簡単に証明できる. $[L:\mathbb{Q}]$ が確定した後は (2) は 3.7 節の方法を使うと簡単である.

3.2　代数閉包の存在

この節では, 代数閉包の存在と一意性を証明する. 代数閉包の存在はシュタイニッツによって証明された. まず代数閉包の概念を定義する.

定義 3.2.1　K を体とする. K の代数拡大体 L が代数閉体 (定義 2.13.8) であるとき, L を K の**代数閉包**という.　　　　　　　　　　　　　　　　◇

定義 3.2.1 の条件を満たす L の存在を示した後, L の一意性を示す.
準備として, 補題を一つ証明する.

補題 3.2.2　K を体, $f_1(x),\cdots,f_N(x)\in K[x]\setminus K$ とする. このとき, 有限次

拡大 F/K ですべての i に対し $f_i(x)$ が 1 次因子の積になる，つまり，$\alpha_{ij} \in F$ $(j = 1, \cdots, \deg f_i(x))$ があり，$f_i(x) = \prod_j (x - \alpha_{ij})$ となる．

証明　$f(x) = f_1(x) \cdots f_N(x)$ に対して主張を示せばよい．$d = \deg f(x)$ とおく．命題 3.1.27 により，有限次拡大 L/K と $\alpha_1 \in L$ があり，$f(\alpha_1) = 0$ となる．すると，命題 1.2.15 により，$f(x) = (x - \alpha_1)g(x)$ となる $g(x) \in L[x]$ がある．$\deg g(x) = d - 1 < d$ なので，次数に関する帰納法により，有限次拡大 F/L と $\alpha_2, \cdots, \alpha_d \in F$ で $g(x) = \prod_{j=2}^{d} (x - \alpha_j)$ となるものがある．$F/L, L/K$ が有限次拡大なので，F/K は有限次拡大である．　□

定理 3.2.3　K が体なら，代数拡大 L/K で L が代数閉体であるものが存在する．

証明　P を K 上の 1 変数 x の既約モニック多項式全体の集合とする．$f \in P$ なら，$\mathrm{d}(f)$ を f の次数とする．各 $f \in P$ に対し変数 $x_{f,1}, \cdots, x_{f,\mathrm{d}(f)}$ を考え，A を K 上 $\{x_{f,1}, \cdots, x_{f,\mathrm{d}(f)} \mid f \in P\}$ を変数の集合とする多項式環とする．A は膨大な集合である．$f \in P$ に対し，$c(f, j) \in A$ $(j = 0, \cdots, \mathrm{d}(f) - 1)$ を

$$(3.2.4) \qquad f(t) - \prod_{j=1}^{\mathrm{d}(f)} (t - x_{f,j}) = \sum_{j=0}^{\mathrm{d}(f)-1} c(f, j) t^j$$

となる元とする．なお，$f(t)$ と $\prod_{i=1}^{\mathrm{d}(f)} (t - x_{f,i})$ は両方とも t の $\mathrm{d}(f)$ のモニック多項式なので，$t^{\mathrm{d}(f)}$ の項はない．

$I \subset A$ を $\{c(f, j) \mid f \in P, j = 0, \cdots, \mathrm{d}(f) - 1\}$ で生成された A のイデアルとする．$I \neq A$ であることを示す．$I = A$ と仮定すると，有限個の P の元 $f_1, \cdots, f_N \in P$ と $r_{i,0}, \cdots, r_{i,\mathrm{d}(f_i)} \in A$ $(i = 1, \cdots, N)$ があり，

$$(3.2.5) \qquad \sum_{i=1}^{N} \sum_{j=1}^{\mathrm{d}(f_i)-1} r_{i,j} c(f_i, j) = 1$$

となる．補題 3.2.2 により，有限次拡大 F/K と $\alpha_{ij} \in F$ $(i = 1, \cdots, N, j = 1, \cdots, \mathrm{d}(f_i))$ があり，

$$f_i(t) = \prod_{j=1}^{\mathrm{d}(f_i)} (t - \alpha_{ij})$$

となる. 1.2 節の最後で指摘したように, $i = 1, \cdots, N, j = 1, \cdots, \mathrm{d}(f_i)$ に対し $x_{f_i, j}$ に α_{ij} を代入し, 他の $x_{f,j}$ には 0 を代入することができる. すると, (3.2.4) の左辺は $f = f_i$ $i = 1, \cdots, N$ に対して 0 となる. よって, この代入の結果, $c(f_i, j)$ は 0 になる. すると, (3.2.5) の左辺は 0 となり, 矛盾である.

したがって, $I \neq A$ である. よって, I を含む極大イデアル $\mathfrak{m} \subset A$ がある. $L = A/\mathfrak{m}$ とする. $\mathfrak{m}$ が極大イデアルなので, L は体である. A は K 代数なので, L も K 代数となる. K は体なので, $K \to L$ は単射である. これにより, K を L の部分体とみなす.

$\pi : A \to A/\mathfrak{m}$ を自然な準同型とする. L は K 上 $\{\pi(x_{f,j}) \mid f \in P, j = 1, \cdots, \mathrm{d}(f)\}$ で生成される. $\beta_{f,j} = \pi(x_{f,j})$ とおく. (3.2.4) により,

$$(3.2.6) \qquad f(t) = \prod_{j=1}^{\mathrm{d}(f)} (t - \beta_{f,j}).$$

すべての j に対して $f(\beta_{f,j}) = 0$ となるので, $\beta_{f,j}$ は K 上代数的である.

L が代数閉体であることを示す. F/L が代数拡大なら, 系 3.1.22 により, F は K 上も代数的である. $y \in F$ とすると, y の K 上の最小多項式 f は P の元である. (3.2.6) により, f の根はすべて L の元である. よって, $y \in L$ である. y は任意なので, $F = L$ となり, L は代数閉体である. □

次に定理 3.2.3 の L の一意性を示す. 準備として, 補題を一つ証明する.

補題 3.2.7 L_1, M は K の拡大体で, M は代数閉体, $\phi : L_1 \to M$ は K 準同型とする. このとき, $L_2 = L_1(\alpha)$ ($\alpha \in K_2$) が L_1 の代数拡大なら, ϕ は K 準同型 $\psi : L_2 \to M$ に延長できる.

証明 $f(x) = x^n + a_1 x^{n-1} + \cdots + a_n$ ($a_1, \cdots, a_n \in L_1$) を α の L_1 上の最小多項式とする. $g(x) = x^n + \phi(a_1) x^{n-1} + \cdots + \phi(a_n)$ とおく. $f(x)$ は L_1 上既約で, L_1 は $\phi(L_1)$ と同型なので, $g(x)$ も $\phi(L_1)$ 上既約である.

$$L_1(\alpha) \cong L_1[x]/(f(x)) \xrightarrow{\phi_1} \phi(L_1)[x]/(g(x)) \xrightarrow{\omega} M$$

（図：$L_1(\alpha) \cong L_1[x]/(f(x))$ から $\phi(L_1)[x]/(g(x))$ へ ϕ_1, そこから M へ ω, L_1 から M へ ϕ）

$L_1(\alpha)$ は L_1 上 $L_1[x]/(f(x))$ と同型である. M は代数閉体なので, $\beta \in M$ が

あり, $g(\beta) = 0$ となる. よって, $\phi(L_1)$ 準同型 $\omega : \phi(L_1)[x]/(g(x)) \to M$ で $\omega(x + (g(x))) = \beta$ となるものがある. $L_1(\alpha) \cong L_1[x]/(f(x)) \cong \phi(L_1)[x]/(g(x))$ (二番目の同型 ϕ_1 は ϕ により引き起こされる) なので, ψ を $L_1(\alpha) \cong \phi(L_1)[x]/(g(x))$ と ω の合成写像とすると, ψ は ϕ の $L_1(\alpha)$ への延長である. □

> **定理 3.2.8** K を体とする. $L_1 \supset M_1 \supset K$, $L_2 \supset M_2 \supset K$ が K の代数拡大で L_1, L_2 は代数閉体, $\phi : M_1 \to M_2$ は K 同型とする. このとき, K 同型 $\psi : L_1 \to L_2$ で ϕ を延長するものがある.

証明

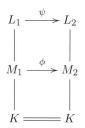

X を L_1/M_1 の中間体 F と ϕ の延長となる K 準同型 $\psi : F \to L_2$ の対 (F, ψ) 全体の集合とする. $(F_1, \psi_1), (F_2, \psi_2) \in X$, $F_1 \subset F_2$ で ψ_2 が ψ_1 の延長なら, $(F_1, \psi_1) \leqq (F_2, \psi_2)$ と定義する. これは X 上の半順序になる.

$Y \subset X$ が全順序部分集合なら, $F_0 = \bigcup_{(F,\psi) \in Y} F$ とおく. $x \in F_0$ なら $x \in F$ となる $(F, \psi) \in Y$ を選び, $\psi_0(x) = \psi(x)$ とおく. ψ_0 は well-defined であることがわかり, (F_0, ψ_0) は Y の上界となる. ツォルンの補題により, X には極大元が存在する. $(F_{\max}, \psi_{\max}) \in X$ を極大元とする.

$F_{\max} \neq L_1$ なら, $\alpha \in L_1 \backslash F_{\max}$ を取ると, L_1/K は代数拡大なので, よって, α は $F_{\max}$ 上代数的である. よって, 補題 3.2.7 により, $\psi_{\max}$ は $F_{\max}(\alpha)$ に延長できる. これは $(F_{\max}, \psi_{\max})$ の極大性に反する. したがって, ϕ を延長する K 準同型 $\psi : L_1 \to L_2$ がある.

$L_3 = \psi(L_1)$ とおくと, ψ は L_1 から L_3 への同型である. よって, $L_3 \subset L_2$ は代数閉体である. $\alpha \in L_2$ なら $f(x)$ を α の K 上の最小多項式とする. 命題 2.13.9 より, $\beta_1, \cdots, \beta_n \in L_3$ があり, $f(x) = (x - \beta_1) \cdots (x - \beta_n)$ となる. $f(\alpha) = 0$ なので, $\alpha = \beta_i$ となる i がある. よって, $\alpha \in L_3$ である. α は任意なので,

$L_2 = L_3$ である．したがって，ψ は全射となり，ψ は同型である． □

定理 3.2.3, 3.2.8 により，K の代数閉包は K 上の同型を除いて一意的に定まる．K の代数閉包を $\overline{K}$ と書く．

次の系は明らかである．

系 3.2.9 L が体 K の代数拡大なら，$\overline{L} = \overline{K}$ である．

定理 3.2.3 の証明には無限変数の多項式環が使われた．なぜそのような証明になったのか，以下解説する．

読者は代数閉包の存在を示すのに，なぜツォルンの補題を使わないのか不思議に思われたかもしれない．実際，ツォルンの補題を使うことも可能だが，注意が必要である．例えば，「K のすべての代数拡大の集まり」を考え，ツォルンの補題を使って極大元の存在を示せば，代数閉包になると思われるかもしれない．しかし，「K のすべての代数拡大の集まり $\mathbb{X}$」は集合ではないのである．もし $\mathbb{X}$ が集合なら，$F = \bigcup_{L \in \mathbb{X}} L$ も集合である．$K \in \mathbb{X}$ は明らかである．S を K に含まれない集合，$s \in S \setminus K$ とすると，$M = (K \setminus \{0\}) \cup \{s\}$ は K と 1 対 1 に対応する．よって，M に K と同型な体の構造を定義できる．したがって，$M \in \mathbb{X}, s \in F$ である．これより，F は任意の集合を含むことがわかる．しかし，すべての集合を含む集合があれば，矛盾であるということはよく知られている．

したがって，ツォルンの補題を使うとしても「K のすべての代数拡大の集まり」を考えることはできない．そのため，K を含むある程度大きな集合 X を考え，X の部分集合とその上の体の構造の集合を考えてツォルンの補題を使わなければならない．そのようなアイデアに基づくツォルンの補題の証明は演習問題 3.2.3 とする．このように，ツォルンの補題を使った証明は興味深いが，必ずしもわかりやすいものにはならないのである．

なお，$n > 0$ が整数なら，K 上の次数 n の既約多項式全体の集合は，K^{n+1} の部分集合と同一視できる．よって，上の証明の P は $\bigcup_{n > 0} K^{n+1}$ の部分集合と同一視でき，集合論的な問題はない．

3.3　分離拡大

L/K が体の有限次拡大とする．I–3.2 節でも述べたように，ガロア理論はガロア群の部分群と中間体の 1 対 1 対応を主張するものである．そのためには，ガロア群が拡大 L/K に関する情報を十分持っていなければならない．ガロア群の役割を果たすものは $\mathrm{Aut}_K^{\mathrm{alg}} L$ なのだが，これが $|\mathrm{Aut}_K^{\mathrm{alg}} L| = [L:K]$ という条件を満たすとき，$\mathrm{Aut}_K^{\mathrm{alg}} L$ は L/K に関する情報を十分持つということが 4.1 節でわかる．これから，以下を証明する．

(1)　$|\mathrm{Hom}_K^{\mathrm{alg}}(L, \overline{K})| = [L:K] \Longleftrightarrow L/K$ は分離拡大．

(2)　$\mathrm{Hom}_K^{\mathrm{alg}}(L, \overline{K}) = \mathrm{Aut}_K^{\mathrm{alg}} L \Longleftrightarrow L/K$ は正規拡大．

分離拡大，正規拡大は，それぞれ本節，次節のトピックである．これが，分離性と正規性の意義である．

定義 3.3.1　(1)　$f(x) \in K[x]$，$\alpha \in \overline{K}$ で，$f(x)$ が $\overline{K}[x]$ で $(x-\alpha)^2$ で割り切れるとき，α を $f(x)$ の**重根**という．

(2)　$f(x) \in K[x]$ が $\overline{K}$ で重根を持たないとき，**分離多項式**という．

(3)　$\alpha \in \overline{K}$ の K 上の最小多項式が分離多項式であるとき，α は K 上**分離的**，そうでなければ**非分離的**であるという．

(4)　L が K の代数拡大であり，L のすべての元が K 上分離的なら，L を K の**分離拡大**，そうでなければ，**非分離拡大**という．

(5)　K の任意の代数拡大が K の分離拡大なら，K を**完全体**という．　　◇

命題 3.3.2　L/K が代数拡大，$\alpha \in L$ で，$L \supset M \supset K$ を中間体とする．α が K 上分離的なら，M 上も分離的である．

証明　α の M 上の最小多項式 $g(x)$ は α の K 上の最小多項式 $f(x)$ を割り切る．よって，$f(x)$ が重根を持たなければ，$g(x)$ も重根を持たない．　　□

分離性の判定には，微分が有効である．微分の概念は定義 1.5.2 で定義した．なお，1 変数多項式 $f(x)$ の微分は $f'(x)$ などと書く．

命題 3.3.3　$f(x) \in K[x]$，$\alpha \in \overline{K}$ で，$f(\alpha) = 0$ とするとき，次の (1)，(2) は同値である．

(1) α は $f(x)$ の重根である.

(2) $f'(\alpha) = 0$ である.

証明 **(1) $\Rightarrow$ (2)**：仮定より，$g(x) \in \overline{K}[x]$ があり $f(x) = (x-\alpha)^2 g(x)$. このとき，$f'(x) = 2(x-\alpha)g(x) + (x-\alpha)^2 g'(x)$ となるので，$f'(\alpha) = 0$ である.

(2) $\Rightarrow$ (1)：α が重根でなければ，$f(x) = (x-\alpha)g(x)$ $(g(x) \in \overline{K}[x])$ としたとき，$g(\alpha) \neq 0$ となる. すると，$f'(x) = g(x) + (x-\alpha)g'(x)$ となるので，$f'(\alpha) = g(\alpha) \neq 0$ である. これは仮定に矛盾するので，α は重根である. $\square$

系 3.3.4 K が体で $f(x) \in K[x]$ なら，次の (1), (2) は同値である.

(1) $f(x)$ は $\overline{K}$ で重根を持たない.

(2) $f(x)$ と $f'(x)$ は互いに素である.

証明 **(1) $\Rightarrow$ (2)**：もし $f(x), f'(x)$ が互いに素でなければ，$f(x), f'(x)$ を割る定数でない多項式 $g(x)$ がある. $g(\alpha) = 0$ となる $\alpha \in \overline{K}$ があるが，命題 3.3.3 より α は $f(x)$ の重根となり，矛盾である.

(2) $\Rightarrow$ (1)：$f(x)$ と $f'(x)$ が互いに素なら，$a(x)f(x) + b(x)f'(x) = 1$ となる $a(x), b(x) \in K[x]$ がある. もし $\alpha \in \overline{K}$ が $f(x)$ の重根なら，命題 3.3.3 より $f(\alpha) = f'(\alpha) = 0$ となるが，$a(\alpha)f(\alpha) + b(\alpha)f'(\alpha) = 0$ となり，矛盾である. $\square$

命題 3.3.5 $f(x) \in K[x]$ を K 上**既約**な多項式とする. このとき，次の条件 (1)–(3) は同値である.

(1) $f(x)$ は $\overline{K}$ で重根を持つ.

(2) $f'(x) = 0$.

(3) $\mathrm{ch}\, K = p > 0$ であり，K 上既約な分離多項式 $g(x)$ と $n > 0$ があり，$f(x) = g(x^{p^n})$ となる.

証明 **(1) $\Rightarrow$ (2)**：仮定より $f(x), f'(x)$ は互いに素ではない. $a(x) \in K[x]$ が定数でなく $f(x), f'(x)$ を割り切るなら，$f(x)$ が既約なので，$f(x)$ は $a(x)$ の定数倍である. よって，$f(x)$ は $f'(x)$ を割り切る. $f'(x) \neq 0$ なら，$\deg f'(x) < \deg f(x)$ なので，矛盾である. **(2) $\Rightarrow$ (1)** は明らかである.

(2) ⇒ (3)： $f(x) = a_n x^n + \cdots + a_0$ とするとき，$f'(x) = n a_n x^{n-1} + \cdots$ なので，$f'(x) = 0$ となるためには $a_i \neq 0$ なら $i = 0$ となることが必要十分である．これが起きるのは正標数の場合のみで，$p = \mathrm{ch}\, K$ なら $a_i \neq 0$ である項は i が p の倍数になっているものである．よって，$f(x)$ は x^p の多項式になっている．したがって，多項式 $g(x)$ があり，$f(x) = g(x^p)$ となるが，$g(x)$ が可約なら，$f(x)$ も可約になるので矛盾である．もし $g(x) = 0$ が重根を持てば，多項式 $h(x)$ により $g(x) = h(x^p)$ などと繰り返し，重根を持たなくなるまで続けることができる．

(3) ⇒ (2)： $f'(x) = p^n x^{p^n - 1} g'(x^{p^n}) = 0$ である．　　　　　□

例 3.3.6　K を標数 $p > 0$ の体とする．$a \in K$, $f(x) = x^p - x - a$ とおく．$\alpha \in \overline{K}$ が $f(x)$ の根なら，$f'(\alpha) = -1 \neq 0$ なので，α は K 上分離的である．　　◇

注 3.3.7　K を体とする．4.3 節で例とともに解説するが，$f(x)$ に対し $f(x)$ の係数の多項式 $\Delta(f)$ で，$f(x)$ がモニックなら，$f(x)$ が重根を持つことと，$\Delta(f) = 0$ が同値であるという性質 (命題 4.3.9) を持つものを定義する．例えば，$n = 3$ なら，$f(x) = x^3 + a_1 x^2 + a_2 x + a_3$ に対し，

$$\Delta(f) = -4a_2^3 + a_1^2 a_2^2 - 4a_1^3 a_3 + 18 a_1 a_2 a_3 - 27 a_3^2$$

である．特に $a_1 = 0$ なら，$\boldsymbol{\Delta(f) = -4a_2^3 - 27a_3^2}$ である．例えば，$f(x) = x^3 + 2x + 2$ なら $\Delta(f) = -4 \cdot 8 - 27 \cdot 4 = -4 \cdot 35$ である．したがって，$f(x) \in \mathbb{F}_p[x]$ とみなせば，$f(x)$ が重根を持つのは，$p = 2, 5, 7$ のときである．　　◇

命題 3.3.8　K を標数 $p > 0$ の体，L/K を拡大体，$\alpha \in L \setminus K$, $q = p^N$ は p のべきで $\alpha^{p^{N-1}} \notin K$, $t = \alpha^q \in K$ とする．このとき，α は K 上非分離的で α の K 上の最小多項式は $x^q - t$ である．

証明　補題 3.1.4 より $x^q - t = (x - \alpha)^q$ である．したがって，α の K 上の最小多項式は $g(x) = (x - \alpha)^n$ という形である．$n < q$ なら，$n = p^i m$ で m が p と互いに素とすると，$g(x) = (x^{p^i} - \alpha^{p^i})^m$ である．$\alpha^{p^i} \notin K$ であり，$g(x) = x^n - m \alpha^{p^i} x^{p^i(m-1)} + \cdots$ となるが，$-m\alpha^{p^i} \notin K$ なので，$g(x) \in K[x]$ であることに矛盾する．したがって，$g(x) = x^q - t$ である．$g(x)$ は重根を持つので，α は K 上非分離的である．　　　　　□

例 3.3.9 (非分離拡大) $L = \mathbb{F}_p(x)$ を 1 変数有理関数体, $t = x^p$, $K = \mathbb{F}_p(t)$ とする. $x \notin K$ なので, 命題 3.3.8 より L/K は非分離拡大である.　　　◇

以下, $K^{p^{-1}} = \{\alpha \in \overline{K} \mid \alpha^p \in K\}$ とおく. 明らかに $K^{p^{-1}} \supset K$ である. 補題 3.1.4 より, $K^{p^{-1}}$ は加法, 乗法, 逆元を取る操作で閉じている. したがって, $K^{p^{-1}}$ は K 上 K の元の p 乗根全体で生成される体である.

命題 3.3.10 K を体とするとき, 次の (1), (2) は同値である.

(1) K は完全体である.

(2) $\mathrm{ch}\,K = 0$ であるか, $\mathrm{ch}\,K = p > 0$ で $K^{p^{-1}} = K$.

証明   (1) $\Rightarrow$ (2): $\mathrm{ch}\,K = p > 0$, $\alpha \in \overline{K} \setminus K$ で $\alpha^p = t \in K$ なら, 命題 3.3.8 より $x^p - t$ は K 上既約である. これは重根を持つので, 矛盾である.

(2) $\Rightarrow$ (1): $\mathrm{ch}\,K = 0$ なら, 命題 3.3.5 より K は完全体である. $\mathrm{ch}\,K = p > 0$, $f(x) \in K[x]$ を既約な多項式とする. n に関する帰納法で, 任意の $a \in K$ と $n > 0$ に対し $a = b^{p^n}$ となる $b \in K$ がとれる. $g(x) = x^m + a_1 x^{m-1} + \cdots + a_m \in K[x]$ を K 上既約な分離多項式で $f(x) = g(x^{p^n})$ $(n \geqq 0)$ であるようにとる. もし $n > 0$ なら, $a_i = b_i^{p^n}$ $(i = 1, \cdots, m)$ となる $b_i \in K$ をとると, $f(x) = (x^m + b_1 x^{m-1} + \cdots + b_m)^{p^n}$ となる. $f(x)$ が可約となり矛盾である. $f(x)$ は分離多項式である. したがって, 任意の $\overline{K}$ の元は K 上分離的である.　□

系 3.3.11   標数 0 の体と有限体は完全体である.

証明   標数 0 の体の場合は命題 3.3.5 (3) より従う. K を標数 p の有限体とする. フロベニウス準同型 $\phi = \mathrm{Frob}_p : K \to K$ は体の準同型で単射である. $|K| < \infty$ なので, 命題 I–1.1.7 より ϕ は全射である. よって, $K^{p^{-1}} = K$.　□

非分離拡大の中でも特に非分離性が高い純非分離拡大を定義する.

定義 3.3.12 K を標数 $p > 0$ の体, L/K を拡大体とする. すべての L の元 α に対し $n \geqq 0$ があり, $\alpha^{p^n} \in K$ となるとき, L を K の**純非分離拡大**という. K/K も純非分離拡大とみなす.　　　◇

> **命題 3.3.13**　L/K を標数 $p > 0$ の体の拡大とするとき, 次の $(1), (2)$ は同値である.
>
> (1)　L/K は純非分離拡大である.
>
> (2)　任意の $x \in L \setminus K$ は K 上非分離的である.

証明　$(1) \Rightarrow (2)$ は命題 3.3.8 より従うので, $(2) \Rightarrow (1)$ を示す.

$\alpha \in L \setminus K$, $f(x)$ を α の K 上の最小多項式とする. 既約な分離多項式 $g(x) \in K[x]$ と $n \geqq 0$ を $f(x) = g(x^{p^n})$ となるようにとる. $\alpha^{p^n} \in L$ は $g(x)$ の根なので, $\deg g > 1$ なら, $L \setminus K$ が K 上分離的な元を含み, 矛盾である. よって, $g(x) = x - t$ $(t \in K)$ とすると, $\alpha^{p^n} = t \in K$ である.　□

以下, L/K が代数拡大であるとき, **L が K 上分離的な元で生成されれば L/K は分離拡大である**ことについて解説する. 元の分離性は最小多項式によって定義されるが, それはその元で生成された体の元の分離性を考える際には都合が悪い. だから, **分離性をその元が生成する体の性質で解釈する**というのがアイデアである. あらかじめ指摘しておくと, **補題 3.3.18**, および**定理 3.3.21** がポイントとなる.

まず, 準同型と元の共役との関係についてまとめておく.

> **命題 3.3.14**　L/K を体の代数拡大, $\alpha \in L$ とする. このとき, 次の $(1), (2)$ は同値である.
>
> (1)　$\beta \in \overline{K}$ は α の K 上の共役である.
>
> (2)　$\phi \in \mathrm{Hom}_K^{\mathrm{alg}}(L, \overline{K})$ があり, $\phi(\alpha) = \beta$.

証明　$(1) \Rightarrow (2)$：β が α の K 上の共役なら, 命題 3.1.35 (2) より K 同型 $\phi : K(\alpha) \to K(\beta)$ で $\phi(\alpha) = \beta$ となるものがある. 定理 3.2.8 により ϕ を $\mathrm{Hom}_K^{\mathrm{alg}}(L, \overline{K})$ の元に拡張すればよい.

$(2) \Rightarrow (1)$：命題 3.1.35 (1) より従う.　□

次に, 準同型の数に関する基本的な性質を考える.

補題 3.3.15　L/K を体の有限次拡大, $L \supset M \supset K$ を中間体とする. $\phi \in$

$\mathrm{Hom}_K^{\mathrm{alg}}(M,\overline{K})$ の $\mathrm{Aut}_K^{\mathrm{alg}}\overline{K}$ の元への拡張 $\overline{\phi}$ を定めておくと，写像

$$\mathrm{Hom}_M^{\mathrm{alg}}(L,\overline{K})\times\mathrm{Hom}_K^{\mathrm{alg}}(M,\overline{K}) \ni (\psi,\phi) \mapsto \overline{\phi}\circ\psi \in \mathrm{Hom}_K^{\mathrm{alg}}(L,\overline{K}),$$

は全単射写像である[1]．したがって，一方が有限なら両方有限であり，

$$|\mathbf{Hom}_K^{\mathbf{alg}}(L,\overline{K})| = |\mathbf{Hom}_M^{\mathbf{alg}}(L,\overline{K})|\,|\mathbf{Hom}_K^{\mathbf{alg}}(M,\overline{K})|.$$

証明　$\lambda \in \mathrm{Hom}_K^{\mathrm{alg}}(L,\overline{K})$ とする．λ を M に制限したものを $\phi \in \mathrm{Hom}_K^{\mathrm{alg}}(M,\overline{K})$ とおく．$\psi = \overline{\phi}^{-1}\circ\lambda$ は M の元を不変にするので，$\mathrm{Hom}_M^{\mathrm{alg}}(L,\overline{K})$ の元である．λ に (ψ,ϕ) を対応させることにより，写像

$$(3.3.16) \qquad \mathrm{Hom}_K^{\mathrm{alg}}(L,\overline{K}) \to \mathrm{Hom}_M^{\mathrm{alg}}(L,\overline{K})\times\mathrm{Hom}_K^{\mathrm{alg}}(M,\overline{K})$$

を得る．これは補題の写像の逆写像である．　　　　　　　　□

注 3.3.17　上の写像は ϕ の延長に依存しているので，自然な対応ではない．しかし，ガロアの基本定理について解説した後，この対応に戻り，もう少し自然な解釈が可能であることについて，注 4.1.25 で述べる．　　　◇

補題 3.3.18　L/K を体の代数拡大で，$L = K(\alpha)$ $(\alpha \in L)$ とする．このとき，次の (1), (2) が成り立つ．
(1)　α が K 上分離的なら，$|\mathbf{Hom}_K^{\mathbf{alg}}(L,\overline{K})| = [L:K]$．
(2)　α が K 上非分離的なら，$|\mathbf{Hom}_K^{\mathbf{alg}}(L,\overline{K})| < [L:K]$．

証明　$f(x)$ を α の K 上の最小多項式，$n = \deg f(x)$ とすると，$n = [L:K]$ である．$f(x) = (x-\alpha_1)\cdots(x-\alpha_n)$ $(\alpha_1,\cdots,\alpha_n \in \overline{K})$ とする．命題 3.3.14 より，すべての i に対し $\phi_i(\alpha) = \alpha_i$ となる K 同型 $\phi_i: L \to K(\alpha_i) \subset \overline{K}$ がある．

逆に $\psi: L \to \overline{K}$ が K 準同型なら，命題 3.3.14 より $\psi(\alpha)$ は $\alpha_1,\cdots,\alpha_n$ のどれかである．$L = K(\alpha)$ なので，ψ は $\psi(\alpha)$ で定まる．よって，$|\mathrm{Hom}_K^{\mathrm{alg}}(L,\overline{K})|$ は $\alpha_1,\cdots,\alpha_n$ の中で異なるものの数である．したがって，α が K 上分離的なら，$|\mathrm{Hom}_K^{\mathrm{alg}}(L,\overline{K})| = n$, 非分離的なら，$|\mathrm{Hom}_K^{\mathrm{alg}}(L,\overline{K})| < n$ である．　　　□

注 3.3.19　ここで論理について注意する．ある状況で，数学的な主張 A_1, $A_2,\cdots,A_n$ がすべての場合をつくし，$i\neq j$ なら，A_i と A_j は排反，つまり同時に起きることはないとする．また，A_i ならば B_i が成り立ち，$i\neq j$ なら，

---

1)　上の写像は ϕ の拡張のしかたに依存するので，自然な対応ではない．

B_i と B_j は排反とする. このとき, すべての i に対して, B_i ならば A_i である
ということが成り立つ.

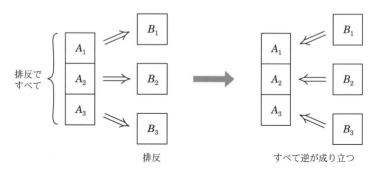

排反   すべて逆が成り立つ

上図で例えば, B_1 が成り立つとする. A_1, A_2, A_3 はすべての場合をつく
すので, そのどれかが成り立つ. もし A_2 が成り立てば, B_2 が成り立ち,
B_1, B_2, B_3 は排反なので矛盾である. 同様に A_3 も起きないので, A_1 が成り立
つ. B_2, B_3 が成り立つ場合も同様である. ◇

注 3.3.19 より, 補題 3.3.18 (1), (2) の逆も成り立つ.

補題 3.3.20 補題 3.3.18 の状況で次の (1), (2) が成り立つ.

(1) $|\mathrm{Hom}_K^{\mathrm{alg}}(L, \overline{K})| = [L : K]$ なら, α は K 上分離的.

(2) $|\mathrm{Hom}_K^{\mathrm{alg}}(L, \overline{K})| < [L : K]$ なら, α は K 上非分離的. ◇

定理 3.3.21 L/K が有限次拡大体なら, 次の (1), (2) が成り立つ.

(1) $|\mathrm{Hom}_K^{\mathrm{alg}}(L, \overline{K})| \leqq [L : K]$.

(2) L/K が分離拡大 $\Longleftrightarrow |\mathrm{Hom}_K^{\mathrm{alg}}(L, \overline{K})| = [L : K]$.

証明 $L = K(\alpha_1, \cdots, \alpha_r)$ となる $\alpha_1, \cdots, \alpha_r \in L$ がある. $L_i = K(\alpha_1, \cdots, \alpha_i)$ と
おく. L は K の代数拡大なので, すべての i に対して $\overline{L_i} = \overline{K}$ である.

(1) 補題 3.3.15 より (r に関する帰納法で)

(3.3.22)
$$|\mathrm{Hom}_K^{\mathrm{alg}}(L, \overline{K})| = \prod_{i=1}^r |\mathrm{Hom}_{L_{i-1}}^{\mathrm{alg}}(L_i, \overline{K})|$$

となる. $L_i = L_{i-1}(\alpha_i)$ なので, 補題 3.3.18 より $|\mathrm{Hom}_{L_{i-1}}^{\mathrm{alg}}(L_i, \overline{K})| \leqq [L_i : L_{i-1}]$
である. したがって,

$$(3.3.23) \qquad \prod_{i=1}^{r} |\mathrm{Hom}^{\mathrm{alg}}_{L_{i-1}}(L_i, \overline{K})| \leq \prod_{i=1}^{r} [L_i : L_{i-1}] = [L : K].$$

(2) L/K が分離拡大なら，$\alpha_1, \cdots, \alpha_r$ は K 上分離的である．命題 3.3.2 より，すべての i に対し，α_i は L_{i-1} 上分離的である．補題 3.3.18 よりすべての i に対し，$|\mathrm{Hom}^{\mathrm{alg}}_{L_{i-1}}(L_i, \overline{K})| = [L_i : L_{i-1}]$ である．したがって，(3.3.22) より，$|\mathrm{Hom}^{\mathrm{alg}}_{K}(L, \overline{K})| = \prod_{i=1}^{r} [L_i : L_{i-1}] = [L : K]$ となる．

逆に $|\mathrm{Hom}^{\mathrm{alg}}_{K}(L, \overline{K})| = [L : K]$ と仮定する．$\alpha \in L$, $M = K(\alpha)$ とする．補題 3.3.15 と (1) より，

$$\begin{aligned} |\mathrm{Hom}^{\mathrm{alg}}_{K}(L, \overline{K})| &= |\mathrm{Hom}^{\mathrm{alg}}_{M}(L, \overline{K})| \, |\mathrm{Hom}^{\mathrm{alg}}_{K}(M, \overline{K})| \\ &\leq [L : M][M : K] = [L : K] = |\mathrm{Hom}^{\mathrm{alg}}_{K}(L, \overline{K})|. \end{aligned}$$

よって，$|\mathrm{Hom}^{\mathrm{alg}}_{K}(M, \overline{K})| = [M : K]$ である．$M = K(\alpha)$ なので，補題 3.3.20 より α は K 上分離的である．よって，L/K は分離拡大である． $\square$

この定理により，$\alpha \in L$ が K 上分離的なら，$K(\alpha)/K$ は分離的，つまり $K(\alpha)$ のすべての元が K 上分離的であることがわかる．

系 3.3.24 $L/M, M/K$ が体の分離代数拡大とする．このとき，L/K は分離代数拡大である．

証明 $[L : K] < \infty$ とする．この場合は，補題 3.3.15 と定理 3.3.21 (2) より

$$|\mathrm{Hom}^{\mathrm{alg}}_{K}(L, \overline{K})| = |\mathrm{Hom}^{\mathrm{alg}}_{M}(L, \overline{K})| \, |\mathrm{Hom}^{\mathrm{alg}}_{K}(M, \overline{K})| = [L : M][M : K] = [L : K]$$

である．したがって，定理 3.3.21 (2) より L/K は分離拡大である

一般の場合は次のように有限次拡大の場合に帰着させる．$\alpha \in L$ とする．$f(x) = x^n + a_1 x^{n-1} + \cdots + a_n \in M[x]$ を α の M 上の最小多項式，$F_1 = K(a_1, \cdots, a_n)$, $F_2 = F_1(\alpha) = K(a_1, \cdots, a_n, \alpha)$ とおくと，$F_1/K, F_2/F_1$ は有限次拡大である．よって，F_2/K も有限次拡大である．

$F_1 \subset M$ なので，F_1/K は分離拡大である．L/M は分離拡大なので，$f(x)$ は分離的である．よって，補題 3.3.18 と定理 3.3.21 (2) より，F_2/F_1 は分離拡大である．有限次拡大の場合より F_2/K は分離拡大である．したがって，α は K 上分離的である． $\square$

> **系 3.3.25**　$L = K(\alpha_1, \cdots, \alpha_n)$ が体 K の有限次拡大とする. このとき,
> $\alpha_1, \cdots, \alpha_n$ が K 上分離的であれば, L/K は分離拡大である.

証明　$i = 1, \cdots, r$ に対し $L_i = K(\alpha_1, \cdots, \alpha_i)$ とおく. 命題 3.3.2 より α_i は L_{i-1} 上分離的である. よって, 補題 3.3.18 と定理 3.3.21 (2) により, L_i/L_{i-1} は分離拡大である. すると, 系 3.3.24 により L/K は分離拡大となる.　　□

定義 3.3.26　L/K を代数拡大とするとき, L の元で K 上分離的なもの全体の集合を L_s と書き, L における K の**分離閉包**という. $\overline{K}$ における K の分離閉包を K^{sep} と書き, K の**分離閉包**という.　　◇

> **命題 3.3.27**　定義 3.3.26 の状況で L_s は L の部分体であり, L/L_s は純非分離拡大である.

証明　$\alpha, \beta \in L_s \setminus \{0\}$ とする. 系 3.3.25 より $K(\alpha, \beta)$ は K の分離拡大である. よって, $\alpha \pm \beta, \alpha\beta, \alpha/\beta \in L_s$ である. したがって, L_s は体である.

後半は, $\mathrm{ch}\, K = 0$ なら, $L = L_s$ なので明らかである. $\mathrm{ch}\, K = p > 0$, $\alpha \in L$ なら, 命題 3.3.5 より K 上既約な分離多項式 $g(x)$ と $n \geqq 0$ があり, $g(\alpha^{p^n}) = 0$ となる. よって, $\alpha^{p^n} \in L_s$ となるので, L/L_s は純非分離拡大である.　　□

定義 3.3.28　L/K が有限次拡大体なら, $[L_s : K]$, $[L : L_s]$ をそれぞれ L の K 上の**分離次数**, **非分離次数**といい, $[L : K]_s$, $[L : K]_i$ と書く.　　◇

例 3.3.29　$L = \mathbb{F}_3(t)$, $K = \mathbb{F}_3(t^6)$ とする. $M = \mathbb{F}_3(t^3)$ とすれば, $M = K(t^3)$ で t^3 は $f(x) = x^2 - t^6 \in K[x]$ の根である. $t^3 \notin K$ なので, $f(x)$ は既約で $f'(x) = 2x \neq 0$. したがって, M/K は分離的で $[M : K] = 2$ である. $t \notin M$ で $t^3 \in M$ なので, t は M 上非分離的. $[L : M] = 6/2 = 3$ は素数なので, $[L : M]_i = [L : M] = 3$ である. したがって, $[L : K]_s = 2$, $[L : K]_i = 3$ で $M = L_s$ である.　　◇

> **命題 3.3.30**　L/K を有限次拡大体とする.
> (1)　F/L が純非分離拡大なら, $\mathrm{Hom}_K^{\mathrm{alg}}(L, \overline{K})$ の元は $\mathrm{Hom}_K^{\mathrm{alg}}(F, \overline{K})$ の

元に一意的に延長できる.

(2) $[L:K]_s = |\mathrm{Hom}_K^{\mathrm{alg}}(L,\overline{K})|.$

証明 (1) $\phi \in \mathrm{Hom}_K^{\mathrm{alg}}(L,\overline{K})$ とする. 定理 3.2.8 より ϕ は $\mathrm{Hom}_K^{\mathrm{alg}}(F,\overline{K})$ の元に延長できる. $F \neq L$ なら, $\mathrm{ch}\, F = p > 0$ である. $\alpha \in F$ なら, p べき q があり $\alpha^q = t \in L$ となる. よって, $\phi(\alpha)^q = \phi(t)$ となる. 方程式 $x^q = \phi(t)$ の解は一つしかないので, $\phi(\alpha)$ は $\phi(t)$ より定まり, ϕ の延長は一意的である.

(2) L_s を L における K の分離閉包とする. L_s/K は有限次分離拡大なので, $[L_s:K] = [L:K]_s = |\mathrm{Hom}_K^{\mathrm{alg}}(L_s,\overline{K})|$ である. $\mathrm{Hom}_K^{\mathrm{alg}}(L_s,\overline{K})$ の元が $\mathrm{Hom}_K^{\mathrm{alg}}(L,\overline{K})$ の元に一意的に延長できることは (1) より従う. したがって, $[L:K]_s = |\mathrm{Hom}_K^{\mathrm{alg}}(L_s,\overline{K})| = |\mathrm{Hom}_K^{\mathrm{alg}}(L,\overline{K})|.$ □

命題 3.3.31 L/K を有限次拡大, M を中間体とする. このとき, 次の (1), (2) が成り立つ.

(1) $[L:K]_s = [L:M]_s[M:K]_s.$

(2) $[L:K]_i = [L:M]_i[M:K]_i.$

証明 (1) は補題 3.3.15 と命題 3.3.30 (2) より従う. (2) は $[L:K] = [L:M][M:K]$ を (1) で割ることにより従う. □

ここで $\mathrm{Hom}_K^{\mathrm{alg}}(L,\overline{K})$ の例を考える.

例 3.3.32 (K 準同型 1) $d \neq 1$ を平方因子を持たない整数, $L = \mathbb{Q}(\sqrt{d})$ とする. $\mathrm{ch}\, L = 0$ なので, $L/\mathbb{Q}$ は分離拡大. よって, $|\mathrm{Hom}_{\mathbb{Q}}^{\mathrm{alg}}(L,\overline{\mathbb{Q}})| = 2$ である. $\sigma \in \mathrm{Hom}_{\mathbb{Q}}^{\mathrm{alg}}(L,\overline{\mathbb{Q}})$ とすると, 命題 3.3.14 より, $\sigma(\sqrt{d}) = \pm\sqrt{d}$ である. L は $\mathbb{Q}$ 上 $\sqrt{d}$ で生成されるので, σ は $\sigma(\sqrt{d})$ で定まる. σ は 2 個あるので, $\sigma(\sqrt{d}) = \pm\sqrt{d}$ 両方の可能性が起きなければならない. $\sigma \in \mathrm{Hom}_{\mathbb{Q}}^{\mathrm{alg}}(L,\overline{\mathbb{Q}})$ を $\sigma(\sqrt{d}) = -\sqrt{d}$ となるものとすれば, $\mathrm{Hom}_{\mathbb{Q}}^{\mathrm{alg}}(L,\overline{\mathbb{Q}}) = \{\mathrm{id}_L, \sigma\}$ である. ◇

例 3.3.33 (K 準同型 2) $L = \mathbb{Q}(\sqrt{2},\sqrt{3})$ とおくと, $L/\mathbb{Q}$ は分離拡大である. 例題 3.1.37 より $[L:\mathbb{Q}] = 4$ である. $\sigma \in \mathrm{Hom}_{\mathbb{Q}}^{\mathrm{alg}}(L,\overline{\mathbb{Q}})$ とすると, 命題 3.3.14 より, σ は $\sqrt{2},\sqrt{3}$ をそれぞれの共役に移すので, $\sigma(\sqrt{2}) = \pm\sqrt{2}$, $\sigma(\sqrt{3}) = $

$\pm\sqrt{3}$ である. $\sqrt{2}, \sqrt{3}$ は L の $\mathbb{Q}$ 上の生成元なので, σ は $\sigma(\sqrt{2}), \sigma(\sqrt{3})$ で決定される. よって, $\boldsymbol{\sigma}$ の可能性は四つしかない. $4 = [L : \mathbb{Q}] = |\mathrm{Hom}_{\mathbb{Q}}^{\mathrm{alg}}(L, \overline{\mathbb{Q}})|$ なので, すべての可能性が起きる. したがって, $\sigma, \tau \in \mathrm{Hom}_{\mathbb{Q}}^{\mathrm{alg}}(L, \overline{\mathbb{Q}})$ で

$$\sigma(\sqrt{2}) = -\sqrt{2},\ \sigma(\sqrt{3}) = \sqrt{3}, \quad \tau(\sqrt{2}) = \sqrt{2},\ \tau(\sqrt{3}) = -\sqrt{3}$$

となるものがある. $\sigma(L) = L$, $\tau(L) = L$ ($L/\mathbb{Q}$ は次節の正規拡大というもの) なので, 合成を考えることができ, $\mathrm{Hom}_{\mathbb{Q}}^{\mathrm{alg}}(L, \overline{\mathbb{Q}}) = \{\mathrm{id}_L, \sigma, \tau, \sigma\tau\}$ である. ◇

例 3.3.34 $L = \mathbb{Q}(\sqrt[3]{2})$, $\omega = (-1+\sqrt{-3})/2$ とおくと, 命題 3.3.14, 例 3.1.34 より, $\mathrm{Hom}_{\mathbb{Q}}^{\mathrm{alg}}(L, \overline{\mathbb{Q}}) = \{\phi_1, \phi_2, \phi_3\}$ で $\phi_1(\sqrt[3]{2}) = \sqrt[3]{2}$, $\phi_2(\sqrt[3]{2}) = \omega\sqrt[3]{2}$, $\phi_3(\sqrt[3]{2}) = \omega^2\sqrt[3]{2}$ である. $\phi_2(L), \phi_3(L) \not\subset L$ である. ◇

3.4 正規拡大

この節では, ガロア拡大の定義に必要な正規拡大の概念について解説する.

定義 3.4.1 L/K を体の代数拡大とする. $\alpha \in L$ なら α の K 上の最小多項式が L 上では 1 次式の積になるとき, L/K を**正規拡大**という. ◇

K の代数閉包 $\overline{K}$ を一つ定めておく. 体の代数拡大 L/K が正規拡大であるとは, L の任意の元の K 上の共役がすべて L の元であるということである. 前節と同様に, 正規拡大についても, 代数閉包への準同型を考えることにより, 生成元の性質だけで正規拡大かどうか判定できることについて解説する.

定理 3.4.2 L/K を体の代数拡大, $\overline{K} \supset L$ を K の代数閉包とする. このとき, 次の条件 (1), (2) は同値である.

(1) L/K は正規拡大である.

(2) $\phi \in \mathrm{Hom}_K^{\mathrm{alg}}(L, \overline{K})$ なら, $\phi(L) \subset L$ である.

証明 $\overline{K}$ は L の代数閉包でもあることに注意する.

(1) $\Rightarrow$ (2): $\phi \in \mathrm{Hom}_K^{\mathrm{alg}}(L, \overline{K})$, $\alpha \in L$ なら, 命題 3.3.14 より $\phi(\alpha)$ は α の K 上の共役である. 仮定より $\phi(\alpha) \in L$ である. $\alpha \in L$ は任意なので, $\phi(L) \subset L$ である.

(2) ⇒ (1)： $\alpha \in L$ を任意の元，$\beta \in \overline{K}$ を α の K 上の共役とする．命題 3.3.14 より $\phi \in \mathrm{Hom}_K^{\mathrm{alg}}(L, \overline{K})$ があり，$\phi(\alpha) = \beta$ となる．$\phi(L) \subset L$ なので，$\beta \in L$ である．$\alpha \in L$ は任意だったので，L/K は正規拡大である． □

系 3.4.3 体 K の代数拡大 $L = K(\alpha_1, \cdots, \alpha_n)$ が $\alpha_1, \cdots, \alpha_n$ の K 上の共役をすべて含むなら，L/K は正規拡大である．

証明 $\phi \in \mathrm{Hom}_K^{\mathrm{alg}}(L, \overline{K})$ とすると，仮定より $\phi(\alpha_1), \cdots, \phi(\alpha_n) \in L$ である．よって，$\phi(L) = K(\phi(\alpha_1), \cdots, \phi(\alpha_n)) \subset L$ となる (命題 3.1.17 (2))． □

命題 3.4.4 L/K を体の正規拡大，$\phi \in \mathrm{Hom}_K^{\mathrm{alg}}(L, L)$ とすると，ϕ は同型である．

証明 体の準同型は単射である．$F \subset L$ が L に含まれる K の有限次正規拡大なら，$\phi(F) \subset F$ である．ϕ は単射なので，$\dim_K F = \dim_K \phi(F)$．よって，$\phi(F) = F$ である．$\alpha \in L$ なら，F を K に α の共役すべてを添加して得られる体とすると，F は K の有限次正規拡大である．よって，$\phi(F) = F$ であり，$\phi(\beta) = \alpha$ となる $\beta \in F$ がある．したがって ϕ は全射となり，同型である． □

例 3.4.5 (正規拡大 1) $d \neq 1$ を平方因子を持たない整数とすると，例 3.3.32 より，$\mathbb{Q}(\sqrt{d})/\mathbb{Q}$ は正規拡大である． ◇

例 3.4.6 (正規拡大 2) K を体とする．K の代数閉包 $\overline{K}$ は K の正規拡大である．K 上分離的な元の共役も K 上分離的なので，K の分離閉包 K^s も K の正規拡大である．これらは K の無限次拡大になる場合が多い． ◇

例 3.4.7 (正規拡大でない) $\mathbb{Q}(\sqrt[3]{2})/\mathbb{Q}$ は正規拡大ではない (例 3.3.34)． ◇

定義 3.4.8 K を体，$f(x) \in K[x]$ を 1 変数多項式とする．$\overline{K}$ を K の代数閉包，$f(x) = a_0(x - \alpha_1) \cdots (x - \alpha_n)$ $(a_0 \in K^\times, \alpha_1, \cdots, \alpha_n \in \overline{K})$ とするとき，$L = K(\alpha_1, \cdots, \alpha_n)$ のことを f の K 上の**最小分解体**という． ◇

$f(x) = g_1(x) \cdots g_m(x)$ と既約多項式の積で書けば，K に $g_1(x), \cdots, g_m(x)$ のすべての根を添加して得られる体が L である．したがって，L/K は正規拡大

である. もし, F が K の別の代数閉包なら, 定理 3.2.8 より, K 上の同型 $\phi:$ $\overline{K} \to F$ がある. $f(x) = a_0(x - \alpha_1) \cdots (x - \alpha_n)$ $(a_0 \in K^{\times}, \ \alpha_1, \cdots, \alpha_n \in \overline{K})$ なら, $f(x) = a_0(x - \phi(\alpha_1)) \cdots (x - \phi(\alpha_n))$ となる. よって, F により構成した最小分解体を L' とすると, $L' = K(\phi(\alpha_1), \cdots, \phi(\alpha_n))$ なので, ϕ は K 上の同型 $L \to$ L' を引き起こす. したがって, f の最小分解体は K 上の同型を除いて定まる.

例 3.4.9 次の (1) (3) は $\mathbb{Q}$ 上で考える.

(1) $f(x) = (x^2 - 2)(x^2 - 3)$ の最小分解体は $\mathbb{Q}(\sqrt{2}, \sqrt{3})$.

(2) $f(x) = x^3 - 2$ の最小分解体は $\mathbb{Q}(\sqrt[3]{2}, \omega)$ $(\omega = (-1 + \sqrt{-3})/2)$.

(3) $f(x) = x^4 - x^2 + 1$ の最小分解体は, $\mathbb{Q}\left(\sqrt{1 + \sqrt{-3}}, \sqrt{1 - \sqrt{-3}}\right)$ である.

$$\sqrt{1 + \sqrt{-3}}\sqrt{1 - \sqrt{-3}} = \sqrt{4} = 2$$

なので, $f(x)$ の最小分解体は $\mathbb{Q}\left(\sqrt{1 + \sqrt{-3}}\right)$ である.   ◇

3.5   有限体

この節では, 任意の素数べきの位数の有限体の存在と一意性について解説する.

命題 3.5.1 K が有限体なら $|K|$ は素数べきである.

証明 $\mathrm{ch}\,K = 0$ なら K は $\mathbb{Q}$ を含むので無限集合である. よって $\mathrm{ch}\,K = p > 0$ である. K は $\mathbb{F}_p$ を含む. K は $\mathbb{F}_p$ 上のベクトル空間で $|K| < \infty$ なので, $n = \dim_{\mathbb{F}_p} K < \infty$ である. よって, $|K| = p^n$ となる.   □

次の命題はフェルマーの小定理 (系 I–2.6.24) の拡張である.

命題 3.5.2 K が位数 $q = p^n$ の有限体なら, 任意の元 $x \in K$ に対し, $x^q = x$ である.

証明 $K^{\times}$ は位数 $q - 1$ の群なので, ラグランジュの定理 (定理 I–2.6.20) より $x \in K^{\times}$ なら $x^{q-1} = 1$. よって $x^q = x$ である. $0^q = 0$ は明らかなので, 命題が従う.   □

> **定理 3.5.3** $q = p^n$ を p べきとするとき，次の (1)–(3) が成り立つ.
>
> (1) 多項式 $x^q - x$ の $\mathbb{F}_p$ 上の最小分解体 $\mathbb{F}_q$ は位数 q の体である.
>
> (2) $x \in \overline{\mathbb{F}}_p$ が $x^q = x$ を満たせば，$x \in \mathbb{F}_q$ である.
>
> (3) K が位数 q の体なら，K は (1) の体に $\mathbb{F}_p$ 上同型である.

証明 (1) $\mathbb{F}_p$ の代数閉包 $\Omega = \overline{\mathbb{F}}_p$ を一つ固定しておく. $f(x) = x^q - x$ とおく. $f'(x) = -1$ は単元なので，$f(x)$ は重根を持たない. よって，$\boldsymbol{L =}$ $\boldsymbol{\{\alpha \in \Omega \mid f(\alpha) = 0\}}$ とおくと $|L| = q$ である. L が体であることを示す.

$\alpha, \beta \in L$ なら，$\alpha^q = \alpha$, $\beta^q = \beta$ なので，補題 3.1.4 より，$(\alpha \pm \beta)^q = \alpha^q \pm \beta^q = \alpha \pm \beta$. よって，$\alpha \pm \beta \in L$ である. $(\alpha\beta)^q = \alpha^q \beta^q = \alpha\beta$ なので，$\alpha\beta \in L$. また $\mathbb{F}_p$ の元はすべて L の元である. したがって，$\boldsymbol{L}$ は $\boldsymbol{\Omega}$ の $\boldsymbol{\mathbb{F}_p}$ を含む部分環である. $x \in L \setminus \{0\}$ なら $x^{-1} = x^{q-2} \in L$ なので，L は体である.

$\mathbb{F}_p \subset F \subset \Omega$ が $x^q - x$ の最小分解体なら，L を含むが，L 自身体なので，L が $x^q - x$ の最小分解体である.

(2) (1) の体 L は $x^q - x = 0$ を満たす元全体の集合だったので，(2) が従う.

(3) $K \subset \overline{\mathbb{F}}_p$ としてよい. L を (1) の体とする. K が体で $|K| = q$ なら，命題 3.5.2 より $K \subset L$ である. $|K| = |L| = q$ なので，$K = L$ である. □

3.6 無限体上の多項式

例 1.2.24 では，$\mathbb{F}_2$ 上の零でない多項式が $\mathbb{F}_2$ 上の関数として零だった. 無限体上ではこのようなことがないことを示すのがこの節の目的である.

補題 3.6.1 K が代数閉体なら，無限体である.

証明 標数 0 の体は無限体である. K が標数 $p > 0$ の体なら，$\mathbb{F}_p \subset K$ である. すると，$\overline{\mathbb{F}}_p \subset \overline{K}$ である. 任意の正の整数 n に対し $\mathbb{F}_{p^n} \subset \overline{K}$ となるので，$|K| \geq p^n$ である. n は任意なので，K は無限体である. □

以下，K を体，$S \subset \overline{K}$ を部分集合で $|S| = \infty$ とする.

> **命題 3.6.2**　$f(x) = a_0 x^n + \cdots + a_n \in K[x]$ が零でない多項式なら，$f(\alpha) \neq 0$ となる $\alpha \in S$ が存在する.

証明　$a_0 = 1$ と仮定してよい. 命題 2.13.9 より $\alpha_1, \cdots, \alpha_n \in \overline{K}$ があり，$f(x) = (x - \alpha_1) \cdots (x - \alpha_n)$. S は無限集合なので，$\alpha \neq \alpha_1, \cdots, \alpha_n$ となる $\alpha \in S$ をとれば，$f(\alpha) \neq 0$ である.　□

> **定理 3.6.3**　多項式 $f(x) \in K[x] = K[x_1, \cdots, x_n]$ が零でなければ，$\alpha_1, \cdots,$ $\alpha_n \in S$ が存在して，$f(\alpha_1, \cdots, \alpha_n) \neq 0$ となる.

証明　$A = K[x_1, \cdots, x_{n-1}]$ とおく. $f(x) \in A[x_n]$ とみなし $\deg f = m$ とすると，$g_0(x_1, \cdots, x_{n-1}), \cdots, g_m(x_1, \cdots, x_{n-1}) \in A$ により $f(x) = g_0 x_n^m + \cdots + g_m$ と書ける. ただし，$g_0 \neq 0$ である.

n に関する帰納法により，$\alpha_1, \cdots, \alpha_{n-1} \in S$ があり，$g_0(\alpha_1, \cdots, \alpha_{n-1}) \neq 0$ となる. $b_i = g_i(\alpha_1, \cdots, \alpha_{n-1})$ $(i = 0, \cdots, m)$ とおくと，$f(\alpha_1, \cdots, \alpha_{n-1}, x_n) = b_0 x_n^m + \cdots + b_m \in K[x_n]$ である. $b_0 \neq 0$ なので，これは x_n の多項式として零ではない. したがって，$f(\alpha_1, \cdots, \alpha_{n-1}, \alpha_n) \neq 0$ となる $\alpha_n \in S$ がある.　□

3.7　単拡大

この節の目的は次の定理を証明することである.

> **定理 3.7.1**　K が体，L/K が有限次分離拡大，$\alpha \in L$ とする. $\phi, \psi \in \mathrm{Hom}_K^{\mathrm{alg}}(L, \overline{K})$, $\phi \neq \psi$ なら $\phi(\alpha) \neq \psi(\alpha)$ となるとき，$L = K(\alpha)$ である. そのような α は存在し，**有限次分離拡大は単拡大である.**

証明　α が定理の条件を満たすとする. $M = K(\alpha)$ とおくと，

$$[L : K] = |\mathrm{Hom}_K^{\mathrm{alg}}(L, \overline{K})| \leq |\mathrm{Hom}_K^{\mathrm{alg}}(M, \overline{K})| \leq [M : K]$$

なので，$M = L$ である. 以下，条件を満たす α の存在を示す. なお $L = K(\alpha)$ なら $\mathrm{Hom}_K^{\mathrm{alg}}(K(\alpha), \overline{K}) = \mathrm{Hom}_K^{\mathrm{alg}}(L, \overline{K})$ なので条件は満たされる.

K が有限体なら，L も有限体である. 命題 1.11.39 より $L^\times$ は巡回群なので，

α をその生成元とすると，$L = K(\alpha)$ である.

K を無限体と仮定する．$L = K(a_1, \cdots, a_n)$ とする．$n = 2$ の場合に証明できれば，$K(a_{n-1}, a_n) = K(\alpha)$ となる $\alpha \in K(a_{n-1}, a_n)$ があるので，$L = K(\alpha_1, \cdots, \alpha_{n-2}, \alpha)$ となる．よって，帰納法により L は単拡大になる.

$L = K(a_1, a_2)$ と仮定する．α を $c \in K$ として，$\boldsymbol{\alpha = a_1 + c a_2}$ という形をしたものから選びたい．$\mathrm{Hom}_K^{\mathrm{alg}}(L, \overline{K}) = \{\phi_1, \cdots, \phi_n\}$, $\gamma_i = \phi_i(a_1)$, $\delta_i = \phi_i(a_2)$ とおくと $\phi_i(\alpha) = \gamma_i + c\delta_i$ である．これらがすべて異なるようにとりたいので，

$$f(x) = \prod_{i \neq j} ((\gamma_i + x\delta_i) - (\gamma_j + x\delta_j)) \in \overline{K}[x]$$

とおく．$f(x)$ が多項式として零なら，$(\gamma_i + x\delta_i) - (\gamma_j + x\delta_j) = (\gamma_i - \gamma_j) + x(\delta_i - \delta_j)$ なので，$i \neq j$ があり，$\gamma_i - \gamma_j = \delta_i - \delta_j = 0$ となる．これは $\phi_i(\alpha_1) = \phi_j(\alpha_1)$, $\phi_i(\alpha_2) = \phi_j(\alpha_2)$ を意味する．$L = K(\alpha_1, \alpha_2)$ なので，$\phi_i = \phi_j$ となり矛盾である．よって，$f(x)$ は多項式として零ではない.

K は無限体なので，$f(c) \neq 0$ となる $c \in K$ がある．$\alpha = a_1 + c a_2$ とすると，$i \neq j$ なら $\phi_i(\alpha) \neq \phi_j(\alpha)$. よって，$i \neq j$ なら $\phi_i|_{K(\alpha)} \neq \phi_j|_{K(\alpha)}$. □

例題 3.7.2　$L = \mathbb{Q}(\sqrt{2}, \sqrt{3})$ とおく．$L = \mathbb{Q}(\alpha)$ となる $\alpha \in L$ を一つ求めよ.

解答　$\alpha = \sqrt{2} + \sqrt{3}$ とおく．例題 3.1.37 で $L = \mathbb{Q}(\alpha)$ を示したが，ここでは違った議論で示す.

$\sigma, \tau \in \mathrm{Hom}_{\mathbb{Q}}^{\mathrm{alg}}(L, \overline{\mathbb{Q}})$ を例 3.3.33 の元とすると，

$$\sigma(\alpha) = -\sqrt{2} + \sqrt{3}, \qquad \tau(\alpha) = \sqrt{2} - \sqrt{3}, \qquad \sigma\tau(\alpha) = -\sqrt{2} - \sqrt{3}.$$

例題 3.1.37 で $\{1, \sqrt{2}, \sqrt{3}, \sqrt{6}\}$ は $\mathbb{Q}$ 上 1 次独立であることを示した．よって，上の元および α はすべて異なる．したがって，$L = \mathbb{Q}(\sqrt{2} + \sqrt{3})$. □

3章の演習問題

3.1.1　次の素数 p に対し，$(x+y)^p = x^p + y^p + pf(x,y)$ となる $f(x,y) \in \mathbb{Z}[x,y]$ を求めよ.

(1) $p = 2$　　(2) $p = 3$　　(3) $p = 5$　　(4) $p = 7$

3.1.2　p を素数とするとき, $x, y \in \mathbb{Z}$ で $x \equiv y \mod p$ なら, すべての $n > 0$ に対し, $x^{p^n} \equiv y^{p^n} \mod p^{n+1}$ であることを証明せよ.

3.1.3　素体の自己同型は恒等写像だけであることを証明せよ.

3.1.4　$L = K(x_1, x_2)$ を体 K 上の 2 変数有理関数体, $A = \begin{pmatrix} a & b \\ c & d \end{pmatrix} \in$ $\mathrm{GL}_2(K)$ とするとき, $\phi(x_1) = ax_1 + cx_2$, $\phi(x_2) = bx_1 + dx_2$ となる $\phi \in \mathrm{Aut}_K^{\mathrm{alg}} L$ があることを証明せよ.

3.1.5　$L = K(x)$ を体 K 上の 1 変数有理関数体, $A = \begin{pmatrix} a & b \\ c & d \end{pmatrix} \in \mathrm{GL}_2(K)$ とするとき, $\phi(x) = (ax+c)/(bx+d)$ となる $\phi \in \mathrm{Aut}_K^{\mathrm{alg}} L$ があることを証明せよ.

3.1.6　$n, d > 0$ を整数, $p_1, \cdots, p_t$ は相異なる素数, $a_1, \cdots, a_t > 0$ は整数, $d = p_1^{a_1} \cdots p_t^{a_t}$, $K = \mathbb{Q}(\sqrt[n]{d})$ とする.

(1)　a_1 が n と互いに素なら, $d' = p_1 p_2^{b_2} \cdots p_t^{b_t}$ $(b_2, \cdots, b_t \geqq 0$ は整数$)$ という形の整数で $\sqrt[n]{d'} \in K$ となるものがあることを証明せよ.

(2)　(1) の状況で $[K : \mathbb{Q}] = n$ であることを証明せよ.

3.1.7　K を体, L, F を K の拡大体とするとき, $[L : K] = 3$, $[F : K] = 4$ なら, L は F に含まれることはないことを証明せよ.

3.1.8　$\sqrt[3]{2} \notin \mathbb{Q}(\sqrt[4]{2})$ であることを証明せよ.

3.1.9　L/K を体の拡大で $[L : K] = 2$ とする. $f(x) \in K[x]$ が 3 次の既約多項式なら, $f(x)$ は L 上でも既約であることを証明せよ.

3.1.10　L/K は体の拡大で $L = K(\alpha)$, $[L : K] = 3$ とするとき, $L = K(\alpha^2)$ であることを証明せよ.

3.1.11　K を体, $f(x) \in K[x]$ を 2 次の既約多項式, $f(\alpha) = f(\beta) = 0$ とする. このとき, $K(\alpha) = K(\beta)$ であることを証明せよ.

3.1.12　次の元の $\mathbb{Q}$ 上の最小多項式と $\mathbb{Q}$ 上の共役をすべて求めよ.

(1)　$\sqrt{3} + \sqrt{5}$　　(2)　$\sqrt[3]{4}$　　　　　(3)　$\sqrt{-1}\sqrt[3]{2}$　　(4)　$\sqrt{1 + \sqrt{2}}$

3.1.13　(1)　$\sqrt{3} + \sqrt{5}$ の $\mathbb{Q}(\sqrt{3})$ 上の最小多項式を求めよ.

(2)　$\sqrt[4]{2}$ の $\mathbb{Q}(\sqrt{2})$ 上の最小多項式を求めよ.

(3)　$\sqrt{-1}\sqrt[3]{2}$ の $\mathbb{Q}(\sqrt{-1})$ 上の最小多項式を求めよ.

3.1.14　$L/\mathbb{Q}$ は体の拡大で $\alpha \in L$ は x^3-x-1 の根とする．次の元を $a\alpha^2+b\alpha+c\ (a,b,c \in \mathbb{Q})$ という形に表せ．

(1)　$(\alpha^2+1)^2$　　　(2)　$(\alpha^2+\alpha+2)(\alpha^2-2\alpha+3)$

3.1.15　(1)　$\alpha = \sqrt[3]{3}-\sqrt[3]{9}$ の $\mathbb{Q}$ 上の最小多項式を求めよ．

(2)　α^{-1} を $a\sqrt[3]{9}+b\sqrt[3]{3}+c\ (a,b,c \in \mathbb{Q})$ という形に表せ．

3.1.16　(1)　多項式 $f(x) = x^3-x+1$ は $\mathbb{Q}$ 上既約であることを証明せよ．

(2)　$L/\mathbb{Q}$ は体の拡大で $\alpha \in L$ は $f(x)$ の根とする．このとき，$\beta = \alpha^2+\alpha+1$ の $\mathbb{Q}$ 上の最小多項式を求めよ．

(3)　β^{-1} を $a\alpha^2+b\alpha+c\ (a,b,c \in \mathbb{Q})$ という形に表せ．

3.1.17　$\mathrm{Aut}_{\mathbb{Q}}^{\mathrm{alg}}(\mathbb{Q}(\sqrt[3]{2})) = \{1\}$ であることを証明せよ．

3.1.18　$\alpha = \sqrt{2}+\sqrt{-1}$ とする．$\alpha-\sqrt{2}$ を考えることなどにより，α の $\mathbb{Q}$ 上の最小多項式を求めよ．

3.1.19　$\alpha = \sqrt[3]{2}+\sqrt{2}$ とする．$\alpha-\sqrt{2}$ を考えることなどにより，α の $\mathbb{Q}$ 上の最小多項式を求めよ．

3.2.1　$[\overline{\mathbb{Q}} : \mathbb{Q}] = \infty$ であることを証明せよ．

3.2.2　$K = \mathbb{C}(x)$ を 1 変数有理関数体とする．$[\overline{K} : K] = \infty$ であることを証明せよ．

3.2.3☆　K を体とする．K が無限体なら，$X = \mathscr{P}(K)$ (べき集合) とおく．すると，$|X| > |K|$ である．K を写像 $K \ni x \mapsto \{x\} \in \mathscr{P}(K)$ により，X の部分集合とみなす．K が有限体 $\mathbb{F}_q$ なら，$\mathbb{F}_q$ の元に番号をつけ，$\mathbb{N}$ の部分集合とみなす．$X = \mathbb{C}$ とおくと，$|X| > |\mathbb{N}|$ である．

(1)　$\mathbb{Y}$ を部分集合 $K \subset Y \subset X$ と Y 上の K の代数拡大体の構造 O の対 (Y,O) 全体よりなる集合とする．$\mathbb{Y}$ が集合であることを証明せよ．

(2)　$(Y_1,O_1),(Y_2,O_2) \in \mathbb{Y}$ なら，$Y_1 \subset Y_2$ で Y_2 が Y_1 の拡大体であるとき，$(Y_1,O_1) \leq (Y_2,O_2)$ と定義する．$\mathbb{Y}$ に極大元があることを証明せよ．

(3)　$(Y_{\max},O_{\max}) \in \mathbb{Y}$ を (2) の極大元とし，$Y_{\max}$ が代数閉体ではないと仮定する．K が無限体なら $|Y_{\max}| = |K|$ で K が有限体なら，$|Y_{\max}| \leq |\mathbb{N}|$ であることを証明せよ．

(4) $(Y_{\max}, O_{\max}) < (Y', O')$ となるような $(Y', O') \in \mathbb{Y}$ があることを示し，矛盾を導け．これにより $Y_{\max}$ は代数閉体である．

3.3.1 次の $\mathbb{F}_p$ 上の多項式が重根を持つ p をすべて求めよ．

(1) $f(x) = x^3 + 3x^2 + 5$ $\qquad$ (2) $f(x) = x^4 + 4x + 6$

3.3.2 モニック $f(x) \in \mathbb{Z}[x]$ が既約なら，十分大きい素数 $p > 0$ に対して $\overline{f}(x) \in \mathbb{F}_p[x]$ は分離多項式になることを証明せよ．

3.3.3 K を標数 2 の体，$f(x) = x^2 + ax + b \in K[x]$ を K 上既約な分離多項式とする．$\alpha_1, \alpha_2 \in \overline{K}$ が $f(x)$ の根なら，(1) $a, \alpha_1 \neq 0$，(2) $\alpha_2/\alpha_1 \notin K$ を証明せよ．

3.3.4 $\mathbb{F}_2(t)$ の $\mathbb{F}_4(t^{1/2})$ における分離閉包を求めよ．

3.3.5 K が分離的に閉じている，つまり $K = K^{\mathrm{sep}}$ なら，K 任意の代数拡大 L は分離的に閉じていることを証明せよ．$K = K^{\mathrm{sep}}$ とその超越拡大 L で L が分離的に閉じていない例をみつけよ．

3.3.6 K を体，$f(x) = x^2 + ax + b$，$g(x) = x^2 + cx + d \in K[x]$ を 2 次の K 上既約な分離多項式，$\alpha_1, \alpha_2 \in \overline{K}$ を $f(x)$ の根，$\beta_1, \beta_2 \in \overline{K}$ を $g(x)$ の根，$K(\alpha_1)$ $(= K(\alpha_2)) \neq K(\beta_1)$ とする．

(1) $\gamma_1 = \alpha_1 \beta_1 + \alpha_2 \beta_2$，$\gamma_2 = \alpha_1 \beta_2 + \alpha_2 \beta_1$ とするとき，$\gamma_1 \neq \gamma_2$ であることを証明せよ．

(2) K 上の 2 次の多項式 $h(x)$ で根が γ_1, γ_2 であるものを求めよ．

(3) $K(\gamma_1)$ は $K(\alpha_1, \beta_1)$ に含まれる K の 2 次拡大で，$K(\gamma_1) \neq K(\alpha_1), K(\beta_1)$ であることを証明せよ．

3.3.7 $K = \mathbb{F}_2(t)$ を $\mathbb{F}_2$ 上の 1 変数有理関数体とする．

(1) $f(x) = x^2 + x + t$，$g(x) = x^2 + x + t + 1$ は $\mathbb{F}_2(t)$ 上の既約な分離多項式であることを証明せよ．

(2) $\alpha, \beta \in \overline{K}$ をそれぞれ $f(x), g(x)$ の根とするとき，$K(\alpha) \neq K(\beta)$ であることを証明せよ．

(3) (1) の $f(x), g(x)$ に対して，前問 (2) の $h(x)$ を求めよ．

3.3.8 K は体，L/K は分離代数拡大，$\alpha \in L$，$\{\phi(\alpha) \mid \phi \in \mathrm{Hom}_K^{\mathrm{alg}}(L, \overline{K})\} = \{\alpha_1, \cdots, \alpha_n\}$ とする（ただし，左辺の重複を除いたものが右辺）．このとき，α の K 上の最小多項式は $(x - \alpha_1) \cdots (x - \alpha_n)$ であることを証明せよ．

3.4.1　$L/M, M/K$ が体の正規拡大で L/K が正規拡大でない例をみつけよ.

3.4.2　$L, M \subset \overline{K}$ が K の拡大体で L/K が正規拡大なら, $L \cdot M$ は M の正規拡大であることを証明せよ.

3.5.1　(a) $p = 3$, (b) $p = 5$ に対し, 次の問に答えよ ((1) は $p = 3$ については, 演習問題 1.13.2 に含まれる).

(1)　$\mathbb{F}_p$ 上既約な 1 変数 x の 2 次多項式 $f_p(x)$ を一つみつけよ.

(2)　$\mathbb{F}_{p^2} = \mathbb{F}_p[x]/(f_p(x))$ において, α を x の剰余類とする. $\mathbb{F}_{p^2}^{\times}$ の生成元をみつけよ.

3.7.1　次の体の拡大 L/K に対し, $L = K(\alpha)$ となる $\alpha \in L$ をそれぞれ一つみつけよ. なお, (4) では K は 1 変数有理関数体である.

(1)　$K = \mathbb{Q}$, $L = \mathbb{Q}(\sqrt{2}, \sqrt{5})$

(2)　$K = \mathbb{Q}$, $L = \mathbb{Q}(\sqrt{2}, \sqrt[3]{3})$

(3)　$K = \mathbb{Q}$, $L = \mathbb{Q}(\sqrt{2}, \sqrt{3}, \sqrt{5})$

(4)　$K = \mathbb{F}_3(t)$, $L = K(\sqrt{t}, \sqrt{t+1})$

3.7.2　$p > 0$ を素数, $L = \mathbb{F}_p(x, y)$ を $\mathbb{F}_p$ 上の 2 変数有理関数体, $K = \mathbb{F}_p(x^p, y^p)$ とする.

(1)　L/K は単拡大ではないことを証明せよ.

(2)　L/K には中間体が無限個存在することを証明せよ.

3.7.3　(1) L/K が無限次代数拡大なら, L/K は単拡大ではないことを証明せよ.

(2)　分離代数拡大で単拡大でない例を一つみつけよ.

第4章

ガロア理論

この章では，ガロア理論について解説する．ガロアの基本定理は，代数学でもっとも魅力的な定理の一つであり，4.1 節で証明される．非常に興味深い応用として，方程式論と作図問題がある．それらについては，4.9, 4.11 節で解説する．4.8 節で解説する円分体は整数論の面白い問題に関係している．ガロア理論の意味のある応用のためには，ガロア拡大のガロア群を決定する必要がある．3 次多項式，4 次多項式のガロア群については，4.4, 4.5, 4.17 節で解説する．

4.1　ガロア拡大とガロアの基本定理

定義 4.1.1　L/K を体の代数拡大とする．

(1)　L/K が分離拡大かつ正規拡大なら，**ガロア拡大**という．

(2)–(4) では L/K は体のガロア拡大とする．

(2)　$\mathrm{Aut}_K^{\mathrm{alg}} L$ (3.1 節参照) を $\mathrm{Gal}(L/K)$ と書き，L の K 上の**ガロア群**という．

(3)　$\mathrm{Gal}(L/K)$ がアーベル群なら，L/K を**アーベル拡大**という．

(4)　$\mathrm{Gal}(L/K)$ が巡回群なら，L/K を**巡回拡大**という．　　　　◇

以下，L/K がガロア拡大なら，id_L を単に 1 と書く．K を体，K の分離閉包を K^{sep} とする．$K \subset L \subset K^{\mathrm{sep}}$ が中間体なら，L のすべての元の K 上の共役をすべて L に添加して得られる体 $\widetilde{L}$ は K^{sep} に含まれ，K の正規拡大である．よって，$\widetilde{L}/K$ はガロア拡大である．$\widetilde{L}$ のことを L の K 上の**ガロア閉包**という．$\widetilde{L}$ は L の K 上の生成元の共役すべてを添加することでも得られる．したがって，$[L:K] < \infty$ なら，$[\widetilde{L}:K] < \infty$ でもある．

命題 4.1.2 K が体, L/K が有限次ガロア拡大なら, 次が成り立つ.

(1) $\mathrm{Gal}(L/K) = \mathrm{Hom}_K^{\mathrm{alg}}(L,\overline{K}) = \mathrm{Hom}_K^{\mathrm{alg}}(L,L)$.

(2) $|\mathrm{Gal}(L/K)| = [L:K]$.

証明 (1) L/K は正規拡大なので, $\mathrm{Hom}_K^{\mathrm{alg}}(L,\overline{K}) = \mathrm{Hom}_K^{\mathrm{alg}}(L,L)$ である. 命題 3.4.4 より, $\mathrm{Hom}_K^{\mathrm{alg}}(L,L) = \mathrm{Gal}(L/K)$ である.

(2) L/K は分離拡大なので, $|\mathrm{Hom}_K^{\mathrm{alg}}(L,\overline{K})| = [L:K]$ である. $\square$

例 4.1.3 (ガロア拡大 1) $d \neq 1$ が平方因子を持たない整数なら, 例 3.4.5 より $L = \mathbb{Q}(\sqrt{d})$ は $\mathbb{Q}$ の正規拡大, よってガロア拡大である. 例 3.3.32 より $\sigma(\sqrt{d}) = -\sqrt{d}$ となる $\sigma \in \mathrm{Gal}(L/\mathbb{Q})$ があり, $\mathrm{Gal}(L/\mathbb{Q}) = \{1,\sigma\}$ となる. したがって, $\mathrm{Gal}(L/\mathbb{Q}) \cong \mathbb{Z}/2\mathbb{Z}$ である. ◇

例 4.1.4 (ガロア拡大 2) $L = \mathbb{Q}(\sqrt{2},\sqrt{3})$ とおくと, 体の拡大 $L/\mathbb{Q}$ は生成元の共役をすべて含むので, 正規拡大である. 例題 3.1.37, 例 3.3.33 より, $L/\mathbb{Q}$ はガロア拡大で $[L:\mathbb{Q}] = 4$ である. また, $\sigma,\tau \in \mathrm{Gal}(L/\mathbb{Q})$ で

$$\sigma(\sqrt{2}) = -\sqrt{2},\ \sigma(\sqrt{3}) = \sqrt{3}, \quad \tau(\sqrt{2}) = \sqrt{2},\ \tau(\sqrt{3}) = -\sqrt{3}$$

となるものがある. $\mathrm{Gal}(L/\mathbb{Q}) = \{1,\sigma,\tau,\sigma\tau\}$ で, $\sigma^2 = \tau^2 = 1$, $\sigma\tau = \tau\sigma$, $(\sigma\tau)^2 = 1$ となる. よって, $\mathrm{Gal}(L/\mathbb{Q}) \cong \mathbb{Z}/2\mathbb{Z}\times\mathbb{Z}/2\mathbb{Z}$ である. ◇

例 4.1.5 (ガロア拡大 3) 例 3.1.34 で述べたように, $\omega = (-1+\sqrt{-3})/2$ とすると, $\sqrt[3]{2}$ の $\mathbb{Q}$ 上の共役は $\alpha_1 = \sqrt[3]{2}$, $\alpha_2 = \omega\sqrt[3]{2}$, $\alpha_3 = \omega^2\sqrt[3]{2}$ である. よって, $L = \mathbb{Q}(\sqrt[3]{2},\omega\sqrt[3]{2},\omega^2\sqrt[3]{2})$ は $\mathbb{Q}$ のガロア拡大である. 明らかに $L \subset \mathbb{Q}(\sqrt[3]{2},\sqrt{-3})$ である. $\sqrt{-3} = 2\omega+1 = 2(\omega\sqrt[3]{2}/\sqrt[3]{2})+1$ なので, $\mathbb{Q}(\sqrt[3]{2},\sqrt{-3}) \subset L$ である. したがって, $L = \mathbb{Q}(\sqrt[3]{2},\sqrt{-3})$ である. $F = \mathbb{Q}(\sqrt[3]{2})$ とすると, L は $\sqrt[3]{2} \in F$ の $\mathbb{Q}$ 上の共役で生成されるので, L は F の $\mathbb{Q}$ 上のガロア閉包である.

$(\sqrt{-3})^2 = -3 \in \mathbb{Q}$ なので, $[L:\mathbb{Q}(\sqrt[3]{2})] \leqq 2$ である. $\sqrt{-3} \notin \mathbb{R}$ なので, $L \neq \mathbb{Q}(\sqrt[3]{2})$ である. よって, $[L:\mathbb{Q}(\sqrt[3]{2})] = 2$. したがって, $|\mathrm{Gal}(L/\mathbb{Q})| = [L:\mathbb{Q}] = [L:\mathbb{Q}(\sqrt[3]{2})][\mathbb{Q}(\sqrt[3]{2}):\mathbb{Q}] = 6$ となる. $\sigma \in \mathrm{Gal}(L/\mathbb{Q})$ なら, $i = 1,2,3$ に対し $\sigma(\alpha_i)$ は α_i の共役になる. よって, $\sigma(\alpha_i) = \alpha_{\phi(\sigma)(i)}$ となる $\phi(\sigma)(i) \in \{1,2,3\}$ がある. σ は全単射なので, $\phi(\sigma) \in \mathfrak{S}_3$ である. $\phi: \mathrm{Gal}(L/\mathbb{Q}) \to \mathfrak{S}_3$ は置換表現なので

準同型である (命題 I–4.1.12). もし $\sigma \in \mathrm{Ker}(\phi)$ なら, $\sigma(\alpha_i) = \alpha_i$ $(i = 1, 2, 3)$ となる. $\alpha_1, \alpha_2, \alpha_3$ は $\mathbb{Q}$ 上 L を生成するので, $\sigma = 1$ である. よって, ϕ は単射である. $|\mathrm{Gal}(L/\mathbb{Q})| = |\mathfrak{S}_3| = 6$ なので, ϕ は同型で $\mathrm{Gal}(L/\mathbb{Q}) \cong \mathfrak{S}_3$ である. ◇

例 4.1.6 (ガロア拡大 4) K が体なら, K^{sep}/K はガロア拡大である. そのガロア群 $\mathrm{Gal}(K^{\mathrm{sep}}/K)$ のことを K の**絶対ガロア群**という. 多くの場合, 体の絶対ガロア群は巨大な無限群である. ◇

ガロア拡大について考察するには, 群の体への作用についての考察が重要な役割を果たす. I–4 章では群の作用を定義したが, 環や体への作用を考えるときには, 環や体への演算を保つ作用を考えるのが自然である.

定義 4.1.7 k, A は可換環, A は k 代数, G は群で $\rho : G \to \mathrm{Aut}_k^{\mathrm{alg}} A$ は準同型とする. ρ は **k 上の作用**という. この定義は k, A が体の場合も含む. $\mathrm{Ker}(\rho)$ は**作用の核**という. ρ が単射なら, 作用は**忠実**であるという. ◇

任意の環 A は $\mathbb{Z}$ 代数とみなせ, 任意の体は素体の拡大体とみなせる. よって, $\rho : G \to \mathrm{Aut}^{\mathrm{alg}} A$ も A への作用という. これは A が体の場合も含む.

例 4.1.8 (体への作用 1) $\mathrm{Aut}^{\mathrm{alg}} L$ は L に左から忠実に作用する. L/K が体の拡大なら, $\mathrm{Aut}_K^{\mathrm{alg}} L \subset \mathrm{Aut}^{\mathrm{alg}} L$ なので, $\mathrm{Aut}_K^{\mathrm{alg}} L$ も L に忠実に作用する. 特に, L/K がガロア拡大なら, $\mathrm{Gal}(L/K)$ は L に忠実に作用する. ◇

例 4.1.9 (体への作用 2) $L = k(x) = k(x_1, \cdots, x_n)$ を体 k 上の n 変数有理関数体とする. $G = \mathfrak{S}_n$ とし, $\sigma \in G$ に対し, $\sigma(x_i) = x_{\sigma(i)}$ とすると, これは多項式環 $k[x]$ の k 上の自己同型に拡張される. L は $k[x]$ の商体なので, L の自己同型で $\sigma(x_i) = x_{\sigma(i)}$ となるものがある. これにより G は L に作用する. σ が作用の核の元なら $\sigma(i) = i$ $(i = 1, \cdots, n)$ なので, この作用は忠実である. ◇

例 4.1.10 (体への作用 3) L を $\mathbb{C}$ 上の 2 変数有理関数体 $\mathbb{C}(x, y)$, $\zeta = \exp(2\pi\sqrt{-1}/n)$ とする. x, y は異なる変数なので, $\sigma(x) = \zeta x$, $\sigma(y) = \zeta y$ となる $\sigma \in \mathrm{Aut}_{\mathbb{C}}^{\mathrm{alg}} \mathbb{C}[x, y]$ がある. σ は $\mathrm{Aut}_{\mathbb{C}}^{\mathrm{alg}} L$ の元に拡張できる. $\sigma^i(x) = \zeta^i x = x$ であることと, i が n で割り切れることは同値である. これは y についても同様なので, σ の位数は n である. したがって, $\mathrm{Aut}_{\mathbb{C}}^{\mathrm{alg}} L$ の中で σ で生成された

群 $G = \langle\sigma\rangle$ は $\mathbb{Z}/n\mathbb{Z}$ と同型である. これにより $\mathbb{Z}/n\mathbb{Z}$ は L に忠実に作用する.

$a \geqq 2$ を整数, $H = \mathbb{Z}/an\mathbb{Z}$ とし, $i+an\mathbb{Z}$ に対し σ^i を対応させると, H は L に作用する. $n+an\mathbb{Z} \neq an\mathbb{Z}$ だが $\sigma^n = 1$ なので, この作用は忠実ではない. ◇

$f(x)$ を体 K 上の1変数の**分離多項式**とする. $f(x)$ の根を $\alpha_1,\cdots,\alpha_n$, $L = K(\alpha_1,\cdots,\alpha_n)$ とすると, L は $f(x)$ の K 上の最小分解体であり, 正規かつ分離拡大なので, ガロア拡大である. $\sigma \in \mathrm{Gal}(L/K)$ は $\sigma(\alpha_1),\cdots,\sigma(\alpha_n)$ で定まるので, $\mathrm{Gal}(L/K)$ は $\mathfrak{S}_n$ の部分群とみなせる.

定義 4.1.11　上の状況の $\mathrm{Gal}(L/K)$ を $\boldsymbol{f(x)}$ の**ガロア群**という. ◇

命題 4.1.12　上の状況で, 次の (1), (2) は同値である.

(1) $f(x)$ は K 上既約.

(2) $\mathrm{Gal}(L/K)$ は集合 $\{\alpha_1,\cdots,\alpha_n\}$ に推移的に作用する.

証明　(1) $\Rightarrow$ (2) は命題 3.3.14 より従うので, (2) $\Rightarrow$ (1) を示す. $\sigma \in \mathrm{Gal}(L/K)$ で $\sigma(\alpha_1) = \alpha_i$ なら, 命題 3.3.14 より α_i は α_1 の K 上の共役である. よって, $f(x)$ の根はすべて α_1 の最小多項式 $g(x)$ の根である. $f(x)$ は $g(x)$ を割るので, 定数倍を除き $f(x) = g(x)$ である. □

L/K が体の拡大で $x_1,\cdots,x_n \in L$ であるとき, $k = 1,\cdots,n$ に対し,

$$(4.1.13) \qquad s_k = \sum_{1 \leqq i_1 < \cdots < i_k \leqq n} x_{i_1} \cdots x_{i_k}$$

とおく. s_k を k 次の**基本対称式**という. 例えば,

$$s_1 = x_1+\cdots+x_n, \qquad s_2 = \sum_{i<j} x_i x_j, \qquad s_n = x_1 x_2 \cdots x_n.$$

これから解説するガロアの基本定理の証明の中で中心的な役割を果たすのが下の命題 4.1.14 である. 命題 4.1.14 は実際のガロア群の計算にも有用である.

命題 4.1.14 (**有限群の不変体** (アルティンの定理))　L は体, G は有限群で, 準同型 $\rho : G \to \mathrm{Aut}^{\mathrm{alg}} L$ により L に忠実に作用するとする.

$$K = L^G = \{\alpha \in L \mid {}^{\forall}g \in G,\ \rho(g)(\alpha) = \alpha\} \quad (G \text{ の**不変体**という})$$

とおくと, L/K はガロア拡大であり, $\mathbf{Gal(L/K) \cong G}$ である.

証明　$\alpha \in L$ に対し，$\{\rho(g)(\alpha) \mid g \in G\} = \{\alpha_1, \cdots, \alpha_n\}$ とおく．なお，左辺には重複があるかもしれないが，重複を除いたものを右辺とし，$i \neq j$ なら $\alpha_i \neq \alpha_j$ とする．$\rho(g)$ は $\{\alpha_1, \cdots, \alpha_n\}$ の置換を引き起こす．

$s_1, \cdots, s_n$ を $\alpha_1, \cdots, \alpha_n$ の基本対称式とする．$s_1, \cdots, s_n$ は $\alpha_1, \cdots, \alpha_n$ の置換で不変である．よって，$s_1, \cdots, s_n \in K$ である．

$$f(t) = \prod_{i=1}^{n} (t - \alpha_i) = t^n - s_1 t^{n-1} + \cdots + (-1)^n s_n$$

とおくと，$f(t) \in K[t]$ であり，$f(t)$ は重根を持たない．$g(t)$ を α の最小多項式とすると，$g(t)$ は $f(t)$ を割り切る．よって，$g(t)$ も重根を持たず，α が K 上分離的であることがわかる．また，$[K(\alpha) : K] \leqq n$ である．α の G における安定化群を G_α とすると，$n = |G|/|G_\alpha|$ なので，$[K(\alpha) : K] \leqq |G|$ である．

上の考察により，L/K は分離代数拡大であることがわかった．もし $[L : K] > |G|$（$[L : K] = \infty$ の場合を含む）なら，$x_1, \cdots, x_t \in L$ を $t > |G|$ で K 上1次独立であるようにとれる．すると，$[K(x_1, \cdots, x_t) : K] > |G|$ である．しかし，$K(x_1, \cdots, x_t)/K$ は有限次分離拡大なので，定理 3.7.1 より $K(x_1, \cdots, x_t) = K(y)$ となる $y \in L$ がある．上で証明したことにより，$[K(y) : K] \leqq |G|$ なので矛盾である．よって，$[L : K] \leqq |G|$ である．

L/K が有限次分離拡大であることがわかったので，定理 3.7.1 より $L = K(\alpha)$ となる $\alpha \in L$ がある．ρ が単射なので，$\{\rho(g) \mid g \in G\}$ は $|G|$ 個の元よりなる．$\rho(g)$ は α での値で定まるので，$\{\rho(g)(\alpha) \mid g \in G\}$ は $|G|$ 個の元よりなる．したがって，$[L : K] = [K(\alpha) : K] = |G|$ である．$\{\rho(g)(\alpha) \mid g \in G\} \subset L$ が α のすべての共役なので，L/K は正規拡大，よってガロア拡大である．

K の定義より $\rho(G) \subset \mathrm{Aut}_K^{\mathrm{alg}} L$ である．ρ は単射なので，

$$|G| \leqq |\mathrm{Aut}_K^{\mathrm{alg}} L| = |\mathrm{Hom}_K^{\mathrm{alg}}(L, L)| \leqq |\mathrm{Hom}_K^{\mathrm{alg}}(L, \overline{K})| \leqq [L : K] = |G|$$

となる．よって，すべて等号であり，$G \cong \mathrm{Aut}_K^{\mathrm{alg}} L$ である．　　　□

例 4.1.15（**不変体1**）　例 4.1.9 の作用を考える．$K = L^G$ とする．G は L に忠実に作用するので，命題 4.1.14 より，$[L : K] = n!$ である．$s_1, \cdots, s_n \in L$ を $x_1, \cdots, x_n$ の基本対称式とすると，$s_1, \cdots, s_n \in K$ は明らかである．よって，$F = k(s_1, \cdots, s_n)$ とおく．

$x_1, \cdots, x_n$ は多項式 $f(t) = t^n - s_1 t^{n-1} + \cdots + (-1)^n s_n$ のすべての根である．

L/F は $x_1, \cdots, x_n$ で生成されるので，正規拡大である．この多項式は重根を持たないので，L/F は分離拡大，したがってガロア拡大である．$f(t)$ の係数はすべて F の元なので，$\sigma \in \mathrm{Gal}(L/F)$ なら σ は $f(t)$ の根の集合を変えない．よって，σ は $x_1, \cdots, x_n$ の置換を引き起こす．また，L/F は $x_1, \cdots, x_n$ で生成されているので，σ は $\sigma(x_1), \cdots, \sigma(x_n)$ で決定される．よって，$[L:F] = |\mathrm{Gal}(L/F)| \leq n!$ である．$n! = [L:K] \leq [L:F] \leq n!$ なので，$[L:K] = [L:F] = n!$ となる．$F \subset K$ なので，$K = F$ である．したがって，$\boldsymbol{K = k(s_1, \cdots, s_n)}$，$\mathrm{\mathbf{Gal}}(\boldsymbol{L/K}) \cong \mathfrak{S}_n$ である． ◇

注 4.1.16 上の例における命題 4.1.14 の使い方は典型的である．$K = L^G$ を定めようとするとき，K の候補 F があったとする．候補として $F \subset K$ である F を考えることが多いので，$[L:F] \leq |G|$ であることを示せばよい．このような状況で，L の生成元が F 上十分小さい次数の方程式の解になることを示し $[L:F]$ を上から評価することは一つの方法である．

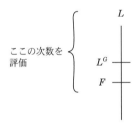

◇

例 4.1.17 (不変体 2) 例 4.1.10 の作用を考える．$K = L^G$ とおくと，$[L:K] = n$ である．$t = x^n$，$s = y/x \in K$ である．$F = \mathbb{C}(t, s)$ とおく．$F = K$ であることを示す．$y = sx$ なので，L は F 上 x で生成されている．$x^n = t \in F$ なので，$[L:F] \leq n$ である．作用は忠実なので，命題 4.1.14 より，$n = [L:K]$，$\mathrm{Gal}(L/K) \cong \mathbb{Z}/n\mathbb{Z}$ である．$n = [L:K] \leq [L:F] \leq n$ なので，$K = F$ である．よって，$\mathbb{C}(x, y)^G = \mathbb{C}(x^n, y/x)$ である． ◇

これで準備ができたので，ガロア理論について解説する．

定義 4.1.18 L/K を有限次ガロア拡大とする．

(1) M が L/K の中間体なら，$\boldsymbol{H(M) = \{g \in \mathrm{Gal}(L/K) \mid {}^\forall x \in M,\, gx = x\}}$ と定義し，M の**不変部分群**という．

(2)　$H \subset \mathrm{Gal}(L/K)$ が部分群なら，$M_H = \{x \in L \mid {}^\forall g \in H,\ gx = x\}$ と定義し，H の**不変体**という． ◇

補題 4.1.19　L/K が有限次ガロア拡大で M が L/K の中間体なら，L/M はガロア拡大である．また，$H(M) = \mathrm{Gal}(L/M)$ となる．

証明　命題 3.3.2 より，L/M は分離拡大である．$\mathrm{Hom}_M^{\mathrm{alg}}(L, \overline{K}) \subset \mathrm{Hom}_K^{\mathrm{alg}}(L, \overline{K})$ なので，$\phi \in \mathrm{Hom}_M^{\mathrm{alg}}(L, \overline{K})$ なら，$\phi(L) \subset L$．よって，L/M は正規拡大，したがって，ガロア拡大である．$H(M)$ と $\mathrm{Aut}_M^{\mathrm{alg}} L$ の定義は同じなので，$H(M) = \mathrm{Aut}_M^{\mathrm{alg}} L = \mathrm{Gal}(L/M)$ である． $\square$

次の定理は**ガロアの基本定理**とよばれる，非常に有名かつ重要な定理である．

定理 4.1.20 (ガロアの基本定理)　L/K を有限次ガロア拡大とする．$\mathbb{M}$ を L/K の中間体の集合，$\mathbb{H}$ を $\mathrm{Gal}(L/K)$ の部分群の集合とするとき，次の (1)–(3) が成り立つ．

(1)　次の二つの写像
$$\mathbb{M} \ni M \quad \mapsto \quad H(M) \in \mathbb{H},$$
$$\mathbb{M} \ni M_H \quad \leftarrowtail \quad H \in \mathbb{H}$$

は**互いの逆写像**である．

(2)　$M_1, M_2 \in \mathbb{M}$ がそれぞれ $H_1, H_2 \in \mathbb{H}$ と対応するとき，
$$M_1 \subset M_2 \Longleftrightarrow H_1 \supset H_2,$$
$$M_1 \cdot M_2 \longleftrightarrow H_1 \cap H_2,$$
$$M_1 \cap M_2 \longleftrightarrow \langle H_1, H_2 \rangle.$$

なお，$\longleftrightarrow$ は (1) の対応，$\langle H_1, H_2 \rangle$ は H_1, H_2 で生成される部分群．

(3)　$M \in \mathbb{M}$ が $H \in \mathbb{H}$ と対応し，$\sigma \in \mathrm{Gal}(L/K)$ なら，
$$\sigma(M) \longleftrightarrow \sigma H \sigma^{-1},$$
$$M/K \text{ がガロア拡大} \Longleftrightarrow H \lhd \mathrm{Gal}(L/K).$$

また，$H \lhd \mathrm{Gal}(L/K)$ なら，$\mathrm{Gal}(L/K)$ の元を M に制限することにより，$\mathrm{Gal}(M/K) \cong \mathrm{Gal}(L/K)/H$ である．

証明　(1)　M を L/K の中間体，$|H(M)| = n$ とする．補題 4.1.19 より L/M

はガロア拡大で, $n = [L : M]$ である. $\mathrm{Gal}(L/K)$ は L に忠実に作用するので, $H(M)$ も L に忠実に作用する. 命題 4.1.14 より $[L : M_{H(M)}] = n$ である (ここがポイント). $H(M)$ は M の各元を不変にするので, $M \subset M_{H(M)}$ である. $[L : M] = [L : M_{H(M)}]$ なので, $M_{H(M)} = M$ となる.

H が $\mathrm{Gal}(L/K)$ の部分群なら, L に忠実に作用する. よって, 命題 4.1.14 より $[L : M_H] = |H|$ である (ここがポイント). 命題 4.1.14 より L/M_H はガロア拡大なので, 補題 4.1.19 より $[L : M_H] = |\mathrm{Gal}(L/M_H)| = |H(M_H)|$ である. よって, $|H(M_H)| = |H|$ である. H は M_H の各元を不変にするので, $H \subset H(M_H)$ である. 位数が等しいので, $H = H(M_H)$ となる.

(2) $M_1 \subset M_2$ なら, H_2 の元は M_2 の各元を不変にするので, 特に M_1 の各元を不変にする. よって, $H_1 \supset H_2$. 同様に, $H_1 \supset H_2$ なら, $M_1 \subset M_2$ である.

$g \in \mathrm{Gal}(L/K)$ が M_1, M_2 の各元を不変にすれば, g は体の準同型なので, M_1, M_2 で生成された部分体 $M_1 \cdot M_2$ の各元を不変にする. $M_1 \cdot M_2 \supset M_1, M_2$ なので, 逆は明らか. したがって, $H(M_1 \cdot M_2) = H(M_1) \cap H(M_2) = H_1 \cap H_2$.

$H' = \langle H_1, H_2 \rangle$ とおく. $x \in L$ の $\mathrm{Gal}(L/K)$ における安定化群は部分群なので, x が H_1, H_2 で不変なら, H' で不変. 逆は明らかなので, $M_{H'} = M_1 \cap M_2$.

(3) $\sigma(M)$ の各元が $\tau \in \mathrm{Gal}(L/K)$ で不変 $\iff$ $^{\forall}\alpha \in M$, $\tau(\sigma(\alpha)) = \sigma(\alpha) \iff$ $^{\forall}\alpha \in M$, $\sigma^{-1} \circ \tau \circ \sigma(\alpha) = \alpha \iff \sigma^{-1}\tau\sigma \in H(M) = H$. よって $H(\sigma(M)) = \sigma H \sigma^{-1}$.

L/K は正規拡大なので, $\mathrm{Hom}_K^{\mathrm{alg}}(L, \overline{K}) = \mathrm{Gal}(L/K)$ である. M/K は分離拡大なので, M/K がガロア拡大であることは, $\sigma \in \mathrm{Hom}_K^{\mathrm{alg}}(M, \overline{K})$ なら $\sigma(M) \subset M$ であることと同値である. $\mathrm{Hom}_K^{\mathrm{alg}}(M, \overline{K})$ の元は $\mathrm{Hom}_K^{\mathrm{alg}}(L, \overline{K})$ の元に延長でき, 逆に $\mathrm{Hom}_K^{\mathrm{alg}}(L, \overline{K})$ の元を M に制限すれば $\mathrm{Hom}_K^{\mathrm{alg}}(M, \overline{K})$ の元を得る. よって, M/K がガロア拡大であることは, $\sigma \in \mathrm{Gal}(L/K)$ なら $\sigma(M) \subset M$ であることと同値である. $[M : K] < \infty$ なので, $\sigma(M) \subset M$ は $\sigma(M) = M$ と同値である. これは $H(\sigma(M)) = H(M) = H$, つまり $\sigma H \sigma^{-1} = H$ と同値である. したがって, M/K がガロア拡大であることは, $H \lhd \mathrm{Gal}(L/K)$ と同値である.

M/K がガロア拡大なら, 制限写像 $\pi : \mathrm{Gal}(L/K) \to \mathrm{Gal}(M/K)$ が well-defined である. π は全射で $\mathrm{Ker}(\pi)$ は定義より $\mathrm{Gal}(L/M) = H$. したがって, $\mathrm{Gal}(L/K)/H \cong \mathrm{Gal}(M/K)$. $\square$

注 4.1.21　L/K をガロア拡大とする. H_1, H_2 が $G = \mathrm{Gal}(L/K)$ の部分群で $\sigma \in G$ があり, $H_2 = \sigma H_1 \sigma^{-1}$ となるとき, H_1, H_2 は**共役**であるというのは I–4.5 節と同様である. 同様に, M_1, M_2 が L/K の中間体で, $\sigma \in G$ があり, $M_2 = \sigma(M_1)$ であるとき, M_1, M_2 は**共役**であるという. ◇

例 4.1.22 (中間体 1)　$L = \mathbb{Q}(\sqrt{2}, \sqrt{3})$ とおく. 例 4.1.4 より $L/\mathbb{Q}$ はガロア拡大で $G = \mathrm{Gal}(L/\mathbb{Q}) \cong \mathbb{Z}/2\mathbb{Z} \times \mathbb{Z}/2\mathbb{Z}$ である. また, この同型で $(\bar{1}, \bar{0}), (\bar{0}, \bar{1})$ に対応する $\sigma, \tau \in \mathrm{Gal}(L/\mathbb{Q})$ は

$$\sigma(\sqrt{2}) = -\sqrt{2},\ \sigma(\sqrt{3}) = \sqrt{3}, \quad \tau(\sqrt{2}) = \sqrt{2},\ \tau(\sqrt{3}) = -\sqrt{3}$$

であるとしてよい.

$\mathbb{Z}/2\mathbb{Z} \times \mathbb{Z}/2\mathbb{Z}$ の自明でない部分群 H の位数は 2 である. 2 は素数なので, H は単位元以外の位数 2 の元で生成される. 逆に, $\mathbb{Z}/2\mathbb{Z} \times \mathbb{Z}/2\mathbb{Z}$ の $(\bar{0}, \bar{0})$ 以外の元は位数 2 であり, 位数 2 の部分群を生成する. したがって, $\mathbb{Z}/2\mathbb{Z} \times \mathbb{Z}/2\mathbb{Z}$ の自明でない部分群は $\langle(\bar{0}, \bar{1})\rangle, \langle(\bar{1}, \bar{1})\rangle, \langle(\bar{1}, \bar{0})\rangle$ である. これらに対応する $\mathrm{Gal}(L/K)$ の部分群は $\boldsymbol{H_1 = \langle\tau\rangle},\ \boldsymbol{H_2 = \langle\sigma\tau\rangle},\ \boldsymbol{H_3 = \langle\sigma\rangle}$.

$M_1 = M_{H_1},\ M_2 = M_{H_2},\ M_3 = M_{H_3}$ とおく. 明らかに $\mathbb{Q}(\sqrt{2}) \subset M_1$ である. 定理 4.1.20 より $[L : M_1] = 2$ である. $[\mathbb{Q}(\sqrt{2}) : \mathbb{Q}] = 2$ なので, $2 = [L : M_1] \leq [L : \mathbb{Q}(\sqrt{2})] = 2$. よって, $M_1 = \mathbb{Q}(\sqrt{2})$. 同様に, $M_2 = \mathbb{Q}(\sqrt{6})$, $M_3 = \mathbb{Q}(\sqrt{3})$.

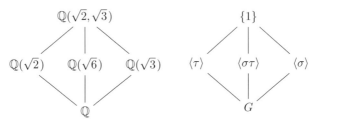

◇

例 4.1.23 (中間体 2)　$\omega = (-1 + \sqrt{-3})/2$, $L = \mathbb{Q}(\sqrt[3]{2}, \sqrt{-3})$ とすると, $L = \mathbb{Q}(\sqrt[3]{2}, \omega\sqrt[3]{2}, \omega^2\sqrt[3]{2})$ であり, $L/\mathbb{Q}$ はガロア拡大で $\mathrm{Gal}(L/\mathbb{Q}) \cong \mathfrak{S}_3$ である. 例 4.1.5 のように $\alpha_1 = \sqrt[3]{2}$, $\alpha_2 = \omega\sqrt[3]{2}$, $\alpha_3 = \omega^2\sqrt[3]{2}$ とおくと, 上の同型は $\mathrm{Gal}(L/\mathbb{Q})$ の $\{\alpha_1, \alpha_2, \alpha_3\}$ への作用による置換表現により引き起こされる.

演習問題 I–2.8.4 の答えより, $\mathfrak{S}_3$ の自明でない部分群は以下の四つである.

$$\boldsymbol{H = \langle(1\,2\,3)\rangle}, \quad \boldsymbol{K_1 = \langle(2\,3)\rangle}, \quad \boldsymbol{K_2 = \langle(1\,3)\rangle}, \quad \boldsymbol{K_3 = \langle(1\,2)\rangle}$$

$\alpha_1 = \sqrt[3]{2}$ は置換 (23) で不変なので, $M_1 = \mathbb{Q}(\sqrt[3]{2})$ とおくと, $M_1 \subset M_{K_1}$ である. $[M_1 : \mathbb{Q}] = 3$ なので, $[L : M_1] = 2$ である. $[L : M_{K_1}] = |K_1| = 2$, $M_1 \subset M_{K_1}$ なので, $M_1 = M_{K_1}$ である. 同様にして, K_2, K_3 に対応する中間体は $M_2 = \mathbb{Q}(\alpha_2)$, $M_3 = \mathbb{Q}(\alpha_3)$ である.

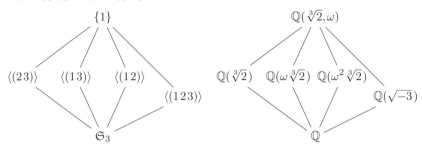

自明でない部分群は H しか残っていない. $\mathbb{Q}(\sqrt{-3})$ は $\mathbb{Q}$ 上の次数が $2 \neq 3$ なので, H に対応する中間体は $\mathbb{Q}(\sqrt{-3})$ である. ◇

命題 4.1.24　$K = \mathbb{F}_q$ を元の数が q の有限体, n を正の整数, $L = \mathbb{F}_{q^n}$ とすると, 次の (1), (2) が成り立つ.

(1)　L/K はガロア拡大である.

(2)　$\mathrm{Gal}(L/K)$ はフロベニウス準同型 Frob_q (定理 3.1.5) で生成される巡回群である.

証明　(1) 定理 3.5.3 (1) より L は多項式 $x^{q^n} - x$ の $\mathbb{F}_p$ 上の最小分解体なので, $K = \mathbb{F}_q$ 上の最小分解体でもある. よって, L/K はガロア拡大である.

(2) $\sigma = \mathrm{Frob}_q \in \mathrm{Gal}(L/K)$ とおく. K は $x^q - x = 0$ を満たす元全体の集合なので (定理 3.5.3 (2)), $\langle \sigma \rangle$ の不変体が K である. よって, ガロアの基本定理により $\langle \sigma \rangle = \mathrm{Gal}(L/K)$ である. □

注 4.1.25　ここで補題 3.3.15 の解釈について述べる.

L/K を体の有限次拡大で M を中間体とする. $\mathrm{ch}\,K = 0$ なら, L/K は分離拡大である. $\mathrm{ch}\,K = p > 0$ とする. L_s, M_s をそれぞれ K の L, M における分離閉包とする. 命題 3.3.30 より,

$$|\mathrm{Hom}_K^{\mathrm{alg}}(L, \overline{K})| = |\mathrm{Hom}_K^{\mathrm{alg}}(L_s, \overline{K})|, \qquad |\mathrm{Hom}_K^{\mathrm{alg}}(M, \overline{K})| = |\mathrm{Hom}_K^{\mathrm{alg}}(M_s, \overline{K})|$$

である．L は L_s の純非分離拡大なので，$|\mathrm{Hom}^{\mathrm{alg}}_{M_s}(L,\overline{K})| = |\mathrm{Hom}^{\mathrm{alg}}_{M_s}(L_s,\overline{K})|$ である．$\phi \in \mathrm{Hom}^{\mathrm{alg}}_{M_s}(L,\overline{K})$ とする．$x \in M$ なら p のべき q があり，$x^q = t \in M_s$ となる．すると $\phi(x)^q = \phi(t) = t$ なので，$\phi(x) = x$ となるしかない．よって，

$$|\mathrm{Hom}^{\mathrm{alg}}_{M_s}(L,\overline{K})| = |\mathrm{Hom}^{\mathrm{alg}}_M(L,\overline{K})|$$

である．したがって，L/K は分離拡大と仮定してよい．

F を L の K 上のガロア閉包，$G = \mathrm{Gal}(F/K)$ とする．$H(L), H(M) \subset G$ をそれぞれ L, M に対応する部分群とする．$\sigma, \tau \in G$ なら，$\sigma|_L = \tau|_L$（制限）と $\tau^{-1}\sigma \in H(L)$ は同値である．よって，$\mathrm{Hom}^{\mathrm{alg}}_K(L,\overline{K})$ は $G/H(L)$ と同一視できる．同様に，$\mathrm{Hom}^{\mathrm{alg}}_K(M,\overline{K})$ は $G/H(M)$ と同一視できる．$H(M)$ は $\mathrm{Gal}(F/M)$ と同一視できるので，$\mathrm{Hom}^{\mathrm{alg}}_M(L,\overline{K})$ は $H(M)/H(L)$ と同一視できる．よって，補題 3.3.15 の等式は

$$|G/H(L)| = |H(M)/H(L)| \times |G/H(M)|$$

とみなせる．

$\{\gamma_1, \cdots, \gamma_n\}$，$\{\delta_1, \cdots, \delta_m\}$ がそれぞれ $G/H(M)$，$H(M)/H(L)$ の代表系なら，$\{\gamma_i \delta_j \mid i = 1, \cdots, n, j = 1, \cdots, m\}$ が $G/H(L)$ の代表系である．したがって，上の等式はある意味自然である．しかし，補題 3.3.15 を分離拡大の性質を証明するのに使ったので，この議論で補題 3.3.15 の等式を証明することはできない　◇

4.2　対称式と交代式

前節の例 4.1.15 では，対称式は基本対称式（(4.1.13) 参照) の有理式になることを示した．しかし，4.5 節では，対称式を基本対称式で実際に表すことも必要になる．この節では，その方法について解説する．

A を可換環とする．$f(x_1, \cdots, x_n) \in A[x_1, \cdots, x_n]$，$\sigma \in \mathfrak{S}_n$ なら，A 代数の準同型（それも σ と書く）を $\boldsymbol{\sigma(x_i) = x_{\sigma(i)}}$ となるように定義する．

定義 4.2.1　$f(x_1, \cdots, x_n) \in A[x_1, \cdots, x_n]$ とする．

(1)　すべての $\sigma \in \mathfrak{S}_n$ に対し $\sigma f = f$ となるなら，f を**対称式**という．

(2)　すべての $\sigma \in \mathfrak{S}_n$ に対し $\sigma f = \mathrm{sgn}(\sigma) f$ という条件を満たし，$1 \leqq i < j \leqq n$ なら $f(x_1, \cdots, x_{j-1}, x_i, x_{j+1}, \cdots, x_n) = 0$ となるとき，f を**交代式**という[1]．　◇

ここで辞書式順序を定義する (2 次元の場合は演習問題 2.8.10).

定義 4.2.2 $I = (i_1, \cdots, i_n), J = (j_1, \cdots, j_n) \in \mathbb{N}^n$ に対し, $1 \leq m \leq n-1$ があり, $i_1 = j_1, \cdots, i_{m-1} = j_{m-1}, i_m < j_m$ となるなら, $I < J$ と定義する. $I = J$ または $I < J$ なら, $I \leq J$ と書く.   ◇

$I \geq J, I > J$ という記号も明らかな意味で使う. $I = (i_1, \cdots, i_n) \neq J = (j_1, \cdots, j_n)$ なら, m を $i_m \neq j_m$ となる最小の数とすれば, $i_m < j_m, i_m > j_m$ なら, それぞれ $I < J, I > J$ となるので, $\leq$ は $\mathbb{N}^n$ 上の全順序である. この順序を**辞書式順序**という. 例えば, $n = 3$ なら, $(3,5,8) \leq (3,6,1)$, $(4,0,2) \leq (4,0,3)$ である.

定理 4.2.3 $f(x_1, \cdots, x_n) \in A[x_1, \cdots, x_n]$ が対称式なら, 基本対称式の多項式である.

証明 自然数の列 $(i_1, \cdots, i_n), (j_1, \cdots, j_n)$ が置換で移るとき, 同値であるといい $(i_1, \cdots, i_n) \sim (j_1, \cdots, j_n)$ と書く.

$$(4.2.4) \qquad f(x_1, \cdots, x_n) = \sum c_{i_1, \cdots, i_n} x_1^{i_1} \cdots x_n^{i_n}$$

とする. $(j_1, \cdots, j_n) \sim (i_1, \cdots, i_n)$ なら $c_{j_1, \cdots, j_n} = c_{i_1, \cdots, i_n}$ である. よって, f は $\displaystyle\sum_{(j_1, \cdots, j_n) \sim (i_1, \cdots, i_n)} x_1^{j_1} \cdots x_n^{j_n}$ という形の多項式の 1 次結合となる. したがって, f は斉次式と仮定してよい.

(4.2.4) で $c_{i_1, \cdots, i_n} \neq 0$ である $(i_1, \cdots, i_n)$ のなかで, 辞書式順序で最大のものを $(j_1, \cdots, j_n)$ とする. $(j_1, \cdots, j_n)$ の順序を入れ換えた単項式はすべて現れるので, $j_1 \geq j_2 \geq \cdots \geq j_n$ である.

$$f(x_1, \cdots, x_n) - c_{j_1, \cdots, j_n} s_1^{j_1 - j_2} s_2^{j_2 - j_3} \cdots s_{n-1}^{j_{n-1} - j_n} s_n^{j_n}$$

のなかに現れる単項式の多重指数で最大のものは $(j_1, \cdots, j_n)$ より真に小さく, 上の多項式が 0 でないかぎり, 次数も変わらない. 次数を固定したとき, 多重指数の可能性は有限個なので, 多重指数の辞書式順序による帰納法により, f

---

1) (234 ページ) 交代式を, 最初の条件だけで定義すると, A が標数 2 の体なら交代式と対称式の定義が一致してしまい, 正しい定義ではない. 例えば $n = 2$ で $x_1 x_2$ が交代式になってしまう.

は基本対称式の多項式となる.   □

例題 4.2.5 $f(x,y,z) = x^3y+x^3z+xy^3+xz^3+y^3z+yz^3$ とするとき,
$f(x,y,z)$ を基本対称式の多項式として表せ.

解答 $f(x,y,z)$ の項のなかで,辞書式順序で最大のものは x^3y.これは定理 4.2.3 の証明で $j_1=3$, $j_2=1$, $j_3=0$ に場合に対応する.よって,

$$f(x,y,z)-s_1^2s_2 = -5x^2yz-2x^2y^2-5xy^2z-2x^2z^2-5xyz^2-2y^2z^2$$
$$= -5s_1s_3-2(x^2y^2+x^2z^2+y^2z^2)$$

となる.$x^2y^2+x^2z^2+y^2z^2$ に対しては s_2^2 を考えると,

$$x^2y^2+x^2z^2+y^2z^2-s_2^2 = -2(x^2yz+xy^2z+xyz^2) = -2s_1s_3$$

となるので,

$$f(x,y,z) = s_1^2s_2-5s_1s_3-2(s_2^2-2s_1s_3) = s_1^2s_2-s_1s_3-2s_2^2.$$ □

なお,数式処理ソフト「Maple」では以下のコマンドで上の計算ができる.

```
with(Groebner);
G:= [s1-(x+y+z),s2-x*y-x*z-y*z,s3-x*y*z,
     t-x^3*y-x^3*z-x*y^3-x*z^3-y^3*z-y*z^3];
Basis(G,plex(x,y,z,s1,s2,s3,t));
```

定義 4.2.6 A は可換環,$x_1,\cdots,x_n$ は変数,$x=(x_1,\cdots,x_n)$ とする.$A[x]$ の元を考える.

(1) $\boldsymbol{\delta(x) = \prod_{i<j}(x_i-x_j)}$ を $x=(x_1,\cdots,x_n)$ の**差積**という.

(2) $\boldsymbol{\Delta(x) = \delta(x)^2}$ を $x=(x_1,\cdots,x_n)$ の**判別式**という.   ◇

$\delta(x)$ は交代式,$\Delta(x)$ は対称式で,任意の環上の多項式とみなせる.

$f(t) = (t-x_1)\cdots(t-x_n) = t^n+a_1t^{n-1}+\cdots+a_n$ とする.$s_1,\cdots,s_n$ を $x_1,\cdots,x_n$ の基本対称式とすると,$a_1,\cdots,a_n$ と高々符号しか違わない.定理 4.2.3 より $\Delta(x)$ は $s_1,\cdots,s_n$ の多項式となるので,多項式 $D(a_1,\cdots,a_n)$ があり,$\Delta(x) = D(a_1,\cdots,a_n)$ となる.$D(a_1,\cdots,a_n)$ のことを $\Delta(f)$ と書き,f の判別式という.$\Delta(f)$ がある行列式を使って表せることについては 4.3 節で解説する.

> **命題 4.2.7** A は可換環とする. このとき, $f(x_1, \cdots, x_n)$ が交代式なら, $f(x_1, \cdots, x_n)$ は対称式と $\delta(x)$ の積になる.

証明 定義より $i \neq j$ なら, $x_i = x_j$ を代入すると, $f(x) = 0$ となる. よって, $f(x)$ はすべての $i < j$ に対して $x_i - x_j$ で割り切れる. 命題 1.2.10 (2) より, $i \neq j$ なら, $x_i - x_j$ は非零因子である. $A[x] = A[x_1, \cdots, x_{n-1}][x_n]$ とみなすと, 命題 1.2.15 より, $f(x)$ は $\prod_{i=1}^{n-1}(x_i - x_n)$ で割り切れる. よって, $g(x) \in A[x]$ があり, $f(x) = g(x)\prod_{i=1}^{n-1}(x_i - x_n)$ となる.

$B = A[x_n]$ とおき, $g(x) \in B[x_1, \cdots, x_{n-1}]$ とみなす. $1 \leqq i < j < n$ に対し上の $f(x)$ の等式に $x_i = x_j$ を代入すると,

$$0 = \left(\prod_{\substack{1 \leqq l < n, \\ l \neq i,j}} (x_l - x_n)\right)(x_j - x_n)^2 g(x_1, \cdots, x_{i-1}, x_j, x_{i+1}, \cdots, x_n).$$

$x_l - x_n, x_j - x_n$ は非零因子なので, $g(x_1, \cdots, x_{i-1}, x_j, x_{i+1}, \cdots, x_n) = 0$ である. $\sigma \in \mathfrak{S}_{n-1}$ ($n = 1, \cdots, n-1$ の置換) なら, $\sigma f = \operatorname{sgn}(\sigma) f$ で $\prod_{i=1}^{n-1}(x_i - x_n)$ は σ で不変なので, $\sigma g = \operatorname{sgn}(\sigma) g$ である. n に関する帰納法により, $g(x)$ は $\prod_{1 \leqq i < j < n}(x_i - x_j)$ で割り切れる. したがって, $f(x)$ は $\delta(x)$ で割り切れる.

$h(x) \in A[x], f(x) = \delta(x)h(x)$ とする. $\sigma \in \mathfrak{S}_n$ なら,

$$(\sigma f)(x) = \operatorname{sgn}(\sigma)f(x) = \operatorname{sgn}(\sigma)\delta(x)h(x)$$
$$= (\sigma\delta)(x)(\sigma h)(x) = \operatorname{sgn}(\sigma)\delta(x)(\sigma h)(x).$$

これより $\delta(x)((\sigma h)(x) - h(x)) = 0$ である. $\delta(x)$ のすべての因子は非零因子なので, $\sigma h = h$ である. したがって, h は対称式である. $\qquad\square$

4.3　終結式・判別式*

$A \neq \{0\}$ を可換環, $a_0, \cdots, a_n, b_0, \cdots, b_m \in A$ で

$$(4.3.1) \qquad \begin{aligned} f(x) &= a_0 x^n + a_1 x^{n-1} + \cdots + a_n, \\ g(x) &= b_0 x^m + b_1 x^{m-1} + \cdots + b_m \end{aligned}$$

とおく. ただし, $a_0, b_0 \neq 0$ である. $A = K$ が体, $\alpha \in \overline{K}$ で $f(\alpha) = g(\alpha) = 0$ なら, α を f, g の**共通根**という.

f, g がいつ共通根を持つかという問題には, 古典的には**消去法**とよばれる理論が用いられる. 古くはこのような問題に対して, f, g が共通根を持つための条件を具体的に表すというのが一般的な方法だった. 上で述べたような1変数の多項式の場合には, その条件を行列式を使った比較的みやすい形で表すことができる. それについて解説するのがこの節の目的の一つである.

(4.3.1) で与えられた多項式 f, g に対して

$$(4.3.2) \quad M(f, g) = \begin{pmatrix} a_0 & a_1 & \cdots & \cdots & a_n & & & \\ & a_0 & a_1 & \cdots & \cdots & a_n & & \\ & & \ddots & \cdots & \cdots & & & \\ & & & a_0 & a_1 & \cdots & \cdots & a_n \\ b_0 & b_1 & \cdots & \cdots & b_m & & & \\ & b_0 & b_1 & \cdots & \cdots & b_m & & \\ & \cdots & \cdots & \cdots & \cdots & & \ddots & \\ & & & b_0 & b_1 & \cdots & \cdots & b_m \end{pmatrix} \in \mathrm{M}_{m+n}(A),$$

$$R(f, g) = \det M(f, g) \in A$$

とおく. ただし, 右辺の行列は $(n+m)$ 次の正方行列であり, $a_0, \cdots, a_n$ の行と $b_0, \cdots, b_m$ の行はそれぞれ m, n 回現れる.

定義 4.3.3　$R(f, g)$ を f, g の**終結式**という.　　　　　　　　　　◇

K は体, $\overline{K}$ はその代数閉包とする.

定理 4.3.4　$\alpha_1, \cdots, \alpha_n, \beta_1, \cdots, \beta_m \in \overline{K}$ で $f(x) = a_0(x - \alpha_1) \cdots (x - \alpha_n)$, $g(x) = b_0(x - \beta_1) \cdots (x - \beta_m)$ なら,

$$(4.3.5) \quad \boldsymbol{R(f, g) = a_0^m b_0^n \prod_{i=1}^{n} \prod_{j=1}^{m} (\alpha_i - \beta_j) = a_0^m \prod_{i=1}^{n} g(\alpha_i).}$$

証明　$A = \overline{K}[\widetilde{a}_0, \widetilde{\alpha}_1, \cdots, \widetilde{\alpha}_n, \widetilde{b}_0, \widetilde{\beta}_1, \cdots, \widetilde{\beta}_m]$ を $(n+m+2)$ 変数の多項式環, $s_1, \cdots, s_n$ を $\widetilde{\alpha}_1, \cdots, \widetilde{\alpha}_n$ の基本対称式, $t_1, \cdots, t_m$ を $\widetilde{\beta}_1, \cdots, \widetilde{\beta}_m$ の基本対称式,

$$(4.3.6) \quad \widetilde{a}_i = (-1)^i \widetilde{a}_0 s_i, \quad \widetilde{b}_j = (-1)^j \widetilde{b}_0 t_j$$

とすると, $f(x), g(x)$ の係数 $a_0, \cdots, b_m$ を $\widetilde{a}_0, \cdots, \widetilde{b}_m$ で置き換えたものは定理の

ように1次式の積になる ($\alpha_1, \cdots$ は $\widetilde{\alpha}_1, \cdots$ で置き換える). A において (4.3.5) を証明する. A において (4.3.5) が成り立てば, $\widetilde{a}_0, \widetilde{b}_0, \widetilde{\alpha}_1, \cdots, \widetilde{\beta}_m$ に $a_0, b_0 \in K$, $\alpha_1, \cdots, \beta_m \in \overline{K}$ を代入すると, $\widetilde{a}_1, \cdots, \widetilde{b}_m$ の値は $a_1, \cdots, b_m$ となるので, 定理 4.3.4 が成り立つ.

煩わしいので, 最初から $a_0 = \widetilde{a}_0$, $b_0 = \widetilde{b}_0$, $\alpha_1 = \widetilde{\alpha}_1$, $\cdots$, $\beta_m = \widetilde{\beta}_m$ は変数と 仮定する. $M(f,g) \in \mathrm{M}_{m+n}(A)$, $R(f,g) \in A$ である. $1 \leqq i \leqq n$, $1 \leqq j \leqq m$ とする. $M(f,g), R(f,g)$ において β_j に α_i を代入した行列と多項式を X, F とおく. $\boldsymbol{v} \in A^{m+n}$ を列ベクトル $[\alpha_i^{m+n-1}, \alpha_i^{m+n-2}, \cdots, \alpha_i, 1]$ とすると, $\boldsymbol{v} \neq \boldsymbol{0}$,

$$X\boldsymbol{v} = \begin{pmatrix} \alpha_i^{m-1} f(\alpha_i) \\ \vdots \\ f(\alpha_i) \\ \alpha_i^{n-1} h(\alpha_i) \\ \vdots \\ h(\alpha_i) \end{pmatrix} = \begin{pmatrix} 0 \\ \vdots \\ 0 \\ 0 \\ \vdots \\ 0 \end{pmatrix}.$$

よって, $\det X = F = 0$ である.

F は $R(f,g)$ において β_j に α_i を代入したものなので, $R(f,g)$ は A において $\alpha_i - \beta_j$ で割り切れる. なお, ここで $\alpha_i - \beta_j$ は α_i, β_j 両方に関してモニックの単元倍である. $A^\times = \overline{K}^\times$ なので, 異なる i, j の組に対し $\alpha_i - \beta_j$ は同伴でない A の素元を定める. **A は一意分解環なので**, 命題 1.11.14 より $R(f,g)$ は $D = \prod_{i=1}^{n} \prod_{j=1}^{m} (\alpha_i - \beta_j)$ で割り切れる. $R(f,g) = CD$ ($C \in A$) とおく.

D を $\beta_1, \cdots, \beta_m$ の多項式とみたとき, 最高次の項は $(-1)^{nm}(\beta_1 \cdots \beta_m)^n$ である. 行列式 $\det M(f,g)$ を定義に従って計算すると, $\beta_1, \cdots, \beta_m$ は第 $(m+1)$ 行, $\cdots$, 第 $(m+n)$ 行から成分を一つずつ選ぶことにより現れる. $\beta_1, \cdots, \beta_m$ に関する次数は b_m が最高であり, その次数は m である. $b_0, \cdots, b_{m-1}$ は $\beta_1, \cdots, \beta_m$ に関する次数が m より真に小さいので, $(\beta_1 \cdots \beta_m)^n$ が現れるただ一つの可能性は第 $(m+1)$ 行, $\cdots$, 第 $(m+n)$ 行からすべて b_m を選ぶ場合だけである. すると, $1, \cdots, m$ 行からは a_0 を選ぶ可能性しかない. $b_m = (-1)^m b_0 (\beta_1 \cdots \beta_m)$ なので, $R(f,g) = (-1)^{nm} a_0^m b_0^n (\beta_1 \cdots \beta_m)^n + \cdots$ となる. D において $(\beta_1 \cdots \beta_m)^n$ の係数は $(-1)^{nm}$ なので, $C = a_0^m b_0^n$ である. $b_0 \prod_{j=1}^{m} (\alpha_i - \beta_j) = g(\alpha_i)$ なので, 2番目の等式がわかる. $\square$

> **系 4.3.7** 定理 4.3.4 の状況を考える.
>
> (1) $a_0, b_0 \neq 0$ なら, f, g が共通根を持つ $\Longleftrightarrow R(f, g) = 0$.
>
> (2) $g = f'$ なら,
> $$R(f, f') = (-1)^{\frac{n(n-1)}{2}} a_0^{2n-1} \prod_{i<j} (\alpha_i - \alpha_j)^2.$$

証明 (1) は定理 4.3.4 より従う.

(2) $g(x) = f'(x)$, $1 \leqq i \leqq n$ とすれば, 多項式 $h_i(x) \in \overline{K}[x]$ があり,

$$g(x) = a_0 \prod_{j \neq i} (x - \alpha_j) + (x - \alpha_i) h_i(x)$$

となる. よって, $g(\alpha_i) = a_0 \prod_{j \neq i} (\alpha_i - \alpha_j)$ である. したがって, 定理 4.3.4 の 2 番目の等式により,

$$R(f, f') = a_0^{n-1} a_0^n \prod_{i \neq j} (\alpha_i - \alpha_j) = (-1)^{\frac{n(n-1)}{2}} a_0^{2n-1} \prod_{i<j} (\alpha_i - \alpha_j)^2$$

である. □

定義 4.3.8 K を体, $f(x) \in K[x]$, $\deg f(x) = n$ とする. このとき, $\Delta(f) = (-1)^{\frac{n(n-1)}{2}} R(f, f')$ と書き, $f(x)$ の**判別式**という. なお, $R(f, f')$ は $(2n+1) \times (2n+1)$ 行列の行列式である. ◇

系 4.3.7 より, $\alpha_1, \cdots, \alpha_n \in \overline{K}$ で $f(x) = a_0 \prod_{i=1}^{n} (x - \alpha_i)$ なら,

$$\Delta(f) = a_0^{2n-1} \prod_{i<j} (\alpha_i - \alpha_j)^2$$

である. 次の命題はこの等式より従う.

> **命題 4.3.9** $f(x) \in K[x]$ がモニックなら, $f(x)$ が重根を持つことと $\Delta(f) = 0$ は同値である.

$n = 3$ で $f(x) = x^3 + a_1 x^2 + a_2 x + a_3 \in K[x]$ なら,

$$\Delta(f) = -\det \begin{pmatrix} 1 & a_1 & a_2 & a_3 & 0 \\ 0 & 1 & a_1 & a_2 & a_3 \\ 3 & 2a_1 & a_2 & 0 & 0 \\ 0 & 3 & 2a_1 & a_2 & 0 \\ 0 & 0 & 3 & 2a_1 & a_2 \end{pmatrix}$$

$$= -4a_2^3 + a_1^2 a_2^2 - 4a_1^3 a_3 + 18a_1 a_2 a_3 - 27a_3^2.$$

$\mathrm{ch}\,K \neq 3$ なら, x^2 の項を変数変換 $x \to x - \frac{1}{3}a_0$ で削除することができる. $a_1 = 0$ なら,

(4.3.10) $$\Delta(x^3 + a_2 x + a_3) = -4a_2^3 - 27a_3^2$$

となる.

注 3.3.7 で約束したように, 重根を持つ場合の例を考える.

例 4.3.11 (重根 1) $p \neq 3$, $f(x) = 3x^3 + x + 1 \in \mathbb{F}_p[x]$ とする. $\frac{1}{3}f(x) = x^3 + \frac{1}{3}x + \frac{1}{3}$ なので,

$$\Delta\left(\frac{1}{3}f(x)\right) = -\frac{4}{3^3} - \frac{27}{3^2} = -\frac{85}{27} = -\frac{5 \cdot 17}{3^3}.$$

したがって, $f(x)$ が重根を持つのは, $p = 5, 17$ のときである. ◇

$\Delta(f)$ はソフトウェアで計算することも可能である. 例えば Maple なら, 次のコマンドで $\Delta(f)$ を計算できる.

```
f:= 3*x^3+x+1;
discrim(f,x);
ifactor(\%);
```

例 4.3.12 (重根 2) $f(x) = x^4 + 2x + 1 \in \mathbb{F}_p[x]$ なら,

$$\Delta(f) = \det \begin{pmatrix} 1 & 0 & 0 & 2 & 1 & 0 & 0 \\ 0 & 1 & 0 & 0 & 2 & 1 & 0 \\ 0 & 0 & 1 & 0 & 0 & 2 & 1 \\ 4 & 0 & 0 & 2 & 0 & 0 & 0 \\ 0 & 4 & 0 & 0 & 2 & 0 & 0 \\ 0 & 0 & 4 & 0 & 0 & 2 & 0 \\ 0 & 0 & 0 & 4 & 0 & 0 & 2 \end{pmatrix} = -176 = -2^4 \cdot 11.$$

したがって, $f(x)$ が重根を持つのは, $p = 2, 11$ のときである. ◇

例 4.3.13 (重根 3) $f(x) = x^3 + x^2 + 2x + 1 \in \mathbb{F}_p[x]$ なら,

$$\Delta(f) = -4 \cdot 8 + 4 - 4 + 18 \cdot 2 - 27 = -23.$$

したがって，$f(x)$ が重根を持つのは，$p = 23$ のときだけである．　　　　　　◇

4.4　3 次方程式と 4 次方程式

この節では，I–3 章で解説した 3 次方程式と 4 次方程式のべき根による解法を復習する．解の例については，I–3 章を参照されたい．

簡単のために $\mathbb{C}$ 上で考える．$\alpha_1, \alpha_2, \alpha_3$ を変数とし，

(4.4.1)　　$f(x) = (x - \alpha_1)(x - \alpha_2)(x - \alpha_3) = x^3 + a_1 x^2 + a_2 x + a_3$

とおく．簡単な計算により，

$$a_1 = -(\alpha_1 + \alpha_2 + \alpha_3), \quad a_2 = \alpha_1\alpha_2 + \alpha_1\alpha_3 + \alpha_2\alpha_3, \quad a_3 = -\alpha_1\alpha_2\alpha_3$$

である．

$\omega = (-1 + \sqrt{-3})/2$ とおくと，$\omega^2 + \omega + 1 = 0$，$\omega^3 = 1$ である．

$$U = \alpha_1 + \omega\alpha_2 + \omega^2\alpha_3,$$
$$V = \alpha_1 + \omega^2\alpha_2 + \omega\alpha_3,$$
$$-a_1 = \alpha_1 + \alpha_2 + \alpha_3$$

とおく．簡単な計算で

(4.4.2)　　$$\begin{pmatrix} \alpha_1 \\ \alpha_2 \\ \alpha_3 \end{pmatrix} = \frac{1}{3} \begin{pmatrix} 1 & 1 & 1 \\ \omega^2 & \omega & 1 \\ \omega & \omega^2 & 1 \end{pmatrix} \begin{pmatrix} U \\ V \\ -a_1 \end{pmatrix}$$

となる．

補題 4.4.3　$A = 9a_1 a_2 - 2a_1^3 - 27a_3$，$B = a_1^2 - 3a_2$ とおくと，

$$U^3 + V^3 = A, \quad U^3 V^3 = B^3.$$

証明　$\omega^2 + \omega + 1 = 0$ であることを使うと，

$$U^3 + V^3 = (U + V)(U + \omega V)(U + \omega^2 V)$$
$$= (2\alpha_1 + (\omega + \omega^2)\alpha_2 + (\omega + \omega^2)\alpha_3)$$
$$\times ((1 + \omega)\alpha_1 + (1 + \omega)\alpha_2 + 2\omega^2\alpha_3)$$
$$\times ((1 + \omega^2)\alpha_1 + 2\omega\alpha_2 + (1 + \omega^2)\alpha_3)$$
$$= \omega^2 \cdot \omega (2\alpha_1 - \alpha_2 - \alpha_3)(2\alpha_2 - \alpha_1 - \alpha_3)(2\alpha_3 - \alpha_1 - \alpha_2)$$

$$= (3\alpha_1 + a_1)(3\alpha_2 + a_1)(3\alpha_3 + a_1)$$
$$= -27 f\left(-\frac{a_1}{3}\right) = 9a_1 a_2 - 2a_1^3 - 27a_3 = A.$$

また,

$$UV = \alpha_1^2 + \alpha_2^2 + \alpha_3^2 + (\omega + \omega^2)\alpha_1\alpha_2 + (\omega + \omega^2)\alpha_1\alpha_3 + (\omega + \omega^2)\alpha_2\alpha_3$$
$$= \alpha_1^2 + \alpha_2^2 + \alpha_3^2 - \alpha_1\alpha_2 - \alpha_1\alpha_3 - \alpha_2\alpha_3$$
$$= (\alpha_1 + \alpha_2 + \alpha_3)^2 - 3(\alpha_1\alpha_2 + \alpha_1\alpha_3 + \alpha_2\alpha_3) = a_1^2 - 3a_2.$$

したがって, $U^3 V^3 = B^3$ である. □

補題 4.4.3 より U^3, V^3 は 2 次方程式

$$(4.4.4) \qquad\qquad t^2 - At + B^3 = 0$$

の解である. したがって,

$$U^3, V^3 = \frac{A \pm \sqrt{A^2 - 4B^3}}{2}$$

となる. 方程式 (4.4.4) を 3 次方程式 $f(x) = 0$ の**分解方程式**という.

$\sqrt{A^2 - 4B^3}$ は 2 乗が $A^2 - 4B^3$ になる元と解釈する. よって, $\sqrt{A^2 - 4B^3}$ には二通りの選択肢がある. だから,

$$(4.4.5) \qquad U^3 = \frac{A + \sqrt{A^2 - 4B^3}}{2}, \qquad V^3 = \frac{A - \sqrt{A^2 - 4B^3}}{2}$$

としてかまわない.

(4.4.2), (4.4.5) により $f(x)$ の根がべき根により求まったが, α_1 だけ明示的に書くと,

$$(4.4.6) \qquad \boldsymbol{\alpha_1 = \frac{1}{3}\left(\sqrt[3]{\frac{A + \sqrt{A^2 - 4B^3}}{2}} + \sqrt[3]{\frac{A - \sqrt{A^2 - 4B^3}}{2}} - a_1 \right).}$$

なお, $UV = B$ なので, 上の二つの 3 乗根は積が B となるように選ぶ.

次に 4 次方程式を考える.

$$(4.4.7) \qquad \begin{aligned} f(x) &= (x - \alpha_1)(x - \alpha_2)(x - \alpha_3)(x - \alpha_4) \\ &= x^4 + a_1 x^3 + a_2 x^2 + a_3 x + a_4 \end{aligned}$$

とおく. 3 次方程式の場合と同様に

$$a_1 = -\sum_i \alpha_i, \qquad\qquad a_2 = \sum_{i<j} \alpha_i\alpha_j,$$
$$a_3 = -\sum_{i<j<k} \alpha_i\alpha_j\alpha_k, \qquad a_4 = \alpha_1\alpha_2\alpha_3\alpha_4$$

となる.

$$\tau_1 = \alpha_1\alpha_2 + \alpha_3\alpha_4, \quad \tau_2 = \alpha_1\alpha_3 + \alpha_2\alpha_4, \quad \tau_3 = \alpha_1\alpha_4 + \alpha_2\alpha_3$$

として $g(x) = (x - \tau_1)(x - \tau_2)(x - \tau_3)$ とおく.

命題 4.4.8　$g(x) = x^3 + b_1 x^2 + b_2 x + b_3$ と表すと,

$$b_1 = -a_2, \quad b_2 = a_1 a_3 - 4a_4, \quad b_3 = -a_4(a_1^2 - 4a_2) - a_3^2.$$

証明　$-b_1 = \tau_1 + \tau_2 + \tau_3 = \sum_{i<j} \alpha_i\alpha_j = a_2$ は明らかである. b_2, b_3 は

$$b_2 = \tau_1\tau_2 + \tau_1\tau_3 + \tau_2\tau_3 = \sum_{\substack{i<j \\ k \neq i,j}} \alpha_i\alpha_j\alpha_k^2$$

$$= \left(\sum_{i<j<k} \alpha_i\alpha_j\alpha_k \right)\left(\sum_l \alpha_l \right) - 4\alpha_1\alpha_2\alpha_3\alpha_4$$

$$= a_1 a_3 - 4a_4,$$

$$-b_3 = \tau_1\tau_2\tau_3 = \left(\sum_i \alpha_i^2 \right)\alpha_1\alpha_2\alpha_3\alpha_4 + \sum_{i<j<k} \alpha_i^2\alpha_j^2\alpha_k^2$$

$$= a_4(a_1^2 - 2a_2) + a_3^2 - 2a_2 a_4 = a_4(a_1^2 - 4a_2) + a_3^2$$

となる.　□

方程式 $g(y) = 0$ のことを 4 次方程式 $f(x) = 0$ の **3 次の分解方程式**という. 3 次方程式の解をべき根を使って表せることはわかっているので, τ_1, τ_2, τ_3 はべき根を使って表すことができる.

変数変換 $x \to x - \dfrac{a_1}{4}$ により $a_1 = 0$ とできるので,**以下の議論では $a_1 = 0$ と仮定する**. この仮定のもとでは

$$b_1 = -a_2, \quad b_2 = -4a_4, \quad b_3 = 4a_2 a_4 - a_3^2$$

である.

$\alpha_1 + \alpha_2 = t,\ \alpha_3 + \alpha_4 = s$ とおくと, $t + s = -a_1 = 0$ である.

$$ts = \alpha_1\alpha_3 + \alpha_2\alpha_4 + \alpha_1\alpha_4 + \alpha_2\alpha_3 = \tau_2 + \tau_3$$

なので, t, s は 2 次方程式 $x^2 + (\tau_2 + \tau_3) = 0$ の解である. よって,

$$(4.4.9) \qquad \alpha_1 + \alpha_2 = \sqrt{-(\tau_2 + \tau_3)}, \quad \alpha_3 + \alpha_4 = -\sqrt{-(\tau_2 + \tau_3)}$$

としてよい. 同様にして,

$$(4.4.10) \quad \begin{aligned} \alpha_1+\alpha_3 = \sqrt{-(\tau_1+\tau_3)}, \quad & \alpha_2+\alpha_4 = -\sqrt{-(\tau_1+\tau_3)}, \\ \alpha_1+\alpha_4 = \sqrt{-(\tau_1+\tau_2)}, \quad & \alpha_2+\alpha_3 = -\sqrt{-(\tau_1+\tau_2)} \end{aligned}$$

としてよい. これらと等式 $\alpha_1+\cdots+\alpha_4 = -a_1 = 0$ より,

$$\alpha_1 = \frac{1}{2}\left(\sqrt{-(\tau_2+\tau_3)}+\sqrt{-(\tau_1+\tau_3)}+\sqrt{-(\tau_1+\tau_2)}\right),$$

$$\alpha_2 = \frac{1}{2}\left(\sqrt{-(\tau_2+\tau_3)}-\sqrt{-(\tau_1+\tau_3)}-\sqrt{-(\tau_1+\tau_2)}\right),$$

$$\alpha_3 = \frac{1}{2}\left(-\sqrt{-(\tau_2+\tau_3)}+\sqrt{-(\tau_1+\tau_3)}-\sqrt{-(\tau_1+\tau_2)}\right),$$

$$\alpha_4 = \frac{1}{2}\left(-\sqrt{-(\tau_2+\tau_3)}-\sqrt{-(\tau_1+\tau_3)}+\sqrt{-(\tau_1+\tau_2)}\right)$$

となる.

ただし,

$$\begin{aligned} (\alpha_1+\alpha_2)&(\alpha_1+\alpha_3)(\alpha_1+\alpha_4) \\ &= \alpha_1^3+(\alpha_2+\alpha_3+\alpha_4)\alpha_1^2+(\alpha_2\alpha_3+\alpha_2\alpha_4+\alpha_3\alpha_4)\alpha_1+\alpha_2\alpha_3\alpha_4 \\ &= (\alpha_2\alpha_3+\alpha_2\alpha_4+\alpha_3\alpha_4)\alpha_1+\alpha_2\alpha_3\alpha_4 = -a_3 \end{aligned}$$

なので,

$$\sqrt{-(\tau_2+\tau_3)}\sqrt{-(\tau_1+\tau_3)}\sqrt{-(\tau_1+\tau_2)} = -a_3.$$

よって, $\sqrt{-(\tau_2+\tau_3)}$ などはこの条件を満たすように選ばなければならない. これで 4 次方程式の解がべき根で記述できた.

上で解説したべき根による 3, 4 次方程式の解法は, ガロア理論により, 以下のように解釈できる. K を $\omega = (-1+\sqrt{-3})/2$ を含む標数 0 の体とする. よって, $\sqrt{-3} \in K$ である.

まず 3 次方程式について考える. $f(x)$ を (4.4.1) の 3 次多項式, $\alpha_1, \alpha_2, \alpha_3$ をその根, $L = K(\alpha_1, \alpha_2, \alpha_3)$ とする. $G = \mathrm{Gal}(L/K) = \mathfrak{S}_3$ と仮定する. $H = \langle (123) \rangle$ は G の正規部分群であり, $G/H \cong \mathbb{Z}/2\mathbb{Z}$ である. 補題 4.4.3 の A, B に対し, $D = (\alpha_1-\alpha_2)^2(\alpha_1-\alpha_3)^2(\alpha_2-\alpha_3)^2$ とおくと,

$$\begin{aligned} A^2-4B^3 &= (U^3-V^3)^2 = [(U-V)(U-\omega V)(U-\omega^2 V)]^2 \\ &= [(\omega-\omega^2)(1-\omega)(1-\omega^2)(\alpha_2-\alpha_3)(\alpha_1-\alpha_2)(\alpha_1-\alpha_3)]^2 \\ &= -27D. \end{aligned}$$

$\sqrt{D}$ は (123) では不変だが, (12) では不変ではないので, $K(\sqrt{D})$ が H に対

応する中間体である. $M = K(\sqrt{-3D}) = K(\sqrt{D})$ とおくと ($\sqrt{-3} \in K$ に注意),
解の形 (4.4.6) より, L は M に 3 乗根を添加して得られる. 図にすると, 下の
ようになる.

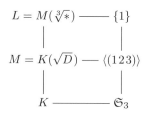

このように, $\mathfrak{S}_3$ は可解群であり, 部分群の列 $\mathfrak{S}_3 \supset H \supset \{1\}$ に添加するべき
根の形が対応していることがわかる.

　次に 4 次方程式について考える. $f(x)$ を (4.4.7) の 4 次多項式, $\alpha_1, \alpha_2, \alpha_3, \alpha_4$
をその根, $L = K(\alpha_1, \alpha_2, \alpha_3, \alpha_4)$ とする. $G = \mathrm{Gal}(L/K) = \mathfrak{S}_4$ と仮定する.

　4 次方程式のべき根による解法では, 最初に τ_1, τ_2, τ_3 を考えて, これらの満た
す 3 次方程式を解いた. $M = K(\tau_1, \tau_2, \tau_3)$ とおくと, $\alpha_1, \cdots, \alpha_4$ は M に二つの
平方根を添加して得られる体の元になる. $N = \{1, (12)(34), (13)(24), (14)(23)\}$
をクラインの四元群 (例 I–4.2.5) とすると, N は τ_1, τ_2, τ_3 に自明に作用する.
つまり, N は制限写像 $\phi: \mathrm{Gal}(L/K) \to \mathrm{Gal}(M/K)$ の核に含まれる.

　$(12), (23)$ はそれぞれ $(23), (12)$ に対応するので, ϕ は全射で $\mathrm{Gal}(M/K) \cong$
$\mathfrak{S}_3$ である. すると, $|\mathrm{Ker}(\phi)| = 4$ となるので, $\mathrm{Ker}(\phi) = N$ である. したがっ
て, N が中間体 M に対応する部分群である. $N \lhd G$ で $G/N \cong \mathfrak{S}_3$ である
(例 I–4.2.5). τ_1, τ_2, τ_3 は命題 4.4.8 の $g(x)$ の根である. τ_1, τ_2, τ_3 の判別式を
D, $F = K(\sqrt{D})$ とすると, 3 次方程式の場合により, τ_1, τ_2, τ_3 は $F = K(\sqrt{D})$
に F の元の 3 乗根を添加して得られる体の元になる. F は M の中間体とし
ては, 部分群 $\langle (123) \rangle$ に対応するが, L の中間体としては, 部分群 $\langle N, (123) \rangle$
に対応する. $N \subsetneq \langle N, (123) \rangle \subset A_4$ であり, $(A_4 : N) = 3$ は素数なので, $A_4 =$
$\langle N, (123) \rangle$ である. G は部分群の列 $G \supset A_4 \supset N \supset \{1\}$ を持ち, $A_4 \lhd G$, $N \lhd$
A_4, $G/A_4 \cong \mathbb{Z}/2\mathbb{Z}$, $A_4/N \cong \mathbb{Z}/3\mathbb{Z}$, $N \cong \mathbb{Z}/2\mathbb{Z} \times \mathbb{Z}/2\mathbb{Z}$ である. このように $\mathfrak{S}_4$
は可解群であり, この部分群の列に, 次の図のように中間体が対応する.

$$L = M(\sqrt{*}, \sqrt{*}) \text{———} \{1\}$$

$$M = F(\sqrt[3]{*}) \text{———} N$$

$$F = K(\sqrt{D}) \text{———} A_4$$

$$K \text{———} \mathfrak{S}_4$$

　3 次方程式，4 次方程式のべき根による解法は，このようにガロア理論により解釈できるのである．

4.5　3 次多項式のガロア群

　この節では次の状況を考える．

　仮定 4.5.1　K を体，$\alpha_1, \alpha_2, \alpha_3 \in \overline{K}$ を相異なる元で

(4.5.2)
$$\begin{aligned} f(x) &= x^3 + a_1 x^2 + a_2 x + a_3 \in K[x] \\ &= (x-\alpha_1)(x-\alpha_2)(x-\alpha_3) \end{aligned}$$

とする．また，$f(x)$ は K 上既約，$L = K(\alpha_1, \alpha_2, \alpha_3)$ とすると，L は $f(x)$ の K 上の最小分解体である．　　　　　　　　　　　　　　　　◇

　以下，$\mathrm{Gal}(L/K)$ を決定する方法について解説する．

　$\mathfrak{S}_3$ はただ一つの指数 2 の部分群を持つので，$\mathrm{Gal}(L/K) \cong \mathfrak{S}_3$ なら L に含まれる K の 2 次拡大がただ一つある．それを M とする．まず 2 次の多項式 $g(y)$ で，$\mathrm{Gal}(L/K) \cong \mathfrak{S}_3$ なら $g(y)$ の K 上の最小分解体が M であるものを構成する．

(4.5.3)　　　　$\beta_1 = \alpha_1^2 \alpha_2 + \alpha_2^2 \alpha_3 + \alpha_3^2 \alpha_1, \quad \beta_2 = \alpha_1 \alpha_2^2 + \alpha_2 \alpha_3^2 + \alpha_3 \alpha_1^2$

とおき，$g(y)$ を β_1, β_2 を根とする多項式

(4.5.4)　　　　　　　　$g(y) = (y - \beta_1)(y - \beta_2)$

と定義する．

$$b_1 = a_1 a_2 - 3a_3, \quad b_2 = a_2^3 + 9a_3^2 - 6a_1 a_2 a_3 + a_1^3 a_3$$

とおく.

> **命題 4.5.5**　b_1, b_2 を上で定義すると, $g(y) = y^2 + b_1 y + b_2$.

証明　s_1, s_2, s_3 を $\alpha_1, \alpha_2, \alpha_3$ の基本対称式とすると, $s_1 = -a_1$, $s_2 = a_2$, $s_3 = -a_3$ である.

$\beta_1 + \beta_2 = \sum_{i \neq j} \alpha_i^2 \alpha_j = s_1 s_2 - 3 s_3$ はやさしい. これを使い,

$$\sum_{i \neq j} \alpha_i^3 \alpha_j^3 = s_2^3 - 6 s_3^2 - 3 s_3 \sum_{i \neq j} \alpha_i^2 \alpha_j = s_2^3 - 6 s_3^2 - 3 s_3 (s_1 s_2 - 3 s_3)$$
$$= s_2^3 - 3 s_1 s_2 s_3 + 3 s_3^2,$$

$$\sum_i \alpha_i^3 = s_1^3 - 3 \sum_{i \neq j} \alpha_i^2 \alpha_j - 6 s_3 = s_1^3 - 3 (s_1 s_2 - 3 s_3) - 6 s_3$$
$$= s_1^3 - 3 s_1 s_2 + 3 s_3$$

となる. よって,

$$\beta_1 \beta_2 = \sum_{i \neq j} \alpha_i^3 \alpha_j^3 + 3 s_3^2 + s_3 \sum_i \alpha_i^3$$
$$= s_2^3 - 3 s_1 s_2 s_3 + 3 s_3^2 + 3 s_3^2 + s_3 (s_1^3 - 3 s_1 s_2 + 3 s_3)$$
$$= s_2^3 + 9 s_3^2 - 6 s_1 s_2 s_3 + s_1^3 s_3.$$

$s_1 = -a_1, s_2 = a_2, s_3 = -a_3$ なので, 命題が従う. □

$a_1, a_2, a_3 \in K$ なので, $g(y) \in K[y]$ である.

定義 4.5.6　$g(y)$ を $f(x)$ の **2 次の補助多項式**という.　　　◇

> **命題 4.5.7**　$\Delta(f) = \Delta(g) = b_1^2 - 4 b_2$ である.

証明　β_1, β_2 の定義 (4.5.3) より

$$\beta_1 - \beta_2 = \alpha_1 \alpha_2 (\alpha_1 - \alpha_2) + \alpha_3 (\alpha_2 + \alpha_1)(\alpha_2 - \alpha_1) + \alpha_3^2 (\alpha_1 - \alpha_2)$$
$$= (\alpha_1 - \alpha_2)(\alpha_1 \alpha_2 - \alpha_3 (\alpha_2 + \alpha_1) + \alpha_3^2)$$
$$= (\alpha_1 - \alpha_2)(\alpha_3 - \alpha_1)(\alpha_3 - \alpha_2) = \delta(\alpha_1, \alpha_2, \alpha_3)$$

である. したがって, $\Delta(g) = (\beta_1 - \beta_2)^2 = \delta(\alpha_1, \alpha_2, \alpha_3)^2 = \Delta(f)$ となる. □

注 **4.5.8** (4.4.4) の 2 次方程式は根号による解を求めるのには都合がよいが,
体の標数が 2, 3 の場合の振る舞いがよくない. 上の $g(y)$ はすべての標数で
$f(x)$ の最小分解体のガロア群を決定するのに用いることができる. ◇

以下, $\mathrm{Gal}(L/K)$ を $\mathfrak{S}_3$ の部分群とみなす. 命題 4.1.12 より $\mathrm{Gal}(L/K)$ は
$\{\alpha_1, \alpha_2, \alpha_3\}$ に推移的に作用する.

命題 4.5.9 $\mathfrak{S}_3$ の部分群が $\{1,2,3\}$ に推移的に作用すれば, $\mathfrak{S}_3$ または
$\langle (123) \rangle \cong \mathbb{Z}/3\mathbb{Z}$ である.

証明 $\mathfrak{S}_3$ の部分群 H が $\{1,2,3\}$ に推移的に作用すれば, $|H| \geqq 3$ である.
演習問題 I–2.8.4 より H は $\mathfrak{S}_3$ または $\langle (123) \rangle \cong \mathbb{Z}/3\mathbb{Z}$ である. これらの部分
群は $\{1,2,3\}$ に推移的に作用する. □

命題 4.5.10 仮定 4.5.1 の状況で, 次の (1), (2) が成り立つ.

(1) $\mathrm{Gal}(L/K) \cong \mathfrak{S}_3$ なら, $g(y)$ は K 上既約である. このとき, $\mathfrak{S}_3$ の
任意の互換により, $g(y)$ の二つの根は交換される.

(2) $\mathrm{Gal}(L/K) \cong \mathbb{Z}/3\mathbb{Z}$ なら, $g(y)$ は K 上可約である.

証明 (1) ここでも β_1, β_2 を (4.5.3) で定義された元とする. f が分離多項
式なので, 命題 4.5.7 より, $\beta_1 \neq \beta_2$ である.

$\sigma = (12) \in \mathrm{Gal}(L/K)$ であり, $\sigma(\beta_1) = \beta_2$ となるので, β_1, β_2 はガロア群の
元 σ で不変でない. よって, $\beta_1, \beta_2 \notin K$ である. したがって, $g(y)$ は K 上既
約な多項式である. (123) は β_1, β_2 を固定する. 三つの互換は $\langle (123) \rangle = A_3$ に
関して同じ剰余類に入るので, 任意の互換は β_1, β_2 を交換する.

(2) β_1, β_2 は (123) で不変なので, K の元である. □

注 3.3.19 より, 上の命題の (1), (2) 両方の逆が成り立ち, 次の定理が従う.

定理 4.5.11 仮定 4.5.1 の状況で, 次の (1), (2) が成り立つ.

(1) $g(y)$ が K 上既約なら, $\mathrm{Gal}(L/K) \cong \mathfrak{S}_3$ である.

(2) $g(y)$ が K 上可約なら, $\mathrm{Gal}(L/K) \cong \mathbb{Z}/3\mathbb{Z}$ である.

> **系 4.5.12**　仮定 4.5.1 の状況でさらに $\mathrm{ch}\,K \neq 2$ と仮定する．このとき，$\mathrm{Gal}(L/K) \cong \mathfrak{S}_3, \mathbb{Z}/3/\mathbb{Z}$ であることは，それぞれ $\Delta(f) \notin (K^\times)^2$，$\Delta(f) \in (K^\times)^2$ と同値である．

証明　2 次の多項式が K 上既約であることと，K に根を持たないことは同値である．$\mathrm{ch}\,K \neq 2$ なので，$g(y)$ の根は $(a + \sqrt{\Delta(g)})/2\ (a \in K)$ という形である．$\Delta(g) = \Delta(f)$ なので，$\sqrt{\Delta(g)} \in K$ は $\Delta(f) \in (K^\times)^2$ と同値である．　　□

例 4.5.13 (3 次多項式のガロア群 1)　$f(x) = x^3 - 4x^2 + 2 \in \mathbb{Z}[x]$ とおく．これはアイゼンシュタインの判定法 ($p = 2$ として) により，$\mathbb{Q}$ 上既約な多項式である．この $f(x)$ に対し (4.5.4) の $g(y)$ を計算すると，$a_1 = -4$, $a_2 = 0$, $a_3 = 2$ なので，$g(y) = y^2 - 6y - 92 = (y-3)^2 - 101$ となり，これは $\mathbb{Q}$ 上既約である．したがって，$f(x)$ の最小分解体を L とするとき，$\mathrm{Gal}(L/\mathbb{Q}) \cong \mathfrak{S}_3$ である．　◇

例 4.5.14 (3 次多項式のガロア群 2)　$f(x) = x^3 - 6x + 2 \in \mathbb{Z}[x]$ とおく．やはり，アイゼンシュタインの判定法 ($p = 2$) で $f(x)$ は $\mathbb{Q}$ 上既約である．$\Delta(f) = 4 \cdot 6^3 - 27 \cdot 2^2 = 27 \cdot 2^2 (8-1) = 2^2 \cdot 3^3 \cdot 7 \notin (\mathbb{Q}^\times)^2$ なので，L が $f(x)$ の $\mathbb{Q}$ 上の最小分解体なら，$\mathrm{Gal}(L/\mathbb{Q}) \cong \mathfrak{S}_3$ である．　◇

例 4.5.15 (3 次多項式のガロア群 3)　p を素数，$A = \mathbb{F}_p[t]$, $K = \mathbb{F}_p(t)$, $f(x) = x^3 - t \in A[x]$, L を f の K 上の最小分解体とする．A は UFD で t は A の素元なので，アイゼンシュタインの判定法より $f(x)$ は K 上既約である．(4.3.10) より $\Delta(f) = -27t^2$. $p = 5$ なら $\Delta(f) = 3t^2$. $3 \notin (\mathbb{F}_5^\times)^2$ なので，$\mathrm{Gal}(L/K) \cong \mathfrak{S}_3$ である．$p = 7$ なら $\Delta(f) = t^2$. よって，$\mathrm{Gal}(L/K) \cong \mathbb{Z}/3\mathbb{Z}$ である．　◇

　最後に，4.4 節で復習した 3, 4 次方程式の解法と，この節で述べた 3 次多項式のガロア群の求め方との関係について解説する．4.4 節では 3 次方程式を解くために，

$$\omega = (-1 + \sqrt{-3})/2,$$
$$U = \alpha_1 + \omega\alpha_2 + \omega^2\alpha_3, \quad V = \alpha_1 + \omega^2\alpha_2 + \omega\alpha_3$$

とおき，U^3, V^3 を根に持つ 2 次の多項式を対応させた．β_1, β_2 を (4.5.3) で定義された元とすると，

$$U^3 = \alpha_1^3 + \alpha_2^3 + \alpha_3^3 + 6\alpha_1\alpha_2\alpha_3 + 3\omega\beta_1 + 3\omega^2\beta_2,$$

$$V^3 = \alpha_1^3 + \alpha_2^3 + \alpha_3^3 + 6\alpha_1\alpha_2\alpha_3 + 3\omega^2\beta_1 + 3\omega\beta_2$$

となる.

$$\alpha_1^3 + \alpha_2^3 + \alpha_3^3 + 6\alpha_1\alpha_2\alpha_3 = (\alpha_1 + \alpha_2 + \alpha_3)^3 - 3\sum_{i \neq j}\alpha_i^2\alpha_j$$

$$= -a_1^3 - 3(-a_1a_2 - 3(-a_3))$$

$$= -a_1^3 + 3a_1a_2 - 9a_3 \in K$$

なので, U^3, V^3 を根とする 2 次多項式は, $\omega\beta_1 + \omega^2\beta_2$, $\omega^2\beta_1 + \omega\beta_2$ を根とする 2 次多項式と本質的に同じである.

　$\mathrm{ch}\,K \neq 2$ なら, $D = \Delta(f)$ が平方かどうかで $f(x)$ のガロア群が決定できるが, $\mathrm{ch}\,K = 2$ なら, それはできない. $f(x)$ に 2 次多項式を対応させることを考える. U^3, V^3 を考えるためには, そもそも 1 の 3 乗根を考えているため, $\mathrm{ch}\,K \neq 3$ でなければならない. したがって, U^3, V^3 の満たす方程式は, 3 次方程式をべき根で解くという観点からは都合がよいが, ガロア群の決定という観点からは都合が悪い. また, U^3, V^3 は K 上 $K(\sqrt{-3D})$ を生成するので, 判別式が $\Delta(f)$ と一致しないという欠点もある. そのため, ガロア群の決定のために $g(y)$ を使うことにした.

　$g(y)$ は $\mathrm{Gal}(L/K)$ を決定するという目的のためには都合がよいが, 欠点もある. 3 次多項式は $f(x)$ の代わりに $u^3 + a_1u^2v + a_2uv^2 + a_3v^3$ のような斉次式を考えるほうがある意味では都合がよい. 例 III–5.1.9 で解説するが, u^3 の係数も 1 ではなく a_0 とおくと, 2 変数 2 次形式, 3 次形式の空間には, $\mathrm{GL}_2(K)$ が作用する. 第 3 巻の演習問題 III–4.9.1, III–4.9.2 とするが, 2 変数 3 次形式 $f(u,v)$ に対して 2 変数 2 次形式 $H(f)(u,v)$ を対応させ, $g \in \mathrm{GL}_2(K)$ なら, $H(gf) = (\det g)^2 g H(f)$ となるようにできる. 「表現論的な」考察より 2 変数 3 次形式 $f(u,v)$ に対して, $\mathrm{GL}_2(K)$ の作用と整合性があるように 2 変数 2 次形式を対応させるには, この $H(f)$ 以外にないと推察される.

　演習問題 III–4.9.1, III–4.9.2 を使うと, $f(x,1)$ が $\alpha_1, \alpha_2, \alpha_3$ を根に持てば, $H(f)(x,1)$ は

(4.5.16)
$$-\frac{\alpha_2\alpha_3 + \omega\alpha_1\alpha_3 + \omega^2\alpha_1\alpha_2}{\alpha_1 + \omega\alpha_2 + \omega^2\alpha_3}, \quad -\frac{\alpha_2\alpha_3 + \omega^2\alpha_1\alpha_3 + \omega\alpha_1\alpha_2}{\alpha_1 + \omega^2\alpha_2 + \omega\alpha_3}$$

を根に持つことがわかる．分母と分子にそれぞれ $\alpha_1+\omega^2\alpha_2+\omega\alpha_3$, $\alpha_1+\omega\alpha_2+\omega^2\alpha_3$ をかけると，$A = \alpha_1^2+\alpha_2^2+\alpha_3^2-\alpha_1\alpha_2-\alpha_1\alpha_3-\alpha_2\alpha_3 = a_1^2-3a_2$ として，(4.5.16) はそれぞれ

$$\frac{3a_3-\omega^2\beta_1-\omega\beta_2}{A}, \quad \frac{3a_3-\omega\beta_1-\omega^2\beta_2}{A},$$

となる．これらは本質的に V^3, U^3 と同じであるが，g の根とは異なる．

だから，3 次の多項式に 2 次の多項式を対応させ，判別式が変わらず，かつ $GL_2(K)$ の作用と整合性があるようにすることは期待できない．なお，2 変数 3 次形式の空間に対しては「ゼータ関数」というものを定義することができるが，$H(f)$ の判別式がずれることは，この「ゼータ関数」が「余分な関数等式を持つ」という事実とも関係している (第 3 巻の演習問題 III–4.9.2 の略解参照)．

次節と 4.17 節では 4 次多項式のガロア群について解説する．$\alpha_1,\alpha_2,\alpha_3,\alpha_4$ を根とする 4 次多項式のガロア群を決定する際には，4.4 節の τ_1,τ_2,τ_3 を根とする 3 次多項式を対応させて考察する．これはべき根による解法でも同じであり，このステップでは，この節と 4.4 節の違いのようなことは起きない．だから，4 次多項式のガロア群の決定で，べき根による 4 次方程式の解法との違いが起きるのは，3 次多項式による部分だけである．

4.6　4 次多項式のガロア群 I

この節では次の状況を考える．

仮定 4.6.1　K を体，$\alpha_1,\alpha_2,\alpha_3,\alpha_4 \in \overline{K}$ を相異なる元で

$$(4.6.2) \quad \begin{aligned} f(x) &= x^4+a_1x^4+a_2x^2+a_3x+a_4 \in K[x] \\ &= (x-\alpha_1)(x-\alpha_2)(x-\alpha_3)(x-\alpha_4) \end{aligned}$$

とする．また，$f(x)$ は K 上既約で，$L = K(\alpha_1,\alpha_2,\alpha_3,\alpha_4)$ を f の K 上の最小分解体とする．　　　　　　　　　　　　　　　　　　　　　　　　◇

以下，$\mathrm{Gal}(L/K)$ を決定する方法について解説する．しかし，すべての場合を $\mathrm{ch}\,K$ に関する制限なしに考察するのには，クンマー理論 (4.10, 4.15 節) やアルティン–シュライアー理論 (4.16 節) が必要となる．ここでは，一般的な方法とこれらの理論を必要としない例について解説する．これらの理論を必要と

する例については, 4.17 節で解説する.

Gal(L/K) は $\mathfrak{S}_4$ の部分群とみなせるが, 命題 4.1.12 より, このような **Gal(L/K) として現れる部分群は集合 $\{1,2,3,4\}$ に推移的に作用する**. そこで Gal(L/K) となりうる $\mathfrak{S}_4$ の部分群の可能性を決定する.

命題 4.6.3　$H \subset \mathfrak{S}_4$ が $\{1,2,3,4\}$ に推移的に作用する部分群なら, 次のいずれかが成り立つ.

(1)　$H = \mathbf{\mathfrak{S}_4}, \mathbf{A_4}, \langle(\mathbf{12})(\mathbf{34}), (\mathbf{13})(\mathbf{24})\rangle$.

(2)　H は $\langle(1234),(24)\rangle, \langle(1342),(23)\rangle, \langle(1423),(34)\rangle$ のどれかである. これらはすべて $\mathbf{D_4} = \langle(\mathbf{1234}),(\mathbf{24})\rangle$ に共役である.

(3)　H は $\langle(1234)\rangle, \langle(1342)\rangle, \langle(1423)\rangle$ のどれかである. これらはすべて $\langle(\mathbf{1234})\rangle$ に共役である.

証明　$|\mathfrak{S}_4| = 24$ なので, $|H| = 1,2,3,4,6,8,12,24$ である. H は $\{1,2,3,4\}$ に推移的に作用するので, 1 の安定化群を K とすると, $|H|/|K| = 4$ である. したがって, $|H|$ は 4 の倍数であり, $|H|$ の可能性は $4,8,12,24$ である.

命題 I–4.4.4 より, $|H| = 4$ なら H はアーベル群である. したがって, $H \cong \mathbb{Z}/4\mathbb{Z}$ または $\mathbb{Z}/2\mathbb{Z} \times \mathbb{Z}/2\mathbb{Z}$ である. $\mathfrak{S}_4$ の位数 4 の元は

$$(1234), (1432), (1342), (1243), (1423), (1324)$$

であり, これらの元のうちのどれかで生成された群は (3) の三つである. 上の元はすべて共役なので, $H \cong \mathbb{Z}/4\mathbb{Z}$ なら (3) が成り立つ.

$H \cong \mathbb{Z}/2\mathbb{Z} \times \mathbb{Z}/2\mathbb{Z}$ の場合を考える. $\mathfrak{S}_4$ の位数 2 の元は (12) または $(12)(34)$ と共役である. H が互換を含むと仮定する. 共役を考えることにより, $(12) \in H$ としてよい. $\sigma \in H$ なら, $(12)\sigma(12) = \sigma$ である. よって, $(\sigma(1)\sigma(2)) = \sigma(12)\sigma^{-1} = (12)$ なので $\sigma(1) = 1,2$ である. したがって, H は $\{1,2,3,4\}$ に推移的に作用しない. これは矛盾なので, H は互換を含まない. したがって, $H = \{1, (12)(34), (13)(24), (14)(23)\}$ である.

$|H| = 8$ なら, H は $\mathfrak{S}_4$ のシロー 2 部分群である. $D_4 = \langle(1234),(24)\rangle$ は $\mathfrak{S}_4$ のシロー 2 部分群だが, シロー 2 部分群はすべて共役なので, H はこの D_4 に共役である. $|D_4| = 8$ なので, D_4 の共役の数は $24/8 = 3$ の約数である. $(234)(1234)(234)^{-1} = (1342) \notin D_4$ なので, D_4 は $\mathfrak{S}_4$ の正規部分群ではな

い. よって, D_4 の共役の数は 3 である. (234),(243) での共役により, (2) の三つの部分群を得る.

$|H| = 12$ なら, $(\mathfrak{S}_4 : H) = 2$ なので, 演習問題 I–2.8.2 より H は $\mathfrak{S}_4$ の正規部分群である. もし H が互換を含めば, H はすべての互換を含む. $\mathfrak{S}_4$ は互換で生成されているので, $H = \mathfrak{S}_4$ である. よって, H は互換を含まない. $\mathfrak{S}_4/H \cong \mathbb{Z}/2\mathbb{Z}$ である. σ,τ が互換なら, $\sigma,\tau \notin H$ なので, $\tau \in \sigma H$ となり, $\sigma\tau \in H$ である. A_4 の元は偶数個の互換の積である. したがって, $A_4 \subset H$ となるが, $|A_4| = 12$ なので, $H = A_4$ である. □

4 次方程式をべき根で解くために 3 次方程式を解く必要があったように, 4 次多項式のガロア群を決定するのにも, 3 次多項式を対応させる必要がある. そこで

$$(4.6.4) \quad \tau_1 = \alpha_1\alpha_2 + \alpha_3\alpha_4, \quad \tau_2 = \alpha_1\alpha_3 + \alpha_2\alpha_4, \quad \tau_3 = \alpha_1\alpha_4 + \alpha_2\alpha_3,$$
$$g(y) = (y - \tau_1)(y - \tau_2)(y - \tau_3) = y^3 + b_1 y^2 + b_2 y + b_3$$

とおく. 命題 4.4.8 と同様の計算で

$$b_1 = -a_2, \quad b_2 = a_1 a_3 - 4a_4, \quad b_3 = -a_4(a_1^2 - 4a_2) - a_3^2 \in K$$

であることがわかる. なお, 4.4 節では $\mathbb{C}$ 上で考えたが, 命題 4.4.8 の証明は任意の体上で成り立つことに注意する.

定義 4.6.5 $g(y) = 0$ を $f(x)$ の **3 次の分解方程式**という. ◇

補題 I–3.1.9 と同様に $\Delta(f) = \Delta(g)$ となる. $\alpha_1,\cdots,\alpha_4$ はすべて異なるので, τ_1,τ_2,τ_3 もすべて異なる.

$$(4.6.6) \quad h(z) = z^2 + c_1 z + c_2 = 0$$

を $g(y)$ の 2 次の補助多項式 (定義 4.5.6) とする. 命題 4.5.5 より,

$$c_1 = b_1 b_2 - 3b_3, \quad c_2 = b_2^3 + 9b_3^2 - 6b_1 b_2 b_3 + b_1^3 b_3 \in K.$$

命題 4.6.7 仮定 4.5.1 の状況で, 次の (1)–(4) が成り立つ.

(1) $\mathrm{Gal}(L/K) \cong \mathfrak{S}_4$ なら, $g(y), h(z)$ はともに K 上既約である.

(2) $\mathrm{Gal}(L/K) \cong A_4$ なら, $g(y)$ は K 上既約で $h(z)$ は K 上可約である.

(3)　$\mathrm{Gal}(L/K) \cong D_4, \mathbb{Z}/4\mathbb{Z}$ なら，$g(y)$ は K 上の 1 次式と K 上既約な 2 次式との積で $h(z)$ は K 上既約である.

(4)　$\mathrm{Gal}(L/K) \cong \mathbb{Z}/2\mathbb{Z} \times \mathbb{Z}/2\mathbb{Z}$ なら，$g(y), h(z)$ ともに K 上の 1 次式の積になる.

証明　$g(y)$ の K 上の最小分解体を M とすると，M は L に含まれる K のガロア拡大である. よって，$\mathrm{Gal}(L/K)$ から $\mathrm{Gal}(M/K)$ への自然な全射準同型 ϕ がある. なお，τ_1, τ_2, τ_3 は相異なることに注意する.

(1)　$\mathrm{Gal}(L/K) \cong \mathfrak{S}_4$ と仮定する. $N = \{1, (12)(34), (13)(24), (14)(23)\}$ をクラインの四元群とする. $\{\tau_1, \tau_2, \tau_3\}$ への置換表現により $\mathrm{Gal}(M/K)$ を $\mathfrak{S}_3$ の部分群とみなすと，簡単な計算により，

$$\phi((12)) = (23), \quad \phi((123)) = (132), \quad \phi((1234)) = (13), \quad N \subset \mathrm{Ker}(\phi)$$

であることがわかる. $\mathrm{Im}(\phi) \supset \langle \phi((12)), \phi((123)) \rangle = \langle (23), (132) \rangle = \mathfrak{S}_3$ なので，$\mathrm{Gal}(M/K) \cong \mathfrak{S}_3$ である. したがって，$g(y)$ は K 上既約な多項式である. 命題 4.5.10 (1) より，$h(z)$ も既約である.

(2)　$\mathrm{Gal}(L/K) \cong A_4$ と仮定する. クラインの四元群 N は A_4 の部分群で $\mathrm{Ker}(\phi)$ に含まれる. $(123) \in A_4$ であり，(1) の考察により $\phi((123)) = (132)$ である. よって，$\mathrm{Im}(\phi) \supset \langle (132) \rangle \cong \mathbb{Z}/3\mathbb{Z}$. したがって，$|\mathrm{Ker}(\phi)| \leq |A_4|/3 = 4$ である. $N \subset \mathrm{Ker}(\phi)$ なので，$N = \mathrm{Ker}(\phi)$, $\mathrm{Im}(\phi) \cong \mathbb{Z}/3\mathbb{Z}$ である.

$\mathbb{Z}/3\mathbb{Z}$ は $\{1, 2, 3\}$ に推移的に作用するので，$g(y)$ は K 上既約である. 命題 4.5.10 (2) より，$h(z)$ は K 上可約である.

(3)　もし $\mathrm{Gal}(L/K) = \langle (1234) \rangle$ なら，$\mathrm{Gal}(L/K)$ により τ_1, τ_3 が交換されるだけである. したがって，$g(y)$ は K 上の 1 次式と K 上既約な 2 次式の積となる. 命題 4.5.10 (2) の証明と同様にして，τ_1, τ_3 が交換されると，$h(z)$ の二つの根は交換されるので，$h(z)$ は K 上既約である.

もし $\mathrm{Gal}(L/K) = \langle (1234), (24) \rangle$ なら，(24) によりやはり τ_1, τ_3 が交換される. したがって，上の場合と同様に $g(y)$ は K 上の 1 次式と K 上既約な 2 次式の積で $h(z)$ は K 上既約となる.

(4)　(1)–(3) と同様に，クラインの四元群 N は $\mathrm{Ker}(\phi)$ に含まれるので，$\mathrm{Gal}(M/K) = \{1\}$ である. これは $M = K$ を意味する. よって，$g(y)$ は K 上 1 次式の積になる. また，$h(z)$ も K 上 1 次式の積になる. $\qquad \square$

命題 4.6.7 と注 3.3.19 より，次の定理を得る．

定理 4.6.8　$f(x) \in K[x]$ は 4 次の既約な分離多項式で，$g(y), h(z)$ は上のように定義された多項式，L を $f(x)$ の K 上の最小分解体とする．このとき，次の (1)–(4) が成り立つ．

(1)　$g(y), h(z)$ がともに K 上既約なら，$\mathrm{Gal}(L/K) \cong \mathfrak{S}_4$．

(2)　$g(y)$ が K 上既約で $h(z)$ が K 上可約なら，$\mathrm{Gal}(L/K) \cong A_4$．

(3)　$g(y)$ が K 上可約で $h(z)$ が K 上既約なら，$\mathrm{Gal}(L/K) \cong D_4$ または $\mathrm{Gal}(L/K) \cong \mathbb{Z}/4\mathbb{Z}$．

(4)　$g(y), h(z)$ がともに K 上可約なら，$\mathrm{Gal}(L/K) \cong \mathbb{Z}/2\mathbb{Z} \times \mathbb{Z}/2\mathbb{Z}$．

注 4.6.9　(4) では，「$g(y), h(z)$ がともに可約」という条件を「$g(y)$ が 1 次式の積になる」という条件に置き換えてもよい．　　　　　　　　◇

(3) の場合に $\mathrm{Gal}(L/K)$ が D_4 と $\mathbb{Z}/4\mathbb{Z}$ のどちらに同型か判定する方法を考える．以下，$\mathrm{ch}\,K \neq 2$ と仮定する．$\mathrm{ch}\,K = 2$ の場合は 4.17 節で解説する．

もし $\mathrm{Gal}(L/K)$ が $(1234), (1342), (1423)$ のどれかで生成されるなら，それぞれ $\tau_2, \tau_3, \tau_1 \in K$ である．したがって，$g(y)$ の根でただ一つの K の元であるものを τ_2 とすることにすれば，$\mathrm{Gal}(L/K) = \langle (1234) \rangle$ である．同様に，$\mathrm{Gal}(L/K) \cong D_4$ の場合も $g(y)$ の根でただ一つの K の元であるものを τ_2 とすることにすれば，$\mathrm{Gal}(L/K) = \langle (1234), (24) \rangle$ である．

以下，$\tau_2 \in K$ と仮定する．よって，$K(\tau_1) = K(\tau_3)$ は K の 2 次拡大である．

(4.6.10)
$$g(y) = (y^2 + d_1 y + d_2)(y - \tau_2)$$

と表しておく．つまり，$d_1 = -(\tau_1 + \tau_3)$, $d_2 = \tau_1 \tau_3 \,(\in K)$ である．

命題 4.6.11　定理 4.6.8 (3) の場合，次の (1), (2) は同値である．

(1)　$\mathrm{Gal}(L/K) \cong \mathbb{Z}/4\mathbb{Z}$．

(2)　次の二つの K 上の 2 次方程式
$$w^2 + a_1 w - d_1 = 0, \quad w^2 - \tau_2 w + a_4 = 0$$
のそれぞれが $K(\tau_1)$ に解を持つ．

証明　まず (1) が, $f(x)$ が $K(\tau_1)$ 上可約であることと同値であることを証明する.

$\mathrm{Gal}(L/K) \cong D_4$ と仮定する. $(1234)^2 = (13)(24)$, $(1234)(24) = (12)(34)$ なので, D_4 はクラインの四元群 N を含む. $\mathrm{Gal}(L/K)$ から $\mathrm{Gal}(K(\tau_1)/K)$ への自然な準同型は全射であり, 核が $\mathrm{Gal}(L/K(\tau_1))$ なので, $|\mathrm{Gal}(L/K(\tau_1))| = 4$ である. N の元は τ_1 を不変にし $|N| = 4$ なので, $\mathrm{Gal}(L/K(\tau_1)) = N$ である. N は $\{\alpha_1, \alpha_2, \alpha_3, \alpha_4\}$ に推移的に作用するので, $f(x)$ は $K(\tau_1)$ 上既約である.

$\mathrm{Gal}(L/K) \cong \mathbb{Z}/4\mathbb{Z}$ と仮定する. 上の場合と同様に $|\mathrm{Gal}(L/K(\tau_1))| = 2$ である. $(1234)^2 = (13)(24) \in \mathrm{Gal}(L/K(\tau_1))$ なので, $\mathrm{Gal}(L/K(\tau_1)) = \langle (13)(24) \rangle$ である. したがって, $(x-\alpha_1)(x-\alpha_3)$ と $(x-\alpha_2)(x-\alpha_4)$ は $K(\tau_1)[x]$ の元である. つまり, $(x-\alpha_1)(x-\alpha_3) \in K(\tau_1)[x]$ となるので, $f(x)$ は $K(\tau_1)$ 上可約である.

上で示したことにより, (1) と $(x-\alpha_1)(x-\alpha_3) \in K(\tau_1)[x]$ は同値である. これは $\alpha_1+\alpha_3, \alpha_1\alpha_3 \in K(\tau_1)$ と同値である. $t = \alpha_1+\alpha_3$, $s = \alpha_2+\alpha_4$ とおくと, $t+s = -a_1$, $ts = \tau_1+\tau_3 = -d_1$ なので, t, s は 2 次方程式 $w^2 + a_1 w - d_1 = 0$ の解である. また, $p = \alpha_1\alpha_3$, $q = \alpha_2\alpha_4$ とおくと $p+q = \tau_2$, $pq = a_4$ なので, p, q は 2 次方程式 $w^2 - \tau_2 w + a_4 = 0$ の解である. したがって, $(x-\alpha_1)(x-\alpha_3) \in K(\tau_1)[x]$ であることと, 2 次方程式 $w^2 + a_1 w - d_1 = 0$, $w^2 - \tau_2 w + a_4 = 0$ が $K(\tau_1)$ に解を持つことは同値である. □

上の命題の (2) をもう少し明示的に解釈する. $\mathrm{ch}\, K \neq 2$ と仮定する. 次の補題は 4.10, 4.15 節で一般化される.

補題 4.6.12　K を体, $\mathrm{ch}\, K \neq 2$, $A, B \in K^\times \setminus (K^\times)^2$ とするとき, $\sqrt{B} \in K(\sqrt{A})$ は $A/B \in (K^\times)^2$ と同値である.

証明　$A/B \in (K^\times)^2$ なら $\sqrt{B} \in K(\sqrt{A})$ であることは明らかである.

$\sqrt{B} \in K(\sqrt{A})$ と仮定する. すると $a, b \in K$ が存在し, $\sqrt{B} = a\sqrt{A}+b$ となる. これより $B = a^2 A + b^2 + 2ab\sqrt{A}$ となるが, $\sqrt{A} \notin K$ で $\mathrm{ch}\, K \neq 2$ なので, $ab = 0$ である. $a = 0$ なら $\sqrt{B} \in K$ となり, 矛盾である. よって, $b = 0$. すると, $a \neq 0$ であり, $B = a^2 A$ である. □

定理 **4.6.13**　定理 4.6.8 (3) の場合，$g(y)$ は (4.6.10) の形であるとする．$\mathrm{ch}\,K \neq 2$, $K(\tau_1) = K(\sqrt{A})$ とする．このとき，$\mathrm{Gal}(L/K) \cong \mathbb{Z}/4\mathbb{Z}$ であることと，$(a_1^2 + 4d_1)/A, (\tau_2^2 - 4a_4)/A \in (K^\times)^2 \cup \{0\}$ は同値である．

証明　命題 4.6.11 (2) の条件が満たされるのは，

$$\sqrt{a_1^2 + 4d_1}, \qquad \sqrt{\tau_2^2 - 4a_4} \in K(\sqrt{A})$$

のときである．補題 4.6.12 より，これは $(a_1^2 + 4d_1)/A, (\tau_2^2 - 4a_4)/A \in (K^\times)^2 \cup \{0\}$ と同値である．　　　　□

例 4.6.14 (4 次多項式のガロア群 1)　$f(x) = x^4 + 2x^2 - 6x - 2$ とする．アイゼンシュタインの判定法より，$f(x)$ は $\mathbb{Q}$ 上既約である．$g(y) = y^3 - 2y^2 + 8y - 52$ である．これはモニックなので，可約なら整数根を持つ．$y \in \mathbb{R}$ なら，

$$g'(y) = 3y^2 - 4y + 8 = 3\left(y - \frac{2}{3}\right)^2 + 8 - \frac{4}{3} > 0, \ g(3) = -19 < 0, \ g(4) = 12 > 0$$

となるので，$g(y) = 0$ の実数解は 3 と 4 の間に一つあるだけである．したがって，$g(y)$ は整数根を持たず，$\mathbb{Q}$ 上既約である．

$$h(z) = z^2 + 140z + 20272 = (z + 70)^2 + 15372$$

である．$15372 > 0$ なので，$h(z)$ も $\mathbb{Q}$ 上既約である．よって，$f(x)$ のガロア群は $\mathfrak{S}_4$ である．　　　　◇

例 4.6.15 (4 次多項式のガロア群 2)　$f(x) = x^4 + 3x^2 - 6x + 3$ とする．アイゼンシュタインの判定法より，$f(x)$ は $\mathbb{Q}$ 上既約である．

$$g(y) = y^3 - 3y^2 - 12y = y(y^2 - 3y - 12),$$
$$h(z) = z^2 + 36z - 12^3 = (z + 18)^2 - 18^2 - 12^3$$

となるが，$18^2 + 12^3 = 2^2 \cdot 3^3 (3 + 16) = 2^2 \cdot 3^3 \cdot 19$ は平方数ではないので，$h(z)$ は既約である．よって，$\mathrm{Gal}(L/K) \cong D_4$ または $\mathbb{Z}/4\mathbb{Z}$ である．

$g(y)$ の整数根は 0 である．それ以外の根は $\tau_1, \tau_3 = (3 \pm \sqrt{57})/2$ なので，$\mathbb{Q}(\tau_1) = \mathbb{Q}(\sqrt{57})$ である．$d_1 = -3$, $d_2 = -12$ である．$a_1 = 0$, $\tau_2 = 0$, $a_4 = 3$ なので，$a_1^2 + 4d_1 = -12$, $\tau_2^2 - 4a_4 = -12 \in \langle (\mathbb{Q}^\times)^2, 57 \rangle$ であるかどうかが問題になる．負の数は右辺の元ではないので，$\mathrm{Gal}(L/\mathbb{Q}) \cong D_4$ である．　　　　◇

例 4.6.16 (4 次多項式のガロア群 3) p を奇素数,$A = \mathbb{F}_p[t]$,$K = \mathbb{F}_p(t)$,$f(x) = x^4 - tx^2 + t$ とする.A は UFD で t は A の素元なので,アイゼンシュタインの判定法により,$f(x)$ は K 上既約である.計算により,

$$g(y) = y^3 + ty^2 - 4ty - 4t^2 = (y^2 - 4t)(y + t),$$
$$h(z) = z^2 + 8t^2 z + 4t^3(-16 + 12t - t^2).$$

$\Delta(h) = 16t^3(t-2)^2$ は K で平方ではないので,$h(z)$ は K 上既約である.

この場合,

$$a_1 = 0, \qquad a_4 = t, \qquad \tau_2 = -t, \qquad \tau_1 = \pm 2\sqrt{t}, \qquad d_1 = 0,$$
$$d_2 = -4t, \qquad A = t.$$

よって,

$$a_1^2 + 4d_1 = 0, \qquad \tau_2^2 - 4a_4 = t^2 - 4t.$$

$(t^2 - 4t)/A = t - 4$ は K で平方ではないので,$f(x)$ のガロア群は D_4 である. ◇

4.7 ガロア拡大の推進定理

L/K が体の有限次拡大で M, N が中間体であるとき,合成体 $M \cdot N$ が K のガロア拡大であるか,あるいはその K 上のガロア群は何か,といった問題を考察するのに,次のガロア拡大の推進定理は有用である.

定理 4.7.1 (ガロア拡大の推進定理)

L/K を体の拡大,M, N を中間体,$L = M \cdot N$,$M \cap N = K$ なら,次の (1), (2) が成り立つ.

(1) **M/K が有限次ガロア拡大なら,L/N も**有限次ガロア拡大で

$$\mathrm{Gal}(L/N) \cong \mathrm{Gal}(M/K).$$

(2) **$M/K, N/K$ が有限次ガロア拡大なら,**L/K も有限次ガロア拡大で,

$$\mathrm{Gal}(L/K) \cong \mathrm{Gal}(M/K) \times \mathrm{Gal}(N/K).$$

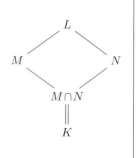

証明 (1) **N/K は代数拡大と仮定していないことに注意せよ.** M/K は有

限次分離拡大なので，$M = K(\alpha)$ となる $\alpha \in M$ がある．α は K 上分離的なので N 上も分離的で $L = M \cdot N = N(\alpha)$ となる．よって，L/N は有限次分離拡大である．

α の K 上の最小多項式と N 上の最小多項式をそれぞれ $f(x), g(x)$ とすると，$g(x)$ は $f(x)$ を割る．M は $f(x)$ の根をすべて含むので，$g(x)$ の根をすべて含む．よって，L/N は正規拡大となるので，ガロア拡大である．

$\mathrm{Gal}(L/N)$ の元 σ を M に制限すると，σ は $M \cap N = K$ の各元を不変にする．$\overline{K} \subset \overline{L} = \overline{N}$ とみなせ，$\sigma(M) \subset \overline{K} \cap L$ である．M/K はガロア拡大なので，定理 3.4.2 より $\sigma(M) \subset M$ であり，σ の M への制限は $\mathrm{Gal}(M/K)$ の元となる．明らかに $\mathrm{Gal}(L/N) \ni \sigma \mapsto \sigma|_M \in \mathrm{Gal}(M/K)$ ($\sigma|_M$ は σ の M への制限) は準同型である．$\sigma|_M = \mathrm{id}_M$ なら，σ は M, N の各元を不変にし，$L = M \cdot N$ なので，$\sigma = \mathrm{id}_L$ である．よって準同型 $\mathrm{Gal}(L/N) \to \mathrm{Gal}(M/K)$ は単射である．

ガロアの基本定理で $\mathrm{Gal}(M/K)$ の部分群 $\mathrm{Gal}(M/K)$ に対応する中間体は K なので，準同型 $\mathrm{Gal}(L/N) \to \mathrm{Gal}(M/K)$ が全射であることをいうためには，$\alpha \in M$ が $\mathrm{Gal}(L/N)$ の各元で不変なら，K の元であることをいえばよい．L/N に関するガロアの基本定理により，$\alpha \in M$ が $\mathrm{Gal}(L/N)$ の各元で不変なら，$\alpha \in N$ である．よって，$\alpha \in M \cap N = K$ となり，$\mathrm{Gal}(L/N) \to \mathrm{Gal}(M/K)$ は全射である．したがって，$\mathrm{Gal}(L/N) \cong \mathrm{Gal}(M/K)$ である．よって，

$$[L : N] = |\mathrm{Gal}(L/N)| = |\mathrm{Gal}(M/K)| = [M : K].$$

(2) (1) より L/N は分離拡大で N/K も分離拡大なので，系 3.3.24 より L/K は分離拡大である．L は M, N で生成され，M, N の元の K 上の共役をすべて含むので，K の正規拡大である．よって，L/K はガロア拡大である．

(1) より，$[L : N] = [M : K]$ なので，$[L : K] = [L : N][N : K] = [M : K][N : K] < \infty$ である．写像

$$\phi : \mathrm{Gal}(L/K) \ni \sigma \mapsto (\sigma|_M, \sigma|_N) \in \mathrm{Gal}(M/K) \times \mathrm{Gal}(N/K)$$

は準同型である．$\sigma|_M = \mathrm{id}_M$，$\sigma|_N = \mathrm{id}_N$ なら，σ は M の元と N の元を不変にする．L は M, N で生成されているので，$\sigma = \mathrm{id}_L$ である．よって，ϕ は単射である．$[L : K] = [M : K][N : K]$ なので，ϕ は同型である． $\square$

例 4.7.2 (推進定理) $L = \mathbb{Q}(\sqrt[3]{2}, \sqrt{-3}, \sqrt{2})$，$M = \mathbb{Q}(\sqrt[3]{2}, \sqrt{-3})$，$N = \mathbb{Q}(\sqrt{2})$

とする. M, N は $\mathbb{Q}$ のガロア拡大である.

もし $M \cap N \neq \mathbb{Q}$ なら, $\mathbb{Q} \subsetneq M \cap N \subset N$ なので, $M \cap N = N$, つまり $N \subset M$ である. 例 4.1.23 より, M に含まれる $\mathbb{Q}$ の2次拡大は $\mathbb{Q}(\sqrt{-3})$ だけである. もし $\sqrt{2} \in \mathbb{Q}(\sqrt{-3})$ なら, $\mathbb{Q}(\sqrt{2}) = \mathbb{Q}(\sqrt{-3})$ となる. 補題 4.6.12 より $-2/3 \in (\mathbb{Q}^{\times})^2$. これは矛盾なので, $M \cap N = \mathbb{Q}$ である. 推進定理により, $L/\mathbb{Q}$ はガロア拡大で $\mathrm{Gal}(L/\mathbb{Q}) \cong \mathfrak{S}_3 \times \mathbb{Z}/2\mathbb{Z}$ である. ◇

4.8　円分体

$\mathbb{Q}$ に1のべき根を添加して得られる体は円分体とよばれ, 興味深い性質を持つとともに, 次節で解説する作図問題を考察するための基本的な道具である. この節では, 円分体の基本的な性質について解説する.

$n > 0$ を整数とする. 複素数 $z \in \mathbb{C}$ で $z^n = 1$ を満たすものを**1の n 乗根**という. $\zeta \in \mathbb{C}$ が1の n 乗根で, $0 < m < n$ なら $\zeta^m \neq 1$ であるとき, ζ を**1の原始 n 乗根**という. $\zeta_n = \exp(2\pi\sqrt{-1}/n)$ とおく. $i = 1, \cdots, n-1$ なら $0 < 2\pi i/n < 2\pi$ なので, $\zeta_n^i \neq 1$. したがって, ζ_n は1の原始 n 乗根である.

定義 4.8.1　$\mathbb{Q}(\zeta_n)$ という形の体を**円分体**という. ◇

円分体の理論において, 以下定義する円分多項式の既約性は基本的である.

定義 4.8.2 (円分多項式)　正の整数 n に対して $\Phi_n(x) = \displaystyle\prod_{\mathrm{GCD}(n,i)=1} (x - \zeta_n^i)$ とおき, **n 次の円分多項式**という. なお $\Phi_1(x) = x - 1$ である. ◇

定義 4.8.3　正の整数 n に対し, $n = 1$ なら $\phi(1) = 1$, $n \geq 2$ なら $\phi(n) = |(\mathbb{Z}/n\mathbb{Z})^{\times}|$ とおき, **オイラー関数**という. 円分多項式 $\Phi_n(x)$ の次数は $\phi(n)$ である. ◇

命題 4.8.4　$n, m > 0$ が互いに素なら, $\phi(nm) = \phi(n)\phi(m)$ である.

証明　$n, m > 0$ が互いに素なら $(\mathbb{Z}/nm\mathbb{Z})^{\times} \cong (\mathbb{Z}/n\mathbb{Z})^{\times} \times (\mathbb{Z}/m\mathbb{Z})^{\times}$ なので, 命題が成り立つ. □

例 4.8.5 (オイラー関数の値)

$$\phi(1) = 1, \quad \phi(2) = 1, \quad \phi(3) = 2, \quad \phi(5) = 4, \quad \phi(9) = 6, \quad \phi(15) = 8$$

などとなる. $\phi(15) = 8$ は命題 4.8.4 より従う.

p が素数なら, $\phi(p) = p-1$ である. $n > 0$ なら, $1, \cdots, p^n$ の中に p の倍数は $p, 2p, \cdots, p^n$ と p^{n-1} 個あるので, $\phi(p^n) = p^n - p^{n-1} = (p-1)p^{n-1}$ である.   ◇

$\Phi_n(x)$ の既約性を証明する前に, 次の基本的な命題を証明する.

命題 4.8.6　(1)　多項式 $x^n - 1 \in \mathbb{Q}[x]$ は重根を持たない. また, $x^n - 1$ の根の集合は $1, \zeta_n, \cdots, \zeta_n^{n-1}$ である.

(2)　$\mathbb{Q}(\zeta_n)/\mathbb{Q}$ はガロア拡大である. また, $\sigma \in \mathrm{Gal}(\mathbb{Q}(\zeta_n)/\mathbb{Q})$ なら, n と互いに素な整数 a があり, $\sigma(\zeta_n) = \zeta_n^a$ となる.

(3)　$\Phi_n(x) \in \mathbb{Z}[x]$.

証明　(1)　$f(x) = x^n - 1$ とおくと, $f'(x) = nx^{n-1}$ である. $f(\alpha) = 0$ なら, $\alpha \neq 0$ なので, $f'(\alpha) \neq 0$. よって, $f(x)$ は重根を持たない. $1, \cdots, \zeta_n^{n-1}$ は相異なる $f(x)$ の根でちょうど n 個あるので, これらが $f(x)$ のすべての根である.

(2)　$\mathrm{ch}\,\mathbb{Q} = 0$ なので, $\mathbb{Q}(\zeta_n)/\mathbb{Q}$ は分離拡大である. ζ_n の最小多項式は $x^n - 1$ を割るので, ζ_n の $\mathbb{Q}$ 上の共役は ζ_n のべきである. よって, $\mathbb{Q}(\zeta_n)/\mathbb{Q}$ は正規拡大となるので, ガロア拡大である. $\sigma \in \mathrm{Gal}(\mathbb{Q}(\zeta_n)/\mathbb{Q})$ なら, $\sigma(\zeta_n) = \zeta_n^a$, $\sigma^{-1}(\zeta_n) = \zeta_n^b$ となる $a, b \in \mathbb{Z}$ がある. $\zeta_n = \sigma^{-1} \circ \sigma(\zeta_n) = \zeta_n^{ab}$ なので, $ab \equiv 1 \mod n$. よって, $a \mod n\mathbb{Z} \in (\mathbb{Z}/n\mathbb{Z})^\times$ である.

(3)　$\sigma \in \mathrm{Gal}(\mathbb{Q}(\zeta_n)/\mathbb{Q})$ で $\sigma(\zeta_n) = \zeta_n^a$ $(\mathrm{GCD}(n, a) = 1)$ とする.

$$(4.8.7) \qquad\qquad X = \{\zeta_n^i \mid \mathrm{GCD}(n, i) = 1\}$$

とおく. $\mathrm{GCD}(n, i) = 1$ なら, $\mathrm{GCD}(n, ai) = 1$. よって, σ は X の置換を引き起こす. $\Phi_n(x)$ の係数は X の元の基本対称式なので, $\mathrm{Gal}(\mathbb{Q}(\zeta_n)/\mathbb{Q})$ で不変である. ガロアの基本定理により, $\Phi_n(x)$ の係数は $\mathbb{Q}$ の元である. X の元はモニック $x^n - 1$ の根なので, $\mathbb{Z}$ 上整である. よって, $\Phi_n(x)$ の係数は $\mathbb{Z}$ 上整で $\mathbb{Q}$ の元である. $\mathbb{Z}$ は正規環なので, $\Phi_n(x) \in \mathbb{Z}[x]$ である.   □

例 4.8.8 (円分多項式)

(1)　$\Phi_3(x) = x^2 + x + 1$. 　　　　　　(2)　$\Phi_5(x) = x^4 + x^3 + x^2 + x + 1$.

(3) $\Phi_7(x) = x^6 + x^5 + \cdots + 1$. (4) $\Phi_4(x) = x^2 + 1$.

(1)–(4) について解説する. p が素数なら, $i = 1, \cdots, p-1$ は p と互いに素なので, 命題 4.8.6 (1) より $(x-1)\Phi_p(x) = x^p - 1$ である. $x^p - 1 = (x-1)(x^{p-1} + \cdots + 1)$ なので, $\Phi_p(x) = x^{p-1} + \cdots + 1$ である. この考察より (1)–(3) が従う.

$\zeta_4 = \sqrt{-1}$ なので,

$$(x - \sqrt{-1})(x - \sqrt{-1}^3) = (x - \sqrt{-1})(x + \sqrt{-1}) = x^2 + 1$$

となり, (4) が従う. $\diamond$

$0 < i < n$ とし, n, i の最大公約数を m, $n = dm$, $i = jm$ とすると, $\zeta_n^i = \zeta_d^j$ で j は d と互いに素である. またこの d は i により定まる. したがって,

$$(4.8.9) \qquad x^n - 1 = \prod_{d|n} \Phi_d(x) \implies \Phi_n(x) = \frac{x^n - 1}{\displaystyle\prod_{d|n, d<n} \Phi_d(x)}$$

となる. これにより, 帰納的に $\Phi_n(x)$ を計算することができる. $\Phi_n(x)$ のさらなる例は演習問題 4.8.2 とする.

p を素数, $f(x) \in \mathbb{Z}[x]$ とするとき, $f(x)$ を p を法として考えた $\mathbb{F}_p$ 上の多項式を $\overline{f}(x)$ と書く. 次の補題の証明は省略する (命題 4.8.6 (1) と同様).

補題 4.8.10 p を n と互いに素な素数とする. $x^n - 1 = 0$ は $\mathbb{F}_p$ 上の分離多項式である. したがって, $\overline{\Phi}_n(x)$ も $\mathbb{F}_p$ 上の分離多項式である. $\diamond$

命題 4.8.11 $\Phi_n(x)$ は ζ_n の $\mathbb{Q}$ 上の最小多項式であり, したがって, $\mathbb{Q}$ 上既約である.

証明 X を (4.8.7) の集合, $\zeta \in X$ とする. $f(x)$ を ζ の $\mathbb{Q}$ 上の最小多項式, p を n と互いに素な素数とするとき, **ζ^p も $f(x)$ の根であることを示す.**

$f(x)$ はモニックで $\Phi_n(x)$ を割る. X の元は $\mathbb{Z}$ 上整なので, $f(x)$ の係数は $\mathbb{Z}$ 上整である. $\mathbb{Z}$ は正規環なので, $f(x) \in \mathbb{Z}[x]$ である. $\Phi_n(x)$ はモニックなので, モニック $g(x) \in \mathbb{Z}[x]$ があり, $\Phi_n(x) = f(x)g(x)$ となる.

$\mathrm{GCD}(i, n) = 1$ なら $\mathrm{GCD}(ip, n) = 1$ となるので, $\zeta^p \in X$ であり, $\Phi_n(\zeta^p) = 0$ となる. **もし $f(\zeta^p) \neq 0$ なら $g(\zeta^p) = 0$ である.** 多項式 $g(x^p)$ は $x = \zeta$ を根に持ち, $f(x)$ はモニックなので, $h(x) \in \mathbb{Z}[x]$ があり $g(x^p) = f(x)h(x)$ となる. 準

同型 $\mathbb{Z}[x] \to \mathbb{F}_p[x]$ の像を考えると，系 3.1.6 より，$\overline{f}(x)\overline{h}(x) = \overline{g}(x^p) = \overline{g}(x)^p$ となる．したがって，$\overline{f}(x)$ と $\overline{g}(x)$ は互いに素ではない．これは $\overline{\varPhi}_n(x)$ が $\mathbb{F}_p$ 上の分離多項式であることに矛盾する．したがって，$f(\zeta^p) = 0$ である．

i を n と互いに素な正の整数とし，$i = p_1 \cdots p_N$ をその素因数分解とする (重複を許す)．$f(x)$ を ζ_n の $\mathbb{Q}$ 上の最小多項式とすると，上で証明したことにより，$\zeta_n^{p_1}$ も $f(x)$ の根となり，命題 3.1.35 (2) より $f(x)$ は $\zeta_n^{p_1}$ の最小多項式でもある．よって，$\zeta_n^{p_1 p_2}$ も $f(x)$ の根となり，などと続けると，ζ_n^i も $f(x)$ の根となることがわかる．よって，$f(x)$ は $\varPhi_n(x)$ のすべての因子を含むことがわかる．したがって，$\varPhi_n(x) = f(x)$ となり，$\mathbb{Q}$ 上既約である． $\square$

定理 4.8.12　(1)　$n > 1$ なら，$\mathrm{Gal}(\mathbb{Q}(\zeta_n)/\mathbb{Q}) \cong (\mathbb{Z}/n\mathbb{Z})^\times$．

(2)　(1) の同一視で，$i + n\mathbb{Z}$ に対応する $\mathrm{Gal}(\mathbb{Q}(\zeta_n)/\mathbb{Q})$ の元 σ_i は $\sigma_i(\zeta_n) = \zeta_n^i$ を満たす．

証明　$\sigma \in \mathrm{Gal}(\mathbb{Q}(\zeta_n)/\mathbb{Q})$ とする．命題 4.8.6 (2) より，$\sigma(\zeta_n) = \zeta_n^i$ としたとき，i は n と互いに素である．$\mathrm{Gal}(\mathbb{Q}(\zeta_n)/\mathbb{Q}) \ni \sigma \mapsto i \bmod n\mathbb{Z} \in (\mathbb{Z}/n\mathbb{Z})^\times$ が準同型であることはやさしい．$\mathrm{Gal}(\mathbb{Q}(\zeta_n)/\mathbb{Q})$ の元 σ は $\sigma(\zeta_n)$ で定まるので，この準同型は単射である．命題 4.8.11 より，$[\mathbb{Q}(\zeta_n) : \mathbb{Q}] = |(\mathbb{Z}/n\mathbb{Z})^\times|$ である．したがって，上の準同型は全射にもなり，同型である． $\square$

定理 4.8.13　n, m を正の整数で $\mathrm{GCD}(n,m) = 1$ とするとき，次の (1)，(2) が成り立つ．

(1)　$\mathbb{Q}(\zeta_{nm}) = \mathbb{Q}(\zeta_n, \zeta_m)$，$\mathbb{Q}(\zeta_n) \cap \mathbb{Q}(\zeta_m) = \mathbb{Q}$ である．

(2)　$\mathrm{Gal}(\mathbb{Q}(\zeta_{nm})/\mathbb{Q}) \cong \mathrm{Gal}(\mathbb{Q}(\zeta_n)/\mathbb{Q}) \times \mathrm{Gal}(\mathbb{Q}(\zeta_m)/\mathbb{Q})$ となる．ただし，左辺から右辺への写像は制限写像により引き起こされる．

証明　(1)　$an + bm = 1$ となる整数 a, b がある．すると，

$$\zeta_{nm} = \exp\left(\frac{2\pi\sqrt{-1}}{nm}\right) = \exp\left(\frac{2(an+bm)\pi\sqrt{-1}}{nm}\right) = \zeta_m^a \zeta_n^b$$

なので，$\zeta_{nm} \in \mathbb{Q}(\zeta_n, \zeta_m)$ である．$\zeta_n = \zeta_{nm}^m$，$\zeta_m = \zeta_{nm}^n \in \mathbb{Q}(\zeta_{nm})$ なので，$\mathbb{Q}(\zeta_{nm}) = \mathbb{Q}(\zeta_n, \zeta_m)$ である．

$F = \mathbb{Q}(\zeta_n) \cap \mathbb{Q}(\zeta_m)$ とおく. $l = [F : \mathbb{Q}]$ とおくと, $[\mathbb{Q}(\zeta_n) : F] = \phi(n)/l$, $[\mathbb{Q}(\zeta_m) : F] = \phi(m)/l$ である. $\mathbb{Q}(\zeta_n), \mathbb{Q}(\zeta_m)$ は F のガロア拡大なので, 推進定理 (定理 4.7.1) より $[\mathbb{Q}(\zeta_{mn}) : F] = [\mathbb{Q}(\zeta_n, \zeta_m) : F] = \phi(n)\phi(m)/l^2$. よって, $\phi(nm) = [\mathbb{Q}(\zeta_{mn}) : \mathbb{Q}] = [\mathbb{Q}(\zeta_{mn}) : F][F : \mathbb{Q}] = \phi(n)\phi(m)/l = \phi(nm)/l$ となり, $l = 1$. よって, $F = \mathbb{Q}$ である.

(2) は (1) と推進定理より従う. $\square$

以下, 群 $(\mathbb{Z}/p^n\mathbb{Z})^\times$ (p は素数) の構造を決定する.

補題 4.8.14 (1) p を奇素数, $n \in \mathbb{N}$, $a, b \in \mathbb{Z}$ とするとき, $(a+pb)^{p^n} \equiv a^{p^n} + p^{n+1}a^{p^n-1}b \mod p^{n+2}$.

(2) $n \in \mathbb{N}$ なら, $5^{2^n} \equiv 1 + 2^{n+2} \mod 2^{n+3}$.

証明 (1) n に関する帰納法で証明する. $n = 0$ の場合は明らかである. $n = 1$ なら, 二項係数 $\binom{p}{i}$ は $i = 1, \cdots, p-1$ に対し p で割り切れ,

$$(a+pb)^p = a^p + pa^{p-1}pb + \sum_{i=2}^{p} \binom{p}{i} a^{p-i}(pb)^i$$

である. $i > 2$ なら, $(pb)^i \equiv 0 \mod p^3$ である. $p > 2$ なので, $p \,\Big|\, \binom{p}{2}$ (ここで **$p > 2$ という仮定を使う**). よって, $(a+pb)^p \equiv a^p + p^2 a^{p-1}b \mod p^3$ である.

補題の主張が $n \geqq 1$ で成り立つとし, $n+1$ でも成り立つことを示す.

$$(a+pb)^{p^n} = a^{p^n} + p^{n+1}a^{p^n-1}b + p^{n+2}c \quad (c \in \mathbb{Z})$$

とする. $p^{n+3} \,|\, (p^{n+1})^2$ であることに注意すると,

$$(a+pb)^{p^{n+1}} \equiv a^{p^{n+1}} + pa^{(p-1)p^n}(p^{n+1}a^{p^n-1}b + p^{n+2}c) \mod p^{n+3}$$

である. $pa^{(p-1)p^n}p^{n+1}a^{p^n-1}b = p^{n+2}a^{p^{n+1}-1}b$, $p^{n+3} \,|\, pa^{(p-1)p^n}p^{n+2}c$ なので, 補題の主張が $n+1$ でも成り立つ.

(2) $5^{2^0} = 1 + 2^2$, $5^{2^1} = 1 + 2^3 + 2^4$, なので, 補題の主張は $n = 0, 1$ で成り立つ. $n \geqq 1$ で成り立つとし, $n+1$ でも成り立つことを示す. $5^{2^n} = 1 + 2^{n+2} + 2^{n+3}a$ ($a \in \mathbb{Z}$) とする. $2^{n+4} \,|\, (2^{n+2})^2$ であることに注意すると,

$$5^{2^{n+1}} \equiv 1 + 2(2^{n+2} + 2^{n+3}a) \equiv 1 + 2^{n+3} \mod 2^{n+4}$$

である. よって, 補題の主張が $n+1$ でも成り立つ. $\square$

命題 4.8.15 (1) p が奇素数なら, $(\mathbb{Z}/p^n\mathbb{Z})^\times$ は巡回群である.

(2) $n \geqq 2$ とする. $a \in \mathbb{Z}$ で $a+p^2\mathbb{Z}$ が $(\mathbb{Z}/p^2\mathbb{Z})^\times$ を生成するなら, $a+p^n\mathbb{Z}$ は $(\mathbb{Z}/p^n\mathbb{Z})^\times$ を生成する. $a+p\mathbb{Z}$ が $(\mathbb{Z}/p\mathbb{Z})^\times$ を生成するが, $a+p^2\mathbb{Z}$ は $(\mathbb{Z}/p^2\mathbb{Z})^\times$ を生成しないなら, $a+p^2\mathbb{Z}$ の位数は $p-1$ であり, $a+p+p^2\mathbb{Z}$ は $(\mathbb{Z}/p^2\mathbb{Z})^\times$ を生成する.

(3) $(\mathbb{Z}/2\mathbb{Z})^\times \cong \{0\}$, $(\mathbb{Z}/4\mathbb{Z})^\times \cong \mathbb{Z}/2\mathbb{Z}$.

(4) $n \geqq 3$ なら, $(\mathbb{Z}/2^n\mathbb{Z})^\times \cong \mathbb{Z}/2^{n-2}\mathbb{Z} \times \mathbb{Z}/2\mathbb{Z}$ である. この同型で $5+2^n\mathbb{Z}, -1+2^n\mathbb{Z}$ はそれぞれ $\mathbb{Z}/2^{n-2}\mathbb{Z}, \mathbb{Z}/2\mathbb{Z}$ の生成元となる.

証明　(1), (2)　$n=1$ の場合は命題 1.11.39 である. $a \in \mathbb{Z}$ で $a+p\mathbb{Z}$ は $(\mathbb{Z}/p\mathbb{Z})^\times$ の生成元とする. 当然 a,p は互いに素である.

$a+p^2\mathbb{Z}$ が $(\mathbb{Z}/p^2\mathbb{Z})^\times$ を生成しないとする. $|(\mathbb{Z}/p^2\mathbb{Z})^\times| = (p-1)p$ なので, $a+p^2\mathbb{Z}$ の位数は $(p-1)p$ の約数である. $p-1$ の約数 $m < p-1$ があり, $a+p^2\mathbb{Z}$ の位数が mp か m であるとすると, $a^{mp} \equiv 1 \mod p^2$, よって, $a^{mp} \equiv a^m \equiv 1 \mod p$ である. これは $a+p\mathbb{Z}$ が $(\mathbb{Z}/p\mathbb{Z})^\times$ を生成することに矛盾する. したがって, $a+p^2\mathbb{Z}$ の位数は $p-1$ で $a^{p-1} \equiv 1 \mod p^2$ である.

$a+p+p\mathbb{Z}$ が $(\mathbb{Z}/p^2\mathbb{Z})^\times$ を生成することを示す. もし $a+p+p\mathbb{Z}$ が $(\mathbb{Z}/p^2\mathbb{Z})^\times$ を生成しないなら, 上の考察より $(a+p)^{p-1} \equiv 1 \mod p^2$ である. しかし,

$$(a+p)^{p-1} \equiv a^{p-1} + (p-1)pa^{p-2} \equiv 1 - pa^{p-2} \not\equiv 1 \mod p^2$$

なので, 矛盾である. したがって, $a+p+p^2\mathbb{Z}$ は $(\mathbb{Z}/p^2\mathbb{Z})^\times$ を生成する.

$n \geqq 2$, $a+p^2\mathbb{Z}$ が $(\mathbb{Z}/p^2\mathbb{Z})^\times$ を生成すると仮定し, $a+p^n\mathbb{Z}$ が $(\mathbb{Z}/p^n\mathbb{Z})^\times$ を生成することを示す. m を $a+p^n\mathbb{Z}$ の位数とする. $a^m \equiv 1 \mod p^n$ なので, $a^m \equiv 1 \mod p^2$ である. 仮定より $(p-1)p|m$ である. よって, $m \neq (p-1)p^{n-1}$ なら m は $(p-1)p^{n-2}$ の約数である. したがって,

$$a^{(p-1)p^{n-2}} \equiv 1 \mod p^n.$$

仮定より, $a^{p-1} \equiv 1 \mod p$, $a^{p-1} \not\equiv 1 \mod p^2$ である. よって, p と互いに素な整数 b があり, $a^{p-1} = 1+pb$ となる. 補題 4.8.14 (1) より

$$a^{(p-1)p^{n-2}} = (1+pb)^{p^{n-2}} \equiv 1 + p^{n-1}b \not\equiv 1 \mod p^n$$

となるが, これは矛盾である. したがって, $a+p^n\mathbb{Z}$ は $(\mathbb{Z}/p^n\mathbb{Z})^\times$ を生成する.

(3) は明らかである.

(4) $n \geqq 3$ のとき, H_n を $(\mathbb{Z}/2^n\mathbb{Z})^\times$ の元で 4 で割った余りが 1 である整数を代表元に持つもの全体の集合とする. H_n は $(\mathbb{Z}/2^n\mathbb{Z})^\times$ の部分群である. $(-1)^2 = 1$ で $-1+2^n\mathbb{Z} \notin H_n$ である. $a \in (\mathbb{Z}/2^n\mathbb{Z})^\times \setminus H_n$ なら $-a \in H_n$ なので, $(\mathbb{Z}/2^n\mathbb{Z})^\times \cong \langle -1+2^n\mathbb{Z} \rangle \times H_n \cong \mathbb{Z}/2\mathbb{Z} \times H_n$ である.

$n \geqq 3$ なら, 補題 4.8.14 (2) の n を $n-3$ とすると, $5^{2^{n-3}} \equiv 1+2^{n-1} \mod 2^n$ なので, $5^{2^{n-3}} \not\equiv 1 \mod 2^n$ である. $|H_n| = 2^{n-2}$ なので, 元の位数は 2 のべきである. よって, $5+2^n\mathbb{Z}$ の位数は 2^{n-2} となり, $5+2^n\mathbb{Z}$ が H_n の生成元である. したがって, $(\mathbb{Z}/2^n\mathbb{Z})^\times \cong \mathbb{Z}/2\mathbb{Z} \times \mathbb{Z}/2^{n-2}\mathbb{Z}$ となる. □

例 4.8.16 (円分体のガロア群)

(1) $\zeta_3 = (-1+\sqrt{-3})/2$ であり, $\mathrm{Gal}(\mathbb{Q}(\zeta_3)/\mathbb{Q}) \cong (\mathbb{Z}/3\mathbb{Z})^\times \cong \mathbb{Z}/2\mathbb{Z}$.

(2) $\zeta_4 = \sqrt{-1}$ であり, $\mathrm{Gal}(\mathbb{Q}(\sqrt{-1})/\mathbb{Q}) \cong (\mathbb{Z}/4\mathbb{Z})^\times \cong \mathbb{Z}/2\mathbb{Z}$.

(3) $\mathrm{Gal}(\mathbb{Q}(\zeta_5)/\mathbb{Q}) \cong (\mathbb{Z}/5\mathbb{Z})^\times \cong \mathbb{Z}/4\mathbb{Z}$.

(4) $\mathrm{Gal}(\mathbb{Q}(\zeta_8)/\mathbb{Q}) \cong (\mathbb{Z}/8\mathbb{Z})^\times \cong \mathbb{Z}/2\mathbb{Z} \times \mathbb{Z}/2\mathbb{Z}$. ◇

例題 4.8.17　$\mathbb{Q}(\zeta_7)/\mathbb{Q}$ の中間体で $\mathbb{Q}$ 上 2 次であるものを求めよ.

解答　$\mathrm{Gal}(\mathbb{Q}(\zeta_7)/\mathbb{Q}) \cong (\mathbb{Z}/7\mathbb{Z})^\times \cong \mathbb{Z}/6\mathbb{Z}$ であり, $2\mathbb{Z}/6\mathbb{Z}$ が $\mathbb{Z}/6\mathbb{Z}$ のただ一つの位数 3 の部分群である. よって, 中間体で $\mathbb{Q}$ 上 2 次のものがただ一つある.

$\zeta = \zeta_7$ とおく. まず, $(\mathbb{Z}/7\mathbb{Z})^\times$ の生成元を求める. $\overline{3}^2 = \overline{2}$, $\overline{3}^3 = \overline{6}$ となるので, $\overline{3}$ の位数は 6 である. $\overline{3}$ をかけることにより,

$$(4.8.18) \qquad \overline{1} \to \overline{3} \to \overline{2} \to \overline{6} \to \overline{4} \to \overline{5} \to \overline{1}$$

となる. σ を $\sigma(\zeta) = \zeta^3$ となる $\mathrm{Gal}(\mathbb{Q}(\zeta)/\mathbb{Q})$ の元とする.

$\mathbb{Q}(\zeta)/\mathbb{Q}$ の中間体で $\mathbb{Q}$ 上 2 次のものを構成したい. そのために, $\alpha \neq \beta \in \mathbb{Q}(\zeta)$ で σ により, $\alpha \to \beta \to \alpha$ となるものを考える. それには, (4.8.18) で二つずつ進んで和をとった元 $\alpha = \zeta + \zeta^2 + \zeta^4$, $\beta = \zeta^3 + \zeta^6 + \zeta^5$ を考えればよい.

$$(x-\alpha)(x-\beta) = x^2 - (\zeta + \cdots + \zeta^6)x + (\zeta^4 + 1 + \zeta^6 + \zeta^5 + \zeta + 1 + 1 + \zeta^3 + \zeta^2)$$
$$= x^2 + x + 2$$

なので, α, β は 2 次方程式 $x^2 + x + 2 = 0$ の解である. よって, $\alpha, \beta =$

$(-1\pm\sqrt{-7})/2$ となる．したがって，$\mathbb{Q}(\alpha) = \mathbb{Q}(\sqrt{-7}) \subset \mathbb{Q}(\zeta_7)$ が $\mathbb{Q}(\zeta_7)$ に含まれる $\mathbb{Q}$ のただ一つの 2 次拡大である．　　　　　　　　　　□

4.9　作図問題

　読者は中学で，定規とコンパスを使って角の二等分をする方法を学ばれただろう．「どんな図形が定規とコンパスで作図可能であるか」という問題は作図問題といわれる．この問題について解説するのがこの節の目的である．そのために，定規とコンパスで何をすることが許されるか，ということから解説しよう．

　最初に原点 $(0,0)$ と $(1,0)$ が与えられているとする．定規に目盛がついていて，$\sqrt[3]{2}$ のような長さに印がついていると，その数は作図できてしまう．それでは意味がないので，**定規には目盛はついていないとする**．許される操作は以下の (1), (2) であるとする．

(1) **与えられた 2 点を結ぶ直線を描く**．

(2) **与えられた点を中心とし，与えられた長さを半径とする円を描く**．

　定義 4.9.1　平面上の点は，上の操作を有限回行って得られるとき，**作図可能**であるという．作図可能な点の座標も作図可能であるという．　　　　　◇

作図可能な点の集合がどのようなものかを調べる．例えば，正 7 角形が作図できるかどうかは，その頂点が作図可能であるかどうか調べればよいわけである (答えは No)．

　準備のために補題を三つ証明する．

　補題 4.9.2　(1)　与えられた角を二等分する直線は作図可能である．

(2)　与えられた直線 ℓ 上の点 P を通り，ℓ に垂直な直線は作図可能である．

(3)　与えられた直線 ℓ 上にない点 P から ℓ への垂線は作図可能である．

(4)　与えられた直線 ℓ 上にない点 P を通り，ℓ に平行な直線は作図可能である．

　証明　(1)　次の左図のようにすればよい．

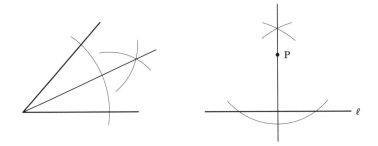

(2) は (1) の特別な場合 (角度が π の角の二等分) と考えることができる.

(3) は上図のようにすればよい.

(4) は, (3) により P から ℓ へ垂線 m を描き, (2) により P を通り m に垂直な直線を描けばよい. □

L を作図可能な点の座標よりなる集合とする.

補題 4.9.3 L は体である. また, L の元を座標に持つ点は作図可能である.

証明 $\alpha, \beta \in L$ なら, $\alpha + \beta$ は長さ α, β の線分をつなげればよいので, 作図可能である. $-\alpha$ は方向を変えればよい. よって, L は加法群 $\mathbb{R}$ の部分群である.

$(0,0)$ と $(1,0)$ を結ぶことにより, x 軸は作図可能である. 補題 4.9.2 (2) より y 軸も作図可能である. $\alpha, \beta \in L \setminus \{0\}$ とする. $\alpha\beta, \alpha/\beta$ が作図可能であることを示す. $\alpha, \beta > 0$ の場合だけ考える. 下左図のように, $(0,0)$ から x 軸との角度が $\pi/4$ の直線を描き (それは補題 4.9.2 (1) より可能である), $(0,0)$ からの距離が $1, \beta$ の点を P, Q とする (これはコンパスを使うことにより可能である).

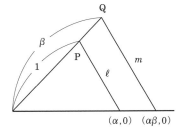

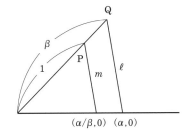

上左図のように, P と $(\alpha, 0)$ と結び直線 ℓ を描く. Q を通り ℓ と平行な直線

m を補題 4.9.2 (4) により描くと, m と x 軸の交点が $(\alpha\beta, 0)$ である. また, 前ページの右図のように, Q と $(\alpha, 0)$ とを結ぶ直線 ℓ を描く. P を通り ℓ と平行な直線 m を補題 4.9.2 (4) により描くと, m と x 軸の交点が $(\alpha/\beta, 0)$ である. よって, L は $\mathbb{R}$ の部分体である.

$\alpha, \beta \in L$ なら, $(\alpha, 0), (0, \beta)$ が作図可能である (詳細は略). $(\alpha, 0)$ を通り x 軸に垂直な直線と $(0, \beta)$ を通り y 軸に垂直な直線の交点が (α, β) なので, (α, β) も作図可能である. □

以下, K が体, $\alpha \in K$ なら, $\overline{K}$ の元 x で $x^2 = \alpha$ となる元の一つを $\sqrt{\alpha}$ とする. (-1) 倍の曖昧さは, 体の拡大を考える際には問題にならない.

補題 4.9.4 $F \supsetneqq K$ が体の拡大で $\mathrm{ch}\,K \neq 2$ とする. このとき, 次の (1), (2) は同値である.

(1) $\alpha \in K$ があり, $F = K(\sqrt{\alpha})$.

(2) $[F : K] = 2$.

証明 (1) $\Rightarrow$ (2) は明らかなので, (2) $\Rightarrow$ (1) を証明する.

$\alpha \in F \backslash K$ とすると, $[F : K] = 2$ より, $a, b \in K$ があり, $\alpha^2 + a\alpha + b = 0$ となる. $\alpha = (-a \pm \sqrt{a^2 - 4b})/2$ となるので, $F = K(\sqrt{a^2 - 4b})$ である. □

定理 4.9.5 $\alpha \in \mathbb{R}$ とするとき, 次の条件 (1), (2) は同値である.

(1) $\alpha \in L$.

(2) 体の列 $K_0 = \mathbb{Q} \subset K_1 \subset \cdots \subset K_n \subset \mathbb{R}$ で, $i = 1, \cdots, n$ に対し $\beta_i \in K_{i-1}$ があり $K_i = K_{i-1}(\sqrt{\beta_i})$ となるものが存在し, $\alpha \in K_n$ である.

証明 **(1) $\Rightarrow$ (2)**：まず, 直線や円を描いたとき, その交点からどのような点が得られるか調べる. 可能性としては次の三つがある.

（ i ） 直線と直線の交点

（ii） 直線と円の交点

（iii） 円と円の交点

(i) の場合, 座標が $(a_1, b_1), (a_2, b_2)$ である 2 点を結ぶ直線の方程式は, $a_1 \neq$

a_2 なら, $r = (b_1 - b_2)/(a_1 - a_2)$, $s = -ra_1 + b_1$ として $y = rx + s$ である. $a_1 = a_2$ なら, $x = a_1$ が直線の方程式である. 座標が $(c_1, d_1), (c_2, d_2)$ である 2 点を結ぶもう一つの直線の方程式も $\mathbb{Q}(c_1, d_1, c_2, d_2)$ の元を係数とする線形方程式で与えられる. よって, 二つの直線の交点の座標は $\mathbb{Q}(a_1, b_1, a_2, b_2, c_1, d_1, c_2, d_2)$ の元である.

(ii) の場合, (a, b) を中心とし, 半径が r の円 C の方程式は $(x-a)^2 + (y-b)^2 = r^2$ である. ℓ を直線 $y = cx + d$ とすると, C と ℓ の交点の x 座標は $(x-a)^2 + (cx+d-b)^2 = r^2$ の解である. これは 2 次方程式なので, C, ℓ の交点の x 座標は $\sqrt{\alpha}$ $(\alpha \in \mathbb{Q}(a, b, r, c, d))$ という形の元を $\mathbb{Q}(a, b, r, c, d)$ に添加した体に含まれる. 直線の方程式が $x = c$ という形である場合も同様である. $y = cx + d$ なので, 交点の y 座標も同じ体の元である.

(iii) の場合, $i = 1, 2$ に対し C_i を (a_i, b_i) を中心とし, 半径が r_i の円とすると, C_i の方程式は $(x-a_i)^2 + (y-b_i)^2 = r_i^2$ である. 連立方程式

$$\begin{cases} (x-a_1)^2 + (y-b_1)^2 = r_1^2, \\ (x-a_2)^2 + (y-b_2)^2 = r_2^2 \end{cases}$$

は連立方程式

$$\begin{cases} (x-a_1)^2 + (y-b_1)^2 = r_1^2, \\ 2(a_1-a_2)x + 2(b_1-b_2)y - a_1^2 + a_2^2 - b_1^2 + b_2^2 = r_2^2 - r_1^2 \end{cases}$$

と同値である. これは (ii) の場合に帰着する. これらの考察により, $\alpha \in L$ なら, (2) が成り立つ.

(2) $\Rightarrow$ (1): K_{i-1} の元がすべて作図可能であるとする. $K_i \subset \mathbb{R}$ なので, $\beta_i > 0$ である. 下図より, $a > 0$ が作図可能なら, $\sqrt{a}$ は作図可能である. なお, 下図は直径が $a+1$ の円である. 補題 4.9.3 より, K_i の元はすべて作図可能である. 帰納法により, K_n の元はすべて作図可能である.

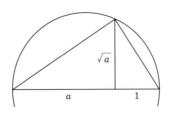

$\square$

正多角形の作図問題は古典的な問題である. 興味深い計算なので, 正五角形の場合を, 明示的に証明する.

> **定理 4.9.6** 正五角形は作図可能である.

証明 $\zeta = \zeta_5$ とおく. $\mathbb{R}^2$ を複素平面と同一視すると, 1 (つまり $(1,0)$) を一つの頂点とし, 原点を中心とする正五角形で, 1 のとなりの点は ζ である. したがって, ζ の実部 $\cos\dfrac{2\pi}{5}$ と虚部 $\sin\dfrac{2\pi}{5}$ が $\mathbb{Q}$ から 2 次拡大を繰り返して得られる体の元であればよい. $\sin^2\dfrac{2\pi}{5} + \cos^2\dfrac{2\pi}{5} = 1$ なので, $\cos\dfrac{2\pi}{5}$ が作図可能なら, $\sin\dfrac{2\pi}{5} = \sqrt{1-\cos^2\dfrac{2\pi}{5}}$ となり, $\sin\dfrac{2\pi}{5}$ も作図可能である.

詳細は省略するが, 例題 4.8.17 と同様の考察により, $\alpha = \zeta + \zeta^4$, $\beta = \zeta^2 + \zeta^3$ を根とする 2 次の多項式を考える. なお, σ を $\sigma(\zeta) = \zeta^2$ となる $\mathrm{Gal}(\mathbb{Q}(\zeta)/\mathbb{Q})$ の元とすると, σ が $\mathrm{Gal}(\mathbb{Q}(\zeta)/\mathbb{Q})$ の生成元である.

$$(x-\alpha)(x-\beta) = x^2 - (\zeta + \zeta^2 + \zeta^3 + \zeta^4)x + (\zeta^3 + \zeta^4 + \zeta^6 + \zeta^7)$$
$$= x^2 + x - 1$$

なので, α, β は 2 次方程式 $x^2 + x - 1 = 0$ の解である. したがって, $\alpha, \beta = (-1 \pm \sqrt{5})/2$ となる. $\alpha > 0$ なので, $\alpha = (-1+\sqrt{5})/2$ である. $\alpha = 2\cos\dfrac{2\pi}{5}$ だったので, $\cos\dfrac{2\pi}{5} \in \mathbb{Q}(\sqrt{5})$. したがって, 正五角形は作図可能である. $\qquad\square$

定義 4.9.7 奇素数 p が正の整数 n により $2^n + 1$ という形をしているとき, **フェルマー素数**という. $\qquad\qquad\diamond$

例えば $p = 3, 5, 17, 257, 65537$ はフェルマー素数である. これ以外のフェルマー素数があるかどうかは, 2023 年現在未解決の問題である. フェルマー素数は実は $2^{2^n} + 1$ という形でなければならないことがわかるが, これは演習問題 4.9.2 とする. 一般の正 n 角形に関しては, 次の定理が成り立つ.

> **定理 4.9.8** 次の (1), (2) は同値である.
>
> (1) 正 n 角形は作図可能である.
>
> (2) $n = 2^{i_0} p_1^{i_1} \cdots p_m^{i_m}$ ($p_1, \cdots, p_m$ は相異なる奇素数, $i_0 \geqq 0$, $i_1, \cdots, i_m \geqq 1$) と素因数分解したとき, $i_1 = \cdots = i_m = 1$ であり, $p_1, \cdots, p_m$ はフェ

ルマー素数である.

証明　**(1)** ⇒ **(2)**：正 n 角形が作図可能なら，$\mathbb{Q}$ から 2 次拡大を繰り返して得られる体 K があり，$\cos\dfrac{2\pi}{n} \in K$ となる．$[K : \mathbb{Q}]$ は 2 べきなので，$\left[\mathbb{Q}\left(\cos\dfrac{2\pi}{n}\right) : \mathbb{Q}\right]$ も 2 べきである.

$2\cos\dfrac{2\pi}{n} = \zeta_n + \zeta_n^{-1}$ なので，$t = 2\cos\dfrac{2\pi}{n}$ とおくと，$\zeta_n^2 - t\zeta_n + 1 = 0$ である．$\zeta_n \notin \mathbb{R}$ なので，$\left[\mathbb{Q}(\zeta_n) : \mathbb{Q}\left(\cos\dfrac{2\pi}{n}\right)\right] = 2$ である．したがって，$[\mathbb{Q}(\zeta_n) : \mathbb{Q}]$ も 2 べきである.

$$\mathrm{Gal}(\mathbb{Q}(\zeta_n)/\mathbb{Q}) \cong (\mathbb{Z}/2^{i_0}\mathbb{Z})^\times \times (\mathbb{Z}/p_1^{i_1}\mathbb{Z})^\times \times \cdots \times (\mathbb{Z}/p_m^{i_m}\mathbb{Z})^\times$$

である．$\phi(p_j^{i_j}) = (p_j - 1)p_j^{i_j - 1}$ なので，$i_j > 1$ となる j があれば，$|\mathrm{Gal}(\mathbb{Q}(\zeta_n)/\mathbb{Q})|$ が奇素数で割り切れ，矛盾である．したがって，$i_1 = \cdots = i_m = 1$ である．$p_j - 1$ は 2 のべきでなければならないので，フェルマー素数である.

(2) ⇒ **(1)**：$|(\mathbb{Z}/2^{i_0}\mathbb{Z})^\times|$ は 2 のべきなので，(2) が成り立てば $|\mathrm{Gal}(\mathbb{Q}(\zeta_n)/\mathbb{Q})|$ は 2 べきである．$K = \mathbb{Q}(\zeta_n) \cap \mathbb{R}$ とおくと，$\cos\dfrac{2\pi}{n} \in K$ である．$\mathrm{Gal}(\mathbb{Q}(\zeta_n)/\mathbb{Q})$ はアーベル群なので，すべての部分群は正規部分群である．よって，$K/\mathbb{Q}$ はガロア拡大で，$\mathrm{Gal}(K/\mathbb{Q})$ は $\mathrm{Gal}(\mathbb{Q}(\zeta_n)/\mathbb{Q})$ の剰余群である．したがって，$\mathrm{Gal}(K/\mathbb{Q})$ は位数が 2 べきのアーベル群となり，部分群の列

$$\mathrm{Gal}(K/\mathbb{Q}) = G_0 \supset G_1 \supset \cdots \supset G_m = \{1\}$$

で $i = 0, \cdots, m-1$ に対し $G_i/G_{i+1} \cong \mathbb{Z}/2\mathbb{Z}$ となるものがある.

F_i を G_i に対応する中間体とすれば，

$$\mathbb{Q} = F_0 \subset F_1 \subset \cdots \subset F_m = K$$

となる．F_{i+1} は F_i の 2 次拡大なので，補題 4.9.4 より $F_{i+1} = F_i(\sqrt{\beta_{i+1}})$ $(\beta_{i+1} \in F_i)$ という形をしている．したがって，$\cos\dfrac{2\pi}{n}$ は作図可能である．$\sin^2\dfrac{2\pi}{n} + \cos^2\dfrac{2\pi}{n} = 1$ なので，$\sin\dfrac{2\pi}{n}$ も作図可能である．　　□

例 4.9.9　正三角形は作図可能だが，正九角形は作図可能ではない．よって，$2\pi/3$ は定規とコンパスでは三等分できない．　　◇

注 4.9.10　$\cos\dfrac{2\pi}{n}$ が作図可能なら，理論的には定規とコンパスで正 n 角形が作図可能だが，それはあくまでも理論上のことなので，実際に作図するのに

は注意が必要である.

例えば, $\cos\dfrac{2\pi}{n}$, $\sin\dfrac{2\pi}{n}$ の近似値を小数点第3位くらいまで求めて作図するほうが, この節の理論にもとづき作図するより正確かもしれない. また, この節の理論にもとづき作図するにしても, $P = \left(\cos\dfrac{2\pi}{n}, \sin\dfrac{2\pi}{n}\right)$ を作図して, その角を次々にとなりに移していくのは, 誤差が拡大され望ましくない.

例えば, 正五角形なら, $P = \left(\cos\dfrac{4\pi}{5}, \sin\dfrac{4\pi}{5}\right)$ を作図して, x 軸と OP (O は原点) のなす角を二等分するほうが, 誤差が半分になり, より正五角形に近いものが作図できるはずである.   ◇

4.10 クンマー理論 I

例題 3.1.37 で体の拡大 $\mathbb{Q}(\sqrt{2},\sqrt{3})/\mathbb{Q}$ を考えた. このようなやさしい拡大でも, 拡大次数が 4 であることを初等的に証明するのは労力を要した. 例えば, 例題 3.1.37 と同様な方法で $\mathbb{Q}(\sqrt{2},\sqrt{3},\sqrt{5},\sqrt{7})/\mathbb{Q}$ の拡大次数を決定しようとすると, (それは 16 であると容易に予想できるが) 結構大変である. この節ではこのような拡大体の性質を統一的に記述するクンマー理論について解説する.

K を体, n を正の整数で, $\mathrm{ch}\,K = p > 0$ なら, n は p と互いに素とする. さらに, **K は 1 の原始 n 乗根 $\zeta \in K$** (つまり $\zeta^n = 1$ で $0 < i < n$ なら $\zeta^i \neq 1$) を持つとする. 有限個の元 $a_i \in K$ $(i = 1, \cdots, N)$ に対して $\sqrt[n]{a_i}$ を K に添加して得られる体を記述するのが**クンマー理論**である. この節では, このような体の K 上のガロア群を記述する. 4.15 節では逆に, L/K がアーベル拡大であり, ガロア群の任意の元の位数が n の約数なら, L が K に $\sqrt[n]{\alpha}$ $(\alpha \in K)$ という形の元を添加して得られる体になることを証明する.

なお, n が p で割り切れる場合は n が p べきの場合に帰着される. 4.16 節ではガロア拡大でガロア群が $\mathbb{Z}/p\mathbb{Z}$ と同型な場合を, 第3巻の補足では, ガロア拡大でガロア群の位数が p べきのアーベル群である一般の場合を考察する.

$\mathbb{C}^1 = \{z \in \mathbb{C}^\times \mid |z| = 1\}$ とおくと, これは $\mathbb{C}^\times$ の部分群である.

定義 4.10.1 G を有限アーベル群とする.

(1) G から $\mathbb{C}^1$ への準同型を**指標**といい, G の指標全体の集合を G^* と書く.

(2) $\phi, \psi \in G^*$ なら, $g \in G$ に対して $(\phi\psi)(g) = \phi(g)\psi(g)$ と定義すると, $\phi\psi \in G^*$ である. これを演算として G^* はアーベル群になる. 単位元は恒等的

に $\phi(g) = 1$ である G^* の元 ϕ である. この群 G^* を G の**指標群**という. ◇

$|G| = N$, $\phi \in G^*$ なら, ϕ の値は $\{z \in \mathbb{C} \mid z^N = 1\}$ に含まれるので, G^* も有限アーベル群である.

次の補題の証明は省略する.

補題 4.10.2 G_1, G_2 が有限アーベル群なら, $(G_1 \times G_2)^* \cong G_1^* \times G_2^*$ である. ◇

定義 4.10.3 G が有限アーベル群, $g \in G$ なら, $\sigma_g \in (G^*)^*$ を $f \in G^*$ に対して $\sigma_g(f) = f(g)$ と定義する. ◇

$g_1, g_2 \in G, f_1, f_2 \in G^*$ なら,
$$\sigma_{g_1}(f_1 + f_2) = (f_1 + f_2)(g_1) = f_1(g_1) + f_2(g_1) = \sigma_{g_1}(f_1) + \sigma_{g_1}(f_2),$$
$$\sigma_{g_1+g_2}(f_1) = f_1(g_1 + g_2) = f_1(g_1)f_1(g_2) = \sigma_{g_1}(f_1)\sigma_{g_2}(f_1).$$
よって, $G \ni g \mapsto \sigma_g \in (G^*)^*$ は準同型である.

命題 4.10.4 G が有限アーベル群なら, 自然な準同型 $G \ni g \mapsto \sigma_g \in (G^*)^*$ は同型である. また, 必ずしも自然ではない同型 $G \cong G^*$ が存在する.

証明 有限アーベル群は巡回群の直積なので, $G = \mathbb{Z}/n\mathbb{Z}$ としてよい. $i \in \mathbb{Z}$ に対して $i + n\mathbb{Z}$ を $\bar{i}$ と書く. a を整数とするとき, $\phi_a : G \ni \bar{i} \mapsto \exp(2\pi\sqrt{-1}ai/n)$ と定義すると, $\phi_a \in G^*$ であり, ϕ_a は $\bar{a} \in \mathbb{Z}/n\mathbb{Z}$ にのみ依存する. $a, b, i \in \mathbb{Z}$ なら,
$$\phi_{a+b}(\bar{i}) = \exp\left(\frac{2\pi\sqrt{-1}(a+b)i}{n}\right) = \exp\left(\frac{2\pi\sqrt{-1}ai}{n}\right)\exp\left(\frac{2\pi\sqrt{-1}bi}{n}\right)$$
$$= \phi_a(\bar{i})\phi_b(\bar{i}).$$
よって, $\mathbb{Z}/n\mathbb{Z} \ni \bar{a} \mapsto \phi_a \in G^*$ は準同型である.

$\phi \in G^*$ なら, $\phi(\bar{1})^n = \phi(\bar{n}) = \phi(\bar{0}) = 1$ なので, $\phi(\bar{1})$ は 1 の n 乗根である. よって, $\phi(\bar{1}) = \zeta_n^a$ となる $a \in \mathbb{Z}$ がある. ϕ は $\phi(\bar{1})$ で定まるので, $\phi = \phi_a$ である. したがって, 準同型 $\mathbb{Z}/n\mathbb{Z} \ni \bar{a} \mapsto \phi_a \in G^*$ は全射である. $1, \zeta_n, \cdots, \zeta_n^{n-1}$ はすべて異なるので, $G^* \cong \mathbb{Z}/n\mathbb{Z}$ である. よって, $(G^*)^* \cong \mathbb{Z}/n\mathbb{Z}$ である.

$G \ni \overline{a} \neq \overline{0}$ なら，$\sigma_{\overline{a}}(\phi_1) = \phi_1(\overline{a}) = \zeta_n^a \neq 1$ なので，$G \ni \overline{a} \mapsto \sigma_{\overline{a}} \in (G^*)^*$ は単射である．$|G| = |(G^*)^*|$ なので，これは全単射である． $\square$

定義 4.10.5　G, H を有限アーベル群 (演算は加法的に書く) とする．写像 $\Phi : G \times H \to \mathbb{C}^1$ があり，次の条件が成り立つとき，Φ を **perfect pairing** という．

(1)　$g_1, g_2 \subset G$, $h \subset H$ なら，$\Phi(g_1 + g_2, h) = \Phi(g_1, h)\Phi(g_2, h)$.

(2)　$g \in G$, $h_1, h_2 \in H$ なら，$\Phi(g, h_1 + h_2) = \Phi(g, h_1)\Phi(g, h_2)$.

(3)　$g \in G$ で，すべての $h \in H$ に対し $\Phi(g, h) = 1$ なら，$g = 0$.

(4)　$h \in H$ で，すべての $g \in G$ に対し $\Phi(g, h) = 1$ なら，$h = 0$.　　　$\diamond$

(1), (2) は Φ が $\mathbb{Z}$ 上の双線形写像 (定義 2.11.1) であると主張している．

> **命題 4.10.6**　G, H の間に perfect pairing があれば，$H \cong G^*$, $G \cong H^*$.

証明　$g \in G$ に対し，$\sigma_g : h \mapsto \Phi(g, h) \in \mathbb{C}^1$ は H^* の元である．定義 4.10.5 (1) より，写像 $G \ni g \mapsto \sigma_g \in H^*$ は群の準同型である．定義 4.10.5 (3) より，$G \ni g \mapsto \sigma_g \in H^*$ は単射である．よって，$|G| \leq |H^*| = |H|$ である．同様に H から G^* への単射が存在する．よって，$|H| \leq |G^*| = |G|$ となるので，$|G| = |H| = |H^*|$ である．G から H^* への単射があり，位数が等しいので同型である．$H \cong G^*$ も同様である． $\square$

G をアーベル群で，すべての $g \in G$ が $g^n = 1_G$ を満たす群とする．このような群の場合，$\phi \in G^*$, $g \in G$ なら，$\phi(g)^n = \phi(g^n) = \phi(1_G) = 1$ となる．よって，G^* の任意の元は，1 の n 乗根の群への準同型と同一視できる．

$a \in K$ なら，$x \in \overline{K}$ で $x^n = a$ を満たす元の一つを $\sqrt[n]{a}$ と書く．これは a により一意的には定まらないが，K は 1 の原始 n 乗根を含むと仮定しているので，$K(\zeta\sqrt[n]{a}) = K(\sqrt[n]{a})$ などとなり，これからの議論には大きな影響はない．以下，$(K^\times)^n = \{a^n \mid a \in K^\times\}$ とおく．

定義 4.10.7　$K^\times \supset R \supset (K^\times)^n$ を部分群とするとき，K に $\{\sqrt[n]{a} \mid a \in R\}$ を添加して得られる体を $\boldsymbol{K(\sqrt[n]{R})}$ と書く．$K(\sqrt[n]{R})$ という形をした K の拡大体を**クンマー拡大**という．　　　$\diamond$

定理 4.10.8 $R/(K^\times)^n$ が有限群なら，上の状況で $K(\sqrt[n]{R})/K$ はガロア拡大であり，$\mathrm{Gal}(K(\sqrt[n]{R})/K) \cong (R/(K^\times)^n)^*$.

証明 $L = K(\sqrt[n]{R})$, $a \in R$ とする．$\zeta^i \sqrt[n]{a}$ $(i = 0, \cdots, n-1)$ はすべて $x^n - a$ の根なので，$x^n - a = \prod_{i=0}^{n-1} (x - \zeta^i \sqrt[n]{a})$ である．$\sqrt[n]{a}$ の K 上の最小多項式は $x^n - a$ を割り切る．$\zeta \in K$ なので，L/K は $\sqrt[n]{a}$ の共役をすべて含む．また，$\zeta^i a$ $(i = 0, \cdots, n-1)$ はすべて異なるので，$x^n - a$ は分離多項式である．よって，L/K はガロア拡大である．

$\mathrm{Gal}(L/K)$ がアーベル群であることを示す．$\sigma, \tau \in \mathrm{Gal}(L/K)$ とする．すべての $a \in R$ に対して $\sigma\tau(\sqrt[n]{a}) = \tau\sigma(\sqrt[n]{a})$ であることを示せばよい．上の考察により，$a \in R$ なら，$0 \leq i, j \leq n-1$ があり，$\sigma(\sqrt[n]{a}) = \zeta^i \sqrt[n]{a}$, $\tau(\sqrt[n]{a}) = \zeta^j \sqrt[n]{a}$ となる．すると，

$$\sigma\tau(\sqrt[n]{a}) = \sigma(\zeta^j \sqrt[n]{a}) = \zeta^j \sigma(\sqrt[n]{a}) = \zeta^{i+j} \sqrt[n]{a}.$$

同様に，$\tau\sigma(\sqrt[n]{a}) = \zeta^{i+j} \sqrt[n]{a}$. したがって，$\mathrm{Gal}(L/K)$ はアーベル群である．

以下，$\mu_n = \{\zeta^i \mid i = 0, \cdots, n-1\}$ とおく．μ_n は $\{\zeta_n^i \mid i = 0, \cdots, n-1\} \subset \mathbb{C}^1$ と同型なので，$\mathbb{C}^1$ の部分群とみなす．$\sigma \in \mathrm{Gal}(L/K)$, $a \in R$ なら，$(\sigma(\sqrt[n]{a})/\sqrt[n]{a})^n = \sigma(a)/a = a/a = 1$. したがって，$\sigma(\sqrt[n]{a})/\sqrt[n]{a}$ は 1 の n 乗根である．$\Phi(\sigma, a) = \sigma(\sqrt[n]{a})/\sqrt[n]{a} \in \mu_n$ と定義する．a の n 乗根は $\zeta^i \sqrt[n]{a}$ という形であり，$\sigma(\zeta^i \sqrt[n]{a})/\zeta^i \sqrt[n]{a} = \zeta^i \sigma(\sqrt[n]{a})/\zeta^i \sqrt[n]{a} = \sigma(\sqrt[n]{a})/\sqrt[n]{a}$ なので，$\Phi(\sigma, a)$ は a の n 乗根のとり方によらない．Φ が $\mathrm{Gal}(L/K)$ と $R/(K^\times)^n$ の間の perfect pairing を引き起こすことを示す．

$\sigma, \tau \in \mathrm{Gal}(L/K)$, $a \in R$ なら，$\Phi(\tau, a) \in \mu_n \subset K$ なので，

$$\Phi(\sigma\tau, a) = \frac{\sigma\tau(\sqrt[n]{a})}{\sqrt[n]{a}} = \frac{\sigma\tau(\sqrt[n]{a})}{\sigma(\sqrt[n]{a})} \frac{\sigma(\sqrt[n]{a})}{\sqrt[n]{a}} = \sigma(\Phi(\tau, a))\Phi(\sigma, a) = \Phi(\sigma, a)\Phi(\tau, a).$$

$\sigma \in \mathrm{Gal}(L/K), a, b \in R$ なら，

$$\Phi(\sigma, ab) = \frac{\sigma(\sqrt[n]{ab})}{\sqrt[n]{ab}} = \frac{\sigma(\sqrt[n]{a})}{\sqrt[n]{a}} \frac{\sigma(\sqrt[n]{b})}{\sqrt[n]{b}} = \Phi(\sigma, a)\Phi(\sigma, b)$$

である．$a \in (K^\times)^n$ なら，$\sqrt[n]{a} \in K$ なので，$\sigma(\sqrt[n]{a})/\sqrt[n]{a} = 1$ である．したがって，Φ は $\mathrm{Gal}(L/K) \times R/(K^\times)^n$ から μ_n への双線形写像とみなせる．

$\mathrm{Gal}(L/K) \ni \sigma \neq 1$ なら，$a \in R$ があり，$\sigma(\sqrt[n]{a}) \neq \sqrt[n]{a}$ である．すると，

$\Phi(\sigma, a) \neq 1$ である. $a \in R \backslash (K^\times)^n$ とする. $K(\sqrt[n]{a})/K$ は自明でないガロア拡大なので, $\sigma \in \mathrm{Gal}(K(\sqrt[n]{a})/K)$ で $\sigma(\sqrt[n]{a})/\sqrt[n]{a} \neq 1$ となるものがある. この σ を $\mathrm{Gal}(K(\sqrt[n]{R})/K)$ の元に拡張することができる. すると, $\Phi(\sigma, a) \neq 1$ である. したがって, Φ は perfect pairing となるので, 命題 4.10.6 より $\sigma \to \Phi(\sigma, *)$ は同型 $\mathrm{Gal}(L/K) \cong (R/(K^\times)^n)^*$ を引き起こす. □

例 4.10.9 (クンマー拡大 1) $L = \mathbb{Q}(\sqrt{2}, \sqrt{3}, \sqrt{5}, \sqrt{7})$ とする. $\mathbb{Q}^\times/(\mathbb{Q}^\times)^2$ で $2,3,5,7$ で生成される群が $(\mathbb{Z}/2\mathbb{Z})^4$ と同型であることを示す. $2^a 3^b 5^c 7^d$ が平方数であるためには, 素因数分解の一意性から, a, b, c, d が偶数であることが必要十分である. よって, 準同型

$$\mathbb{Z}^4 \ni (a,b,c,d) \mapsto 2^a 3^b 5^c 7^d \in \mathbb{Q}^\times/(\mathbb{Q}^\times)^2$$

の核は $(2\mathbb{Z})^4$ である. したがって, $2,3,5,7$ で生成される群は $(\mathbb{Z}/2\mathbb{Z})^4$ である. 定理 4.10.8 により, $[L : \mathbb{Q}] = 16$, $\mathrm{Gal}(L/\mathbb{Q}) \cong (\mathbb{Z}/2\mathbb{Z})^4$ である. ◇

例 4.13.15 でもう一つクンマー拡大の例を考察する.

4.11　方程式の可解性

この節では方程式がべき根で解けるための条件について解説する. まず準同型の 1 次独立性について述べる.

定理 4.11.1 (準同型の 1 次独立性)　K, L を体, $\chi_1, \cdots, \chi_n$ を K から L への相異なる準同型とする. このとき, $\chi_1, \cdots, \chi_n$ は L に値をとる K 上の関数として, L 上 1 次独立である.

証明　n に関する帰納法を使う. $n = 1$ なら, $\chi_1(1) = 1 \neq 0$ なので, $\{\chi_1\}$ は 1 次独立である. よって $n \geqq 2$ と仮定する.

すべては 0 でない $a_1, \cdots, a_n \in L$ があり,

(4.11.2)　　　　　　$a_1 \chi_1(x) + \cdots + a_n \chi_n(x) = 0 \quad {}^\forall x \in K$

として矛盾を導く. $a_i = 0$ である i があれば帰納法より従う. よってすべての i に対し $a_i \neq 0$ としてよい.

$\chi_1 \neq \chi_2$ なので, $\chi_1(\alpha) \neq \chi_2(\alpha)$ となる $\alpha \in K$ がある. (4.11.2) に $\chi_1(\alpha)$ を

かけたものから，(4.11.2) の x に αx を代入したものを引くと，

$$a_2(\chi_1(\alpha)-\chi_2(\alpha))\chi_2(x)+\cdots+a_n(\chi_1(\alpha)-\chi_n(\alpha))\chi_n(x) = 0 \qquad {}^\forall x \in K$$

となる．これは $\chi_2,\cdots,\chi_n$ の間の線形関係である．帰納法により，係数はすべて 0 になるはずだが，仮定より $a_2(\chi_1(\alpha)-\chi_2(\alpha)) \neq 0$ なので矛盾である．　□

L/K がガロア拡大で $[L:K]=n$ なら，n 個の K 準同型 $\sigma_1,\cdots,\sigma_n : L \to L$ が存在する．$\{a_1,\cdots,a_n\}$ を L の K 上の基底とすると，次の系は上の定理のわかりやすい解釈である．

系 4.11.3　行列 $(\sigma_j(a_i))_{i,j}$ は可逆行列である．

証明　$(\sigma_j(a_i))_{i,j}$ がもし可逆でなければ，すべては 0 でない $x_1,\cdots,x_n \in L$ があり，すべての i に対し $\sum_j \sigma_j(a_i)x_j = 0$ となる．L の任意の元は $\{a_1,\cdots,a_n\}$ の K 上の 1 次結合なので，$\sum_j x_j\sigma_j = 0$．これは定理 4.11.1 に矛盾する．　□

以下，$n \geqq 2$ を整数，K を体，$\overline{K}$ を K の代数閉包とする．

命題 4.11.4　${\rm ch}\,K = 0$ であるか，${\rm ch}\,K = p > 0$ が n と互いに素と仮定する．K を 1 の原始 n 乗根 ζ を含む体とする．L/K を n 次拡大とするとき，次の (1), (2) は同値である．

(1) L/K はガロア拡大で ${\rm Gal}(L/K) \cong \mathbb{Z}/n\mathbb{Z}$ である．

(2) $a \in K$ があり，$L = K(\sqrt[n]{a})$．

証明　**(1) $\Rightarrow$ (2)**：σ を ${\rm Gal}(L/K)$ の生成元とする．$x \in L$ に対し，

$$(4.11.5) \qquad f(x) = \sum_{i=0}^{n-1} \zeta^{-i}\sigma^i(x)$$

とおく．定理 4.11.1 より，$f(x) \neq 0$ となる $x \in L$ がある．

$b = f(x)$ とおくと，$\sigma(\zeta) = \zeta$ なので，

$$\sigma(b) = \sum_{i=0}^{n-1} \zeta^{-i}\sigma^{i+1}(x) = \zeta\sum_{i=0}^{n-1}\zeta^{-(i+1)}\sigma^{i+1}(x) = \zeta b$$

である．$\sigma(b^n) = b^n$ となるので，$a = b^n$ とおくと，$a \in K$ である．

$\sigma^i(b) = \zeta^i b$ となるので，$0 \leqq i \neq j \leqq n-1$ なら，$\sigma^i(b) \neq \sigma^j(b)$ である．した

がって，$|\mathrm{Hom}_K^{\mathrm{alg}}(K(b), \overline{K})| \geqq n$ となるので，$K(b) = K(\sqrt[n]{a}) = L$ である[2]．

(2) ⇒ (1)：$b = \sqrt[n]{a}$ とおく．$L \neq K$ なので，$b \neq 0$ である．b は方程式 $x^n - a = 0$ の解で，この方程式の他の解は $\zeta^i b$ という形なので，L/K は正規拡大である．p は n を割り切らないので，$(x^n - a)' = nx^{n-1}$ に $x = b$ を代入すると 0 ではない．よって，L/K は分離拡大．したがって，ガロア拡大である．

$\sigma \in \mathrm{Gal}(L/K)$ なら，σ は $\sigma(b)$ で定まる．$\sigma(b) = \zeta^i b$ となる i があるので，単射準同型 $\mathrm{Gal}(L/K) \to \mathbb{Z}/n\mathbb{Z}$ が存在する．$[L : K] = n$ と仮定しているので，$\mathrm{Gal}(L/K) \to \mathbb{Z}/n\mathbb{Z}$ は同型である．　　　□

上の命題の証明には，本質的にガロアコホモロジーの概念を使っている (4.14 節参照)．

以下，**議論を簡単にするために，$\mathbf{ch}\, K = 0$ と仮定する**．

$f(x) \in K[x]$ をモニックとする．方程式 $f(x) = 0$ がべき根で解けるとはどういうことかを，次のように定式化する．

定義 4.11.6　方程式 $f(x) = 0$ がべき根で解けるとは，体の列 $K_0 = K \subset K_1 \subset \cdots \subset K_t$ があり，K_i は K_{i-1} に 1 のべき根 ζ を添加した体であるか，$a \in K_{i-1}$ のべき根 $\sqrt[n]{a}$ を添加した体であり，$f(x)$ の K 上の最小分解体 L が K_t に含まれることである．　　　◇

定理 4.11.7 (方程式の可解性)　K を標数 0 の体，$f(x) \in K[x]$ とするとき，次の (1), (2) は同値である．

(1)　方程式 $f(x) = 0$ はべき根で解ける．

(2)　$f(x)$ の K 上の最小分解体 L のガロア群 $\mathrm{Gal}(L/K)$ は可解群である．

証明　(1) ⇒ (2)：L を $f(x)$ の K 上の最小分解体とする．方程式 $f(x) = 0$ がべき根で解けるとする．定義より，体の列

---

2)　なお，$x = x_0 + x_1\sqrt[n]{a} + \cdots + x_{n-1}\sqrt[n]{a^{n-1}}$ という形の元から (この形であることを知らずに) $\sqrt[n]{a}$ の項を取り出そうとするとき，上のような和 $f(x)$ を作れば，例えば，$\sqrt[n]{a^3}$ の項は $(1 + \zeta^2 + \zeta^4 + \cdots + \zeta^{2(n-1)})$ 倍されて 0 になってしまう (ここで $\sigma(\sqrt[n]{a}) = \zeta\sqrt[n]{a}$ とした)．これが証明のアイデアである．

$$K_0 = K \subset K_1 \subset \cdots \subset K_t$$

で，$i = 1, \cdots, t$ に対し $a_i \in K_{i-1}$ があり $K_i = K_{i-1}(\sqrt[n_i]{a_i})$ となり，$L \subset K_t$ であるものがある．なお K_i が K_{i-1} に 1 のべき根を添加して得られる場合は $a_i = 1$ であると解釈する．

$N = n_1 \cdots n_t$ とおく．$\mathrm{ch}\, K = 0$ と仮定しているので，$\overline{K}$ は $\mathbb{Q}(\zeta_N)$ $(\zeta_N = \exp(2\pi\sqrt{-1}/N))$ と同型な体を含む．$\zeta_N \in \overline{K}$ とみなすと，$K(\zeta_N)$ は 1 の n_i 乗根をすべて含む．よって，最初に ζ_N を添加することにして，$K_1 = K(\zeta_N)$ としてよい．ζ_N は方程式 $x^N - 1 = 0$ の解であり，仮定よりこの方程式のすべての解は K_1 に含まれる．$\mathrm{ch}\, K = 0$ なので，K_1/K_0 はガロア拡大である．命題 4.11.4 より，すべての i に対し K_i/K_{i-1} はガロア拡大である．

定義 4.11.6 の条件を満たす体の列で $K_1 = K(\zeta_N)$ は変わらず，K_t/K がガロア拡大となるものがあることを示す．$\mathrm{ch}\, K = 0$ と仮定しているので，K_t/K が正規拡大になるようにとれればよい．$\phi \in \mathrm{Hom}_K^{\mathrm{alg}}(K_t, \overline{K})$ なら，$\phi(K_i) = \phi(K_{i-1})(\sqrt[n_i]{\phi(a_i)})$ である．よって，$F_0 = K$, F_i を K 上 $\{\phi(K_i) \mid \phi \in \mathrm{Hom}_K^{\mathrm{alg}}(K_t, \overline{K})\}$ で生成された体とすると，F_i は F_{i-1} に有限個の $\sqrt[n_i]{a}$ という形の元を添加して得られる体である．F_t は K_t の K 上のガロア閉包なので，K のガロア拡大である．これにより K_1 は変わらない．K_1 から始めて，有限個の $\sqrt[n_2]{a}$ $(a \in K_1)$ という形の元を添加して F_2 を得て，有限個の $\sqrt[n_3]{a}$ $(a \in F_2)$ という形の元を添加して F_3 を得て，などと繰り返す．そうすれば，元を添加する回数は変わるが，体の列は定義 4.11.6 の条件を満たし，最後の体は K のガロア拡大になる．よって，必要なら体の列を変えることにより，K_t/K はガロア拡大としてよい．

$H_i = \mathrm{Gal}(K_t/K_i)$ とすると，$H_0 = \mathrm{Gal}(K_t/K) \supset H_1 \supset \cdots \supset H_t = \{1\}$ である．$\zeta_N \in K_1$ なので，$i \geqq 2$ なら，命題 4.11.4 より K_i/K_{i-1} はガロア拡大で $\mathrm{Gal}(K_i/K_{i-1})$ は巡回群である．ガロアの基本定理より，$\mathrm{Gal}(K_t/K_{i-1}) = H_{i-1}$ において K_i に対応する部分群は $\mathrm{Gal}(K_t/K_i) = H_i$ である．K_i/K_{i-1} がガロア拡大なので，$H_i \lhd H_{i-1}$ で $H_{i-1}/H_i \cong \mathrm{Gal}(K_i/K_{i-1})$ となる．

$\mathbb{Q}(\zeta_N)/\mathbb{Q}$ のガロア群はアーベル群である．$F = K \cap \mathbb{Q}(\zeta_N)$ とおくと，$\mathbb{Q}(\zeta_N)/\mathbb{Q}$ がガロア拡大なので，$\mathbb{Q}(\zeta_N)/F$ はガロア拡大である．推進定理 (定理 4.7.1) より $\mathrm{Gal}(K_1/K) \cong \mathrm{Gal}(\mathbb{Q}(\zeta_N)/F)$ である ($K/\mathbb{Q}$ は代数拡大でなくてもよい)．これは $\mathrm{Gal}(\mathbb{Q}(\zeta_N)/\mathbb{Q})$ の部分群とみなせるので，アーベル群である．

$L \subset K_t$ で L/K がガロア拡大なので，$\mathrm{Gal}(K_t/L) = P$ は $H_0 = \mathrm{Gal}(K_t/K)$ の正規部分群で $H_0/P \cong \mathrm{Gal}(L/K)$ である．よって，すべての i に対し，$H_i P$ は H_0 の部分群で，$P \lhd H_i P$ である．$\overline{H}_i = H_i P/P$ とおくと，

$$\overline{H}_0 = H_0/P \cong \mathrm{Gal}(L/K) \supset \overline{H}_1 \supset \cdots \supset P/P = \{1\}.$$

$a \in H_{i-1}$, $b \in H_i$, $c, d \in P$ なら，$abca^{-1} = aba^{-1}aca^{-1} \in H_i P$, $dbcd^{-1} = b(b^{-1}db)cd^{-1} \in H_i P$ である．よって，$H_i P \lhd H_{i-1}P$ となり，$\overline{H}_i \lhd \overline{H}_{i-1}$ である．$\overline{H}_{i-1}/\overline{H}_i \cong H_{i-1}P/H_i P \cong H_{i-1}/(H_{i-1} \cap (H_i P))$ となるが，$H_{i-1} \cap (H_i P) \supset H_i$ なので，H_{i-1}/H_i から $\overline{H}_{i-1}/\overline{H}_i$ への全射準同型がある．H_{i-1}/H_i は巡回群なので，$\overline{H}_{i-1}/\overline{H}_i$ も巡回群．よって，$\mathrm{Gal}(L/K)$ は可解群である．

(2) $\Rightarrow$ (1)： $H_0 = \mathrm{Gal}(L/K) \supset \cdots \supset H_t = \{1\}$

を部分群の列で $H_i \lhd H_{i-1}$ であり，すべての i に対し H_{i-1}/H_i は有限アーベル群とする．有限アーベル群は有限巡回群の有限個の直積である．

$$H_{i-1}/H_i \cong \mathbb{Z}/n_1\mathbb{Z} \times \cdots \times \mathbb{Z}/n_{N_i}\mathbb{Z}$$

なら，部分群の列 $F_{i,0} = H_{i-1} \supset \cdots \supset F_{i,N_i} = H_i$ を，すべての j に対し，$F_{i,j} \lhd F_{i,j-1}$ であり，$F_{i,j-1}/F_{i,j}$ が有限巡回群になるように取れる．したがって，すべての i に対し，H_{i-1}/H_i は巡回群としてよい．

N を $|H_{i-1}/H_i|$ すべての倍数になるようにとり，$\overline{K}$ の中で原始 N 乗根 ζ をとる．（$\overline{K}$ で）$K_1 = K(\zeta)$, $F = LK_1$ とすると，推進定理より，

$$G \stackrel{\mathrm{def}}{=} \mathrm{Gal}(F/K_1) \cong \mathrm{Gal}(L/L \cap K_1) \subset \mathrm{Gal}(L/K)$$

である．$G_i = G \cap H_i$ とおくと，$G_0 = G \supset G_1 \supset \cdots \supset G_t = \{1\}$ である．$H_i \lhd H_{i-1}$ なので，$G_i \lhd G_{i-1}$ である．G_{i-1}/G_i は H_{i-1}/H_i の部分群とみなせるので，巡回群である．さらに，N はすべての $|G_{i-1}/G_i|$ の倍数である．

F_i を G_i に対応する F/K_1 の中間体とする．$G_i \lhd G_{i-1} = \mathrm{Gal}(F/F_{i-1})$ なので，F_i/F_{i-1} はガロア拡大で $\mathrm{Gal}(F_i/F_{i-1}) \cong G_{i-1}/G_i$ である．$i \geqq 1$ なら $\zeta \in F_{i-1}$ なので，命題 4.11.4 より $F_i = F_{i-1}(\sqrt[n_i]{a_i})$ となる n_i と $a_i \in F_{i-1}$ がある．$F_0 = K_1 = K(\zeta)$ なので，$f(x) = 0$ はべき根で解ける．   □

$L = \mathbb{Q}(x_1, \cdots, x_n)$ を n 変数有理関数体，$s_1, \cdots, s_n$ を $x_1, \cdots, x_n$ の基本対称式（例 4.1.9, 4.1.15 参照），$K = \mathbb{Q}(s_1, \cdots, s_n)$ とする．例 4.1.15 より，$\mathrm{Gal}(L/K) \cong \mathfrak{S}_n$ である．そして，$x_1, \cdots, x_n$ は方程式

$$f(x) = x^n - s_1 x^{n-1} + \cdots + (-1)^n s_n = 0$$

の解である.

　系 I–4.9.4 より, $n \geqq 5$ なら $\mathfrak{S}_n$ は可解ではない. したがって, 定理 4.11.7 より, 次の定理を得る. この定理はアーベルにより最初に証明された (その証明はガロア理論によるものではなかったが).

> **定理 4.11.8**　上の状況で $n \geqq 5$ なら, 方程式 $f(x) = 0$ はべき根では解けない.

4.12　正規底*

　L/K を体の有限次ガロア拡大, $n = [L : K]$ とする. L は K 上の n 次元ベクトル空間である. $\alpha \in L$ とするとき, $\{\sigma(\alpha) \mid \sigma \in \mathrm{Gal}(L/K)\}$ が L の K ベクトル空間としての基底になるとき, このような形をした基底を L/K の**正規底**という. この節の最後でなぜ正規底を考えるのかについて解説する. 以下, 正規底が常に存在することを示すが, その前に簡単な例を考える.

　例 4.12.1 (正規底)　$L = \mathbb{Q}(\sqrt{-1})$ とする. $\{1 + \sqrt{-1}, 1 - \sqrt{-1}\}$ は正規底である. 通常の基底 $\{1, \sqrt{-1}\}$ は正規底ではない.　　　　　　　　◇

　K, L が代数体で L/K がガロア拡大とする. $\mathcal{O}_K, \mathcal{O}_L$ を K, L の整数環とするとき (定義 3.1.9 (2)), 正規底 $B = \{\sigma(\alpha) \mid \sigma \in \mathrm{Gal}(L/K)\}$ で, $\alpha \in \mathcal{O}_L$ であり, B が $\mathcal{O}_L$ の $\mathcal{O}_K$ 上の基底になるものがあるか, というのはさらに進んだ問題である. 仮に $K = \mathbb{Q}$ だったとしても, この意味での正規底は存在するとは限らない. 実際 $L = \mathbb{Q}(\sqrt{-1})$ ならこの意味での正規底は存在しない. これは演習問題 4.12.1 とする.

　K が無限体の場合と有限体の場合で別々に考える.

> **定理 4.12.2**　K が無限体で L/K が有限次ガロア拡大なら, 正規底が存在する.

　証明　$\mathrm{Gal}(L/K) = \{\sigma_1 = 1, \cdots, \sigma_n\}$ とする. $x \in L$ で $\{\sigma_1(x), \cdots, \sigma_n(x)\}$ が

K 上 1 次独立であるものをみつけたい．つまり，$c_1, \cdots, c_n \in K$ で

(4.12.3) $$c_1 \sigma_1(x) + \cdots + c_n \sigma_n(x) = 0$$

なら $c_1 = \cdots = c_n = 0$ であればよい．(4.12.3) に σ_i^{-1} $(i = 1, \cdots, n)$ をかければ，$M = (\sigma_i^{-1} \sigma_j(x))$ とおくと，

$$M \begin{pmatrix} c_1 \\ \vdots \\ c_n \end{pmatrix} = \begin{pmatrix} 0 \\ \vdots \\ 0 \end{pmatrix}$$

である．したがって，$M \in \mathrm{GL}_n(L)$ であるような $x \in L$ があればよい．

$\{a_1, \cdots, a_n\}$ を L の K 上の基底とする．$x = x_1 a_1 + \cdots + x_n a_n$ $(x_1, \cdots, x_n \in K)$ とすると，$\sigma_i^{-1} \sigma_j(x) = x_1 \sigma_i^{-1} \sigma_j(a_1) + \cdots + x_n \sigma_i^{-1} \sigma_j(a_n)$．そこで $X_1, \cdots, X_n$ を変数として

$$f(X) = \det\left(\sum_{k=1}^{n} \sigma_i^{-1} \sigma_j(a_k) X_k \right)$$

とおく．$f(x_1, \cdots, x_n) \neq 0$ となる $x_1, \cdots, x_n \in K$ があればよい．K が無限体なので，f が多項式として零でないことを示せばよい．そのためには，$f(x_1, \cdots, x_n) \neq 0$ となる $x_1, \cdots, x_n \in L$ があることを示せば十分である．

系 4.11.3 より，行列 $(\sigma_i(a_j))$ は可逆である．よって，$\sum_j \sigma_i(a_j) x_j = \delta_{1i}$ (クロネッカーの δ) となる $x_1, \cdots, x_n \in L$ がある．この $x_1, \cdots, x_n$ に対しては，$\sum_{k=1}^{n} \sigma_i^{-1} \sigma_j(a_k) x_k = \delta_{ij}$ である．よって，行列 $\left(\sum_{k=1}^{n} \sigma_i^{-1} \sigma_j(a_k) x_k \right)$ は単位行列なので，$f(x_1, \cdots, x_n) \neq 0$ である． □

q が素数 p のべきで $n > 0$ なら，$\mathrm{Gal}(\mathbb{F}_{q^n}/\mathbb{F}_q)$ は Frob_q を生成元とする巡回拡大である．したがって，有限体の場合の正規底の存在は次の定理より従う．

定理 4.12.4　L/K が有限次巡回拡大なら，正規底が存在する．

証明　$\mathrm{Gal}(L/K) = \{1, \sigma, , \cdots, \sigma^{n-1}\}$, $A = K[x]$ を多項式環とする．$f(x) = a_0 x^m + \cdots + a_m \in A$ に対し，線形写像 $T_f : L \to L$ を

$$T_f(a) = a_0 \sigma^m(a) + \cdots + a_{m-1} \sigma(a) + a_m a \in L$$

と定義する．これにより L は A 加群となる．L は K 上有限次元なので，A 加

群として有限生成である.

なお $(\sum a_i \sigma^i)\alpha = \sum a_i \sigma^i(\alpha)$ と定義している. L は単項イデアル整域 A 上の有限生成加群で K 上有限次元なので, K 上の既約多項式 $p_1(x), \cdots, p_m(x)$ と $a_1, \cdots, a_m > 0$ により,

$$K[x]/(p_1(x)^{a_1}) \oplus \cdots \oplus K[x]/(p_m(x)^{a_m})$$

という形の A 加群と同型である.

$I = \{f(x) \in A \mid {}^\forall \alpha \in L, \ f(x)\alpha = 0\}$ とすると, I は A のイデアルである. $I \neq (X^n - 1)$ なら, $g(x) \in I \setminus (X^n - 1)$ とする. $g(x)$ を $X^n - 1$ で割ることにより, $\deg g(x) < n$ としてよい. $g(x) = a_0 + \cdots + a_{n-1}x^{n-1} \in I \setminus \{0\}$ なら, 定理 4.11.1 より, $a_0\alpha + \cdots + a_{n-1}x^{n-1}(\alpha) \neq 0$ となる $\alpha \in L$ が存在する. よって, $g(x) \notin I$ となるので, 矛盾である. したがって, $I = (X^n - 1)$ である.

$f(x) = \mathrm{LCM}(p_1(x)^{a_1}, \cdots, p_m(x)^{a_m})$ なら, $f(x) \in I$ である. よって, $f(x)$ は $x^n - 1$ で割り切れる. $x^n - 1$ は $K[x]/(p_i(x)^{a_i})$ の元を恒等的に 0 とするように作用する. よって, すべての i に対して $x^n - 1$ は $p_i(x)^{a_i}$ で割り切れる. したがって,

$$x^n - 1 = \mathrm{LCM}(p_1(x)^{a_1}, \cdots, p_m(x)^{a_m}).$$

$\alpha \in L$ を $(1, \cdots, 1) \in K[x]/(p_1(x)^{a_1}) \oplus \cdots \oplus K[x]/(p_m(x)^{a_m})$ に対応する元とすると, $f(x) \in A$ なら $f(x)\alpha = 0$ は $\mathrm{LCM}(p_1(x)^{a_1}, \cdots, p_m(x)^{a_m}) = x^n - 1$ が $f(x)$ を割ることと同値である. よって, $M = A\alpha \subset L$ は A 加群として $A/(x^n - 1)$ と同型である. $\dim_K A/(x^n - 1) = n = [L : K]$ なので, $L = A\alpha$ であり, L は K 上 $\alpha, \sigma(\alpha), \cdots, \sigma^{n-1}(\alpha)$ で張られる. $[L : K] = n$ なので, $\{\alpha, \sigma(\alpha), \cdots, \sigma^{n-1}(\alpha)\}$ は L の K 上の基底である. $\qquad\square$

注 4.12.5 L/K が有限次ガロア拡大で $G = \mathrm{Gal}(L/K)$ なら, G は L に作用し, L は群環 $K[G]$ 上の加群となる. 正規底の存在は L が $K[G]$ 加群として $K[G]$ と同型であることを意味する. すると, L は「コホモロジー的に自明」となる. ホモロジー代数については, III–6 章で解説するが, これは, 任意の $K[G]$ 加群 M に対して $n > 0$ なら

$$\mathrm{Ext}^n_{K[G]}(L, M) = \{0\}$$

となることを意味する. この事実は, 局所類体論の一つの証明方法で使われる ([23, p.150, Proposition 1] 参照). $\qquad\diamond$

4.13 トレース・ノルム*

この節では体の有限次拡大のトレースとノルムを定義し，その性質について解説する．そのために行列のトレースを定義する．以下，K を (可換) 体とする．

定義 4.13.1 $A = (a_{ij}) \in \mathrm{M}_n(K)$ に対し，$\mathbf{tr(A) = a_{11} + \cdots + a_{nn}}$ と定義し，A のトレースという． ◇

$\mathrm{tr}(A)$ が A に関して線形であること $(\mathrm{tr}(A_1 + A_2) = \mathrm{tr}(A_1) + \mathrm{tr}(A_2)$ など) は明らかである．また，定義より $\mathrm{tr}(I_n) = n$ である．次の補題はトレースの基本的な性質である．

補題 4.13.2 $A, B \in \mathrm{M}_n(K)$ なら，$\mathbf{tr(AB) = tr(BA)}$.

証明 $A = (a_{ij})$, $B = (b_{jk})$ なら，$\mathrm{tr}(AB) = \sum_{i,j} a_{ij} b_{ji}$ となるが，K は可換なので，A, B を交換しても値は変わらない． □

命題 4.13.3 $A \in \mathrm{M}_n(K)$, $P \in \mathrm{GL}_n(K)$ なら，

$$\mathbf{tr(PAP^{-1}) = tr(A), \quad det(PAP^{-1}) = \det A}.$$

証明 補題 4.13.2 より $\mathrm{tr}(PAP^{-1}) = \mathrm{tr}(AP^{-1}P) = \mathrm{tr}(A)$ である．また，定理 2.2.2 (2) より $\det(PAP^{-1}) = \det P \det A (\det P)^{-1} = \det A$ である． □

定義 4.13.4 L/K を体の有限次拡大，$a \in L$ とする．

(1) $m_a : L \to L$ を $\mathbf{m_a(x) = ax}$ で定義される線形写像とする．

(2) $B = \{b_1, \cdots, b_n\}$ が L の K 上の基底なら，$\mathbf{Mat(a, B)}$ を m_a の B に関する表現行列とする．$\mathrm{tr}(\mathrm{Mat}(a, B)), \det \mathrm{Mat}(a, B) \in K$ をそれぞれ L/K のトレース と ノルムといい，$\mathbf{Tr_{L/K}(a), N_{L/K}(a)}$ と書く． ◇

定義 4.13.4 (2) が well-defined であることを示す．B' がもう一つの基底なら，$P \in \mathrm{GL}_n(K)$ があり，$\mathrm{Mat}(a, B') = P \mathrm{Mat}(a, B) P^{-1}$ となる (命題 2.5.17)．命題 4.13.3 より，

$$\mathrm{tr}(\mathrm{Mat}(a, B')) = \mathrm{tr}(\mathrm{Mat}(a, B)), \quad \det \mathrm{Mat}(a, B') = \det \mathrm{Mat}(a, B).$$

したがって，$\mathrm{Tr}_{L/K}(a), \mathrm{N}_{L/K}(a)$ は well-defined である．

命題 4.13.5 L/K を体の有限次拡大，$n = [L:K]$，$\alpha,\beta \in L, r \in K$ とする．このとき，次の (1)–(3) が成り立つ．

(1) $\mathrm{Tr}_{L/K}(\alpha+\beta) = \mathrm{Tr}_{L/K}(\alpha) + \mathrm{Tr}_{L/K}(\beta)$, $\mathrm{Tr}_{L/K}(r\alpha) = r\,\mathrm{Tr}_{L/K}(\alpha)$.

(2) $\mathrm{N}_{L/K}(\alpha\beta) = \mathrm{N}_{L/K}(\alpha)\mathrm{N}_{L/K}(\beta)$.

(3) $\mathrm{Tr}_{L/K}(r) = nr$, $\mathrm{N}_{L/K}(r) = r^n$.

証明　L の K 上の基底 $B = \{b_1,\cdots,b_n\}$ を固定する．

(1) $m_\alpha + m_\beta = m_{\alpha+\beta}$ なので，

$$\mathrm{Tr}_{L/K}(\alpha+\beta) = \mathrm{tr}(\mathrm{Mat}(\alpha+\beta,B)) = \mathrm{tr}(\mathrm{Mat}(\alpha,B)) + \mathrm{tr}(\mathrm{Mat}(\beta,B))$$
$$= \mathrm{Tr}_{L/K}(\alpha) + \mathrm{Tr}_{L/K}(\beta)$$

である．また，$\mathrm{Mat}(r\alpha,B) = r\mathrm{Mat}(\alpha,B)$ なので，

$$\mathrm{Tr}_{L/K}(m_{r\alpha}) = \mathrm{tr}(\mathrm{Mat}(r\alpha,B)) = \mathrm{tr}(r\mathrm{Mat}(\alpha,B))$$
$$= r\mathrm{tr}(\mathrm{Mat}(\alpha,B))) = r\mathrm{Tr}_{L/K}(\alpha).$$

(2) $m_\alpha \circ m_\beta = m_{\alpha\beta}$ なので，

$$\mathrm{N}_{L/K}(\alpha\beta) = \det(\mathrm{Mat}(\alpha\beta,B)) = \det(\mathrm{Mat}(\alpha,B)\mathrm{Mat}(\beta,B))$$
$$= \det(\mathrm{Mat}(\alpha,B)\det(\mathrm{Mat}(\beta,B)) = \mathrm{N}_{L/K}(\alpha)\mathrm{N}_{L/K}(\beta).$$

(3) $(\mathrm{Mat}(r,B)) = rI_n$ なので，

$$\mathrm{Tr}_{L/K}(r) = \mathrm{tr}(rI_n) = nr, \quad \mathrm{N}_{L/K}(r) = \det(rI_n) = r^n. \qquad \square$$

例 4.13.6　$L = \mathbb{Q}(\sqrt{2})$ とする．$x = a+b\sqrt{2}$ なら，L の $\mathbb{Q}$ 上の基底 $\{1,\sqrt{2}\}$ に関して，

$$1 \to a+b\sqrt{2} \to \begin{pmatrix} a \\ b \end{pmatrix}, \qquad \sqrt{2} \to a\sqrt{2}+2b \to \begin{pmatrix} 2b \\ a \end{pmatrix}$$

となるので，表現行列は $\begin{pmatrix} a & 2b \\ b & a \end{pmatrix}$ である．よって，$\mathrm{Tr}_{L/\mathbb{Q}}(a+b\sqrt{2}) = 2a$, $\mathrm{N}_{L/\mathbb{Q}}(a+b\sqrt{2}) = a^2 - 2b^2$ である．　　　　◇

命題 4.13.7 L/K が有限次拡大体，$\mathrm{Hom}_K^{\mathrm{alg}}(L,\overline{K}) = \{\sigma_1,\cdots,\sigma_n\}$，$\alpha \in L$ なら，

$$\mathrm{Tr}_{L/K}(\alpha) = [L:K]_i \sum_{i=1}^{n} \sigma_i(\alpha), \quad \mathrm{N}_{L/K}(\alpha) = \left(\prod_{i=1}^{n} \sigma_i(\alpha)\right)^{[L:K]_i}.$$

証明　$|\mathrm{Hom}_K^{\mathrm{alg}}(L,\overline{K})| = [L:K]_s$ は分離次数で $[L:K]_i$ は非分離次数であることに注意する．α が K 上分離的で $L = K(\alpha)$ とする．$g(x) = x^n + a_1 x^{n-1} + \cdots + a_n$ を α の K 上の最小多項式とすると，$S = \{1,\cdots,\alpha^{n-1}\}$ を $K(\alpha)$ の K 上の基底にとれる．

$$A \overset{\mathrm{def}}{=} \mathrm{Mat}(\alpha, B) = \begin{pmatrix} & & & -a_n \\ 1 & & & -a_{n-1} \\ & \ddots & & \vdots \\ & & 1 & -a_1 \end{pmatrix}$$

である．α が分離的なので，$\alpha_1,\cdots,\alpha_n$ を α の K 上の共役とすると，$g(x) = (x-\alpha_1)\cdots(x-\alpha_n)$ である．σ_i は $\sigma_i(\alpha)$ により定まるので，

$$\mathrm{tr}(A) = -a_1 = \alpha_1 + \cdots + \alpha_n, \quad \det(A) = (-1)^n a_n = \alpha_1 \cdots \alpha_n$$

である．したがって，この場合は証明できた．

次に α が非分離的で $L = K(\alpha)$ とする．$\mathrm{ch}\, K = p > 0$ であり，$m > 0$ と分離多項式 $g(x) = x^n + a_1 x^{n-1} + \cdots + a_n$ があり，α の最小多項式は $g(x^{p^m})$ となる．$q = p^m$ とおくと，$q = [L:K]_i$ である．すると，

$$(4.13.8) \qquad \mathrm{Mat}(\alpha, B) = \begin{pmatrix} & & & & -a_n \\ 1 & & & & \vdots \\ & \ddots & & & -a_i \\ & & \ddots & & \vdots \\ & & & 1 & 0 \end{pmatrix}$$

となる．ただし，(4.13.8) の最後の列では，$-a_n,\cdots,-a_1$ の下にそれぞれ $(q-1)$ 個の 0 がある．よって，$\mathrm{tr}(A) = 0$, $\det(A) = (-1)^{nq} a_n$ となる．$[L:K]_i = q$ なので，$[L:K]_i \sum_{i=1}^{n} \sigma_i(\alpha) = 0$. したがって，$\mathrm{Tr}_{L/K}$ に関する主張が従う．

$t = \alpha^q$, $g(x)$ の根を $t_1 = t,\, \cdots,\, t_n$ とすると，$\mathrm{Hom}_K^{\mathrm{alg}}(K(t),\overline{K})$ の元 $\phi_1,\cdots,\phi_n$ で $\phi_i(t) = t_i$ となるものがある．ϕ_i を $\mathrm{Hom}_K^{\mathrm{alg}}(K(\alpha),\overline{K})$ の元に拡張しておく．

命題 3.3.30 より $n = [K(\alpha):K]_s$ なので, $\mathrm{Hom}_K^{\mathrm{alg}}(K(\alpha),\overline{K}) = \{\phi_1,\cdots,\phi_n\}$ である. $\phi_i(\alpha) = \alpha_i$ とすると, $\alpha_i^q = \phi_i(\alpha^q) = \phi_i(t) = t_i \ (i = 1,\cdots,n)$. よって,

$$\left(\prod_{i=1}^n \phi_i(\alpha)\right)^{[L:K]_i} = (\alpha_1\cdots\alpha_n)^q = t_1\cdots t_n = (-1)^n a_n.$$

q が奇数なら $(-1)^n = (-1)^{nq}$, q が偶数なら $\mathrm{ch}\,K = 2$ なので $-1 = 1$ である. よって $(-1)^n = (-1)^{nq}$. どちらの場合も, $(-1)^n a_n$ は $\det(A)$ に等しくなるので, $\mathrm{N}_{L/K}$ に関する主張が従う.

　一般の場合, $\boldsymbol{M = K(\alpha)}$ とし, $B_1 = \{z_1,\cdots,z_l\}$, $B_2 = \{y_1,\cdots,y_m\}$ をそれぞれ L/M, M/K の基底とすると,

$$B_0 = \{y_i z_j \mid i = 1,\cdots,m, j = 1,\cdots,l\}$$

は L/K の基底である (命題 3.1.25). $V_j = M z_j$ とする. これは m_α で不変な M 上の部分空間である.

　$A = \mathrm{Mat}(\alpha,B_2)$ とおく. $S_j = \{y_i z_j \mid i = 1,\cdots,m\}$ を V_j の K 上の基底に選ぶと, m_α の V_j への制限の表現行列は A である. よって,

$$\mathrm{Mat}(\alpha,B_0) = \begin{pmatrix} A & & \\ & \ddots & \\ & & A \end{pmatrix}.$$

したがって, そのトレースと行列式を考え,

$$(4.13.9) \quad \begin{aligned} \mathrm{Tr}_{L/K}(\alpha) &= [L:M]\mathrm{tr}(A) = [L:M]\mathrm{Tr}_{M/K}(\alpha), \\ \mathrm{N}_{L/K}(\alpha) &= \det(A)^{[L:M]} = \mathrm{N}_{M/K}(\alpha)^{[L:M]}. \end{aligned}$$

　α の K 上の共役を $\alpha_1,\cdots,\alpha_n$ とすると, $L = K(\alpha)$ の場合の考察により, $\mathrm{tr}(A) = [M:K]_i(\alpha_1+\cdots+\alpha_n)$ である. $[L:M] = [L:M]_s[L:M]_i$ であり, $[L:M]_s = r$ とすると, $\mathrm{Hom}_M^{\mathrm{alg}}(L,\overline{K})$ は r 個の元よりなる.

$$\mathrm{Hom}_K^{\mathrm{alg}}(M,\overline{K}) = \{\phi_1,\cdots,\phi_n\}, \qquad \mathrm{Hom}_M^{\mathrm{alg}}(L,\overline{K}) = \{\psi_1,\cdots,\psi_r\}$$

とする. $\phi_1,\cdots,\phi_n$ を $\mathrm{Hom}_K^{\mathrm{alg}}(\overline{K},\overline{K})$ の元に延長すると, 補題 3.3.15 より,

$$(4.13.10) \quad \mathrm{Hom}_K^{\mathrm{alg}}(L,\overline{K}) = \{\phi_j\circ\psi_k \mid j = 1,\cdots,n, \ k = 1,\cdots,r\}.$$

すべての j,k に対して, $\phi_j\circ\psi_k(\alpha) = \phi_j(\alpha)$, $[L:K]_i = [L:M]_i[M:K]_i$ なので,

$$[L:K]_i\sum_{j,k}\phi_j\circ\psi_k(\alpha) = [L:K]_i\, r(\alpha_1+\cdots+\alpha_n)$$

$$= [L:M]_i[M:K]_i[L:M]_s(\alpha_1+\cdots+\alpha_n)$$
$$= [L:M][M:K]_i(\alpha_1+\cdots+\alpha_n)$$
$$= [L:M]\mathrm{Tr}_{M/K}(\alpha)$$

である. なお最後のステップは $L = K(\alpha)$ の場合による. (4.13.9) により, こ
れは $\mathrm{Tr}_{L/K}(\alpha)$ である. $\mathrm{N}_{L/K}$ についても同様である. $\qquad\square$

命題 4.13.7 の公式をトレースとノルムの定義として必要な性質を証明するこ
ともできるが, 本書では意味がわかりやすい定義を採用した.

命題 4.13.11 L/K が有限次拡大体なら, 次の (1), (2) は同値である.
(1) L/K は分離拡大である.
(2) $\mathrm{Tr}_{L/K} \neq 0$ である.

証明 L/K が非分離拡大なら $\mathrm{Tr}_{L/K} = 0$ であることは命題 4.13.7 より従う.
$\mathrm{Hom}_K^{\mathrm{alg}}(L,\overline{K}) = \{\phi_1,\cdots,\phi_n\}$ とするとき, L/K が分離拡大なら, $\mathrm{Tr}_{L/K}(\alpha) = \phi_1(\alpha)+\cdots+\phi_n(\alpha)$ だが, 準同型の 1 次独立性 (定理 4.11.1) より $\phi_1+\cdots+\phi_n$ は
関数として 0 でない. よって, $\phi_1(\alpha)+\cdots+\phi_n(\alpha) \neq 0$ となる α がある. $\qquad\square$

なお, $t \in K$ とするとき, $\mathrm{Tr}_{L/K}(t\alpha) = t\,\mathrm{Tr}_{L/K}(\alpha)$ なので, **L/K が有限次
分離拡大なら, $\mathrm{Tr}_{L/K}$ は全射である.**

命題 4.13.12 L/K が有限次拡大体で, M が L/K の中間体なら,
$$\mathbf{Tr}_{L/K} = \mathbf{Tr}_{M/K} \circ \mathbf{Tr}_{L/M}, \qquad \mathbf{N}_{L/K} = \mathbf{N}_{M/K} \circ \mathbf{N}_{L/M}.$$

証明 最初の等式だけ証明する. $[L:M]_s = n$, $[M:K]_s = m$, $\mathrm{Hom}_K^{\mathrm{alg}}(M,\overline{K})$
$= \{\phi_1,\cdots,\phi_m\}$, $\mathrm{Hom}_M^{\mathrm{alg}}(L,\overline{K}) = \{\psi_1,\cdots,\psi_n\}$ とする. $\phi_1,\cdots,\phi_m$ を $\mathrm{Hom}_K^{\mathrm{alg}}(\overline{K},\overline{K})$
の元に延長すると, 補題 3.3.15 と命題 4.13.7 より, $\alpha \in L$ なら,

$$\begin{aligned}
\mathrm{Tr}_{L/K}(\alpha) &= [L:K]_i \sum_{j,k} \phi_j \circ \psi_k(\alpha) \\
&= [M:K]_i \sum_j \phi_j\left([L:M]_i \sum_k \psi_k(\alpha)\right) \\
&= [M:K]_i \sum_j \phi_j(\mathrm{Tr}_{L/M}(\alpha)) = \mathrm{Tr}_{M/K}(\mathrm{Tr}_{L/M}(\alpha)).
\end{aligned}$$
$\qquad\square$

例題 **4.13.13**　$\alpha \in \overline{\mathbb{Q}}$ を多項式 $f(x) = x^3 - x^2 - 1$ の一つの根, $L = \mathbb{Q}(\alpha)$ とする.

(1)　$f(x)$ は $\mathbb{Q}$ 上既約であることを証明せよ.

(2)　$t = \alpha^2 - \alpha + 1$ とするとき, $\mathrm{N}_{L/\mathbb{Q}}(t)$ を求めよ.

解答　(1) $\deg f = 3$ なので, もし f が可約なら 1 次の因子を持つ. これは f が $\mathbb{Q}$ に根を持つことを意味するが, 命題 1.12.4 より, その可能性は ± 1 しかない. $f(1) = -1 \neq 0$, $f(-1) = -3 \neq 0$ なので, f は既約である.

(2)　$\alpha_1 = \alpha$, α_2, α_3 を α の $\mathbb{Q}$ 上の共役とする.

$$
\begin{aligned}
\mathrm{N}_{L/\mathbb{Q}}(t) &= (\alpha_1^2 - \alpha_1 + 1)(\alpha_2^2 - \alpha_2 + 1)(\alpha_3^2 - \alpha_3 + 1) \\
&= (\alpha_1 \alpha_2 \alpha_3)^2 + \alpha_1^2 \alpha_2^2 (1 - \alpha_3) + \alpha_1^2 \alpha_3^2 (1 - \alpha_2) + \alpha_2^2 \alpha_3^2 (1 - \alpha_1) \\
&\quad + \alpha_1^2 (\alpha_2 - 1)(\alpha_3 - 1) + \alpha_2^2 (\alpha_1 - 1)(\alpha_3 - 1) + \alpha_3^2 (\alpha_1 - 1)(\alpha_2 - 1) \\
&\quad + (1 - \alpha_1)(1 - \alpha_2)(1 - \alpha_3)
\end{aligned}
$$

となる. 最後の項は $f(1) = -1$ である.

根と係数の関係より $s_1 = \alpha_1 + \alpha_2 + \alpha_3 = 1$, $s_2 = \alpha_1 \alpha_2 + \alpha_1 \alpha_3 + \alpha_2 \alpha_3 = 0$, $s_3 = \alpha_1 \alpha_2 \alpha_3 = 1$ である. よって,

$$
\alpha_1^2 \alpha_2^2 (1 - \alpha_3) + \alpha_1^2 \alpha_3^2 (1 - \alpha_2) + \alpha_2^2 \alpha_3^2 (1 - \alpha_1) = s_2^2 - 2 s_1 s_3 - s_2 s_3 = -2,
$$

$$
\alpha_1^2 (\alpha_2 - 1)(\alpha_3 - 1) + \alpha_2^2 (\alpha_1 - 1)(\alpha_3 - 1) + \alpha_3^2 (\alpha_1 - 1)(\alpha_2 - 1)
$$

$$
= s_1 s_3 - \sum_{i \neq j} \alpha_i^2 \alpha_j + \alpha_1^2 + \alpha_2^2 + \alpha_3^2 = 1 - s_1 s_2 + 3 s_3 + s_1^2 - 2 s_2 = 5.
$$

したがって, $\mathrm{N}_{L/\mathbb{Q}}(t) = 1 - 2 + 5 - 1 = 3$.　　　　　　　　　　　　　□

t が満たす $\mathbb{Q}$ 上の 3 次方程式を求めることにより $\mathrm{N}_{L/\mathbb{Q}}(t)$ を計算することも可能である.

命題 **4.13.14**　$K = \mathbb{F}_q$ を位数 q の有限体とする. n を正の整数, $L = \mathbb{F}_{q^n}$ とするとき, $\mathrm{N}_{L/K}$ は全射である.

証明　命題 4.1.24 より L/K はガロア拡大で $\mathrm{Gal}(L/K)$ はフロベニウス準同型 (定理 3.1.5) Frob_q で生成される. よって, $x \in L$ に対し $\mathrm{N}_{L/K}(x) =$

$x^{1+q+\cdots+q^{n-1}}$ である. 有限体の乗法群は巡回群なので, $\alpha \in L^{\times}$ を位数 $q^n - 1$ の元とすると, $\mathrm{N}_{L/K}(\alpha) = \alpha^{(q^n-1)/(q-1)}$ となり, $\mathrm{N}_{L/K}(\alpha)$ の位数は $q-1$ である. よって, $\mathrm{N}_{L/K}$ は全射である. $\square$

ノルムの応用としてクンマー拡大の例をもう一つここで考える.

例 4.13.15 (クンマー拡大 2)　p を素数とする. $\zeta_p = \exp(2\pi\sqrt{-1}/p)$, $K = \mathbb{Q}(\zeta_p)$ とする. $L = K(\sqrt[p]{2}, \sqrt[p]{3})$ の K 上のガロア群を決定する. $2^l 3^m \in (K^{\times})^p$ なら, $2^l 3^m = x^p$ $(x \in K^{\times})$ となる. すると, $2^{l\phi(p)} 3^{m\phi(p)} = \mathrm{N}_{K/\mathbb{Q}}(x)^p$ である ($\phi(p)$ はオイラー関数). 2,3 は $\mathbb{Q}^{\times}/(\mathbb{Q}^{\times})^p$ で $\mathbb{Z}/p\mathbb{Z} \times \mathbb{Z}/p\mathbb{Z}$ と同型な部分群を生成し, また $\phi(p)$ は p と互いに素なので, これは $p \mid l, m$ と同値である. 逆に $p \mid l, m$ なら $2^l 3^m \in (\mathbb{Q}^{\times})^p \subset (K^{\times})^p$. よって, 2,3 は $K^{\times}/(K^{\times})^p$ でも $\mathbb{Z}/p\mathbb{Z} \times \mathbb{Z}/p\mathbb{Z}$ と同型な部分群を生成し, $\mathrm{Gal}(L/K) \cong \mathbb{Z}/p\mathbb{Z} \times \mathbb{Z}/p\mathbb{Z}$ となる.   ◇

4.14　ヒルベルトの定理 90*

L/K を有限次ガロア拡大とする. この節では, $L, L^{\times}$ を係数とするガロアコホモロジーを定義し, ヒルベルトの定理 90 を証明する. ガロアコホモロジーは整数論のさまざまな分野で使われ非常に重要である. ガロアコホモロジーは 4.15, 4.16 節でも期待される性質を持つガロア拡大を生成する元の存在を示すのにも使われる. この節では H^1 だけ考えるが, III–6 章では, すべての $n > 0$ に対して H^n を定義する.

まず, コホモロジー群を定義する. $G = \mathrm{Gal}(L/K)$ は $L, L^{\times}$ に作用する.

定義 4.14.1　L/K を体の有限次ガロア拡大, $G = \mathrm{Gal}(L/K)$ とする.

(1)　$Z^1(L/K, L^{\times}) = \{h : G \to L^{\times} \mid {}^{\forall}\sigma, \tau \in G, \ \boldsymbol{h(\sigma\tau) = h(\sigma)\sigma(h(\tau))}\}$ とおき, $Z^1(L/K, L^{\times})$ の元を $L^{\times}$ を係数とする **1 コサイクル**という. $h(\sigma\tau) = h(\sigma)\sigma(h(\tau))$ を**コサイクル条件**という.

(2)　$Z^1(L/K, L) = \{h : G \to L \mid {}^{\forall}\sigma, \tau \in G, \ \boldsymbol{h(\sigma\tau) = h(\sigma) + \sigma(h(\tau))}\}$ とおき, $Z^1(L/K, L)$ の元を L を係数とする **1 コサイクル**という. $h(\sigma\tau) = h(\sigma) + \sigma(h(\tau))$ を**コサイクル条件**という.

(3) $a \in L^\times$ により $\boldsymbol{h_a(\sigma) = \sigma(a)a^{-1}}$ という形をした G 上の関数を $L^\times$ を係数とする **1 コバウンダリー** といい, $B^1(L/K, L^\times) = \{h_a \mid a \in L^\times\}$ と書く.

(4) $a \in L$ により $\boldsymbol{h_a(\sigma) = \sigma(a) - a}$ という形をした G 上の関数を L を係数とする **1 コバウンダリー** といい, $B^1(L/K, L) = \{h_a \mid a \in L\}$ と書く.   ◇

補題 4.14.2 (1) $Z^1(L/K, L^\times)$, $Z^1(L/K, L)$ はそれぞれ $L^\times$ の積, L の和によりアーベル群になる.

(2) $B^1(L/K, L^\times)$, $B^1(L/K, L)$ はそれぞれ $Z^1(L/K, L^\times)$, $Z^1(L/K, L)$ の部分群になる.

証明 (1) は明らかである. (2) は $B^1(L/K, L^\times)$ についてだけ証明する. $a \in L^\times$ で $\sigma, \tau \in \mathrm{Gal}(L/k)$ なら,

$$h_a(\sigma\tau) = (\sigma\tau(a))a^{-1} = \sigma(\tau(a)a^{-1})\sigma(a)a^{-1} = h_a(\sigma)\sigma(h_a(\tau)).$$

よって, h_a は 1 コサイクルである. $b \in L^\times$ なら, $\sigma \in \mathrm{Gal}(L/K)$ に対し

$$h_{ab}(\sigma) = \sigma(ab)(ab)^{-1} = \sigma(a)a^{-1}\sigma(b)b^{-1} = h_a(\sigma)h_b(\sigma).$$

したがって, $B^1(L/K, L^\times)$ は $Z^1(L/K, L^\times)$ の部分群である.   □

定義 4.14.3

(1) $\mathrm{H}^1(L/K, L^\times) = Z^1(L/K, L^\times)/B^1(L/K, L^\times)$,

(2) $\mathrm{H}^1(L/K, L) = Z^1(L/K, L)/B^1(L/K, L)$

と定義し, それぞれ $L^\times$, L 係数の **1 次ガロアコホモロジー群** という.   ◇

定理 4.14.4 (**ヒルベルトの定理 90**) L/K が体の有限次ガロア拡大なら, 次の (1), (2) が成り立つ.

(1) $\mathbf{H^1(L/K, L^\times) = \{1\}}$.

(2) $\mathbf{H^1(L/K, L) = \{0\}}$.

証明 (1) $h : \mathrm{Gal}(L/K) \to L^\times$ を 1 コサイクルとする. $x \in L$ に対して

$$(4.14.5) \qquad f(x) = \sum_{\tau \in \mathrm{Gal}(L/K)} h(\tau)\tau(x)$$

とおく. $\mathrm{Gal}(L/K)$ は L から L への関数の集合として 1 次独立であり, $h(\tau) \neq$

0 なので, $f(x) \neq 0$ となる $x \in L$ がある.

$a = f(x)$ とおくと, $\sigma \in \mathrm{Gal}(L/K)$ なら,

$$\sigma(a) = \sum_{\tau \in \mathrm{Gal}(L/K)} \sigma(h(\tau))\sigma\tau(x) = \sum_{\tau \in \mathrm{Gal}(L/K)} h(\sigma\tau)h(\sigma)^{-1}\sigma\tau(x)$$
$$= h(\sigma)^{-1} \sum_{\tau \in \mathrm{Gal}(L/K)} h(\sigma\tau)\sigma\tau(x) = h(\sigma)^{-1}a.$$

よって, $h(\sigma) = \sigma(a)^{-1}a = \sigma(a^{-1})(a^{-1})^{-1}$ となり, h はコバウンダリーである.

(2) $h : \mathrm{Gal}(L/K) \to L$ を 1 コサイクルとする. $f(x) = \sum_{\tau \in \mathrm{Gal}(L/K)} h(\tau)\tau(x)$ とおくと, $\sigma \in \mathrm{Gal}(L/K)$ なら,

$$\sigma(f(x)) = \sum_{\tau \in \mathrm{Gal}(L/K)} \sigma(h(\tau))\sigma\tau(x) = \sum_{\tau \in \mathrm{Gal}(L/K)} (h(\sigma\tau)-h(\sigma))\sigma\tau(x)$$
$$= \sum_{\tau \in \mathrm{Gal}(L/K)} h(\sigma\tau)\sigma\tau(x) - h(\sigma)\sum_{\tau \in \mathrm{Gal}(L/K)} \sigma\tau(x)$$
$$= f(x) - h(\sigma)\sum_{\tau \in \mathrm{Gal}(L/K)} \tau(x).$$

準同型の 1 次独立性より $\gamma = \sum_{\tau \in \mathrm{Gal}(L/K)} \tau(x) \neq 0$ となる x がある. $\gamma \in K$ であることに注意すると,

$$h(\sigma) = \gamma^{-1}(f(x) - \sigma(f(x))) = \sigma(-\gamma^{-1}f(x)) - (-\gamma^{-1}f(x))$$

となり, h はコバウンダリーである.   □

K が 1 の原始 n 乗根 ζ を含み, $L = K(\sqrt[n]{a})$ で $[L:K] = n$ なら, $\mathrm{Gal}(L/K)$ の生成元 σ で $\sigma(\sqrt[n]{a}) = \zeta^{-1}\sqrt[n]{a}$ となるものがある. $x = \sqrt[n]{a} \in L^\times$ とおき, h_x を定義 4.14.1 (3) で $a = x$ とした 1 コバウンダリーとする. すると $h_x(\sigma) = \zeta^{-1}$ である. だから, ζ^{-1} は 1 コバウンダリーの値として現れる典型的な値である. 命題 4.11.4 の証明ではこのような考察で $\sqrt[n]{a}$ という形の元をみつけた.

系 4.14.6 L/K は体の有限次ガロア拡大で $\mathrm{Gal}(L/K) \cong \mathbb{Z}/n\mathbb{Z}$, σ を $\mathrm{Gal}(L/K)$ の生成元とする. このとき, $a \in L$, $\mathrm{N}_{L/K}(a) = 1$ なら, $b \in L^\times$ が存在して $a = \sigma(b)/b$ となる.

証明 関数 $h : \mathrm{Gal}(L/K) \to L^\times$ を $h(1) = 1$, $h(\sigma^i) = a\sigma(a)\cdots\sigma^{i-1}(a)$ $(i = 1,\cdots,n-1)$ と定義する.

$$h(\sigma^i)\sigma^i(h(\sigma^j)) = a\sigma(a)\cdots\sigma^{i-1}(a)\sigma^i(a\sigma(a)\cdots\sigma^{j-1}(a))$$
$$= a\sigma(a)\cdots\sigma^{i-1}(a)\sigma^i(a)\cdots\sigma^{i+j-1}(a)$$
$$= a\sigma(a)\cdots\sigma^{i+j-1}(a)$$

となるが，$i+j \leqq n-1$ なら，これは $h(\sigma^{i+j})$ である．$i+j \geqq n$ なら，$i+j = n+k$ とおくと，$a\sigma(a)\cdots\sigma^{n-1}(a) = \mathrm{N}_{L/K}(a) = 1$ なので，

$$h(\sigma^i)\sigma^i(h(\sigma^j)) = (a\sigma(a)\cdots\sigma^{n-1}(a))a\sigma(a)\cdots\sigma^{k-1}(a) = h(\sigma^k)$$

となる．よって，h は 1 コサイクルである．したがって，$h(\sigma^i) = \sigma^i(b)b^{-1}$ となる $b \in L^\times$ がある．$i = 1$ とすれば，$a = \sigma(b)b^{-1}$ である．　□

定理 4.14.4 (1) の典型的な応用について解説する．K を体とし，ベクトル空間 $V(K) = K^{n+1}$ を考える．$\mathbb{P}^n(K) = (V(K)\setminus\{0\})/\sim$ を定義 2.7.12 で定義した射影空間とする．L/K が有限次ガロア拡大で $\Gamma = \mathrm{Gal}(L/K)$ なら，Γ は $\mathbb{P}^n(L)$ に作用する．$p \in \mathbb{P}^n(L)$ が Γ で不変 (つまり，すべての $\sigma \in \Gamma$ に対し $\sigma(p) = p$) なら，$a \in V(K)\setminus\{0\}$ で a の類が p となるものがあるだろうか？　答えは Yes だが，これについて述べる．

p が $b = (b_0,\cdots,b_n) \in V(L)\setminus\{0\}$ の類とする．すべての $\sigma \in \Gamma$ に対し $\sigma(p) = p$ なので，$h(\sigma) \in L^\times$ があり，$\sigma(b) = h(\sigma)b$ となる．$\sigma,\tau \in \Gamma$ なら，

$$h(\sigma\tau)b = \sigma\tau(b) = \sigma(h(\tau)b) = \sigma(h(\tau))\sigma(b) = \sigma(h(\tau))h(\sigma)b$$

なので，$h(\sigma\tau) = \sigma(h(\tau))h(\sigma)$ である．したがって，h は 1 コサイクルである．

定理 4.14.4 により，$c \in L^\times$ があり，$h(\sigma) = \sigma(c)c^{-1}$ となる．$a = c^{-1}b$ とおくと，p は a の類である．

$$\sigma(a) = \sigma(c^{-1})\sigma(b) = \sigma(c^{-1})h(\sigma)b = \sigma(c^{-1})\sigma(c)c^{-1}b = c^{-1}b = a$$

なので，$a \in V(K)\setminus\{0\}$ である．これは，$\mathbb{P}^n(L)$ の K 有理点は $V(K)$ の元で代表されることを意味する．

4.15 クンマー理論 II

この節ではクンマー理論の「逆」の部分を考察する．n を正の整数とする．

定義 4.15.1　アーベル群 G のすべての元が $g^n = 1$ を満たすなら，G は指数が高々 n の群という．　◇

L/K が有限次ガロア拡大で，$\mathrm{Gal}(L/K)$ がアーベル群なら，

$$\mathrm{Gal}(L/K) \cong \mathbb{Z}/n_1\mathbb{Z} \times \cdots \times \mathbb{Z}/n_t\mathbb{Z}$$

という形になる．G の指数が高々 n であることと，すべての n_i が n の約数であることは同値である．

$\mathrm{ch}\,K = p > 0$ なら，各 n_i を $n_i = m_i p^{k_i}$（m_i と p は互いに素）と書くと，

$$\mathrm{Gal}(L/K) \cong \mathbb{Z}/m_1\mathbb{Z} \times \cdots \times \mathbb{Z}/m_t\mathbb{Z} \times \mathbb{Z}/p^{k_1}\mathbb{Z} \times \cdots \times \mathbb{Z}/p^{k_t}\mathbb{Z}$$

である．$H_1 = \mathbb{Z}/m_1\mathbb{Z} \times \cdots \times \mathbb{Z}/m_t\mathbb{Z}$，$H_2 = \mathbb{Z}/p^{k_1}\mathbb{Z} \times \cdots \times \mathbb{Z}/p^{k_t}\mathbb{Z}$ とおき，M_1, M_2 を H_1, H_2 の不変体とすると，$\mathrm{Gal}(M_1/K) \cong H_2$，$\mathrm{Gal}(M_2/K) \cong H_1$，$L = M_1 \cdot M_2$，$M_1 \cap M_2 = K$ である．M_1, M_2 は L により定まるので，$\mathrm{Gal}(L/K)$ が指数が高々 n であるものを考えるには，M_1, M_2 を考察すればよい．

以下，$\mathrm{ch}\,K = 0$ の場合と $\mathrm{ch}\,K = p > 0$ が n を割らない場合を考える．

定理 4.15.2　K は 1 の原始 n 乗根 ζ を含む体で $\mathrm{ch}\,K = 0$ または $\mathrm{ch}\,K = p > 0$ は n を割らないとする．このとき，次の (1), (2) が成り立つ．

(1)　L/K が有限次アーベル拡大で，$\mathrm{Gal}(L/K)$ が指数が高々 n の群なら，部分群 $K^{\times} \supset R \supset (K^{\times})^n$ があり，$L \cong K(\sqrt[n]{R})$（定義 4.10.7）となる．

(2)　$K^{\times} \supset R_1, R_2 \supset (K^{\times})^n$ が部分群で $K(\sqrt[n]{R_1}) \cong K(\sqrt[n]{R_2})$ なら，$R_1 = R_2$ である．

証明　(1)　$n_1, \cdots, n_t > 0$ は n を割る整数で $\mathrm{Gal}(L/K) \cong \mathbb{Z}/n_1\mathbb{Z} \times \cdots \times \mathbb{Z}/n_t\mathbb{Z}$ とする．$\mathrm{Gal}(L/K)$ の i 番目の直積因子を除いた群を

$$H_i = \mathbb{Z}/n_1\mathbb{Z} \times \cdots \times \mathbb{Z}/n_{i-1}\mathbb{Z} \times \mathbb{Z}/n_{i+1}\mathbb{Z} \times \cdots \times \mathbb{Z}/n_t\mathbb{Z}$$

とし，H_i の不変体を M_i とする．M_i/K はガロア拡大で，

$$\mathrm{Gal}(M_i/K) \cong \mathrm{Gal}(L/K)/H_i \cong \mathbb{Z}/n_i\mathbb{Z}$$

となる．命題 4.11.4 より，$M_i = K(\sqrt[n_i]{a_i})$ となる $a_i \in K$ がある．

$K(\sqrt[n_1]{a_1}, \cdots, \sqrt[n_t]{a_t}) \subset L$ だが，左辺に対応する部分群は $\bigcap_{i=1}^{t} H_i = \{0\}$ である．よって，$K(\sqrt[n_1]{a_1}, \cdots, \sqrt[n_t]{a_t}) = L$ となる．$R = \langle a_1^{\frac{n}{n_1}}, \cdots, a_t^{\frac{n}{n_t}} \rangle (K^{\times})^n$ とすれば，$L = K(\sqrt[n]{R})$ である．なお，$R/(K^{\times})^n$ は有限生成アーベル群で，生成元 $a_i^{\frac{n}{n_i}}$

$(i = 1, \cdots, t)$ の n_i 乗は単位元となるので, 有限群である.

(2) $K(\sqrt[n]{R_1}) = K(\sqrt[n]{R_2})$ と仮定する. $y \in R_1$ なら, $R_3 = \langle y, R_2 \rangle$ とすると, $\sqrt[n]{y} \in K(\sqrt[n]{R_2})$ なので, $K(\sqrt[n]{R_2}) = K(\sqrt[n]{R_3})$. 定理 4.10.8 より, $[K(\sqrt[n]{R_2}) : K] = |R_2/(K^\times)^n| = |R_3/(K^\times)^n|$. よって, $R_2 = R_3$. これは $y \in R_2$ を意味するので, $R_1 \subset R_2$ である. 同様に, $R_2 \subset R_1$. したがって, $R_1 = R_2$ となる. $\square$

4.16　アルティン-シュライアー理論*

以下, K は体, $\mathrm{ch}\, K = p > 0$ と仮定する. この節では, ガロア拡大 L/K で $\mathrm{Gal}(L/K) \cong \mathbb{Z}/p\mathbb{Z}$ となるものを記述する.

命題 4.16.1 $a \in K$, $f(x) = x^p - x - a$, $\alpha \in \overline{K}$ で $f(\alpha) = 0$ とする. このとき, もし $\alpha \notin K$ なら, $f(x)$ は K 上既約であり, $L = K(\alpha)$ は K のガロア拡大で $\mathrm{Gal}(L/K) \cong \mathbb{Z}/p\mathbb{Z}$ である.

証明 以下, $i \in \mathbb{Z}$ の定める $\mathbb{F}_p$ の元も i と書く. $i = 0, \cdots, p-1$ なら, フェルマーの小定理 (系 I–2.6.24) と定理 3.1.5 より

$$f(\alpha + i) = (\alpha + i)^p - (\alpha + i) - a = \alpha^p - \alpha + i^p - i - a = f(\alpha) = 0.$$

$\alpha, \cdots, \alpha + p - 1$ はすべて異なり $\deg f(x) = p$ なので, $f(x) = \prod_{i=0}^{p-1} (x - \alpha - i)$ である. したがって, $f(x)$ は分離多項式である.

α の K 上の共役は $\alpha + i$ という形をしているので, L は K の正規拡大となる. よって, L/K はガロア拡大である. $\sigma \in \mathrm{Gal}(L/K)$ は $\sigma(\alpha)$ によって定まり, $\sigma(\alpha) = \alpha + i$ $(i \in \mathbb{F}_p)$ という形をしている. $\phi : \mathrm{Gal}(L/K) \to \mathbb{F}_p$ を σ に i を対応させる写像とする. もし $\sigma, \tau \in \mathrm{Gal}(L/K)$ で $\sigma(\alpha) = \alpha + i$, $\tau(\alpha) = \alpha + j$ なら, $\sigma\tau(\alpha) = \alpha + i + j$ である. したがって, ϕ は準同型である. $\sigma(\alpha) = \alpha + i$ なら, σ は i により定まるので, ϕ は単射である. $\alpha \notin K$ なので, $\mathrm{Im}(\phi) \neq \{0\}$ である. p は素数なので, $\mathrm{Im}(\phi) = \mathbb{Z}/p\mathbb{Z}$ となる. これは $[L : K] = p$ を意味するので, $f(x)$ は K 上既約でなければならない. $\square$

$x^p - x - a$ という形をした多項式の根で生成される体の拡大を**アルティン (Artin)-シュライアー (Schreier) 拡大**という.

L/K がガロア拡大で $\mathrm{Gal}(L/K) \cong \mathbb{Z}/p\mathbb{Z}$ なら, L は $x^p - x - a$ $(a \in K)$ とい

う形の多項式の根で生成されることを証明する．また，そのような二つの拡大体が一致する条件を求める．

補題 4.16.2 $f(x) = x^p - x - a \in K[x]$ を既約多項式，$\alpha \in \overline{K}$ で $f(\alpha) = 0$ とする．このとき，$\beta \in K(\alpha)$ で $\beta^p - \beta \in K$ なら，$c_0 \in K$, $c_1 \in \mathbb{F}_p$ があり，$\beta = c_0 + c_1\alpha$, $\beta^p - \beta = c_0^p - c_0 + c_1 a$ である．

証明 $\beta = c_0 + \cdots + c_{p-1}\alpha^{p-1}$ $(c_0, \cdots, c_{p-1} \in K)$ と書く．このとき，

$$(4.16.3) \qquad \beta^p - \beta = \sum_{i=0}^{p-1}(c_i^p \alpha^{pi} - c_i\alpha^i) = \sum_{i=0}^{p-1}(c_i^p(\alpha+a)^i - c_i\alpha^i) \in K$$

である．α の K 上の最小多項式の次数は p で，(4.16.3) は α の高々 $(p-1)$ 次の多項式なので，(4.16.3) における α^i $(i = 1, \cdots, p-1)$ の係数は 0 になる．

$c_i \neq 0$ となる最大の i を t とする．もし $t \geqq 2$ なら，(4.16.3) は

$$(c_t^p - c_t)\alpha^t + (tc_t^p a + c_{t-1}^p - c_{t-1})\alpha^{t-1} + \cdots$$

となるので，$c_t^p = c_t$, $tc_t a + (c_{t-1}^p - c_{t-1}) = 0$ である．定理 3.5.3 (2) より $c_t \in \mathbb{F}_p$ である．$tc_t \in \mathbb{F}_p^\times$ なので，$\gamma = -(tc_t)^{-1}c_{t-1}$ とおくと，$\gamma \in K$ で $\gamma^p - \gamma = a$ となり矛盾である．よって，$t \leqq 1$, $\beta = c_0 + c_1\alpha$ となる．$t = 1$ なら，$(c_0 + c_1\alpha)^p - (c_0 + c_1\alpha) = c_0^p - c_0 + (c_1^p - c_1)\alpha + c_1^p a \in K$ なので，$c_1^p = c_1$, つまり $c_1 \in \mathbb{F}_p$ である．$t = 0$ なら，$\beta^p - \beta = c_0^p - c_0 \in K$ である．$\qquad\square$

定理 4.16.4 K は標数 $p > 0$ の体とする．

(1) L/K はガロア拡大で $\mathrm{Gal}(L/K) \cong \mathbb{Z}/p\mathbb{Z}$ とする．このとき，$a \in K$ があり，L は $f(x) = x^p - x - a$ の最小分解体となる．

(2) $i = 1, 2$ に対し，L_i を多項式 $f_i(x) = x^p - x - a_i$ $(a_i \in K)$ の最小分解体，$L_i \neq K$ で，$\alpha_i \in L$ を $f_i(x)$ の根とする．このとき，

$$L_1 = L_2 \iff {}^\exists c_0 \in K, \ {}^\exists c_1 \in \mathbb{F}_p^\times, \ a_2 = c_0^p - c_0 + c_1 a_1.$$

証明 (1) $\mathrm{Gal}(L/K) = \langle \sigma \rangle$ とする．写像 $h : \mathrm{Gal}(L/K) \to L$ を $h(\sigma^i) = i \in \mathbb{F}_p \subset L$ と定義する．$\sigma^i = \sigma^j$ なら $i - j$ は p で割り切れるので，L で $i = j$ となる．よって，h は well-defined である．

$0 \leqq i, j \leqq p-1$ なら，$\mathbb{F}_p \subset K$ なので，

$$h(\sigma^i) + \sigma^i(h(\sigma^j)) = i + \sigma^i(j) = i + j = h(\sigma^i \sigma^j)$$

である．よって，L の加法に関して h は 1 コサイクルである．したがって，ヒルベルトの定理 90（定理 4.14.4 (2)）により，$\alpha \in L$ があり，$h(\sigma^i) = \sigma^i(\alpha) - \alpha$ となる．特に，$\sigma(\alpha) - \alpha = 1$ である．これは $\sigma(\alpha) = \alpha + 1$ を意味するが，$a = \alpha^p - \alpha$ とおくと，$\sigma(a) = (\alpha+1)^p - (\alpha+1) = \alpha^p - \alpha = a$ である．よって，$a \in K$ であり，α は方程式 $f(x) = x^p - x - a = 0$ の解である．$\sigma(\alpha) \neq \alpha$ なので，$\alpha \notin K$ である．したがって，命題 4.16.1 より，$[K(\alpha) : K] = p$ である．これより $L = K(\alpha)$ であり，L は $f(x)$ の最小分解体となる．

(2)　もし $a_2 = c_0^p - c_0 + c_1 a_1$ となる $c_0 \in K$，$c_1 \in \mathbb{F}_p^\times$ があれば，$(c_0 + c_1\alpha_1)^p - (c_0 + c_1\alpha_1) = c_0^p - c_0 + c_1 a_1 = a_2$ である．よって，$f_2(c_0 + c_1\alpha_1) = 0$ である．これは $L_2 \subset L_1$ を意味するが，$[L_1 : K] = [L_2 : K] = p$ なので，$L_1 = L_2$ である．

逆に $L_1 = L_2$ とする．すると，$\beta \in L_1$ があり，$\beta^p - \beta = a_2$ となる．補題 4.16.2 より $c_0 \in K$，$c_1 \in \mathbb{F}_p$ があり，$\beta = c_0 + c_1\alpha_1$ となる．$\beta \notin K$ なので，$c_1 \neq 0$ である．よって，$\beta^p - \beta = c_0^p - c_0 + c_1 a_1 = a_2$ である．　　　　□

例 4.16.5　$K = \mathbb{F}_p(t)$ を $\mathbb{F}_p$ 上の 1 変数有理関数体とする．

$$f(x) = x^p - x - t, \qquad g(x) = x^p - x - t - 1$$

とすれば，$f(x), g(x)$ の根は $A = \mathbb{F}_p[t]$ 上整である．よって，もし $f(x), g(x)$ が K に根を持てば，A は正規環なので，その根は A の元である．$h(t) \in A$ が $f(x)$ の根なら，$h(t) \neq 0$ である．$h(t)^p = h(t) + t$ だが，$\deg h(t)^p = p \deg h(t) > \deg(h(t) + t)$ なので，矛盾である．$g(x)$ に関しても同様なので，$f(x), g(x)$ は K に根を持たない．よって命題 4.16.1 より，$f(x), g(x)$ は K 上既約，その最小分解体 L, F は K のガロア拡大で $\mathrm{Gal}(L/K), \mathrm{Gal}(F/K) \cong \mathbb{Z}/p\mathbb{Z}$ である．

もし，$L = F$ なら，定理 4.16.4 (2) より，$c_0 \in K, c_1 \in \mathbb{F}_p^\times$ があり，$t + 1 = c_0^p - c_0 + c_1 t$ となる．すると，c_0 は $\mathbb{F}_p[t]$ 上整になるので，$c_0 \in \mathbb{F}_p[t]$ である．

$c_0 \in \mathbb{F}_p$ なら，$t + 1 = c_1 t$ となり矛盾である．よって，$c_0 \notin \mathbb{F}_p$ だが，多項式としての次数を考えると，$\deg(t + 1 - c_1 t) = \deg(c_0^p - c_0) \geqq p$ となり矛盾である．したがって，$L \neq F$ である．　　　　◇

4.17　4 次多項式のガロア群 II*

　この節では K は標数 2 の体とする．4.6 節では，4 次多項式のガロア群について解説した．定理 4.6.8 では，ほとんどの場合を尽くしたが，(3) で $\mathrm{ch}\,K \neq 2$ の場合に $\mathrm{Gal}(L/K)$ が $D_4, \mathbb{Z}/4\mathbb{Z}$ どちらになるのかを判断する場合が残っていた．ここではこの場合について解説する．

　仮定 4.6.1 の状況を考え，$f(x), g(y), h(z)$ を (4.5.2), (4.5.4), (4.6.6) で定義された多項式とする．$f(x), h(z)$ は K 上既約で $g(y)$ は K 上可約と仮定する．τ_1, τ_2, τ_3 は (4.6.4) のものとする．また，$\tau_2 \in K$ で $K(\tau_1) = K(\tau_3)$ は K の 2 次拡大とする．$g(y)$ は (4.6.10) と同じく，$d_1 = -(\tau_1 + \tau_3), d_2 = \tau_1 \tau_3 \in K$ として，

$$g(y) = (y^2 + d_1 y + d_2)(y - \tau_2)$$

と表す．この状況では，$\mathrm{Gal}(L/K)$ は D_4 または $\mathbb{Z}/4\mathbb{Z}$ と同型である．

　定理 4.17.1　上の状況で，$\mathrm{Gal}(L/K) \cong \mathbb{Z}/4\mathbb{Z}$ となることと，次の (i), (ii) が成り立つことと同値である．

(i) (A) $a_1 = 0, d_1 \in (K(\tau_1)^{\times})^2 \cup \{0\}$ または (B) $a_1 \neq 0$,
$$d_1 a_1^{-2} \in \{\alpha d_2 d_1^{-2} + \beta^2 + \beta \mid \alpha \in \mathbb{F}_2, \beta \in K\}.$$

(ii) (A) $\tau_2 = 0, a_4 \in (K(\tau_1)^{\times})^2 \cup \{0\}$ または (B) $\tau_2 \neq 0$,
$$a_4 \tau_2^{-2} \in \{\alpha d_2 d_1^{-2} + \beta^2 + \beta \mid \alpha \in \mathbb{F}_2, \beta \in K\}.$$

　証明　命題 4.6.11 より，$\mathrm{Gal}(L/K) \cong \mathbb{Z}/4\mathbb{Z}$ となることと次の二つの方程式

(4.17.2)　　　　　　$w^2 + a_1 w - d_1 = 0$, 　　　$w^2 - \tau_2 w + a_4 = 0$

が $K(\tau_1)$ に解を持つことと同値である．$-1 = 1$ であることに注意する．$g(y)$ は分離多項式なので，$d_1 \neq 0$ である．

$$y^2 + d_1 y + d_2 = 0 \iff (y d_1^{-1})^2 + (y d_1^{-1}) + (d_2 d_1^{-2}) = 0$$

なので，補題 4.16.2 より，

$$\{x^2 + x \mid x \in K(\tau_1), x^2 + x \in K\} = \{\alpha d_2 d_1^{-2} + \beta^2 + \beta \mid \alpha \in \mathbb{F}_2, \beta \in K\}$$

である．これは K の加法群の部分群である．

　$a_1 = 0$ なら，(4.17.2) の最初の方程式が解を持つのは $d_1 \in (K(\tau_1)^{\times})^2 \cup \{0\}$ のときである．$a_1 \neq 0$ なら，

$$w^2 + a_1 w + d_1 = 0 \iff (wa_1^{-1})^2 + (wa_1^{-1}) + (d_1 a_1^{-2}) = 0.$$

定理 4.16.4 (2) より，この方程式が $K(\tau_1)$ に解を持つことと，

$$d_1 a_1^{-2} \in \{\alpha d_2 d_1^{-2} + \beta^2 + \beta \mid \alpha \in \mathbb{F}_2, \beta \in K\}$$

は同値である．

同様にして，(4.17.2) の 2 番目の方程式が $K(\tau_1)$ に解を持つことと，(A) $\tau_2 = 0$, $a_4 \in (K(\tau_1)^\times)^2 \cup \{0\}$ または (B) $\tau_2 \neq 0$ で

$$a_4 \tau_2^{-2} \in \{\alpha d_2 d_1^{-2} + \beta^2 + \beta \mid \alpha \in \mathbb{F}_2, \beta \in K\}$$

となることは同値である．　　　　　　　　　　　　　　　　　□

4.18　代数学の基本定理*

この節ではガウス (Gauss) により証明された，次の有名な定理を証明するのが目的である．

定理 4.18.1 (代数学の基本定理)　複素数体 $\mathbb{C}$ は代数閉体である．

証明　ここで与える証明は比較的代数的な証明である．しかし，この定理が $\mathbb{C}$ という完備化によって構成された体の性質に依存する以上，どこかで解析的な考察は必要である．この証明で解析的な考察を行うのは次の補題の中だけである．

補題 4.18.2　$f(x)$ を $\mathbb{R}$ 上の奇数次の多項式とすると，$f(x) = 0$ となる $x \in \mathbb{R}$ がある．

証明　$f(x) = a_0 x^n + \cdots + a_n$ $(a_0, \cdots, a_n \in \mathbb{R})$, $a_0 \neq 0$ とする．$a_0^{-1} f(x)$ を考えることにより，$a_0 = 1$ としてよい．

$$\lim_{x \to -\infty} f(x) = -\infty, \qquad \lim_{x \to \infty} f(x) = \infty$$

である．よって，中間値の定理より $f(x) = 0$ となる $x \in \mathbb{R}$ がある．　　□

補題 4.18.3　$\mathbb{C}$ は 2 次拡大を持たない．

証明　L が $\mathbb{C}$ の 2 次拡大なら，L は $\mathbb{C}$ 係数の 2 次方程式の解で $\mathbb{C}$ 上生成される．よって，$a \in \mathbb{C}$ があり，$L = \mathbb{C}(\sqrt{a})$ となる．$a = u + v\sqrt{-1}$ $(u, v \in \mathbb{R})$ とすると，$b = x + y\sqrt{-1}$，ただし

$$x = \sqrt{\frac{u + \sqrt{u^2 + v^2}}{2}}, \qquad y = \frac{v}{2x},$$

とすれば，$b^2 = a$ である．よって，$L = \mathbb{C}(\sqrt{a}) = \mathbb{C}$ となり，矛盾である．　□

$\mathbb{C}$ が代数閉体ではないとして矛盾を導く．$L \supsetneqq \mathbb{C}$ を有限次ガロア拡大とする．$d = [L : \mathbb{R}]$ が 2 のべきでないとして矛盾を導く．d が奇素数 p で割り切れるとする．$\widetilde{L}$ を L の $\mathbb{R}$ 上のガロア閉包とすると，$G = \mathrm{Gal}(\widetilde{L}/\mathbb{R})$ の位数も p で割り切れる．H を G のシロー 2 部分群，M をガロアの基本定理で H に対応する体とする．すると，$m = [M : \mathbb{R}] = |G/H|$ は奇数であり，p で割り切れる．よって，$m > 1$ である．$M/\mathbb{R}$ は分離拡大なので，$M = \mathbb{R}(\alpha)$ となる $\alpha \in M$ がある．$f(x)$ を α の $\mathbb{R}$ 上の最小多項式とすれば，$\deg f(x) = m$ は奇数である．$f(x)$ は $\mathbb{R}$ 上既約だが，これは補題 4.18.2 に矛盾する．したがって，$[L : \mathbb{R}]$ は 2 のべきだが，$[\mathbb{C} : \mathbb{R}] = 2$ なので，$[L : \mathbb{C}]$ も 2 のべきである．

$G = \mathrm{Gal}(L/\mathbb{C})$ とすれば，$|G| = 2^a$ となる整数 $a > 0$ がある．$\mathrm{Gal}(L/\mathbb{C})$ が可換であるような $\mathbb{C}$ の有限次ガロア拡大があることを示す．

G が可換でなければ，Z を G の中心とすると，p 群の中心は自明でないので (命題 I–4.4.3)，$|G| > |Z| > 1$ である．$Z \lhd G$ なので M を Z に対応する体とすると，$M/\mathbb{C}$ はガロア拡大で $1 < [M : \mathbb{C}] = |G|/|Z| < |G|$ である．$|G|$ は有限なので，これを繰り返せば，$\mathbb{C}$ の有限次ガロア拡大で $\mathbb{C}$ 上のガロア群がアーベル群であるものがある．これをあらためて L とおく．$\mathrm{Gal}(L/\mathbb{C})$ がアーベル群なので，$\mathrm{Gal}(L/\mathbb{C})$ は指数 2 の部分群を持つ．それを H とし，M を H に対応する体とすれば，$[M : \mathbb{C}] = 2$ だが，これは補題 4.18.3 に矛盾する．したがって，$\mathbb{C}$ は代数閉体である．　□

4 章の演習問題

4.1.1　次の体 L の $\mathbb{Q}$ 上のガロア閉包 F を求め，$\mathrm{Gal}(F/\mathbb{Q})$ を決定せよ．

(1)　$L = \mathbb{Q}(\sqrt[3]{3})$　　(2)　$L = \mathbb{Q}(\sqrt[4]{2})$

4.1.2 $\alpha = \sqrt{2+\sqrt{2}}$, $\beta = \sqrt{2-\sqrt{2}}$ とおく.

(1) α の $\mathbb{Q}$ 上の最小多項式を求めよ.

(2) $\beta \in \mathbb{Q}(\alpha)$ を示して, $\mathbb{Q}(\alpha)/\mathbb{Q}$ がガロア拡大であることを証明せよ.

(3) 命題 4.1.12 より $\phi(\alpha) = \beta$ となる $\phi \in \mathrm{Gal}(\mathbb{Q}(\alpha)/\mathbb{Q})$ が存在する. $\phi(\sqrt{2}) = -\sqrt{2}$ であることを証明せよ.

(4) $\mathrm{Gal}(\mathbb{Q}(\alpha)/\mathbb{Q})$ を求めよ.

4.1.3 $\alpha = \sqrt{1+\sqrt{2}}$, $\beta = \sqrt{1-\sqrt{2}}$, L を $\mathbb{Q}(\alpha)$ の $\mathbb{Q}$ 上のガロア閉包とする.

(1) α の $\mathbb{Q}$ 上の共役は $\alpha_1 = \alpha$, $\alpha_2 = -\alpha$, $\alpha_3 = \beta$, $\alpha_4 = -\beta$ であることを証明せよ.

(2) $\mathrm{Gal}(L/\mathbb{Q})$ の元を $\{\alpha_1, \cdots, \alpha_4\}$ への作用により $\mathfrak{S}_4$ の元とみなす. $\mathbb{C}$ の複素共役を L に制限すると, $\mathrm{Gal}(L/\mathbb{Q})$ の元で置換 (34) に対応するものを引き起こすことを証明せよ.

(3) D_4 は $(13)(24)$ と (34) で生成されることを証明せよ.

(4) $\sigma(\alpha) = -\alpha$, $\sigma(-\alpha) = \beta$, $\sigma(\beta) = \alpha$ となる $\sigma \in \mathrm{Gal}(L/\mathbb{Q})$ はないことを証明せよ.

(5) $\mathrm{Gal}(L/\mathbb{Q})$ を求めよ.

4.1.4 (1) $\sqrt{2}+\sqrt{3} = \sqrt{5+2\sqrt{6}}$ であることを証明せよ.
(2) $a,b \in \mathbb{Z} \backslash (\mathbb{Q}^{\times})^2$, $a/b \notin (\mathbb{Q}^{\times})^2$ であるとき, $\mathbb{Q}\big(\sqrt{a+b+2\sqrt{ab}}\big) = \mathbb{Q}(\sqrt{a}, \sqrt{b})$ であることを証明せよ.

(3) (2) の状況で $\mathrm{Gal}\big(\mathbb{Q}\big(\sqrt{a+b+2\sqrt{ab}}\big)/\mathbb{Q}\big) \cong \mathbb{Z}/2\mathbb{Z} \times \mathbb{Z}/2\mathbb{Z}$ であることを証明せよ.

演習問題 4.1.5–4.1.9 では, K は $\mathbb{C}$ 上の有理関数体とする.

4.1.5 $G = \mathbb{Z}/5\mathbb{Z}$ の $K = \mathbb{C}(x,y)$ への作用を, $\sigma = \bar{1}$ に対して $\sigma(a) = a$ ($a \in \mathbb{C}$), $\sigma(x) = \zeta_5 x$, $\sigma(y) = \zeta_5^3 y$ となるように定める (これが well-defined であることは認める). このとき K^G を求めよ.

4.1.6 $G = \mathbb{Z}/5\mathbb{Z}$ の $K = \mathbb{C}(x,y,z)$ への作用を, $\sigma = \bar{1}$ に対して $\sigma(a) = a$ ($a \in \mathbb{C}$), $\sigma(x) = \zeta_5 x$, $\sigma(y) = \zeta_5^2 y$, $\sigma(z) = \zeta_5^3 z$ となるように定める (これが well-defined であることは認める). このとき K^G を求めよ.

4.1.7 x_1, x_2, x_3 を変数とし，$K = \mathbb{C}(x_1, x_2, x_3)$ とおく．$\mathfrak{S}_3$ は K に忠実に作用する (例 4.1.9 参照)．$G = \mathbb{Z}/3\mathbb{Z}$ を $\sigma = (123)$ で生成された $\mathfrak{S}_3$ の部分群と同一視するとき，K^G を求めよ．

4.1.8 (1) $\sigma = (123)$, $\tau = (12) \in \mathfrak{S}_3$, $K = \mathbb{C}(x)$ とするとき，$\phi(\sigma)(x) = 1/(1-x)$, $\phi(\tau)(x) = 1/x$ となる準同型 $\phi : \mathfrak{S}_3 \to \operatorname{Aut}_{\mathbb{C}}^{\mathrm{alg}} \mathbb{C}(x)$ があることを証明せよ (ヒント：例題 I–4.6.6 を参照せよ)．

(2) $j(x) = (x^2 - x + 1)^3 / (x^2(x-1)^2)$ とおくとき，$K^{\mathfrak{S}_3} = \mathbb{C}(j)$ であることを証明せよ．

4.1.9 $\mathbb{Z}/2\mathbb{Z}$ の $K = \mathbb{C}(x_1, x_2, y_1, y_2)$ への作用を，$\sigma = \overline{1}$ に対して $\sigma(a) = a$ $(a \in \mathbb{C})$, $\sigma(x_1) = x_2$, $\sigma(x_2) = x_1$, $\sigma(y_1) = y_2$, $\sigma(y_2) = y_1$ となるように定める (これが well-defined であることは認める)．このとき，K^G を求めよ．

4.1.10 $\mathbb{Q}(\sqrt{3}, \sqrt{5})/\mathbb{Q}$ の中間体をすべて求めよ．

4.1.11 $\mathbb{Q}(\sqrt{2+\sqrt{2}})/\mathbb{Q}$ の中間体をすべて求めよ．

4.1.12 L を $\mathbb{Q}(\sqrt{1+\sqrt{2}})$ の $\mathbb{Q}$ 上のガロア閉包とするとき，$L/\mathbb{Q}$ の中間体をすべて求めよ．また，そのなかで $\mathbb{Q}$ 上ガロア拡大であるものはどれか？

4.1.13 L を $\mathbb{Q}(\sqrt[3]{3})$ の $\mathbb{Q}$ 上のガロア閉包とするとき，$L/\mathbb{Q}$ の中間体をすべて求めよ．

4.1.14 L を $\mathbb{Q}(\sqrt[4]{2})$ の $\mathbb{Q}$ 上のガロア閉包とするとき，$L/\mathbb{Q}$ の中間体をすべて求めよ．また，そのなかで $\mathbb{Q}$ 上ガロア拡大であるものはどれか？

4.1.15 (1) p を奇素数，$f(x) \in \mathbb{Q}[x]$ を p 次の既約多項式とする．$f(x) = 0$ がちょうど $(p-2)$ 個の実数解を持つなら，$f(x)$ の $\mathbb{Q}$ 上のガロア群は $\mathfrak{S}_p$ と同型になることを証明せよ．

(2) $f(x) = x^5 - 4x + 2$ の $\mathbb{Q}$ 上のガロア群は $\mathfrak{S}_5$ と同型であることを証明せよ．

4.1.16[☆] $M = \mathbb{Q}(\sqrt{2}, \sqrt{3})$, $\alpha = \sqrt{\sqrt{6}(\sqrt{2}+\sqrt{3})(1+\sqrt{2})}$, $L = M(\alpha)$ とおく．

(1) $\sigma, \tau \in \operatorname{Gal}(M/\mathbb{Q})$ を例 4.1.4 で定義された元とし，これらを $\operatorname{Hom}_{\mathbb{Q}}^{\mathrm{alg}}(L, \overline{\mathbb{Q}})$ の元に拡張しておく．このとき，$\sigma(\alpha) = \pm(\sqrt{3}-\sqrt{2})(\sqrt{2}-1)\alpha$, $\tau(\alpha) = \pm(\sqrt{3}-\sqrt{2})\alpha$ となることを証明せよ．また，$\sigma^2(\alpha), \sigma^3(\alpha)$ を計算することにより，$L/\mathbb{Q}$ はガロア拡大で $[L:\mathbb{Q}] = 8$ となることを証明せよ．

(2) σ, τ の $\mathrm{Gal}(L/\mathbb{Q})$ への拡張として, $\sigma(\alpha) = (\sqrt{3}-\sqrt{2})(\sqrt{2}-1)\alpha$, $\tau(\alpha) = (\sqrt{3}-\sqrt{2})\alpha$ となるものがあることを証明せよ.

(3) $\mathrm{Gal}(L/\mathbb{Q})$ は (2) の σ, τ で生成され, $\tau^{-1}\sigma\tau = \sigma^{-1}$, $\sigma^2 = \tau^2$ という関係式が成り立つことを証明せよ.

(4) 演習問題 I–4.6.7 を使い, $\mathrm{Gal}(L/\mathbb{Q})$ が四元数群と同型であることを証明せよ.

4.1.17 $\mathbb{Q}(\sqrt[8]{2}, \sqrt{-3})/\mathbb{Q})$ がガロア拡大であることを証明し, そのガロア群を決定せよ.

4.1.18 $K = \mathbb{F}_2[x]/(x^4+x+1)$ とし, α を x の類とする. $\beta = a\alpha + b\alpha^2$ $(a,b \in \mathbb{F}_2)$ という形の元で $K = \mathbb{F}_2(\beta)$ となるものの個数を求めよ.

4.1.19 (1) $K = \mathbb{Q}(\sqrt{5+\sqrt{5}})$ の $\mathbb{Q}$ 上のガロア閉包を L とする. $\mathrm{Gal}(L/\mathbb{Q})$ を決定せよ.

(2) $K = \mathbb{Q}(\sqrt{5+\sqrt{3}})$ の $\mathbb{Q}$ 上のガロア閉包を L とする. $\mathrm{Gal}(L/\mathbb{Q})$ を決定せよ.

4.1.20* K を体とする. L/K がガロア拡大, $\mathrm{Gal}(L/K)$ が $\mathfrak{S}_n$ の部分群なら, K 上の n 次多項式 $f(x)$ でその K 上の最小分解体が L であるものが存在することを証明せよ.

4.1.21* L/K は体の代数拡大で $\alpha \in L$ があり $L = K(\alpha)$ とする (つまり L は K の単拡大).

(1) M を L/K の中間体とする. α の M 上の最小多項式の係数を K に添加した体を F とするとき, $F = M$ であることを証明せよ.

(2) L/K の中間体は有限個であることを証明せよ.

4.1.22* L/K が体の有限次代数拡大で中間体が有限個しかないとする. このとき, L/K は単拡大であることを証明せよ.

4.2.1 次の対称式を基本対称式 s_1, s_2, s_3 の多項式として表せ.
(1) $x_1^2 x_2 + x_1 x_2^2 + x_1^2 x_3 + x_1 x_3^2 + x_2^2 x_3 + x_2 x_3^2$
(2) $x_1^2 x_2^2 + x_1^2 x_3^2 + x_2^2 x_3^2$
(3) $x_1^3 x_2 + x_1 x_2^3 + x_1^3 x_3 + x_1 x_3^3 + x_2^3 x_3 + x_2 x_3^3$

4.2.2（シュール（**Schur**）多項式）　整数 $0 < j_1 < j_2$ に対し

$$S(j_1, j_2)(x) = \det \begin{pmatrix} 1 & 1 & 1 \\ x_1^{j_1} & x_2^{j_1} & x_3^{j_1} \\ x_1^{j_2} & x_2^{j_2} & x_3^{j_2} \end{pmatrix}$$

とおく．$S(j_1, j_2)(x)$ は交代式である．以下 s_1, s_2, s_3 を x_1, x_2, x_3 の基本対称式とする．

(1)　$S(1,3)(x)$ を s_1, s_2, s_3 の多項式と $\delta(x_1, x_2, x_3)$ の積として表せ．

(2)　$S(2,3)(x)$ を s_1, s_2, s_3 の多項式と $\delta(x_1, x_2, x_3)$ の積として表せ．

4.3.1　次の多項式 f に対し判別式 $\Delta(f)$ を求めよ．f を体 $\mathbb{F}_p$ 上の多項式とみなしたとき，f が重根を持つ p をすべて求めよ．

(1)　$f(x) = x^3 + 2x + 4$　　(2)　$f(x) = x^3 + 2x^2 - 3x + 1$

4.5.1　次の多項式の $\mathbb{Q}$ 上の最小分解体を L とするとき，$\mathrm{Gal}(L/\mathbb{Q})$ を求めよ．

(1)　$x^3 + x^2 - 4x + 1$　　　　(2)　$x^3 - x - 1$

(3)　$x^3 + 2x^2 - 2$　　　　　(4)　$x^3 + x^2 - 2x - 1$

4.5.2　$K = \mathbb{F}_2(t)$ を $\mathbb{F}_2$ 上の一変数有理関数体とする．L を次の多項式の K 上の最小分解体とするとき，$\mathrm{Gal}(L/K)$ を求めよ．

(1)　$x^3 + tx + t$　　　　　　　　　(2)　$x^3 + (t^2 + t + 1)x + t^2 + t + 1$

(3)　$x^3 + (t^3 + t + 1)x + t^3 + t + 1$　　(4)　$x^3 + (t^4 + t + 1)x + t^4 + t + 1$

4.5.3　$K = \mathbb{F}_3(t)$ を $\mathbb{F}_3$ 上の一変数有理関数体とする．L を次の多項式の K 上の最小分解体とするとき，$\mathrm{Gal}(L/K)$ を求めよ．

(1)　$x^3 + x^2 + t$　　　　(2)　$x^3 - x + t$

4.6.1　次の多項式の $\mathbb{Q}$ 上の最小分解体を L とするとき，$\mathrm{Gal}(L/\mathbb{Q})$ を求めよ．

(1)　$x^4 + x^3 + 2x^2 - 4x + 3$　(2)　$x^4 - 5x^2 + 6$　　　(3)　$x^4 - 10x^2 + 1$

(4)　$x^4 - 10x^2 + 6$　　　　(5)　$x^4 + 8x + 12$　　　(6)　$x^4 + 4x^2 + 6x + 2$

4.6.2　$K = \mathbb{F}_3(t)$ を $\mathbb{F}_3$ 上の1変数有理関数体とする．次の K 上の多項式の K 上の最小分解体を L とするとき，$\mathrm{Gal}(L/K)$ を求めよ．

(1)　$x^4 + x^3 + t^2$　　　　(2)　$x^4 + x^3 + t$

4.6.3　四元数群は 4 次の既約多項式のガロア群とはならないことを証明せよ.

4.6.4　K を標数が 2 ではない体, $f(x) = x^4 + ax^2 + b \in K[x]$ $(a, b \in K)$, $f(x)$ の K 上の最小分解体を L とする. $\sqrt{a^2 - 4b} \notin K$ と仮定する ($\sqrt{a^2 - 4b} \in K$ なら, $f(x)$ は可約である).

(1)　$\sqrt{-a + \sqrt{a^2 - 4b}} \notin K(\sqrt{a^2 - 4b})$ であることは, 4 次方程式 $4y^4 + 4ay^2 + a^2 - 4b = 0$ が K に解を持たないことと同値であることを証明せよ.

(2)　以下, (1) の条件が満たされているとする (よって, $f(x)$ は既約である). $\sqrt{b} \in K$ なら, $\mathrm{Gal}(L/K) \cong \mathbb{Z}/2\mathbb{Z} \times \mathbb{Z}/2\mathbb{Z}$ であることを証明せよ.

(3)　$\sqrt{b} \notin K$ で $K(\sqrt{a^2 - 4b}) = K(\sqrt{b})$ なら, $\mathrm{Gal}(L/K) \cong \mathbb{Z}/4\mathbb{Z}$ であることを証明せよ.

(4)　$\sqrt{b} \notin K$ で $K(\sqrt{a^2 - 4b}) \neq K(\sqrt{b})$ なら, $\mathrm{Gal}(L/K) \cong D_4$ であることを証明せよ.

4.6.5　$K = \mathbb{F}_3(t)$ 上の既約な 4 次の多項式 $f(x)$ で, K 上の最小分解体のガロア群が (1) $\mathbb{Z}/2\mathbb{Z} \times \mathbb{Z}/2\mathbb{Z}$, (2) $\mathbb{Z}/4\mathbb{Z}$, (3) D_4 と同型であるものをみつけよ.

4.7.1　$\omega = (-1 + \sqrt{-3})/2$, $\alpha = \sqrt[3]{2}$, $\beta = \omega\alpha$, $L = \mathbb{Q}(\alpha, \beta)$, $M = \mathbb{Q}(\alpha)$, $N = \mathbb{Q}(\beta) \subset \overline{\mathbb{Q}}$ とする.

(1)　$M \cap N = \mathbb{Q}$ であることを証明せよ.

(2)　$[M : \mathbb{Q}] \neq [L : N]$, $[N : \mathbb{Q}] \neq [L : M]$ であることを証明せよ. よって, 定理 4.7.1 の主張は (仮定が満たされていないので) 成り立たない.

4.8.1　ϕ をオイラー関数とするとき, 次の値を求めよ.

(1)　$\phi(7)$　　　(2)　$\phi(8)$　　　(3)　$\phi(10)$　　　(4)　$\phi(11)$

(5)　$\phi(12)$　　(6)　$\phi(30)$　　(7)　$\phi(60)$　　(8)　$\phi(72)$

4.8.2　次の n に対し, 円分多項式 $\Phi_n(x)$ を (4.8.9) を使って計算することにより, $\mathbb{Z}[x]$ の元として決定せよ. (2) は定義に従った計算もせよ.

(1)　$n = 8$　　　(2)　$n = 9$　　　(3)　$n = 10$　　　(4)　$n = 12$

4.8.3　$\Phi_5(x)$ を 3, 11 を法として考えたときの 既約分解を求めよ.

4.8.4　$\alpha = \sqrt[5]{2}$ とする.

(1)　α の $\mathbb{Q}$ 上の最小多項式を求めよ.

(2)　L を $\mathbb{Q}(\alpha)$ の $\mathbb{Q}$ 上のガロア閉包とするとき, $[L:\mathbb{Q}]$ を求めよ.

(3)　$\sigma \in \mathrm{Gal}(L/\mathbb{Q})$ で $\sigma(\zeta_5) = \zeta_5$, $\sigma(\alpha) = \zeta_5 \alpha$ となるものがあることを証明せよ.

(4)　$\mathrm{Gal}(L/\mathbb{Q})$ は $\mathfrak{S}_5$ のどのような部分群か?

4.8.5　$t = \zeta_7 + \zeta_7^6$ が満たす $\mathbb{Q}$ 上の3次方程式を求めよ.

4.8.6　(1)　$t = \zeta_9 + \zeta_9^8$ が満たす $\mathbb{Q}$ 上の3次方程式を求めよ.

(2)　$[\mathbb{Q}(\zeta_9):\mathbb{Q}(t)] \leqq 2$ であることを示すことにより $[\mathbb{Q}(t):\mathbb{Q}] = 3$ であることを証明せよ.

(3)　$\mathrm{Gal}(\mathbb{Q}(t)/\mathbb{Q})$ は何か?

4.8.7　(1)　$t = \zeta_{11} + \zeta_{11}^{10}$ が満たす $\mathbb{Q}$ 上の5次方程式を求めよ.

(2)　$[\mathbb{Q}(t):\mathbb{Q}] = 5$ であることを証明せよ.

(3)　$\mathrm{Gal}(\mathbb{Q}(t)/\mathbb{Q})$ は何か?

4.8.8　以下, $\zeta = \zeta_{13}$ とおく.

(1)　$t = \zeta + \zeta^8 + \zeta^{12} + \zeta^5$ が満たす $\mathbb{Q}$ 上の3次方程式を求めよ.

(2)　$[\mathbb{Q}(t):\mathbb{Q}] = 3$ であることを証明せよ.

(3)　$s = \zeta + \zeta^3 + \zeta^9$ が満たす $\mathbb{Q}$ 上の4次方程式を求めよ.

(4)　$[\mathbb{Q}(s):\mathbb{Q}] = 4$ であることを証明せよ.

(5)　$\mathrm{Gal}(\mathbb{Q}(t)/\mathbb{Q}), \mathrm{Gal}(\mathbb{Q}(s)/\mathbb{Q})$ は何か?

4.8.9　(1)　$\mathbb{Q}(\zeta_{15})/\mathbb{Q}$ の中間体 M で $[\mathbb{Q}(\zeta_{15}):M] = 2$ であるものの個数を求めよ. そのような M で $\mathbb{Q}(\zeta_5)$ と異なるものをすべて求めよ.

(2)　$\mathbb{Q}(\zeta_{300})/\mathbb{Q}$ の中間体 M で $[\mathbb{Q}(\zeta_{300}):M] = 2$ であるものの個数を求めよ.

(3)　$\mathbb{Q}(\zeta_{80})/\mathbb{Q}$ の中間体 M で $[M:\mathbb{Q}] = 2$ であるものの個数を求めよ.

(4)　$\mathbb{Q}(\zeta_{630})/\mathbb{Q}$ の中間体 M で $[M:\mathbb{Q}] = 3$ であるものの個数を求めよ.

4.8.10　$\zeta = \zeta_{21}, L = \mathbb{Q}(\zeta), x = \cos(2\pi/21), K = \mathbb{Q}(x)$ とする.

(1)　$[L:K] = 2$ であることを証明せよ.

(2)　$L/\mathbb{Q}$ の中間体 M で $L = M(x)$ となるものの個数を求めよ.

4.8.11　p を奇素数とする.

(1)　$\sqrt{-1}, \sin\dfrac{2\pi}{p} \notin \mathbb{Q}(\zeta_p)$ であることを証明せよ.

(2) $\tan\dfrac{2\pi}{p} \notin \mathbb{Q}(\zeta_p)$ だが, $\tan\dfrac{2\pi}{p} \in \mathbb{Q}(\zeta_{4p})$ であることを証明せよ.

(3) k を $2k \equiv 1 \mod p$ となる整数とすれば, $\cos\dfrac{2\pi}{p}, \sin\dfrac{2\pi}{p} \in \mathbb{Q}\left(\tan\dfrac{2k\pi}{p}\right)$ となることを証明せよ.

(4) $\mathbb{Q}\left(\tan\dfrac{2\pi}{p}, \sqrt{-1}\right) = \mathbb{Q}(\zeta_{4p})$ であることを証明せよ.

(5) 推進定理 (定理 4.7.1) を使って, $\mathrm{Gal}\left(\mathbb{Q}\left(\tan\dfrac{2\pi}{p}\right)/\mathbb{Q}\right)$ を求めよ.

4.9.1 以下, $\zeta = \zeta_{17}$ とする.

(1) $\mathrm{Gal}(\mathbb{Q}(\zeta)/\mathbb{Q})$ は $\sigma(\zeta) = \zeta^3$ となる $\sigma \in \mathrm{Gal}(\mathbb{Q}(\zeta)/\mathbb{Q})$ で生成されることを証明せよ.

(2) $a = \zeta + \zeta^9 + \zeta^{13} + \zeta^{15} + \zeta^{16} + \zeta^8 + \zeta^4 + \zeta^2$ とするとき, a は $\mathbb{Q}$ 上の 2 次方程式を満たすことを証明せよ.

(3) $b = \zeta + \zeta^{13} + \zeta^{16} + \zeta^4$ とするとき, b は $\mathbb{Q}(a)$ 上の 2 次方程式を満たすことを証明せよ.

(4) $c = \zeta + \zeta^{16}$ とするとき, c は $\mathbb{Q}(b)$ 上の 2 次方程式を満たすことを証明せよ.

(5) ζ は $\mathbb{Q}(c)$ 上の 2 次方程式を満たすことを証明せよ.

4.9.2 (1) $m > 1$ が奇数, $x > 1$ が整数なら, $x^m + 1$ という形の整数は素数ではないことを証明せよ.

(2) フェルマー素数は $2^{2^n} + 1$ という形であることを証明せよ.

4.9.3 $\sqrt[3]{2}$ は作図できないことを証明せよ.

4.9.4 $3 \le n \le 30$ で正 n 角形が作図可能であるものをすべて求めよ.

4.10.1 $K = \mathbb{Q}(\sqrt{30}, \sqrt{14}, \sqrt{35}, \sqrt{10})$ とする. $[K : \mathbb{Q}]$ を求めよ.

4.12.1 $\alpha \in \mathbb{Z}[\sqrt{-1}]$ で $\{\alpha, \overline{\alpha}\}$ ($\overline{\alpha}$ は複素共役) が $\mathbb{Z}[\sqrt{-1}]$ の $\mathbb{Z}$ 加群としての基底であるものはないことを証明せよ.

4.13.1 $K = \mathbb{Q}(\sqrt[3]{2})$ とする.

(1) $\mathrm{Tr}_{K/\mathbb{Q}}(\sqrt[3]{4}+1)$, $\mathrm{N}_{K/\mathbb{Q}}(\sqrt[3]{4}+1)$ を求めよ.

(2) $\mathrm{Tr}_{K/\mathbb{Q}}(\sqrt[3]{4}-2\sqrt[3]{2})$, $\mathrm{N}_{K/\mathbb{Q}}(\sqrt[3]{4}-2\sqrt[3]{2})$ を求めよ.

(3) $(\sqrt[3]{4}-2\sqrt[3]{2})^{-1}$ を $a+b\sqrt[3]{2}+c\sqrt[3]{4}$ ($a,b,c \in \mathbb{Q}$) という形に表せ.

4.13.2 K を多項式 $f(x) = x^3 - x + 1$ の根 α で $\mathbb{Q}$ 上生成された体とする ($f(x)$ が既約であることは認める).

(1) $\mathrm{Tr}_{K/\mathbb{Q}}(\alpha + 1)$, $\mathrm{N}_{K/\mathbb{Q}}(\alpha + 1)$ を求めよ.

(2) $\mathrm{Tr}_{K/\mathbb{Q}}(\alpha^2 - \alpha)$, $\mathrm{N}_{K/\mathbb{Q}}(\alpha^2 - \alpha)$ を求めよ.

4.13.3 $\omega = (-1 + \sqrt{-3})/2$, $K = \mathbb{Q}(\sqrt[3]{4}, \sqrt[3]{3}, \sqrt[3]{25}, \sqrt[3]{7})$ とおく.

(1) $4, 3, 25, 7$ が生成する $\mathbb{Q}(\omega)^\times / (\mathbb{Q}(\omega)^\times)^3$ の部分群を H とするとき, $H \cong (\mathbb{Z}/3\mathbb{Z})^4$ であることを証明せよ (ヒント: ノルム写像 $\mathrm{N}_{\mathbb{Q}(\omega)/\mathbb{Q}}$ を利用せよ).

(2) $[K : \mathbb{Q}] = 81$ であることを証明せよ.

4.13.4 $K = \mathbb{Q}(\sqrt{-3})$, $L = K(\sqrt[3]{12}, \sqrt[3]{45}, \sqrt[3]{10})$ とする. $[L : K]$ を求めよ.

4.16.1 p を素数とするとき, $f(x) = x^p - x + 1$ は $\mathbb{F}_p$ 上既約であることを証明せよ.

4.16.2 $K = \mathbb{F}_2(t)$ を1変数関数体, $\alpha \in \overline{K}$ を多項式 $x^2 + x + t$ の根とする ($\alpha \notin K$ であることは認める). このとき, $L = K(\alpha)$ は次の多項式の根を含むか?

(1) $f(x) = x^2 + x + t^2$ (2) $f(x) = x^2 + x + t^3$

4.16.3 $K = \mathbb{F}_3(t)$ を1変数関数体, $\alpha \in \overline{K}$ を多項式 $x^3 - x - t = 0$ の根とする ($\alpha \notin K$ であることは認める). このとき, $L = K(\alpha)$ は次の多項式の根を含むか?

(1) $f(x) = x^3 - x - t^2$ (2) $f(x) = x^3 - x - t^3$

4.16.4 $K = \mathbb{F}_2(t)$, $\alpha, \beta \in \overline{K}$ はそれぞれ $x^2 + x + t$, $x^2 + x + t + 1$ の根, $L = K(\alpha, \beta)$ とするとき, $L = K(\gamma)$ となる $\gamma \in L$ を一つみつけよ.

4.17.1 $K = \mathbb{F}_2(t)$ を $\mathbb{F}_2$ 上の1変数有理関数体とする. 次の K 上の多項式の K 上の最小分解体を L とするとき, $\mathrm{Gal}(L/K)$ を求めよ.

(1) $x^4 + (t+1)x^2 + tx + t^3$

(2) $x^4 + (t+1)x^2 + tx + t^5$

(3) $x^4 + (t^2 + t + 1)x^2 + (t^2 + t)x + t^6 + t^3 + t^2$

(4) $x^4 + x^3 + (t^2 + t + 1)x + t^4 + t$

(5) $x^4 + tx + t$

演習問題の略解

第1巻同様，途中の議論を省略した最終的な答えだけの場合「答え」と書き，途中の議論も含む解答の場合「解答例」ということにする.

1.1.1 の答え $gh = 7-5\sigma_2-3\sigma_3-2\sigma_4+4\sigma_5+3\sigma_6$

1.1.3 の答え $2a+b = 4+5\sqrt{-2},\ ab = 8+5\sqrt{-2}.$

1.2.1 の答え (1) $g(x) = (3x+8)f(x)+22x-9$

(2) $g(x,y) = (xy^2-3y^5-2y)f(x,y)+(9y^8+7y^4+3y^3+3y^2+1)x-3y^7-9y^5-2y^3-6y-3$

1.2.2 の解答例 (1) (a) $\deg f = 3$　(b) 斉次式でない　(c) 単項式でない

(2) (a) $\deg f = 4$　(b) 斉次式　(c) 単項式でない

(3) (a) $\deg f = 9$　(b) 斉次式　(c) 単項式でない

(4) (a) $\deg f = 10$　(b) 斉次式　(c) 単項式

1.2.3 の解答例 1.　(a) $x^2+2x+1.$　(b) $y^2+y+1.$

1.2.4 のヒント $f(x) = a_0 x^n+\cdots+a_n, a_0 > 0$ としてよい. $f(x+m)$　$m \in \mathbb{Z}$ を考え，$a_n > 1$ としてよいことを示せ. その後，a_n が合成数の場合と素数の場合を分けて考えよ.

1.2.5 の解答例 $n > 0$ を整数とするとき，X_n を $\mathbb{N}^n$ から A への写像 a で有限個の $(i_1,\cdots,i_n) \in \mathbb{N}^n$ を除いて値が 0 であるものと $\{1,\cdots,n\}$ から I への単射写像 ϕ の組全体の集合とする. X_n には $\mathfrak{S}_n$ が作用し，その軌道の集合を Y_n とする. $(a,\phi) \in X_n$ で代表される Y_n の元に対し，$\displaystyle\sum_{i_1,\cdots,i_n \in \mathbb{N}} a(i_1,\cdots,i_n) x_{\phi(1)}^{i_1} \cdots x_{\phi(n)}^{i_n}$ と書く. これは代表元のとりかたによらず定まる. $\{Y_n\}_n$ は集合族となり，$n \le m$ なら $Y_n \subset Y_m$ とみなせる. $A[x_i]_{i \in I} = \bigcup_n Y_n$ と定義すればよい. $A[x_i]_{i \in I}$ が集合として確定すれば，演算を定義することには問題はない.

1.3.1 の答え t^4-t^2+t+3

1.3.2 のヒント (2) では例えば，積について閉じていないことを反例で示せ．

1.3.5 の答え 恒等的に 0 である写像．

1.3.6 の解答例 $\phi_1 : \mathbb{C}[x] \to \mathbb{C}[x]$ で $\phi_1(x) = x^2 + x - 1$ であるもの．

$\phi_2 : \mathbb{C}[x,y] \to \mathbb{C}[t]$ で $\phi_2(x) = t^3 - t$, $\phi_2(y) = t^2 - 1$ であるもの．

$\phi_3 : \mathbb{C}[x,y] \to \mathbb{C}[t,s]$ で $\phi_3(x) = t^2 s$, $\phi_3(y) = s^3$ であるもの．

$\phi_4 : \mathbb{C}[x,y,z] \to \mathbb{C}[t,s]$ で $\phi_4(x) = t^2$, $\phi_4(y) = 1$, $\phi_4(z) = s$ であるもの．

$\phi_5 : \mathbb{C}[x,y,z] \to \mathbb{C}[x,y,z,w]$ で $\phi_5(x) = xy$, $\phi_5(y) = zw$, $\phi_5(z) = yz$ であるもの．

1.3.8 の答えとヒント (1) $(x^4 - y^3)$ (2) $(y^2 - xz)$ (3) $(x^3 - yz, y^2 - xz, z^2 - x^2 y)$ (4) $(x^3 - yz, y^3 - x^2 z, z^2 - xy^2)$

(1), (2) は例題 1.3.36 と同様．

(3) $I = (x^3 - yz, y^2 - xz, z^2 - x^2 y)$ とおく．$\mathrm{Ker}(\phi) = I$ を示す．$I \subset \mathrm{Ker}(\phi)$ は明らかか．逆に $f \in \mathrm{Ker}(\phi)$ とする．$x^5 - z^3 = x^2(x^3 - yz) + z(x^2 y - z^2) \in I$．$f$ を $y^2 - xz$ で割り算した後，$z^3 - x^5$ で割り算すれば，$g_1(x,y,z) \in \mathbb{C}[x,y,z]$, $g_2(x,z), g_3(x,z) \in \mathbb{C}[x,z]$, $p_1(x), \cdots, p_6(x) \in \mathbb{C}[x]$ があり，

$$f(x,y,z) = g_1(x,y,z)(y^2 - xz) + (g_2(x,z)y + g_3(x,z))(z^3 - x^5)$$
$$+ p_1(x)yz^2 + p_2(x)yz + p_3(x)y + p_4(x)z^2 + p_5(x)z + p_6(x).$$

$x = t^3$, $y = t^4$, $z = t^5$ を代入し，

$$p_1(t^3)t^{14} + p_2(t^3)t^9 + p_3(t^3)t^4 + p_4(t^3)t^{10} + p_5(t^3)t^5 + p_6(t^3) = 0.$$

t のべきを 3 を法として考え，

$$p_1(t^3)t^9 + p_5(t^3) = 0, \quad p_2(t^3)t^9 + p_6(t^3) = 0, \quad p_3(t^3) + p_4(t^3)t^6 = 0.$$

これより $p_1(x)x^3 + p_5(x) = 0$, $p_2(x)x^3 + p_6(x) = 0$, $p_3(x) + p_4(x)x^2 = 0$．したがって，

$$p_1(x)yz^2 + p_2(x)yz + p_3(x)y + p_4(x)z^2 + p_5(x)z + p_6(x)$$
$$= p_1(x)z(yz - x^3) + p_2(x)(yz - x^3) + p_4(x)(z^2 - x^2 y) \in I.$$

1.3.9 のヒント $B(x^2 - z^5) \subset I \cap B$ は明らかである．$f(x,z) \in I \cap B$ とする．$g(x,y,z), h(x,y,z) \in A$ があり，$f(x,z) = g(x,y,z)(x^2 - y^3) + h(x,y,z)(y^3 - z^5)$ となる．t を変数として $x = t^{15}$, $y = t^{10}$, $z = t^6$ を代入すると，$f(t^{15}, t^6) = 0$．$s = t^3$ とおくと，s も変数で $f(s^5, s^2) = 0$．後は例題 1.3.36 と同様．

1.3.10 のヒント (1) $ad - bc \neq 0$ なら，ϕ の逆写像をみつけよ．$ad - bc = 0$ なら，ϕ が単射でないことを示せ．線形代数のような初等的な議論を使い，$b = c = d = 0$ の場合に帰着するなどして示せ．

(2) 逆写像をみつけよ．

1.3.11 に関するコメント 1 変数でないと必ずしも正しくない.

1.3.12 のヒント $\phi(x)$ の次数を d とするとき，$d > 1$ なら x が ϕ の像に入らないことを演習問題 1.3.11 を使って証明せよ.

1.3.13 の答え $\mathbb{Z}$

1.3.14 のヒント I の元の次数を考えよ.

1.3.15 のヒント $I \cap B = (x^6 - y^4)$. $x^2 = z$ とおくと，$B = \mathbb{C}[z, y]$. 例題 1.3.36 より，I は $\phi(x) = t^2$，$\phi(y) = t^3$ となる $\mathbb{C}$ 準同型 $\phi : \mathbb{C}[x, y] \to \mathbb{C}[t]$ の核である. ψ を ϕ の B への制限とすると，$I \cap B = \mathrm{Ker}(\psi)$ である. 後は例題 1.3.36 と同様.

1.3.16 の答え A

1.3.19 の答え (1) $I^2 \cap J = (x^2, xy)$ であることを示す. $I^2 \cap J \supset (x^2, xy)$ は明らかなので，$I^2 \cap J \subset (x^2, xy)$ を示す. J の元は $f \in A$ により fx という形をしている. $g, h \in A$，$c \in \mathbb{C}$ があり $f = gx + hy + c$ と表せる. $(gx + hy)x \in (x^2, xy) \subset I^2 \cap J$ なので，$cx \in I^2 \cap J$ である. 演習問題 1.3.18 より $\partial_x(cx) = c \in I$ である. よって，$c = 0$ となり，$I^2 \cap J = (x^2, xy)$ となる.

(2) $I^3 \cap J \cap K = (x^2 y, xy^2)$. 先に $J \cap K$ の生成系を考えるのがよい.

1.4.1 の答えとヒント (1) は例題 1.4.13 と同様.

(2) $\mathbb{F}_{19}$ $4(x^2 - 5)$ を $1 + 2x$ で割り算せよ.

1.4.2 の解答例 $A = \mathbb{C}[x, y]/(y^2)$，$B = \mathbb{C}[x]$，$i : B \to A$ を自然な写像とする. $f \in \mathrm{Ker}(i)$ なら，$g \in \mathbb{C}[x, y]$ があり，$f(x) = g(x, y)y^2$ となる. $y = 0$ を代入すると，$f = 0$ となる. よって，$\mathrm{Ker}(i) = (0)$ で i は単射である. $y \notin (y^2)$ で $y^2 \in (y^2)$ である. したがって，B は整域で A の部分環であり，A は整域ではない.

1.5.1 の答え (1) $\{(b_1, b_2) \in \mathbb{C}^2 \mid b_1 + b_2 = 0\}$ (2) すべての (b_1, b_2)

1.5.2 の答え (1) $\{(b_1, b_2, b_3) \in \mathbb{C}^3 \mid 4b_1 - 4b_2 + b_3 = 0\}$ (2) すべての (b_1, b_2, b_3) (3) すべての (b_1, b_2, b_3)

1.6.1 の解答例 $1 = x - (x - 1)$ で $x \in I_1$，$x - 1 \in I_2$. $f = 2x - (x - 1) = x + 1$ とおけば，$f \equiv 1 \mod I_1$，$f \equiv 2 \mod I_2$ (定理 1.6.3，系 I–2.9.4 参照).

1.6.2 の答え $-x^2 - y^2 + 1$

1.6.3 の答え $x^3 - x^2 - x + 2$

1.7.1 解答例と答え (1) $I = ((x^2 - 1)(x + 1)(x - 3)^2)$. $\mathfrak{p} \subset \mathbb{C}[x]$ が $((x^2 - 1)(x +$

1)$(x-3)^2$) を含む素イデアルなら，$(x-1),(x+1),(x-3)$ のどれかを含む．これら
は極大イデアルなので，$\mathfrak{p}=(x-1),(x+1),(x-3)$. したがって，素イデアルは $(x-1)/I,(x+1)/I,(x-3)/I$ でこれらは極大イデアル.

(2) $(x-2),(y+2),(x-1,y+1),(x,y),(x-2,y-a),(x-b,y+1)$.

1.7.2 の答え $\mathfrak{p}_1$ は素イデアルではない．$\mathfrak{p}_2$ は素イデアル.

1.8.4 のヒント A が零環なら，すべて零環．A が零環でなく B が零環なら，$0 \in S_1$．局所化の普遍性を使う.

1.8.5 のヒント A 準同型 $\psi : A[1/f] \to A[x]/(fx-1)$ の構成には局所化の普遍性を使う.

1.8.6 の答え (1) $(x(y-1),y(y-1))$ (2) (x,y)
後で解説する「局所化の平坦性」(定理 2.14.22) を使えば簡単だが，それを使わずに解答するのがポイント.

1.8.7 の答え (1) $7\mathbb{Z}$ (2) $30\mathbb{Z}$

1.8.9 の答えと解答例 (1) $6\mathbb{Z}$ (2) (x,y) (3) (xy)
(3) は $\mathbb{C}[x,y]$ が一意分解環 (1.11 節) であることを使えば簡単だが，使わずにもできる．$I=(x^2y,xy^2)$ とおく．$(xy)^2 \in I$ なので，$(xy) \subset \sqrt{I}$ である．$f \in \sqrt{I}$ なら，$f^n \in (x^2y,xy^2)$ となる $n>0$ がある．すると，$f(0,y)=f(x,0)=0$ である．$f(x,y)=g(x,y)x+h(y)$ と表せば，$h=0$ である．$g(x,0)x=0$ なので，$g(x,0)=0$. $g(x,y)=p(x,y)y+q(x)$ と表せば，$g(x,0)=0$ より $q(x)=0$. したがって，$f(x,y)=p(x,y)xy \in (xy)$ となり，$\sqrt{I}=(xy)$ である.

1.9.1 の答え $\mathbb{C}^2 \ni (x_1,x_2) \mapsto (x_1^2+x_2^2,x_1^3x_2,x_2^3) \in \mathbb{C}^3$

1.10.1 の解答例 (1) $\mathrm{GL}_n(K) \subset R$ であることに注意する．$I \subset R$ を (0) でない両側イデアルとして，$I=R$ であることを示す．$A \in I$, $A \neq \mathbf{0}$ とする．A の (i,j)-成分が 0 でないとする．補題 2.1.22 より，R の元を左と右からかけて，A の $(1,1)$-成分が 1 としてよい．(i,j)-成分が 1 で他の成分が 0 である行列を E_{ij} とすると，$E_{11}AE_{11}=E_{11}$ である．再び R の元を左と右からかけて，すべての i,j に対し $E_{ij} \in I$ となる．$B=(b_{ij}) \in A$ なら，$b=\sum_{i,j}(b_{ij}I_n)E_{ij}$ なので，$I=A$ となる.

(2) $A=(a_{ij})$ が R の中心の元とする．T を対角成分が $t_1,\cdots,t_n$ の対角行列とする．$TA=AT$ より，$t_i \neq t_j$ なら $a_{ij}=a_{ji}=0$ である．T は任意なので，A は対角行列である．$i \neq j$ に対し $E_{ij}A=AE_{ij}$ なので，$a_{11}=\cdots=a_{nn}$ である．スカラー行列 rI_n は明らかに R の中心の元である.

1.11.1 の答え (1) 最大公約数 14, 最小公倍数 2940.

(2) 最大公約元 x^2-y. 最小公倍元 $(x-1)^2(x-y)(x+y)(x^2-y)^2$.

1.11.2 の答え 最大公約元である (-2 は単元).

1.11.3 の答え x^3-1

1.11.6 の答えとヒント (1) $((x-1-\sqrt{-1})(x-1+\sqrt{-1})) = ((x-1)^2+1)$. $f(x) \in \mathbb{R}[x]$ を $\mathbb{C}[x]$ の元とみなすと, $f \in \mathrm{Ker}(\phi)$ なら, $x-1-\sqrt{-1}$ で割り切れる. そこで複素共役を考える.

(2) $((x-\sqrt{-1})^3-y^2)(x+\sqrt{-1})^3-y^2))$. (1) と同様だが, $(x-\sqrt{-1})^3-y^2$, $(x+\sqrt{-1})^3-y^2$ が $\mathbb{C}[x,y]$ で互いに素であることを示さなければならない.

1.11.7 の答え $y+1$, $xy+x-1$, $(x^2-1)y^2+(x-2)(x-1)y+(x+1)$.

1.11.8 のヒント A の商体を K とおき, $f \in \mathrm{Ker}(\phi)$ なら, $K[x,y]$ において f は $bx-ay$ で割り切れることを証明せよ. その後, 補題 1.11.35 を適用せよ.

1.11.9 の解答例 (1) F は $F_1, F_2, F_3 \in A$ により $F = F_1x^2+F_2xy+F_3y^2$ と書ける. $K = (x^2, xyz, y^2z^2)$ とおく. $x^2 \in K$ なので, $F_1 = 0$ としてよい. F_3 を x で割り, $F_3 = xF_4(x,y,z)+F_5(y,z)$ と書く. すると, $F = (F_2+F_4y)xy+F_5y^2$ である. F_2+F_4y を x で割り, $F_2+F_4y = F_6(x,y,z)x+F_7(y,z)$ と書く. すると, $F = F_6(x,y,z)x^2y+F_7(y,z)xy+F_5(y,z)y^2$ である. $x^2y \in K$ なので, $F_6 = 0$ としてよい. $F_7(y,z)$ を z で割り, $F_7(y,z) = F_8(y,z)z+F_9(y)$ とすると, $F = F_8(y,z)xyz+F_9(y)xy+F_5(y,z)y^2$ である. $xyz \in K$ なので, $F_8 = 0$ としてよい. $f = F_9$, $g = F_5$ が求めるものである.

(2) $J_1^2 \cap J_2^2 \supset K$ は明らかなので, $J_1^2 \cap J_2^2 \subset K$ を示す. $F \in J_1^2 \cap J_2^2$ なら, (1) より $F = f(y)xy+g(y,z)y^2$ という形であるとしてよい. $F = h_1(x,y,z)x^2+h_2(x,y,z)xz+h_3(x,y,z)z^2$ とすると, $x = 0$ を代入し $g(y,z)y^2 = h_3(0,y,z)z^2$ である. $\mathbb{C}[y,z]$ は一意分解環で y, z は同伴ではない素元なので, $g(y,z) = g_1(y,z)z^2$ となる $g_1 \in \mathbb{C}[y,z]$ がある. すると, $F = fxy+g_1y^2z^2$ で $y^2z^2 \in K$ なので, $F = f(y)xy$ としてよい. $F \in J_2^2$ なので, x で微分すると, $f(y)y = f_1x+f_2z$ となる $f_1, f_2 \in A$ がある. $x = z = 0$ を代入し, $f(y) = 0$ となる. よって, $J_1^2 \cap J_2^2 \subset K$.

(3) $K_1 = (x^2y^2, x^2z^2, y^2z^2, xyz)$ とする. $F \in J_1^2 \cap J_2^2$ とすると, $F_1, F_2, F_3 \in A$ があり $F = F_1x^2+F_2xyz+F_3y^2z^2$ である. $xyz, y^2z^2 \in K_1$ なので, $F_2 = F_3 = 0$ としてよい. F_1 を y^2 で割り, $F_1 = F_4(x,y,z)y^2+F_5(x,z)y+F_6(x,z)$ と書く. すると, $F = F_4x^2y^2+(F_5y+F_6)x^2$ となるが, $x^2y^2 \in K_1$ なので, $F_4 = 0$ としてよい. F_5 を z で割り, $F_5 = F_7(x,z)z+F_8(x)$ と書くと, $F = F_7x^2yz+(F_8(x)y+$

$F_6(x,z))x^2$ である. $xyz \in K_1$ なので, $F_7 = 0$ としてよい. これで求める形になった.

(4) $(f(x)y+g(x,z))x^2 \in J_3^2$ とする. $h_1,h_2,h_3 \in A$ があり, $(f(x)y+g(x,z))x^2 = h_1y^2+h_2yz+h_3z^2$ である. $y = 0$ を代入し, $g(x,z)x^2 = h_3(x,0,z)z^2$ である. x,z は同伴ではない素元なので, $g(x,z) = g_1(x,z)z^2$ となる $g_1(x,z) \in \mathbb{C}[x,z]$ がある. $x^2z^2 \in K_1$ なので, $g = 0$ としてよい. $f(x)x^2y \in J_3^2$ なので, y で微分し, $f(x)x^2 \in J_3$ である. $y = z = 0$ を代入して $f(x) = 0$ となる. よって, $J_1^2 \cap J_2^2 \cap J_3^2 = K_1$ である.

なお, $I^6 \cap J_1^3 \cap J_2^3 \cap J_3^3$ を中心として「blow up」すると, 「例外集合」が興味深い ([11, p.196] の図を見よ). このイデアルは [11, p.192] のイデアルと一致する.

(5) 略

1.11.10 のヒント このような問題ではノルムを使うのが一般的.

1.11.11 の答え $\pm(1+\sqrt{-1})^i, \pm\sqrt{-1}(1+\sqrt{-1})^i \ (i = 0,\cdots,4)$

1.11.14 のヒント 例 1.11.42 と同様.

1.11.15 のヒント 方程式 $xz = y^2$ に注目せよ.

1.11.16 の答え $(x(x-1)^2)$

1.11.17 のヒント $\mathbb{Z}/n\mathbb{Z}$ は有限集合である. 命題 I–2.4.5 の証明も参考にせよ.

1.11.18 のヒント まず, $S^{-1}A$ の単元の集合は A の単元と S の元の約元である素元の集合で生成されることを証明せよ.

1.13.1 (5) の解答例 $f(x) = x^4+5x+6$ とおく. $f(x)$ はモニックなので, $\mathbb{Q}[x]$ の元として可約なら, $\mathbb{Z}[x]$ の元としても可約である. $f(x)$ が 1 次の因子を持つなら, $f(\alpha) = 0$ となる $\alpha \in \mathbb{Z}$ がある. 命題 1.12.4 より, α は 6 の約数である. 明らかに $\alpha < 0$ である. よって, $\alpha = -1,-2,-3,-6$ である. $f'(x) = 4x^3+5$ は $x \leqq -2$ で負である. $f(-1) = 2$, $f(-2) = 12$ なので, $f(-3),f(-6) > 0$ である. これは $f(\alpha) = 0$ に矛盾する. したがって, $f(x)$ は 1 次の因子を持たない.

$f(x)$ が 2 次の因子を持つなら, $f(x)$ がモニックなので, モニック $g(x),h(x)$ で $\deg g(x) = \deg h(x) = 2$, $f(x) = g(x)h(x)$ となるものがある. $g(x) = x^2+ax+b$, $h(x) = x^2+cx+d$ とすると, $bd = 6$ である. g,h は取り換えても同じことなので, $|b| \leqq |d|$ としてよい. したがって, (b,d) は $(1,6),(2,3),(-1,-6),(-2,-3)$ のどれかである.

$g(x)h(x)$ の x^3 の係数は $a+c$ なので, $a+c = 0$ である. x^2 の係数は $ac+b+d$ なので, $-a^2+b+d = 0$ である. よって, $b+d > 0$ となり, $(b,d) = (1,6),(2,3)$ だ

け考えればよい. $b+d=7,5$ だが, $a^2=7,5$ となり, $a\in\mathbb{Z}$ なので矛盾である.

(1)–(4) は 1 次の因子がないことを確かめればよい.

1.13.2 の答え ((1) は解答例) (1) $f(x)\in\mathbb{F}_2[x]$ を 5 次の多項式とする. $f(x)$ が可約なら, 1 次か 2 次の既約因子を持つ. 2 次の既約因子は x^2+x+1 しかない. よって, $f(0),f(1)\neq 0$ で x^2+x+1 で割り切れないものを考えればよい. $f(0),f(1)\neq 0$ で x^2+x+1 によって割り切れるものは, $g(x)(x^2+x+1)$ という形の多項式で $g(0),g(1)\neq 0$ となるものである. そのような g は $g(x)=x^3+x^2+1,x^3+x+1$ である. よって, $f(0),f(1)\neq 0$ となる $f(x)$ で $(x^3+x^2+1)(x^2+x+1),(x^3+x+1)(x^2+x+1)$ でないものを考えれば, それらがすべての既約な 5 次の多項式である. 結局

$$x^5+x^2+1,\ x^5+x^3+1,\ x^5+x^3+x^2+x+1,$$
$$x^5+x^4+x^2+x+1,\ x^5+x^4+x^3+x+1,\ x^5+x^4+x^3+x^2+1$$

がそれらすべてである.

(2) x^2+1,x^2+x+2,x^2+2x+2

(3) $x^4+x+2,x^4+2x+2,x^4+x^2+2,x^4+2x^2+2,x^4+x^2+x+1$ (他にもある)

(4) $x^5+x^2+1,x^5+4x^3+x^2+1,x^5+x^3+1,3x^5+x^3+1,x^5+x^3+x^2+x+1$

2.1.1 の答え (1) $2^{-1}=3,\ 3^{-1}=2,\ 4^{-1}=4.$

(2) $\begin{pmatrix} 1 & 0 & 0 & 3 & 3 \\ 0 & 1 & 0 & 1 & 2 \\ 0 & 0 & 1 & 1 & 0 \end{pmatrix}$

(3) $\{[-3x_4-3x_5,-x_4-2x_5,-x_4,x_4,x_5]\mid x_4,x_5\in\mathbb{F}_5\}$

(4) $\{[3-3x_4,2-x_4,-x_4,x_4]\mid x_4\in\mathbb{F}_5\}$

2.1.2 の答え (1) $(1/370)\begin{pmatrix} 29 & -43 & -3 \\ 39 & 57 & 47 \\ 41 & 3 & -17 \end{pmatrix}$ (2) $\begin{pmatrix} 6 & 1 & 3 \\ 3 & 6 & 2 \\ 1 & 4 & 3 \end{pmatrix}$

2.2.2 の答え 行列式は -7 なので, 逆行列は $-(1/7)\begin{pmatrix} x^2+2x-4 & -(x+3) \\ -(x^3-x+1) & x^2+x+1 \end{pmatrix}$

2.3.2 の答え x^n

2.4.1 のヒント 分母に注目せよ.

2.4.2 の答え $\mathrm{Ker}(\phi)=\langle(y,-x,0),(z,0,-x),(0,z,-y)\rangle$

2.4.3 の解答例 (1) $J=\mathrm{Ker}(\phi)$ とおく. 行列式の余因子展開より $h_1,h_2\in J$. 逆に $a=[a_1,a_2,a_3]\in J$ とする. a_1 を x_3 で割り算した後 y_3 で割り算し, $a_1=b_1x_3+b_2y_3+q(x_1,y_1,x_2,y_2)$ $(b_1,b_2\in A)$ と表す. $a_1-b_1h_1-b_2h_2$ を考えることにより, 最初から a_1 は x_3,y_3 によらないとしてよい.

$a_1f_1+a_2f_2+a_3f_3=0$ だが，$x_3=y_3=0$ を代入すると，a_1,f_1 は x_3,y_3 によらないので，$a_1=0$. すると，$a_2f_2+a_3f_3=0$ である. 演習問題 1.11.8 より f_2,f_3 は素元である. A の単元は $\mathbb{C}^\times$ の元なので，f_2,f_3 は互いに素である.

a_2,a_3 がそれぞれ f_3,f_2 で割り切れるので，$a_2=b_2f_3$, $a_3=b_3f_2$ $(b_2,b_3\in A)$ とすると，$b_3=-b_2$. よって，$[0,a_2,a_3]=b_2[0,f_3,-f_2]$ となる. $[0,f_3,-f_2]=-y_3h_1+x_3h_2$ なので，$\mathrm{Ker}(\phi)\subset\langle h_1,h_2\rangle$, よって，$\mathrm{Ker}(\phi)=\langle h_1,h_2\rangle$ である.

(2) $a_1h_1+a_2h_2=0$ なら，$a_1x_i+a_2y_i=0$ $(i=1,2,3)$ となる. x_1,y_1 は互いに素な素元なので，$b_1\in A$ があり，$a_1=y_1b_1$, $a_2=-x_1b_1$ となる. $a_1x_2+a_2y_2=(x_2y_1-x_1y_2)b_1=0$ なので，$b_1=0$. したがって，$a_1=a_2=0$ となり，ψ は単射.

この問題は「イーゴン-ノースコット複体」というものの特別な場合である. [12], [13, A2.6] 参照.

2.4.4 の答えとヒント (1) A の単元を決定し，2 を割り切る元の可能性を考えよ. (2) $\mathrm{Ker}(\phi)=\langle[1+\sqrt{-5},-2],[3,-(1-\sqrt{-5})]\rangle$. $[a,b]\in\mathrm{Ker}(\phi)$ なら，$a\in\mathbb{Z}$ の場合に帰着し，ノルムを考えよ.

2.4.6 の答え (1) $n=1$ のとき，$\{2\}$ は 1 次独立だが，基底に拡張できない. (2) $n=1$ のとき，$\{2,3\}$ は $\mathbb{Z}$ を生成するが，その中から基底を選べない.

2.4.9 に関するコメント アーベル群 $\mathbb{Z}/3\mathbb{Z}$ の既約表現に対応する.

2.5.1 の答え $\mathrm{Ker}(T_A)=\{[0,0,0,a]\mid a\in\mathbb{Z}\}$. $\mathrm{Im}(T_A)=\{[3,3b,6c,0]\mid b,c\in\mathbb{Z}\}$. $\mathrm{Coker}(T_A)\cong\mathbb{Z}/3\mathbb{Z}\times\mathbb{Z}/6\mathbb{Z}\times\mathbb{Z}$.

2.5.2 の答え $\mathrm{Ker}(T_A)=\{[a(x^2-1),-a(x+2),0,b,c(x-1),c(x+1)]\mid a,b,c\in R\}$. $\mathrm{Im}(T_A)=\{[a,b(x-1)^2,cx^2]\mid a,b,c\in R\}$. $\mathrm{Coker}(T_A)\cong R/((x-1)^2)\times R/(x^2)$.

2.5.3 のヒント このような問題は一般には難しいが，あてずっぽうでみつかる程度の「適当な」行列の変形で行列を簡単にできないかどうか考える.

2.5.4 の答え $\begin{pmatrix} A & -B \\ \overline{B} & \overline{A} \end{pmatrix}$. ただし，$\overline{A},\overline{B}$ は複素共役.

2.7.8 の答え $\begin{pmatrix} a & 0 \\ 0 & b \end{pmatrix}$ $(a,b)\sim(b,a)\in\mathbb{F}_p$, $\begin{pmatrix} a & 1 \\ 0 & a \end{pmatrix}$ $a\in\mathbb{F}_p$, $\begin{pmatrix} 1 & 1 \\ a & a^p \end{pmatrix}\begin{pmatrix} a & 0 \\ 0 & a^p \end{pmatrix}\begin{pmatrix} 1 & 1 \\ a & a^p \end{pmatrix}^{-1}$ $a\sim a^p\in\mathbb{F}_{p^2}\setminus\mathbb{F}_p$

2.8.2 の答え $f(t)=t^3+18t+50$

2.8.6 (3) の解答例 $a=f(x,y)z+g(x,y)$ $(f,g\in\mathbb{C}(x,y))$ が C 上整なら A 上整である. よって，$\mathrm{T}(a),\mathrm{N}(a)$ も A 上整. A は正規環で $\mathrm{T}(a)=2g(x,y)$ な

ので，$g(x,y) \in \mathbb{C}[x,y]$. よって，$g(x,y) = 0$ としてよい．すると，$f(x,y)^2 z^2 = f(x,y)^2 xy \in \mathbb{C}[x,y]$. x,y は素元で $\mathbb{C}[x,y]$ は一意分解環なので，$f(x,y) \in \mathbb{C}[x,y]$.

2.8.10 (2) の答え　$(3,1) > (2,3) > (2,2) > (1,10)$

2.8.11 のヒント　2次元のトーリック多様体はこのようなものを張り合わせて得られる．(3) では，$f(x) = \sum_P a_P x^P$ が A 上整であるとき，$g_i(x) = \sum_P b_{i,P} x^P$ $(i = 1,\cdots,n)$ があり，$f(x)^n + g_1(x)f(x)^{n-1} + \cdots + g_n(x) = 0$ となる．ただし，$g_i(x)$ に現れる単項式はすべて C の元より得られるとする．ここで (2) で得られた $\langle \alpha_1, P \rangle$ などに関する条件を考え，$\beta_i(t)$ を上の等式の両辺に適用して x, t の多項式を得る．そのとき，$f(x)$ に現れる単項式で一つでもその条件を満たさないものがあれば，t に関する多項式として矛盾が導けるはずである．おもしろい問題なので，自分で試されたい．

2.9.1 の答え　(1) $m(m+1)/2$　(2) $\sum_{d=0}^{m-1} \binom{d+n-1}{n-1}$　(3) 6

(4) $A/I \cong \mathbb{C}[x]/(x^2 - x^3) \cong \mathbb{C}[x]/(x^2) \times \mathbb{C}[x]/(x-1)$. したがって，$\ell(A/I) = 3$.

(5) ν_n の次数は $p^n - 1$ なので，$\mathbb{Z}$ 加群として $A/(\nu_n) \cong \mathbb{Z}^{p^n-1}$. したがって，$\mathbb{Z}$ 加群として $A/I \cong (\mathbb{Z}/p^k\mathbb{Z})^{p^n-1}$. $\mathbb{Z}/p^k\mathbb{Z}$ の長さは k なので，$\ell(A/I) = k(p^n - 1)$.

(4) は「交点の重複度」，(5) は「岩澤不変量」(のうち λ 不変量) という概念に関係している．

2.11.1 の答え　$\begin{pmatrix} aB & bB \\ cB & dB \end{pmatrix}$

2.11.2 の解答例　$E_{n,ij}, E_{m,kl}$ をそれぞれ n, m 次行列で (i,j)-成分，(k,l)-成分のみ 1 である行列．これらに対応する準同型 $k^n \to k^n$, $k^m \to k^m$ を ϕ_{ij}, ψ_{kl} とする．$T \in \mathrm{M}_n(k)$, $S \in \mathrm{M}_m(k)$ に対し，準同型 $\phi(T,S) : k^n \otimes k^m \to k^n \otimes k^m$ を $\phi(T,S)(\boldsymbol{x} \otimes \boldsymbol{y}) = T\boldsymbol{x} \otimes S\boldsymbol{y}$ となるものとする．$k^n \otimes k^m \cong k^{nm}$ なので，これは写像 $\mathrm{M}_n(k) \times \mathrm{M}_m(k) \to \mathrm{M}_{nm}(k)$ を引き起こす．この写像は双線形なので (詳細は略)，準同型 $\Phi : \mathrm{M}_n(k) \otimes \mathrm{M}_m(k) \to \mathrm{M}_{nm}(k)$ が引き起こされる．

$\Phi(E_{n,ij} \otimes E_{m,kl})(\mathfrak{e}_p \otimes \mathfrak{e}_q)$ は $j = p$, $l = q$ のときのみ 0 でなく，その値は $\mathfrak{e}_i \otimes \mathfrak{e}_k$ である．$\{\mathfrak{e}_i \otimes \mathfrak{e}_k \mid i, k\}$ に適当に順序を入れて $k^n \otimes k^m$ の基底とすれば，Φ の像には，基底の一つの元のみで 0 でなく，その値が任意の基底の元になる準同型がある．したがって，Φ は全射である．$\dim_k k^n \otimes k^m = \dim_k k^{nm} = (nm)^2$ なので，命題 I–1.1.7 より，Φ は全単射である．

2.12.3 の答え　$w = (-5\mathbb{f}_1 \otimes \mathbb{f}_2 + 6\mathbb{f}_2 \otimes \mathbb{f}_1 - 4\mathbb{f}_2 \otimes \mathbb{f}_2) \otimes \mathfrak{e}_1$
$\qquad\qquad + (-\mathbb{f}_1 \otimes \mathbb{f}_1 + 2\mathbb{f}_1 \otimes \mathbb{f}_2 + 2\mathbb{f}_2 \otimes \mathbb{f}_1) \otimes \mathfrak{e}_2$

2.13.1 の答え (1) $\mathbb{Z}/2\mathbb{Z}\times\mathbb{Z}/6\mathbb{Z}$ (2) $\mathbb{Z}\times\mathbb{Z}/4\mathbb{Z}$ (3) $\mathbb{Z}\times\mathbb{Z}/2\mathbb{Z}$ (4) $\mathbb{Z}\times$ $\mathbb{Z}/18\mathbb{Z}$

2.13.3 の答え $R/(x^2-1)$

2.13.4 の答え $\mathbb{Z}/2\mathbb{Z}\times\mathbb{Z}/2\mathbb{Z}\times\mathbb{Z}/4\mathbb{Z}\times\mathbb{Z}/3\mathbb{Z}\times\mathbb{Z}/3\mathbb{Z}$

2.13.5 の答え $\begin{pmatrix} 1 & 1 & 0 \\ 0 & 1 & 1 \\ 0 & 0 & 1 \end{pmatrix}$ $(a\neq 0,1)$, $\begin{pmatrix} 1 & 1 & 0 \\ 0 & 1 & 0 \\ 0 & 0 & 1 \end{pmatrix}$ $(a=0,1)$.

2.13.6 のヒント   11 個のタイプがある.その一つのタイプは $f(x)=$ $x^2+c_1x+c_2\in\mathbb{F}_3[x]$ を既役多項式,$a_1,a_2\in\mathbb{F}_3$ (順序を変えたものは同一視) とし,$M=\mathbb{F}_3[x]/(f(x))\oplus\mathbb{F}_3[x]/(x-a_1)\oplus\mathbb{F}_3[x]/(x-a_2)$. 対応する行列は $\begin{pmatrix} 0 & 1 & 0 & 0 \\ -c_2 & -c_1 & 0 & 0 \\ 0 & 0 & a_1 & 0 \\ 0 & 0 & 0 & a_1 \end{pmatrix}$.

3.1.1 の答え (1) xy (2) x^2y+xy^2 (3) $x^4y+2x^3y^2+2x^2y^3+xy^4$
(4) $x^6y+3x^5y^2+5x^4y^3+5x^3y^4+3x^2y^5+xy^6$

3.1.4 のヒント 多項式環 $K[x_1,x_2]$ の自己同型から構成せよ.

3.1.5 のヒント $(ax+c)/(bx+d)$ は K 上超越的であることを示せ.準同型 $K[x]$ $\to K(x)$ で $x\mapsto(ax+c)/(bx+d)$ となるものを構成し,この写像を局所化により準同型 $K(x)\to K(x)$ に拡張せよ.その後写像が全単射であることを示すのはやさしい.

3.1.11 の解答例 $f(x)=x^2+a_1x+a_2$ とする.$\alpha=\beta$ なら明らかである.$\alpha\neq\beta$ なら,$\alpha+\beta=-a_1$ である.よって,$\beta=-\alpha-a_1\in K(\alpha)$ となるので,$K(\beta)\subset$ $K(\alpha)$. 同様に $K(\alpha)\subset K(\beta)$ となるので,$K(\alpha)=K(\beta)$. 標数が 2 でなければ,明らかだが,この証明なら標数が 2 でもよい.

3.1.12 の答え (1) x^4-16x^2+4, $\pm\sqrt{3}\pm\sqrt{5}$. ただし,$[\mathbb{Q}(\sqrt{3},\sqrt{5}):\mathbb{Q}]=4$ を示さないと,x^4-16x^2+4 が既約であることが保証されない.

(2) x^3-4. $\omega=(-1+\sqrt{-3})/2$ とすると,$\sqrt[3]{4}$, $\omega\sqrt[3]{4}$, $\omega^2\sqrt[3]{4}$. $\sqrt[3]{2}\in\mathbb{Q}(\sqrt[3]{4})$ をいえば $[\mathbb{Q}(\sqrt[3]{4}):\mathbb{Q}]=3$ がわかる.演習問題 3.1.6 を使ってもよい.

(3) x^6+4. $\omega=(-1+\sqrt{-3})/2$ とすると,

$$\sqrt{-1}\sqrt[3]{2},\ \sqrt{-1}\omega\sqrt[3]{2},\ \sqrt{-1}\omega^2\sqrt[3]{2},\ -\sqrt{-1}\sqrt[3]{2},\ -\sqrt{-1}\omega\sqrt[3]{2},\ -\sqrt{-1}\omega^2\sqrt[3]{2}.$$

x^6+4 が既約であることを示すのに,$\sqrt{-1},\sqrt[3]{2}\in\mathbb{Q}(\sqrt{-1}\sqrt[3]{2})$ を示せ.

(4) $(x^2-1)^2-2,\ \pm\sqrt{1\pm\sqrt{2}}.$

3.1.13 の答え (1) $(x-\sqrt{3})^2-5 = x^2-2\sqrt{3}x-2$ (2) $x^2-\sqrt{2}$

(3) $x^3+2\sqrt{-1}$

3.1.14 の答え (1) $\alpha^4+2\alpha^2+1 = \alpha(\alpha+1)+2\alpha^2+1 = 3\alpha^2+\alpha+1$

(2) $4\alpha^2-\alpha+5$

3.1.15 の解答例 (1) 例題 2.8.3 の方法を使うと，$\mathbb{Q}(\sqrt[3]{3})$ の $\mathbb{Q}$ 上の基底 $\{1, \sqrt[3]{3}, \sqrt[3]{9}\}$ に対し，

$$\begin{cases} \alpha\cdot 1 = 0 + \sqrt[3]{3} - \sqrt[3]{9}, \\ \alpha\cdot\sqrt[3]{3} = -3 + 0\sqrt[3]{3} + \sqrt[3]{9}, \\ \alpha\cdot\sqrt[3]{9} = 3 - 3\sqrt[3]{3} + 0\sqrt[3]{9} \end{cases} \implies P = \begin{pmatrix} 0 & 1 & -1 \\ -3 & 0 & 1 \\ 3 & -3 & 0 \end{pmatrix}$$

なので，α は $\det(xI-P) = x^3+9x+6$ の根．$\alpha \notin \mathbb{Q}$ で $[\mathbb{Q}(\sqrt[3]{3}):\mathbb{Q}] = 3$ は素数なので，$\mathbb{Q}(\alpha) = \mathbb{Q}(\sqrt[3]{3})$．したがって，$x^3+9x+6$ が α の最小多項式.

例題 3.1.36 の方法なら $(x-\sqrt[3]{3}+\sqrt[3]{9})(x-\omega\sqrt[3]{3}+\omega^2\sqrt[3]{9})(x-\omega^2\sqrt[3]{3}+\omega\sqrt[3]{9})$ を計算せよ.

(2) (1) より $\alpha(\alpha^2+9) = -6$．したがって，
$$\alpha^{-1} = -\frac{1}{6}(\alpha^2+9) = -\frac{1}{6}(3+3\sqrt[3]{3}+\sqrt[3]{9}).$$

3.1.16 (2), (3) の答え (2) $x^3-5x^2+10x-7$ (3) $\dfrac{1}{7}(-\alpha^2-2\alpha+4)$

3.1.18 の答え $(x^2+3)^2-8x^2$．これが既約であることを示す必要がある.

3.1.19 の答え $(x^3+6x-2)^2-2(3x^2+2)^2$

3.3.1 の答え (1) $\Delta(f) = -3^5\cdot 5,\ p = 3,5$.   (2) $\Delta(f) = 2^8\cdot 3^3\cdot 7,\ p = 2,3,7$.

3.3.4 の答え $\mathbb{F}_4(t)$

3.3.6 (2) の答え $x^2-acx+a^2d+bc^2-4bd$

ch $K \neq 2$ なら，2 次拡大は $K(\sqrt{\alpha})$ という形で表せ，$\sqrt{\alpha}$ の共役は $-\sqrt{\alpha}$ である．したがって，$\sqrt{\alpha}/(-\sqrt{\alpha}) = -1 \in K$ という性質を満たす．また，$K(\sqrt{\alpha},\sqrt{\beta})$ には $K(\sqrt{\alpha\beta})$ という体が含まれるので，3.3.6 (3) の性質をみたす体をみつけるのはやさしい．この問題は二つの 2 次拡大を扱う場合に，標数 2 の体でも成り立つ方法である．標数 2 の体はある意味では特殊だが，整数論的な状況では避けることはできない.

3.3.7 (3) の答え x^2+x+1

3.3.8 のヒント 命題 3.3.14 よりほぼ明らかだが，きっちり証明を書くことがこ

の問題の目的.

3.4.1 の答え　$L = \mathbb{Q}(\sqrt[4]{2})$, $M = \mathbb{Q}(\sqrt{2})$, $K = \mathbb{Q}$.

3.5.1 の答え　$p = 3$：(1)　$x^2 + 1$ (演習問題 1.13.2).　　(2)　位数が 8 のものをみつけたい. $(\alpha+1)^2 = \alpha^2 + 2\alpha + 1 = 2\alpha$, $(\alpha+1)^4 = 4\alpha^2 = -1 \neq 0$. $\alpha + 1$ が $\mathbb{F}_9^{\times}$ の生成元.

$p = 5$：(1)　$f(x) = x^2 + 2$.　　(2)　$\alpha + 1$ が $\mathbb{F}_{25}^{\times}$ の生成元.

「暗号理論」では, ほとんどの場合有限体上で計算を行う. $\mathbb{F}_{p^n}$ といった有限体では, 実際に $\mathbb{F}_{p^n} = \mathbb{F}_p[x]/(f(x))$ という形に表した場合に, 具体的に積をどう計算するかといった考察が必要になることもある.

3.7.1 の答え　(1)　$\sqrt{2} + \sqrt{5}$. 例題 3.7.2 と同様.

(2)　$\sqrt{2} + \sqrt[3]{3}$. $x^3 - 3$ が $\mathbb{Q}(\sqrt{2})$ に根を持たないことを示さないと $[\mathbb{Q}(\sqrt{2}, \sqrt[3]{3}) : \mathbb{Q}]$ が決定できない (少し高度な考察として, 素数 3 が $\mathbb{Q}(\sqrt{2})$ で「不分岐」(定義 III–1.6.4) であり, $\mathbb{Q}(\sqrt{2})$ の適切な部分環に関して $x^3 - 3$ がアイゼンシュタイン多項式であることを示す方法がある).

これが 6 であることが示せると, $\phi \in \mathrm{Hom}_{\mathbb{Q}}^{\mathrm{alg}}(\mathbb{Q}(\sqrt{2}, \sqrt[3]{3}), \overline{\mathbb{Q}})$ は $\phi(\sqrt{2}), \phi(\sqrt[3]{3})$ で定まるので, これらのすべての可能性が起こらなければならない. その後は例題 3.7.2 と同様.

(3)　$\sqrt{2} + \sqrt{3} + \sqrt{5}$. $[\mathbb{Q}(\sqrt{2}, \sqrt{3}, \sqrt{5}) : \mathbb{Q}] = 8$ を示せば, 後は例題 3.7.2 と同様. クンマー理論 (4.10 節) を使えば楽.

(4)　$\sqrt{t} + \sqrt{t+1}$. $a, b \in K$, $(a + b\sqrt{t})^2 = a^2 + 2ab\sqrt{t} + b^2 t = t + 1$ なら, $a = 0$ または $b = 0$ である. $a = 0$ なら $b^2 t = t + 1$ なので, $b^2 = (t+1)/t$. $\mathbb{F}_3[t]$ は一意分解環で $t, t+1$ は互いに素な素元なので, これは矛盾である. $b = 0$ なら, $a^2 = t + 1$ で同様に矛盾である. したがって, $\sqrt{t+1} \notin K(\sqrt{t})$ となるので, $[L : K] = 4$ である. 後は例題 3.7.2 と同様. この問題もクンマー理論を使える.

3.7.2 のヒント　$[L : K] = p^2$ と, $x \in L$ なら $x^p \in K$ であることを示せ.

3.7.3 (2) の答え　$\overline{\mathbb{Q}}/\mathbb{Q}$

4.1.1 の答えとヒント　(1)　$F = \mathbb{Q}(\sqrt[3]{3}, \sqrt{-3})$, $\mathrm{Gal}(F/\mathbb{Q}) \cong \mathfrak{S}_3$. 例 4.1.4 と同様.

(2)　$F = \mathbb{Q}(\sqrt[4]{2}, \sqrt{-1})$, $\mathrm{Gal}(F/\mathbb{Q}) \cong D_4$. $\alpha_1 = \sqrt[4]{2}$, $\alpha_2 = -\sqrt[4]{2}$, $\alpha_3 = -\sqrt{-1}\sqrt[4]{2}$, $\alpha_4 = -\sqrt{-1}\sqrt[4]{2}$ とする. α_1 は明らかに $x^4 - 2$ の根だが, これはなぜ $\mathbb{Q}$ 上既約か? $F = \mathbb{Q}(\alpha_1, \sqrt{-1})$ を示せ. $\sigma \in \mathrm{Gal}(F/\mathbb{Q})$ を $\sigma(\alpha_1) = \alpha_3$ となる元, τ を複素共役とする. τ の F への制限は $\mathfrak{S}_4$ のどの元と対応するか?　σ に対応する $\mathfrak{S}_4$ の元は一

つには定まらないかもしれないが, τ を利用することにより, $(1234) \in \mathrm{Gal}(F/\mathbb{Q})$ であることを示せ.

4.1.2 の答えとヒント (1) $(x^2-2)^2-2$. これはなぜ $\mathbb{Q}$ 上既約か?

(4) $\mathbb{Z}/4\mathbb{Z}$. 位数 4 の群はアーベル群. $\alpha\beta = \sqrt{2}$ であることを利用し, $\sigma(\beta)$ を決定せよ. これにより, σ が $\mathfrak{S}_4$ のどの元に対応するかわかるはずである.

4.1.3 の答えとヒント (1) α は $(x^2-1)^2-2$ の根だが, これはなぜ $\mathbb{Q}$ 上既約か? 演習問題 1.13.2 参照. (5) D_4. 演習問題 4.1.1 とほぼ同様.

4.1.4 のヒント (2) では, $\sqrt{ab} \in \mathbb{Q}(\sqrt{a}+\sqrt{b})$ であることを示し, $(\sqrt{a}+\sqrt{b})\sqrt{ab}$ を考えよ. (3) では, $[\mathbb{Q}(\sqrt{a},\sqrt{b}):\mathbb{Q}] = 4$ であることも示す必要がある.

4.1.5 の答え $K^G = \mathbb{C}(x^5, y/x^3)$

4.1.6 の答え $K^G = \mathbb{C}(x^5, y/x^2, z/x^3)$

4.1.7 の答え s_1, s_2, s_3 を x_1, x_2, x_3 の基本対称式とすると, $K^G = \mathbb{C}(s_1, s_2, s_3, (x_1-x_2)(x_1-x_3)(x_2-x_3))$.

4.1.8 のヒント (1) $\mathfrak{S}_3$ は生成元 σ, τ と関係式 $\sigma^3 = 1$, $\tau^2 = 1$, $\tau\sigma\tau = \sigma^{-1}$ で定まる群であることを使う.

(2) $[\mathbb{C}(x):\mathbb{C}(j)] \leqq 6$ であることを示すのがポイント.

この j は, 「楕円曲線の j 不変量」というものに関係している.

4.1.9 の答え $K^G = \mathbb{C}(x_1+x_2, x_1x_2, y_1+y_2, y_1y_2, x_1y_2+x_2y_1)$. このように同じ作用の直和での不変式を考えることは典型的である.

4.1.10 の答え 自明でない中間体は $\mathbb{Q}(\sqrt{3}), \mathbb{Q}(\sqrt{5}), \mathbb{Q}(\sqrt{15})$.

4.1.11 のヒント 自明でない中間体は $\mathbb{Q}(\sqrt{2})$. 演習問題 4.1.2 を認めれば, とてもやさしい問題.

4.1.12 の解答例 演習問題 4.1.3 より, $G = \mathrm{Gal}(L/\mathbb{Q}) = D_4$. ただし,

$$\alpha_1 = \sqrt{1+\sqrt{2}}, \ \alpha_2 = -\sqrt{1+\sqrt{2}}, \ \alpha_3 = \sqrt{1-\sqrt{2}}, \ \alpha_4 = -\sqrt{1-\sqrt{2}},$$

とおくと, $\mathrm{Gal}(L/\mathbb{Q}) = D_4$ は $\sigma = (1324)$, $\tau = (34)$ で生成されている.

G の位数 2 の元は $\tau, \sigma\tau, \sigma^2\tau, \sigma^3\tau, \sigma^2$ で位数 4 の元は σ, σ^3 である. 2 は素数なので, 位数 2 の部分群は位数 2 の元により生成される. したがって, 位数 2 の部分群は $\langle\tau\rangle, \langle\sigma\tau\rangle, \langle\sigma^2\tau\rangle, \langle\sigma^3\tau\rangle, \langle\sigma^2\rangle$ の五つである.

H を位数 4 の部分群とする. $H \cong \mathbb{Z}/4\mathbb{Z}$ なら H は位数 4 の元で生成されるので, $H = \langle\sigma\rangle = \langle\sigma^3\rangle$. $H \neq \langle\sigma\rangle = \langle\sigma^3\rangle$ とする. 巡回群でない位数 4 の群は $\mathbb{Z}/2\mathbb{Z} \times$

$\mathbb{Z}/2\mathbb{Z}$ と同型である. よって, H は位数 2 の元を含む. $\tau \in H$ とする. H は単位元と τ 以外の τ と可換な元を含む. $\sigma\sigma^i\tau\sigma^{-1} = \sigma^{i-2}\tau$ なので, σ^2 以外の位数 2 の元は G の中心の元ではない. $\sigma^2 \in Z(G)$ なので, $\langle\tau,\sigma^2\rangle$ の元は τ と可換である. $Z_G(\tau) \neq G$ なので, $Z_G(\tau) = \langle\tau,\sigma^2\rangle$. したがって, τ を含む G の位数 4 の部分群は $\langle\tau,\sigma^2\rangle$ である. H は $\tau,\sigma\tau,\sigma^2\tau,\sigma^3\tau$ のどれかを含み σ は含まないので, H は $\langle\tau,\sigma^2\rangle = \langle\sigma^2\tau,\sigma^2\rangle$, $\langle\sigma\tau,\sigma^2\rangle = \langle\sigma^3\tau,\sigma^2\rangle$ のいずれかである. よって位数 4 の部分群は $\langle\tau,\sigma^2\rangle, \langle\sigma\tau,\sigma^2\rangle, \langle\sigma\rangle$ である. $|G| = 8$ なので, 自明でない部分群はこれだけ.

位数 4 の部分群は指数 2 なので, すべて正規部分群である. $\langle\sigma^2\rangle$ は中心なので正規部分群である. $\sigma\sigma^i\tau\sigma^{-1} = \sigma^{i-2}\tau$ なので, それ以外の位数 2 の部分群は正規部分群ではない.

$\sigma\tau = (13)(24)$, $\sigma^2\tau = (12)$, $\sigma^3\tau = (14)(23)$, $\sigma^2 = (12)(34)$ である.

$\sigma(\alpha_1^2)$ より $\sigma(\sqrt{2}) = -\sqrt{2}$ なので, $\sigma^2(\sqrt{2}) = \sqrt{2}$ である. $\alpha_1\alpha_4 + \alpha_2\alpha_3 = -2\sqrt{-1}$ も σ^2 で不変である. $\sqrt{-1}$ は実数ではないので, $[\mathbb{Q}(\sqrt{2},\sqrt{-1}) : \mathbb{Q}] = 4$ である. よって, $\mathbb{Q}(\sqrt{2},\sqrt{-1})$ が σ^2 の不変体である. $t = \alpha_1+\alpha_3 = \sqrt{1+\sqrt{2}}+\sqrt{1-\sqrt{2}}$ は $\sigma\tau$ で不変である. $t^2 = 2+2\sqrt{-1}$, $\alpha_1\alpha_3 = \sqrt{-1}$ なので, $\mathbb{Q}(\alpha_1+\alpha_3, \alpha_1\alpha_3) = \mathbb{Q}(t)$ である. α_1 は $\mathbb{Q}(\alpha_1+\alpha_3, \alpha_1\alpha_3)$ 上高々 2 次で $\mathbb{Q}(\alpha_1+\alpha_3, \alpha_1\alpha_3, \alpha_1) = \mathbb{Q}(\alpha_1, \alpha_3) = L$ なので, $[L : \mathbb{Q}(t)] \leqq 2$ である. したがって, $\mathbb{Q}(t)$ が $\sigma\tau$ の不変体である. 同様にして, $\mathbb{Q}(\sqrt{1+\sqrt{2}} - \sqrt{1-\sqrt{2}})$ が $\sigma^3\tau$ の不変体である.

$\mathbb{Q}(\alpha_1)$ は τ で不変で $[\mathbb{Q}(\alpha_1) : \mathbb{Q}] = 4$ なので, $\mathbb{Q}(\alpha_1) = \mathbb{Q}(\sqrt{1+\sqrt{2}})$ が $\langle\tau\rangle$ の不変体である. 同様に $\mathbb{Q}(\alpha_3) = \mathbb{Q}(\sqrt{1-\sqrt{2}})$ が $\langle\sigma^2\tau\rangle$ の不変体である.

$\alpha_1\alpha_2 = -1-\sqrt{2}$ は τ,σ^2 で不変なので, $\mathbb{Q}(\sqrt{2})$ が $\langle\tau,\sigma^2\rangle$ の不変体である. $\alpha_1\alpha_3 + \alpha_2\alpha_4 = -2\sqrt{-1}$ は $\sigma\tau,\sigma^2$ で不変なので, $\mathbb{Q}(\sqrt{-1})$ が $\langle\sigma\tau,\sigma^2\rangle$ の不変体である. 残る位数 4 の部分群は $\langle\sigma\rangle$ なので, $\mathbb{Q}(\sqrt{-2})$ が $\langle\sigma\rangle$ の不変体である.

結局, 中間体は以下のようになる.

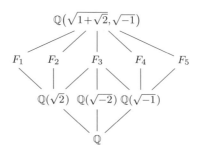

ただし, $\alpha = \sqrt{1+\sqrt{2}}, \beta = \sqrt{1-\sqrt{2}}$ とおくと,
$F_1 = \mathbb{Q}(\alpha)$, $F_2 = \mathbb{Q}(\beta)$, $F_3 = \mathbb{Q}(\sqrt{2},\sqrt{-1})$, $F_4 = \mathbb{Q}(\alpha+\beta)$, $F_5 = \mathbb{Q}(\alpha-\beta)$.

自明でなく $\mathbb{Q}$ 上ガロア拡大であるものは $\mathbb{Q}(\sqrt{2}),\mathbb{Q}(\sqrt{-2}),\mathbb{Q}(\sqrt{-1}),F_3$.

4.1.13 の答え $\omega = (-1+\sqrt{-3})/2$ とすると，自明でない中間体は $\mathbb{Q}(\sqrt[3]{3})$, $\mathbb{Q}(\omega\sqrt[3]{3})$, $\mathbb{Q}(\omega^2\sqrt[3]{3})$, $\mathbb{Q}(\sqrt{-3})$. 包含関係は，例 4.1.23 の $\sqrt[3]{2}$ を $\sqrt[3]{3}$ にすればよい.

4.1.14 の答え 演習問題 4.1.12 の $\mathbb{Q}(\sqrt{1+\sqrt{2}},\sqrt{-1})$, $F_1,\cdots,F_5$, $\mathbb{Q}(\sqrt{2})$, $\mathbb{Q}(\sqrt{-2})$, $\mathbb{Q}(\sqrt{-1})$ をそれぞれ $\mathbb{Q}(\sqrt[4]{2},\sqrt{-1})$, $\mathbb{Q}(\sqrt[4]{2})$, $\mathbb{Q}(\sqrt{-1}\sqrt[4]{2})$, $\mathbb{Q}(\sqrt{2},\sqrt{-1})$, $\mathbb{Q}((1+\sqrt{-1})\sqrt[4]{2})$, $\mathbb{Q}((1-\sqrt{-1})\sqrt[4]{2})$, $\mathbb{Q}(\sqrt{2})$, $\mathbb{Q}(\sqrt{-1})$, $\mathbb{Q}(\sqrt{-2})$ で置き換えよ.

4.1.17 の答え D_6

4.1.18 の答え 2 個 $(a,b) = (1,0),(0,1)$

4.1.19 の答えとコメント (1) $\mathbb{Z}/4\mathbb{Z}$ (2) D_4　4.6 節で 4 次多項式のガロア群を求める一般的な方法について解説するが，それを使わなくてもこのような具体例ではガロア群を求めることができる.

4.1.20 のヒント 作用が推移的な場合に帰着せよ.

4.1.22 のヒント K が有限体と無限体の場合に分けて考えよ.

4.2.1 の答え (1) $s_1s_2-3s_3$ (2) $s_2^2-2s_1s_3$ (3) $s_1^2s_2-s_1s_3-2s_2^2$

4.2.2 の答え (1) $-s_1\delta(x_1,x_2,x_3)$ (2) $-s_2\delta(x_1,x_2,x_3)$

4.3.1 の答え (1) $\Delta(f) = -464 = -2^4\cdot29$. $p = 2,29$ 以外重根を持たない.
(2) $\Delta(f) = -23$. $p = 23$ 以外重根を持たない.

4.5.1 の答え 多項式が既約であるかどうか考察することも必要.
(1) $g(y)$ を 2 次の補助多項式とする. $g(y) = y^2-7y-30 = (y-10)(y+3)$ なので，$\mathrm{Gal}(L/\mathbb{Q}) \cong \mathbb{Z}/3\mathbb{Z}$.
(2) $\mathfrak{S}_3$ (3) $\mathfrak{S}_3$ (4) $\mathbb{Z}/3\mathbb{Z}$

4.5.2 の答え (1) $\mathfrak{S}_3$
(2) $\mathbb{F}_2[t]$ は一意分解環で t^2+t+1 は既約多項式なので素元である. アイゼンシュタインの判定法より $x^3+(t^2+t+1)x+t^2+t+1$ は K 上既約. $g(y) = y^2+(t^2+t+1)y+t^6+t^5+t^4+t^3+t^2+t, g(t^3+t^2+t) = 0$. したがって，$\mathrm{Gal}(L/K) \cong \mathbb{Z}/3\mathbb{Z}$.
(3) $\mathfrak{S}_3$ (4) $\mathbb{Z}/3\mathbb{Z}$

4.5.3 の答え (1) $\mathfrak{S}_3$ (2) $\mathbb{Z}/3\mathbb{Z}$

4.6.1 の答え (1) $\mathbb{Z}/4\mathbb{Z}$ (2) $\mathbb{Z}/2\mathbb{Z}\times\mathbb{Z}/2\mathbb{Z}$ (3) $\mathbb{Z}/2\mathbb{Z}\times\mathbb{Z}/2\mathbb{Z}$ (4) D_4
(5) A_4 (6) $\mathfrak{S}_4$

例えば，(1) では 3 次の分解方程式は $y^3 - 2y^2 - 16y + 5 = (y-5)(y^2 + 3y - 1) = 0$ で 2 次の補助多項式は $z^2 + 17z - 4871 = 0$. したがって，$\mathbb{Z}/4\mathbb{Z}$ または D_4.

$y^2 + 3y - 1 = 0$ の解は $(-3 \pm \sqrt{13})/2$. 命題 4.6.11 の二つの方程式は $w^2 + w - 3 = 0$, $w^2 - 5w + 3 = 0$. これらは両方 $\mathbb{Q}(\sqrt{13})$ に解を持つので，$\mathbb{Z}/4\mathbb{Z}$.

4.6.2 の答え (1) A_4 (2) $\mathfrak{S}_4$

4.6.3 のヒント 4 次の既約多項式のガロア群で位数が 8 のものは D_4 だけである. よって，四元数群が D_4 と同型でないことを示せばよい（「関係式が違うから」というのは不可）.

4.6.4 の解答例 (1) $-a + \sqrt{a^2 - 4b} = (c + d\sqrt{a^2 - 4b})^2$ $(c, d \in K)$ とすると，$2cd = 1$, $c^2 + d^2(a^2 - 4b) = -a$. $d = 1/2c$ なので，$4c^4 + (a^2 - 4b) = -4ac^2$. 変形すると，$4c^4 + 4ac^2 + (a^2 - 4b) = 0$. 逆にたどれば，条件が同値であることがわかる.

(2) $b = c^2$ とすると，
$$-a + \sqrt{a^2 - 4b} = \frac{-4a + 2\sqrt{4a^2 - 16c^2}}{4} = \frac{-4a + 2\sqrt{(-2a + 4c)(-2a - 4c)}}{4}$$
$$= \frac{(\sqrt{-2a + 4c} + \sqrt{-2a - 4c})^2}{4}.$$

したがって，$L = K(\sqrt{-2a + 4c} + \sqrt{-2a - 4c}) \subset K(\sqrt{-2a + 4c}, \sqrt{-2a - 4c})$. $[L : K] = 4$ は仮定より従うので，$L = K(\sqrt{-2a + 4c}, \sqrt{-2a - 4c})$. したがって，$\mathrm{Gal}(L/K) \cong \mathbb{Z}/2\mathbb{Z} \times \mathbb{Z}/2\mathbb{Z}$.

(3), (4) 3 次の分解方程式は $y^3 - ay^2 - 4by + 4ab = (y-a)(y^2 - 4b)$. よって $w^2 = 0$, $w^2 - aw + b = 0$ が $K(\sqrt{b})$ で解を持つかどうかが問題になる. これは $\sqrt{a^2 - 4b} \in K(\sqrt{b})$ と同値だが，$\sqrt{a^2 - 4b} \notin K$ なので，$K(\sqrt{a^2 - 4b}) = K(\sqrt{b})$ と同値である. 命題 4.6.11 より，これが成り立つときには $\mathrm{Gal}(L/K) \cong \mathbb{Z}/4\mathbb{Z}$ で，成り立たなければ $\mathrm{Gal}(L/K) \cong D_4$ である.

4.6.5 の答え (1) $x^4 - (4t+2)x^2 + 1$ (2) $x^4 + 2x^2 + 2$（つまり「係数拡大」で十分） (3) $x^4 + tx^2 + t$

4.8.1 の答え (1) 6 (2) 4 (3) 4 (4) 10 (5) 4 (6) 8 (7) 16 (8) 24

4.8.2 の答え (1) $x^4 + 1$

(2) $\zeta = \zeta_9$ とおく. $\zeta + \cdots + \zeta^8 = -1$ だが，$\zeta^3 + \zeta^6 = \omega + \omega^2 = -1$ なので，$\zeta + \zeta^2 + \zeta^4 + \zeta^5 + \zeta^7 + \zeta^8 = -1 - (-1) = 0$ である. これは $\Phi_9(x)$ の x^5 の係数の -1 倍. $\Phi_9(x)$ の x^4 の係数は
$$\zeta \cdot \zeta^2 + \zeta \cdot \zeta^4 + \zeta \cdot \zeta^5 + \zeta \cdot \zeta^7 + \zeta \cdot \zeta^8 + \zeta^2 \cdot \zeta^4 + \zeta^2 \cdot \zeta^5 + \zeta^2 \cdot \zeta^7 + \zeta^2 \cdot \zeta^8$$

$$+\zeta^4\cdot\zeta^5+\zeta^4\cdot\zeta^7+\zeta^4\cdot\zeta^8+\zeta^5\cdot\zeta^7+\zeta^5\cdot\zeta^8+\zeta^7\cdot\zeta^8$$
$$=\zeta^3+\zeta^5+\zeta^6+\zeta^8+1+\zeta^6+\zeta^7+1+\zeta+1+\zeta^2+\zeta^3+\zeta^3+\zeta^4+\zeta^6$$
$$=2(1+\zeta^3+\zeta^6)=0.$$

$\Phi_9(x)$ の x^3 の係数の -1 倍は

$$\zeta^7+\zeta^8+\zeta+\zeta^2+\zeta+\zeta^3+\zeta^4+\zeta^4+\zeta^5+\zeta^7$$
$$+\zeta^2+\zeta^4+\zeta^5+\zeta^5+\zeta^6+\zeta^8+\zeta^7+\zeta^8+\zeta+\zeta^2$$
$$=3(\zeta+\zeta^2+\zeta^4+\zeta^5+\zeta^7+\zeta^8)+\zeta^3+\zeta^6=-1$$

$\Phi_9(x)$ の x^2 の係数は

$$\zeta^3+\zeta^5+\zeta^6+\zeta^6+\zeta^7+1+\zeta^8+1+\zeta^2+\zeta^3+1+\zeta+\zeta^3+\zeta^4+\zeta^6=0$$

$\Phi_9(x)$ の x の係数の -1 倍は $\zeta+\zeta^2+\zeta^4+\zeta^5+\zeta^7+\zeta^8=0$.

$\Phi_9(x)$ の定数項は $\zeta^{1+2+4+5+7+8}=1$. よって,

$$\Phi_9(x)=x^6+x^3+1.$$

(4.8.9) を使うと, $\Phi_3(x)=x^2+x+1$ なので,

$$\Phi_9(x)=\frac{x^9-1}{\Phi_3(x)\Phi_1(x)}=\frac{x^9-1}{x^3-1}=x^6+x^3+1.$$

(3) $x^4-x^3+x^2-x+1$ (4) x^4-x^2+1

4.8.3 の答えとコメント $\mathbb{F}_3$ 上は $\Phi_5(x)$ は既約. $\mathbb{F}_{11}$ 上は $\Phi_5(x)=(x-3)(x-4)(x-5)(x-11)$. $3\bmod 5$ の位数は 4 で $11\bmod 5$ の位数は 1. これが $\Phi_5(x)$ の既約因子の次数と一致する. 類体論の例.

4.8.4 の答えとヒント (1) x^5-2

(2) 20. ガロア拡大の推進定理を使う. $L=\mathbb{Q}(\alpha,\zeta_5)$. $M=\mathbb{Q}(\alpha)$, $N=\mathbb{Q}(\zeta_5)$ とし, 次数を考えて $M\cap N=\mathbb{Q}$ を示せばよい.

(3) やはりガロア拡大の推進定理より, $\tau(\alpha)=\alpha$ で $\tau(\zeta_5)=\zeta_5^2$ となる $\tau\in\mathrm{Gal}(L/\mathbb{Q}(\alpha))$ がある. L は α の $\mathbb{Q}(\zeta_5)$ 上の共役をすべて含むので, ガロア拡大である. よって, $\sigma\in\mathrm{Gal}(L/\mathbb{Q})$ で $\sigma(\alpha)=\zeta_5\alpha$, $\sigma(\zeta_5)=\zeta_5$ であるものがある.

(4) $(1\,2\,3\,4\,5),(2\,3\,5\,4)$ で生成された群 (フロベニウス部分群という).

4.8.5 の答え $t^3+t^2-2t-1=0$

4.8.6 の答え (1) $t^3-3t+1=0$ (3) $\mathbb{Z}/3\mathbb{Z}$

4.8.7 の答え (1) $t^5+t^4-4t^3-3t^2+3t+1=0$ (2) (1) の多項式が 2 を法として既約であることを示せ. (3) $\mathbb{Z}/5\mathbb{Z}$

4.8.8 の答えとヒント (1) $t^3+t^2-4t+1=0$ (3) $s^4+s^3+2s^2-4s+3=0$. (2), (4) は (1), (3) の多項式が 2 を法として既約であることを示せ. (5) $\mathbb{Z}/3\mathbb{Z}$,

$\mathbb{Z}/4\mathbb{Z}$.

4.8.9 の答え　(1)　M は $\mathrm{Gal}(\mathbb{Q}(\zeta_{15})/\mathbb{Q}) \cong (\mathbb{Z}/15\mathbb{Z})^{\times}$ の位数 2 の部分群と 1 対 1 に対応する．$(\mathbb{Z}/15\mathbb{Z})^{\times} \cong (\mathbb{Z}/3\mathbb{Z})^{\times} \times (\mathbb{Z}/5\mathbb{Z})^{\times} \cong \mathbb{Z}/2\mathbb{Z} \times \mathbb{Z}/4\mathbb{Z}$．$(a,b) \in \mathbb{Z}/2\mathbb{Z} \times \mathbb{Z}/4\mathbb{Z}$, $2(a,b) = (0,0)$ であることは $(a,b) \in \mathbb{Z}/2\mathbb{Z} \times 2\mathbb{Z}/4\mathbb{Z}$ と同値．$\mathbb{Z}/2\mathbb{Z} \times 2\mathbb{Z}/4\mathbb{Z} \cong \mathbb{Z}/2\mathbb{Z} \times \mathbb{Z}/2\mathbb{Z}$ でこの位数 2 の部分群は位数 2 の元と 1 対 1 に対応する．$\mathbb{Z}/2\mathbb{Z} \times \mathbb{Z}/2\mathbb{Z}$ には位数 2 の元は $4-1 = 3$ 個あるので，M の個数は 3 個である．

$\mathbb{Q}(\zeta_5)$ と異なる M は $x^4 - x^3 + 2x^2 + x + 1$ の根で生成され $\mathbb{Q}\left(\sqrt{-6 + 10\sqrt{-3}}\right)$ となるものと $x^4 - x^3 - 4x^2 + 4x + 1$ の根で生成され $\mathbb{Q}\left(\sqrt{30 - 6\sqrt{5}}\right)$ となるものの二つ．

(2)　7 個　(3) 7 個　(2) と違い，指数 2 の部分群を数える．　　(4) 8 個

4.8.10 (2) の答え　4 個

4.8.11 のヒント　(3), (4)　三角関数の加法定理を利用せよ．

(5)　$\mathbb{Z}/(p-1)\mathbb{Z}$．$\mathbb{Q}\left(\tan \dfrac{2\pi}{p}\right) \cap \mathbb{Q}(\sqrt{-1}) = \mathbb{Q}$ を示し，推進定理を使う．

4.9.1 に関するコメント　ガウスの証明した正十七角形の作図法．

4.9.3 の解答例　$[\mathbb{Q}(\sqrt[3]{2}) : \mathbb{Q}] = 3$ は 2 べきではないので，$\sqrt[3]{2}$ は作図可能ではない．この証明じたいは非常に簡単だが，$\sqrt[3]{2}$ は 1 辺の長さが 1 の立方体の 2 倍の体積を持つ立方体の 1 辺の長さなので，$\sqrt[3]{2}$ が作図可能でないことは，そのような立方体が作図可能ではないことを意味する．これは非常に古典的な問題だった．同様の古典的問題として，円周率 π が作図可能かという問題がある．本書では述べなかったが，π は $\mathbb{Q}$ 上代数的ではないので，π も作図可能ではない．

4.9.4 の答え　$n = 3, 4, 5, 6, 8, 10, 12, 15, 16, 17, 20, 24, 30$

4.10.1 の答え　16

4.13.1 の解答例　(1)　$\sqrt[3]{2}$ の共役は $\omega\sqrt[3]{2}$, $\omega^2\sqrt[3]{2}$ なので，$\sqrt[3]{4}$ の共役も $\omega\sqrt[3]{4}$, $\omega^2\sqrt[3]{4}$．よって，$\mathrm{Tr}_{K/\mathbb{Q}}(\sqrt[3]{4}) = (1 + \omega + \omega^2)\sqrt[3]{4} = 0$, $\mathrm{N}_{K/\mathbb{Q}}(\sqrt[3]{4}) = \omega\omega^2 4 = 4$．したがって，$\mathrm{Tr}_{K/\mathbb{Q}}(\sqrt[3]{4} + 1) = 3$．$\mathrm{N}_{K/\mathbb{Q}}(x - \sqrt[3]{4}) = x^3 - 4$ なので，$\mathrm{N}_{K/\mathbb{Q}}(-1 - \sqrt[3]{4}) = -5$．したがって，$\mathrm{N}_{K/\mathbb{Q}}(\sqrt[3]{4} + 1) = 5$（定義を使うのでもよい）．

(2)　$\mathrm{Tr}_{K/\mathbb{Q}}(\sqrt[3]{4} - 2\sqrt[3]{2}) = 0$.

$$\begin{aligned}
\mathrm{N}_{K/\mathbb{Q}}(\sqrt[3]{4} - 2\sqrt[3]{2}) &= (\sqrt[3]{4} - 2\sqrt[3]{2})(\omega^2\sqrt[3]{4} - 2\omega\sqrt[3]{2})(\omega\sqrt[3]{4} - 2\omega^2\sqrt[3]{2}) \\
&= 4 - 16 - 2(\sqrt[3]{4})^2\sqrt[3]{2}(1 + \omega + \omega^2) + 4(\sqrt[3]{2})^2\sqrt[3]{4}(1 + \omega + \omega^2) \\
&= -12.
\end{aligned}$$

(3)　(2) より，

$$(\sqrt[3]{4} - 2\sqrt[3]{2})^{-1} = -\frac{1}{12}(\omega^2\sqrt[3]{4} - 2\omega\sqrt[3]{2})(\omega\sqrt[3]{4} - 2\omega^2\sqrt[3]{2})$$

$$= -\frac{1}{12}(2\sqrt[3]{2}+4\sqrt[3]{4}-2(\omega+\omega^2)2)$$
$$= -\frac{1}{12}(4+2\sqrt[3]{2}+4\sqrt[3]{4}).$$

4.13.2 の答え (1) $\mathrm{Tr}_{K/\mathbb{Q}}(\alpha+1) = 3$, $\mathrm{N}_{K/\mathbb{Q}}(\alpha+1) = -1$.

(2) $\mathrm{Tr}_{K/\mathbb{Q}}(\alpha^2-\alpha) = 2$, $\mathrm{N}_{K/\mathbb{Q}}(\alpha^2-\alpha) = 1$. $\alpha_1 = \alpha$, α_2, α_3 を α の共役として計算せよ. この場合は $\mathrm{N}_{K/\mathbb{Q}}(\alpha^2-\alpha) = 1$ を使って $(\alpha^2-\alpha)^{-1}$ を求めるのはやさしくない. 求めるとしたら, 例題 3.1.36 または 2.8.3 の方法がよい.

4.13.3 の解答例 (1) $a,b,c,d \in \mathbb{Z}$, $x \in \mathbb{Q}(\omega)$ で $4^a 3^b 25^c 7^d = x^3$ とする. ノルム写像 $\mathrm{N}_{\mathbb{Q}(\omega)/\mathbb{Q}}$ を適用すると, $2^{4a}3^{2b}5^{4c}7^{2d} = \mathrm{N}_{\mathbb{Q}(\omega)/\mathbb{Q}}(x)^3$. $y = \mathrm{N}_{\mathbb{Q}(\omega)/\mathbb{Q}}(x)$ とおくと, $y \in \mathbb{Q}^\times$ で $2^{4a}3^{2b}5^{4c}7^{2d} = y^3$. 素因数分解の一意性より a,b,c,d は 3 で割り切れる. したがって, $H \cong (\mathbb{Z}/3\mathbb{Z})^4$.

(2) 定理 4.10.8 より $[K(\omega), \mathbb{Q}(\omega)] = 81$. $K \subset \mathbb{R}$ なので, $K \cap \mathbb{Q}(\omega) \subsetneqq \mathbb{Q}(\omega)$. $[\mathbb{Q}(\omega) : \mathbb{Q}] = 2$ なので, $K \cap \mathbb{Q}(\omega) = \mathbb{Q}$. したがって, 推進定理より, $[K : \mathbb{Q}] = [K(\omega), \mathbb{Q}(\omega)] = 81$.

4.13.4 の答え 27

4.16.2 の解答例 (1) $\beta = t+\alpha$ とすれば $\beta^2+\beta = t^2$. 含む.

(2) 補題 4.16.2 より, β を x^2+x+t^3 の根とすると, $\beta \in K(\alpha)$ であることと, $c_0 \in K$, $c_1 \in \mathbb{F}_2$ があり, $\beta = c_0+c_1\alpha$ となることは同値である. このとき, $\beta^2+\beta = c_0^2+c_0+c_1 t = t^3$. c_0 は $\mathbb{F}_2[t]$ 上整になるので, $c_0 \in \mathbb{F}_2[t]$ である. 次数を考えて矛盾である. 含まない.

4.16.3 の答え (1) 含まない. (2) 含む.

4.16.4 の答え $\gamma = \alpha+t\beta$ (なぜ $\alpha+\beta$ はうまくいかないか?)

4.17.1 の答え (1) $\mathbb{Z}/4\mathbb{Z}$ (2) D_4 (3) $\mathbb{Z}/2\mathbb{Z}\times\mathbb{Z}/2\mathbb{Z}$ (4) A_4 (5) $\mathfrak{S}_4$
例えば, (4) では 3 次の分解方程式は $g(y) = y^3+(t^2+t+1)y+t^2+t+1 = 0$ で 2 次の補助多項式は
$$h(z) = z^2+(t^2+t+1)z+t(t+1)(t^2+t+1)^2$$
$$= (z+t(t^2+t+1))(z+(t+1)(t^2+t+1)).$$
$\mathbb{F}_2[t]$ で t^2+t+1 は既約なので, 素元である. よって, アイゼンシュタインの判定法により, $g(y)$ は既約. $h(z)$ は可約なので, $\mathrm{Gal}(L/K) \cong A_4$ となる. ただし多項式が既約であることを示す必要がある.

参考文献

第1巻の参考文献でも述べたように，代表的な代数の教科書として [2], [3], [4], [5], [14], [15], [16], [24] などがある．

本書と第3巻の可換環論の延長線上の教科書としては，[17] が代表的な入門書である．[18] もインフォーマルでわかりやすい．両方とも訳書 [6], [7] がある．

さらに高度な話題を扱ったものとしては，和書では，[8], [9]，洋書では，[19], [20], [13], [21] などがある．[13] は長大だが，例が豊富でわかりやすい．

非可換環そのものに特化した教科書はほとんどない．中心単純環については，とりあえずは [15], [16] で十分だが，詳しい参考書として [25] がある．

体論・ガロア理論に関しては代数の教科書でも詳しく書いてあるものが多いが，[10] は具体例が豊富なので一読をお勧めする．本書で取り上げた具体的なガロア群の計算は，3, 4 次方程式のガロア群になっているものがほとんどだが，[10] では，それ以外の群をガロア群に持つようなガロア拡大の構成に詳しい．

[1] 松坂和夫，『集合・位相入門』，岩波書店，1968.

[2] 永田雅宜，『可換体論』(数学選書 6)，裳華房，1985.

[3] 森田康夫，『代数概論』，裳華房，1987.

[4] 永尾汎，『代数学』(新数学講座 4)，朝倉書店，1983.

[5] 桂利行，『代数学 (1–3)』，東京大学出版会，2004, 2007, 2005.

[6] M. F. Atiyah, L. G. MacDonald (著)，新妻弘 (訳)，『Atiyah - MacDonald 可換代数入門』，共立出版，2006.

[7] M. リード (著)，伊藤由佳理 (訳)，『可換環論入門』，岩波書店，2000.

[8] 永田雅宜，『可換環論』(紀伊國屋数学叢書 1)，紀伊國屋書店，1974.

[9] 松村英之，『可換環論』(共立講座・現代の数学 4)，共立出版，1980.

[10] 藤﨑源二郎, 『体とガロア理論』(岩波基礎数学選書), 岩波書店, 1997.

[11] H. Hironaka, *An example of a non-Kählerian complex-analytic deformation of Kählerian complex structures*, Ann. of Math. (2), vol.75, pp.190–208, 1962.

[12] J. A. Eagon and D. G. Northcott, *Ideals defined by matrices and a certain complex associated with them*, Proc. Roy. Soc. Ser. A, vol.269, pp.188–204, 1962.

[13] D. Eisenbud, *Commutative algebra — With a view toward algebraic geometry*, Graduate Texts in Mathematics 150, Springer-Verlag, 1995.

[14] M. Artin, *Algebra*, second edition, Addison Wesley, 2010.

[15] S. Lang, *Algebra*, third edition Graduate Texts in Mathematics 221, Springer-Verlag, 2002.

[16] N. Jacobson, *Basic Algebra* I, II, second edition, Dover Publications, 2009.

[17] M. F. Atiyah and I. G. Macdonald, *Introduction to commutative algebra*, Addison-Wesley, 1969.

[18] M. Reid, *Undergraduate commutative algebra*, London Mathematical Society Student Texts 29, Cambridge University Press, 1995.

[19] M. Nagata, *Local rings*, Interscience Tracts in Pure and Applied Mathematics 13, Interscience Publishers, 1962.

[20] H. Matsumura, *Commutative algebra*, W. A. Benjamin, 1970.

[21] N. Bourbaki, *Commutative algebra*, Chapters 1–7, Elements of Mathematics, Springer-Verlag, 1998.

[22] J.-P. Serre, *Géométrie algébrique et géométrie analytique*, Ann. Inst. Fourier (Grenoble) 6, Université de Grenoble. Annales de l'Institut Fourier, 1955/56.

[23] J.-P. Serre, *Local fields*, Graduate Texts in Mathematics, 67, Springer-Verlag, 1979.

[24] D.S. Dummit and R.M. Foote, *Abstract algebra*, third edition, John Wiley & Sons, Inc., Hoboken, NJ, 2004.

[25] P. Gille and T. Szamuely, *Central simple algebras and Galois cohomology*, second edition, Cambridge Studies in Advanced Mathematics 165, Cambridge University Press, Cambridge, 2017.

索引

た行

雪江明彦（ゆきえ・あきひこ）

略歴
1957年　甲府市に生まれる.
1980年　東京大学理学部数学科を卒業.
1986年　ハーバード大学にて Ph.D. を取得.
　　　　ブラウン大学，オクラホマ州立大学，プリンストン高
　　　　等研究所，ゲッチンゲン大学，オクラホマ州立大学，
　　　　東北大学教授，京都大学教授を歴任.
現　在　東北大学名誉教授，京都大学名誉教授.
　　　　専門は，幾何学的不変式論，解析的整数論.

主な著書
Shintani Zeta Functions (Cambridge University Press)
『線形代数学概説』（培風館）
『概説 微分積分学』（培風館）
『文科系のための自然科学総合実験』（共著，東北大学出版会）
『代数学 1–3』［第2版］（日本評論社）
『整数論 1–3』（日本評論社）

だいすうがく　かん　たい　　　　　　りろん　だい　はん
代数学2　環と体とガロア理論［第2版］

2010年12月20日　第1版第1刷発行
2023年11月25日　第2版第1刷発行

　　　著　者　　　　　　　　雪　江　明　彦
　　　発行所　　　　　　株式会社 日本評論社
　　　　　　　〒170-8474 東京都豊島区南大塚 3-12-4
　　　　　　　　　電話　（03）3987-8621［販売］
　　　　　　　　　　　　（03）3987-8599［編集］
　　　印　刷　　　　　　藤原印刷 株式会社
　　　製　本　　　　　　株式会社難波製本
　　　装　幀　　　　　　　　　海保　透